高等学校机械设计制造及其自动化专业系列教材

互换性与几何量测量技术

(第三版)

主编　宋绪丁　张　帆　万一品

U0379300

西安电子科技大学出版社

内 容 简 介

本书依据 2018 年年底颁布的《产品几何技术规范(GPS)》等最新国家标准编写。全书按教学规律阐述了机器或机械部件、零件的互换性和检测技术的基本知识,介绍了几种典型机械零件公差与配合的基本原理和方法。本书共 9 章,前 5 章阐述互换性的基本概念、测量技术基础、尺寸公差与圆柱结合的互换性、几何公差与检测、表面粗糙度与检测等机械零件精度设计的基础知识;第 6~8 章阐述滚动轴承、螺纹结合和圆柱齿轮等典型零件的精度设计基础知识和方法,第 9 章阐述了尺寸链的概念和计算方法;书中各章附有相关习题,以配合教学的需要,也便于读者课后练习与自学。

本书适用于高等工科院校机械类和近机械类各专业的"互换性与测量技术"课程教学,也可供从事机械设计、制造、标准化和计量测试等工作的各类工程技术人员参考使用。

图书在版编目(CIP)数据

互换性与几何量测量技术/宋绪丁,张帆,万一品主编. —3 版. —西安:西安电子科技大学出版社,2019.8(2024.4 重印)

ISBN 978 - 7 - 5606 - 5414 - 0

Ⅰ. ① 互… Ⅱ. ① 宋… ② 张… ③ 万… Ⅲ. ① 零部件—互换性—高等学校—教材 ② 零部件—测量技术—高等学校—教材 Ⅳ. ① TG801

中国版本图书馆 CIP 数据核字(2019)第 160363 号

策　　划　马乐惠
责任编辑　陈　婷
出版发行　西安电子科技大学出版社(西安市太白南路 2 号)
电　　话　(029)88202421　88201467　　　邮　编　710071
网　　址　//www.xduph.com　　电子邮箱　xdupfxb@pub.xaonline.com
经　　销　新华书店
印刷单位　咸阳华盛印务有限责任公司
版　　次　2019 年 8 月第 3 版　2024 年 4 月第 8 次印刷
开　　本　787 毫米×1092 毫米　1/16　印张 23
字　　数　545 千字
定　　价　52.00 元

ISBN 978 - 7 - 5606 - 5414 - 0/TG

XDUP 5716003 - 8

高 等 学 校

自动化、电气工程及其自动化、机械设计制造及其自动化专业

系列教材编审专家委员会名单

主　任：张永康

副主任：姜周曙　刘喜梅　柴光远

自动化组

组　长：刘喜梅（兼）

成　员：（成员按姓氏笔画排列）

　　　　韦　力　王建中　巨永锋　孙　强　陈在平　李正明

　　　　吴　斌　杨马英　张九根　周玉国　党宏社　高　嵩

　　　　秦付军　席爱民　穆向阳

电气工程组

组　长：姜周曙（兼）

成　员：（成员按姓氏笔画排列）

　　　　闫苏莉　李荣正　余健明

　　　　段晨东　郝润科　谭博学

机械设计制造组

组　长：柴光远（兼）

成　员：（成员按姓氏笔画排列）

　　　　刘战锋　刘晓婷　朱建公　朱若燕　何法江　李鹏飞

　　　　麦云飞　汪传生　张功学　张永康　胡小平　赵玉刚

　　　　柴国钟　原思聪　黄惟公　赫东锋　谭继文

项目策划：马乐惠

策　　划：毛红兵　马武装　马晓娟

前　言

　　"互换性与几何量测量技术"是高等院校机械类、仪器仪表类和机电类各专业必修的主干技术基础课程之一，也是一门与机械工业发展紧密联系的基础学科。本课程不仅将标准化领域和计量学的有关部分结合在一起，而且涉及机械设计、机械制造、质量控制、生产组织管理等许多方面。

　　本教材是根据国家教育部"关于组织实施《面向21世纪高等工程教学内容的课程体系改革计划》的通知"，结合编者多年的教学实践经验以及对课程建设和改革的探索编写而成的。

　　本教材在第二版的基础上，根据课程教学课时少的特点，按照最新的国家标准和国际标准对各章的内容进行了修订，重点对几何公差与检测、表面粗糙度和渐开线圆柱齿轮传动的互换性与检测的内容进行了修改。

　　本教材具有以下特点：

　　(1) 在内容上重视基础知识的讲述，力求反映国内外的最新科研成果，严格遵循最新的国家标准和国际标准，尽量做到少而精，便于教学和学生自学。

　　(2) 为了加强对学生综合设计能力的培养，本教材突出了基本知识和基本理论的系统性、实用性和科学性，注重基本理论与生产设计、制造、检验等实践活动的有机结合，使学生在打好坚实的理论基础的同时，提高解决实际问题的能力。

　　(3) 本教材全部采用2018年年底前颁布的国家标准，同时注重国际标准(ISO)与国家标准(GB)的对比，以使学生逐渐适应我国加入WTO后对机械制造业的新要求。随着计算机辅助设计的发展，按照国家标准增加了几何公差的三维(3D)标准方法，以适应计算机辅助设计的要求。

　　本教材在编写过程中得到了长安大学教务处、图书馆、工程机械学院的大力支持，在此一并致谢！

　　由于编者水平有限，书中难免会有疏漏和不妥之处，恳请读者批评指正。

编　者

2019 年 5 月

目　录

第1章 绪 论

1.1 本课程的研究对象、任务及基本特点

1.1.1 本课程的研究对象

"互换性与几何量测量技术"是机械工程一级学科各专业的一门主干技术基础课，它将"机械设计和制造工艺"系列课程紧密地联系起来，成为架设在技术基础课、专业课和实践教学课之间的桥梁。本课程的主要研究对象是如何进行几何参数的精度设计，即如何通过有关的国家标准，合理解决产品使用要求与制造工艺之间的矛盾，以及如何运用质量控制方法和测量技术手段，保证有关的国家标准的贯彻执行，以确保产品质量。精度设计是从事产品设计、制造、测量等工作的工程技术人员所必须具备的能力。

本课程是从"精度"与"误差"两个方面来分析研究机械零件及机构的几何参数的。设计任何一台机器，都要进行机械的运动设计、结构设计和精度设计。所谓运动设计，也称为系统设计，是指机器的总体设计和部件设计，它要满足机器运动学方面的要求，如机构、机器的轨迹、速度或加速度等。结构设计也称为参数设计，是指机械的零件设计，它要满足机器或部件中零件强度和刚度方面的要求，如构件的长度或截面积、零件的直径和寿命等。精度设计主要是指保证机器或部件工作时的精度方面的要求，以使产品功能与经济效益能产生好的综合效应。

机械精度设计包括总体精度设计和具体结构精度设计。前者主要是指机器或机构的主要参数其精度的确定以及相应各部件的精度要求；后者指部件精度设计计算和零件精度设计计算。本课程侧重于具体结构精度设计，其中，最主要讲述的是机械零件精度设计。

在机械工程中，人们常常要将转动变为直线运动，或者将直线运动转变为转动。例如，冲压机将电动机的转动变为直线运动的冲压运动，而内燃机却将燃油爆燃产生的直线运动变为转动。

在运动设计中，要实现这一功能可以采用很多机构，其中曲柄滑块机构最为普遍，如图1-1所示。根据运动学方面的知识，我们可以求出曲柄滑块机构的各构件的长度和运动学方程。例如，活塞的运动行程 $X_c = r\cos\varphi + \sqrt{L^2 - r^2\sin^2\varphi}$，其中，$r$ 为曲柄长度，L 为连杆长度，φ 是曲柄与运动直线间的夹角。根据这个运动学方程，亦可求出活塞的速度和加速度。

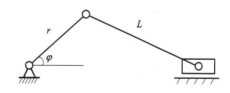

图 1-1 曲柄滑块机构

在结构设计中，要保证曲柄连杆机构的每一个零件的强度和刚度要求，即求出各个零件的截面积或直径。这里以活塞销为例，经过对活塞销的受力分析画出应力图，再经过强度计算可以求出活塞销的直径为 $\phi 8.78$。

精度设计阶段主要包括以下三个方面的内容：第一，确定活塞销的直径，使其满足国家标准的直径系列要求；第二，根据活塞销与连杆和活塞的关系，选用适当的间隙配合；第三，规定活塞销的尺寸精度、几何精度、表面粗糙度。首先，按 GB 2822《标准尺寸》可将活塞销的尺寸圆整为 $\phi 10$。以活塞销与连杆的配合为例，应该取间隙配合。间隙取得大，则振动、噪声大；间隙取得小，则磨损大。取 $\phi 10$ H6/h5 较为合适。最后按国家标准确定活塞销的长度和直径的精度、零件圆柱面相对于两端面的位置精度、圆柱面本身的形状精度以及各个表面的表面粗糙度。

通过上述的例子可以看到几何量精度设计在机械设计过程中的位置。因此，本课程的研究对象是机械或仪器零、部件的几何参数的精度设计及检测原理。更具体地说，就是如何通过有关国家标准，合理解决产品使用要求与制造工艺之间的矛盾，以及如何运用质量控制方法和测量技术手段，保证有关国家标准的贯彻执行，以确保产品质量。几何参数精度设计是从事产品设计、制造、测量等工程技术人员所必须具备的能力。

1.1.2　本课程的任务

本课程旨在培养学生掌握产品精度设计和质量保证的基本理论、知识和技能，为进一步应用国家标准和控制产品质量奠定基础，其基本要求如下：

（1）掌握互换性和标准化的基本概念；

（2）掌握几何量精度设计的基本理论和方法；

（3）根据使用要求正确选用国家标准极限与配合；

（4）能读图，读懂图中每一个要素，同时能正确使用国家标准来标注图，并能标注好图样；

（5）掌握几种典型几何量的检测方法，并会使用常用的计量工具。

总之，本课程的任务是使学生掌握机械工程师必须掌握的机械精度设计和检测方面的基本知识和基本技能。此外，在后续课程中，例如机械零件设计、工艺设计、毕业设计中，学生都应正确、完整地把本课程的知识应用到工程实际中。

1.1.3　本课程的基本特点

本课程由几何量精度设计及检测两部分组成。前者属于标准化范畴，主要研究几何参数的精度设计；后者属于工程计量学范畴，主要研究几何量测量技术的基本原理、测量方法、测量误差及数据处理。此外，本课程从"精度"和"误差"的观点出发，研究零、部件几何参数的互换性。因此，本课程的特点是：概念性强，定义、术语多，涉及面广，符号、代号多，标准、规定多；实践性强，对具体工程存在标准原则和合理应用的矛盾等。尽管本课程概念很多，涉及面广，但各部分都围绕着以保证互换性为主的精度设计问题来介绍各种典型零件几何精度的概念，分析各种零件几何精度的设计方法，论述各种零件的检测规定等。因此，在学习中应注意及时总结归纳，找出它们之间的关系。学生要认真按时完成作业，认真做实验和写实验报告。几何量精度设计在课堂上完成，检测部分在实验中完成。

附：加工误差与公差

由于本课程主要介绍加工误差与公差，下面首先给出其基本概念。

任何一台机器的零件都是按一定的工艺过程通过加工而得到的。由于加工设备与工艺方法不完善，因此不可能做到使零件的尺寸和形状都绝对符合理想状态，设计参数与实际参数之间总是有误差的。为了保证零件的使用性能及制造的经济性，设计时必须合理地提出几何精度要求，即规定公差值，把加工误差限制在允许的范围内。

1. 加工误差

在加工过程中，始终存在着误差，这就是误差公理。加工工件时，必然会产生误差，只要误差的大小不影响机器的使用性能，是允许存在一定的误差的。加工误差分类如下：

（1）尺寸误差：指加工后一批零件的实际尺寸相对于理想尺寸的偏差范围，如直径误差、长度误差等。当加工条件一定时，尺寸误差表征该加工方法的精度。例如，磨某一零件所得到的尺寸偏差正态分布曲线即表征该磨床的加工精度。

（2）形状误差：指零件上几何要素的实际形状相对于其理想形状的偏离量，如圆度误差、直线度误差等。它是从整个形体来看在形状方面存在的误差，故又称为宏观几何形状误差。

（3）位置误差：指零件上几何要素的实际位置相对于其理想位置的偏离量，如同轴度误差、垂直度误差等。

（4）表面粗糙度：指加工表面上具有的较小间距和峰谷所组成的微观几何特性。其特点是具有微小的波形，故又称为微观几何形状误差。

（5）表面波度：是指介于宏观和微观几何形状误差之间的一种表面形状误差。其特点是峰谷和间距要比表面粗糙度大得多，并且在零件表面呈周期性变化。通常认为波距在 1～10 mm 范围内的表面形状误差属于表面波度。

上述各项误差统称为几何参数误差。

2. 公差

公差是指允许工件尺寸、几何形状和相互位置变动的范围，用来限制加工误差，即公差是用来控制误差的，以保证零件的使用性能。由于误差产生的原因及其对零件使用性能的影响不同，因此在精度设计时，规定公差的原则和方法也不同。公差来源于误差产生规律，反过来控制误差；误差则直接产生于生产实践中。只有一批零件的加工误差控制在产品性能所允许的变动范围内，才能使零、部件具有互换性。可见，公差是保证零、部件互换性的基本条件。

1.2 互 换 性

在进行机械零件几何精度设计的过程中，应遵循互换性原则、经济性原则、匹配性原则和最优化原则。

1.2.1 互换性的概念

我们在日常生活和工作中经常遇到关于互换性的实例。例如自行车、手表、汽车和拖拉机等零件坏了，可以迅速换上一个新的，并且在更换与装配后，能很好地满足使用要求。

之所以能这样方便，就是因为这些零件都具有互换性。

国家标准 GB 3935.1—83 对互换性是这样定义的：互换性是某一产品（包括零件、部件、构件）与另一产品在尺寸、功能上能够彼此互相替换的性能。由此可见，要使产品能够满足互换性的要求，不仅要使产品的几何参数（包括尺寸、宏观几何形状、微观几何形状）充分近似，而且要使产品的机械性能、理化性能以及其他功能参数充分近似。

在机械行业中，互换性的含义可阐述如下：机械制造中的互换性是指按规定的几何、物理及其他质量参数的公差来分别制造机器的各个组成部分，使其在装配与更换时不需辅助加工及修配便能很好地满足使用和生产上的要求。

显然，互换性应该同时具备三个条件：第一，不经选择；第二，不需辅助加工和修配；第三，满足规定的功能要求。

机械制造中要使零件具有互换性，不仅要求决定零件特性的技术参数的公称值相同，而且要求将其实际值的变动限制在一定范围内，以保证零件充分近似，即应按"公差"来制造。公差是允许的实际参数值的最大变动量。

当前，互换性原则已经成为组织现代化生产的一项重要技术经济原则。它已经在生产资料和生活资料的各部门被普遍、广泛地采用。

按西方人的观点，互换性的应用最早出现在美国南北战争时期。1798 年，美国开始进行互换性的研究，应用极限验规制造了枪。但是，俄国的应用似乎更早一些，1760 年，俄国土里斯基兵工厂应用互换性进行生产。1912 年，日本应用互换性进行生产。1931 年，我国沈阳兵工厂应用互换性进行生产。然而，早在战国时代，我国就开始应用互换性了。秦始皇兵马俑出土的弩机（扳机）和青铜镞、铜人、铜车马就是用互换性的方法生产出来的。

1.2.2　互换性的分类

1. 按参数特性或使用要求分类

按参数特性或使用要求分类，互换性可分为几何互换性和功能互换性。

1）几何互换性

几何互换性是指按规定几何参数的公差来保证成品的理论几何参数与实际几何参数充分近似而达到的互换性。几何互换性为狭义互换性，即通常所讲的互换性，有时也局限于指保证零件尺寸配合要求的互换性。

2）功能互换性

功能互换性是指按规定功能参数的公差所制造的产品达到的互换性。功能参数除包括几何参数外，还包括其他一些参数，如材料机械性能参数以及化学、光学、电学和流体力学等参数。功能互换性为广义互换性，往往着重于保证除尺寸配合要求以外的其他功能要求。例如，在内燃机中铝活塞环就不能代替铸铁活塞环。

2. 按零、部件互换性程度分类

按零、部件互换性程度分类，互换性可分为完全互换和不完全互换。

1）完全互换

完全互换也称为绝对互换，即满足互换性条件的互换，是指同种零、部件加工好以后，不需经过任何挑选、调整或修配等辅助处理，在功能上便具有彼此互相替换的性能。完全互换性包括概率互换性(大数互换性)，这种互换性以一定置信水平为依据(例如置信水平为95％、99％等)，使同种的绝大多数零、部件加工好以后不需经任何挑选、调整或修配等辅助处理，在功能上即具有彼此互相替换的性能。

2）不完全互换

不完全互换也称为有限互换，是指同种零、部件加工好以后，在装配前需经过挑选、调整或修配等辅助处理，在功能上才具有彼此互相替换的性能。不完全互换性按实现方法的不同又可分为以下几种。

（1）分组互换：是指同种零、部件加工好以后，在装配前要先进行检测分组，然后按组进行装配，仅仅同组的零、部件可以互换，组与组之间的零、部件不能互换。例如有些滚动轴承内、外圈滚道与滚动体的结合，活塞销与活塞销孔、连杆孔的结合，都是分组互换的。

（2）调整互换：是指同种零、部件加工好以后，在装配时要用调整的方法改变它在部件或机构中的尺寸或位置方能满足功能要求。例如，燕尾导轨中的调整镶条在装配时要沿导轨移动方向调整它的位置，方可满足间隙的要求；圆锥齿轮在装配时，要调整两组调整垫片，以保证圆锥齿轮转动时，假想中的分度圆锥在作纯滚动。

（3）修配互换：指同种零、部件加工之后，在装配时要用去除材料的方法改变它的某一实际尺寸的大小方能满足功能上的要求。例如，普通车床尾座部件中的垫板在装配时要对其厚度再进行修磨，方可满足普通车床头、尾顶尖中心的等高要求。

从使用要求出发，人们总希望零件都能完全互换，实际上大部分零件也能做到。但有些情形，如受限于加工零件的设备精度、经济效益等因素，要做到完全互换就显得比较困难或不够经济，这时就只有采用不完全互换的方法了。

3. 按标准部件或机构分类

按标准部件或机构分类，互换性可分为外互换和内互换。

1）外互换

外互换是指部件或机构与其外部配件间的互换性。例如，滚动轴承内圈内径与轴的配合，外圈外径与轴承座孔的配合。

2）内互换

内互换是指部件或机构内部组成零件的互换性。例如，滚动轴承内、外圈滚道直径与滚珠(滚柱)直径的装配。

为了使用方便，滚动轴承的外互换为完全互换；其内互换因组成零件的精度要求高，加工困难，故采用分组装配，为不完全互换。

一般而言，不完全互换只限于部件或机构制造厂内部的装配。至于厂外协作，即使产量不大，往往也要求完全互换。

采用完全互换、不完全互换或者修配，要由产品精度要求与复杂程度、产量大小、生产设备和技术水平等一系列因素决定。

1.2.3 互换性的作用

广义来讲，互换性已经成为国民经济各个部门生产建设中必须遵循的一项原则。现代机械制造中，无论大量生产还是单件生产，都应遵循这一原则。任何机械的生产，其设计过程都是从整机到部件再到零件。无论设计过程还是制造过程，都要把互换性的原则贯彻始终。

从使用方面来看,若零件具有互换性,则在其磨损或损坏后,可用另一新的备件代替。例如,汽车和拖拉机的活塞、活塞销、活塞环等就应有这样的备件。由于备件具有互换性,因而不仅维修方便,而且使机器的维修时间和费用显著减少,可保证机器工作的连续性和持久性,从而显著提高了机器的使用价值。例如,在发电厂要迅速排除发电设备的故障,继续供电;在战场上要立即排除武器装备的故障,继续战斗。在这些场合保证零、部件的互换性是绝对必要的,而且互换性所起的作用也很难用价值来衡量。

从制造方面来看,按互换性原则组织生产是提高生产水平和进行文明生产的有效途径。装配前,由于零、部件具有互换性,不需辅助加工和修配,因此能减轻装配工的劳动量,缩短装配周期,并且可以使装配工作按流水作业方式进行,甚至进行自动装配,从而使装配生产率大大提高。在加工过程中,由于零件各几何参数都规定了公差,因此同一部机器上的各个零件可以同时分别加工。用得极多的标准件还可由专门车间或工厂单独生产。这些标准件产品单一、数量多、分工细,可采用高效率的专用设备甚至采用计算机辅助加工。这样,产量和质量必然会得到提高,成本也会显著降低。

从设计来讲,由于采用的是按互换性原则设计和生产的标准零件和部件,因此可简化绘图、计算等工作,缩短设计周期,并且便于用计算机进行辅助设计。这对发展系列产品和促进产品结构、性能的不断改进都有重大作用。

随着科学技术的发展,现代制造业已由传统的生产方式发展到利用数控技术(NC、CNC)、计算机辅助设计(CAD)、计算机辅助制造(CAM)、计算机辅助制造工艺(CAPP)、柔性制造系统(FMS)、计算机集成制造系统(CIMS)等进行现代化生产。这些先进制造技术无一不对互换性提出了严格的要求,也无一不遵循互换性原则。所以,互换性是现在和今后生产中不可缺少的生产原则和有效的技术措施。

1.2.4 互换性的实现

在制造业实现互换性,就要严格按照统一的标准进行设计、制造、装配、检验等。因为现代制造业分工细,生产规模大,协作工厂多,互换性要求高,因此必须严格按标准协调各个生产环节,才能使分散、局部生产部门和生产环节保持技术统一,使之成为一个有机的生产系统,以实现互换性生产。

1.3 标准化与优先数系

1.3.1 标准

标准是指根据科学技术和生产经验的综合成果,在充分协商的基础上,对技术、经济和具有相关特征的重复性事物由主管机构批准,以特定形式颁布统一的规定,作为共同遵守的准则和依据。

标准也可以说是对重复性事物或概念所做的统一规定。例如,对纸而言,有 8 开、16 开、32 开;对图纸而言,有 A0、A1、A2、A3、A4、A5。又如,对机械制图投影象限的选择,中国取第一象限,日本取第三象限,英国取第一和第三象限。这都是大家公认的标准。

1. 标准的分类

标准的种类繁多，从不同角度可对标准进行不同的分类。习惯上将标准分为三类：技术标准、管理标准和工作标准。本书仅介绍技术标准。技术标准是指为科研、设计、制造、检验和工程技术、产品、技术设备等制定的标准，其涉及面广，种类繁多，一般可归纳为以下几种。

1）基础标准

基础标准是指技术生产活动中最基本、最具有广泛指导意义的标准，它是最具一般共性、通用性的标准，如机械制图、法定计量单位、优先数系、表面粗糙度、极限与配合以及通用的名词术语等标准。本课程主要涉及的是基础标准。

2）产品标准

产品标准又可分为品种系列标准和产品质量标准，主要是对产品的类型、尺寸、主要性能参数、质量指标、试验方法、验收规则、包装、运输、使用、存储、安全、卫生、环保等方面制定的标准。如仪器、仪表和农用柴油机都有不同的具体产品标准。

3）方法标准

方法标准是指对试验、检验、分析、统计、测量等对象所制定的标准，如机械零件的测量方法、内燃机的台架试验方法、药品成分的检验方法等标准。

4）安全卫生与环保标准

安全卫生与环保标准是指关于技术设备、人身安全、卫生和环保等方面的标准。

2. 标准的管理体制

标准可按不同的级别颁布。从国际范围看，有国际标准与区域性标准。我国的技术标准分为国家标准、部标准（行业标准）、地方标准和企业标准四个层次。

1）国际标准

为了便于国际间的物流，扩大文化、科学技术和经济上的合作，在世界范围内促成标准化工作的发展，1947 年 2 月 23 日，国际上成立了国际标准化组织（简称 ISO），其主要职责是负责制定国际标准，协调世界范围内的标准化工作并传播交流信息，与其他国际组织合作，共同研究相关问题。ISO 是一个世界范围的国家级标准化组织（ISO 成员）的联合会，国际标准的制定工作由 ISO 各技术委员会进行。每个成员组织对某一主题的技术委员会感兴趣，就有权参加该委员会的工作，其他与 ISO 协作的政府间或非政府间的国际组织也可以参加工作。ISO 与 IEC（国际电工委员会）就所有有关电工技术标准化的内容进行密切合作。由技术委员会提出国际标准草案，散发给各成员组织，由各成员组织投票表决，至少需要 75％的赞成票才能作为国际标准公布。由于国际标准集中反映了众多国家的现代科技水平，因此考虑到国际技术交流和贸易的需要，我国于 1979 年恢复参加了 ISO 组织，并提出坚持与国际标准统一协调，坚持结合国情，坚持高标准、严要求、促进技术进步的三大原则，在国际标准的基础上修订或制定了各项国家标准。

目前，我国采用国际标准的方式有以下三种：第一，等同采用，即国家标准的技术、内容完全与国际标准相同，且编写与国际标准相当；第二，等效采用（EQV），即在技术、内容上国家标准与国际标准完全相同，仅在编写上不完全与国际标准相同；第三，不等效采用（NEQ），即在技术上国家标准与国际标准不相同。目前我国已加入国际世贸组织

（WTO），因此在技术、经济上采用国际标准会有明显的发展，其结果必将有力地促进我国科学技术的进步，进一步扩大改革开放，开拓国际市场，增强国际市场的竞争力。

2）区域性标准

区域性标准主要是指欧洲及北美标准。例如，美国和加拿大两国制定的统一螺纹标准为北美标准。

3）国家标准（GB）

GB 表示国家强制标准，GB/T 表示国家推荐标准。国家标准是对全国技术、经济发展有重大意义又必须制定的全国范围内统一的标准，如要在全国范围内统一的名词术语，基础标准，基本原材料，重要产品标准，基础互换性标准，通用零、部件和通用产品的标准等。

4）行业标准（原部颁标准或专业标准）

行业标准主要指全国性的各专业范围内统一的标准，如原石油工业部的石油标准（SY）、原机械工业部的机械标准（JB）、原轻工业部的轻工标准（QB）等。

5）地方标准

地方标准是指省、直辖市、自治区制定的各种技术经济规定。例如，"沪 Q"、"京 Q"分别表示上海、北京的地方标准。

6）企业标准（QB）

通常未制定国标、部标的产品应制定企业标准。通常鼓励企业标准严于国家标准或行业标准，以提高企业的产品质量。

1.3.2 标准化

在机械制造中，标准化是广泛实现互换性的前提，同时也是实现互换性的基础。

标准化的定义是：对标准的制定、贯彻、执行等一系列过程。或者说，标准化是指在经济、技术、科学及管理等社会实践中，对重复性事物和概念通过制定、发布和实施标准达到统一，以获得最佳秩序和社会效益。可见，标准化不是一个孤立的概念，而是一个包括制定、贯彻、修订标准，循环往复、不断提高的过程。在此过程中，贯彻标准是核心环节，若没有贯彻标准环节，则标准化便失去了应有的意义。

各国经济发展的过程表明，标准化是实现现代化的重要手段之一，也是反映现代化水平的重要标志之一。随着科技和经济的发展，我国的标准化水平日益提高，在发展产品种类，组织现代化生产，确保互换性，提高产品质量，实现专业化协作生产，加强企业科学管理和产品售后服务等方面发挥了积极的作用，推动了技术、经济和社会的发展。

标准化是组织现代化生产的一个重要手段，是实现专业化协调生产的必要前提，是科学管理的重要组成部分。同时，标准化又是联系科研、生产、物流、使用等方面的纽带，是社会经济合理化的技术基础，还是发展经贸、提高产品在国际市场上竞争能力的技术保证。此外，在制造业，标准化是实现互换性生产的基础和前提。总之，标准化直接影响科技、生产、管理、贸易、安全、卫生、环境保护等诸多方面，必须坚持贯彻执行标准，不断提高标准化水平。

1972 年以 ISO 名义出版了由桑德斯主编的《标准化的目的与原理》一书，书中所阐述的标准化的基本原理为英、法、美、日所普遍接受。这些原理包括简化原理、一致同意原理、实验价值原理、选择固定原理、定期修改原理、检验测试原理和法律强制原理。书中还概括了标准化的特征以及制定和贯彻标准的全过程。在我国由于意见不统一，因此关于标准化的基本原理没有一致的说法，但以下五点是统一的：简化、统一、协调、优化和重复利用。

1.3.3 优先数系和优先数

1. 数值的传播

在生产中，当选定一个数值作为某种产品的参数指标时，这个数值就会按一定的规律向一切相关的制品、材料等的有关参数指标传播扩散。例如，汽车发动机的功率和转速的数值确定后，不仅会传播到有关机器的相应参数上，还必然会传播到其本身的轴、轴承、键、齿轮、联轴节等一整套零、部件的尺寸和材料特性参数上，并将传播到加工和检验这些零、部件的刀具、量具、夹具及专用机床等相应参数上。这种技术参数的传播在生产实践中是极为普遍的，既发生在相同量值之间，也发生在不同量值之间，并且跨越行业和部门的界限，这种情况称为数值的横向传播。

在商品生产中，为了满足用户各种各样的要求，同一品种的某个参数要从大到小取不同的值，从而形成不同规格的产品系列。这个系列确定得是否合理，与所取的数值如何分挡、分级直接有关。数值分级称为数值的纵向传播。

工程技术参数数值即使存在很小的差别，经过反复传播也会造成尺寸规格的繁多和杂乱，给生产组织、协作配套以及使用维修带来很大的困难。因此，各种技术参数的数值都不能随意确定，对同种产品或同种参数亦不能随意分级，必须从全局出发加以协调。此外，从方便设计、制造（包括协作配套）、管理、使用和维修等方面来考虑，技术参数的数值也应该进行适当的简化和统一。

2. 对数系的要求

如前所述，在工业生产中需要用统一的数系协调各部门的生产。对各种技术参数分级已成为现代工业生产的需要。因此，对数系有下列要求：

（1）彼此相关，疏密适当；

（2）能两端延伸和中间插入；

（3）两相邻数的相对差为定值；

（4）积商后仍为数系中的数；

（5）采用十进制。

可将等差数列和等比数列进行比较，见表 1-1。

表 1-1 数 列 比 较

数列	例　子	相　对　差	圆面积（$A=(\pi/4)d^2$）
等差数列	$1,2,3,4,\cdots,10,11,\cdots$	$(2-1)/1\times100\%=100\%$， $(11-10)/10\times100\%=10\%$	$A=(\pi/4)(d+1)^2$
等比数列	$1,q,q^2,q^3,\cdots,q^{n-1},q^n,\cdots$	$(q^n-q^{n-1})/q^{n-1}\times100\%=(q-1)\times100\%$	$A=(\pi/4)d^2q^2$

从表 1-1 中可以看出，等差数列两个相邻数的相对差不为定值，并且圆面积 $A=\pi/4$ $(d+1)^2$ 展开后是一个多项式；而等比数列（几何级数）两个相邻数的相对差为定值，圆面

积 $A=(\pi/4)d^2q^2$ 仍可能为数列中的数，这样的运算具有封闭性，能够实现更为广泛的数值统一。因此，工程上的主要技术参数若按十进制几何级数分级，则经过数值传播后，与其相关的其他量值也有可能按同样的数值规律分级。

3. 优先数系

1) 基本系列

先考察一个几何级数：

$$\cdots, aq^0, aq^1, aq^2, aq^3, aq^4, aq^5, aq^6, aq^7, \cdots, aq^n, \cdots$$

现要求在这个级数中建立一个数系，该数系每隔 5 项数值增加为原来的 10 倍，即令 $aq^5=10aq^0$，$a=1$，所以 $q_5=\sqrt[5]{10}\approx1.6$。由此得出，该数列是公比为 $q_5=\sqrt[5]{10}$ 的等比数列：1.00，1.60，2.50，4.00，6.30，10.00。这个数列称为 R5 系列。

又令 $aq^{10}=10aq^0$，即该数系每隔 10 项数值增加为原来的 10 倍，令 $a=1$，所以 $q_{10}=\sqrt[10]{10}\approx1.25$，则又得一数列：1.00，1.25，1.60，2.00，2.50，3.15，4.00，5.00，6.30，8.00，10.00。这个数列称为 R10 系列。同理可得公比为 $q_{20}=\sqrt[20]{10}\approx1.12$ 和公比为 $q_{40}=\sqrt[40]{10}\approx1.06$ 的 R20、R40 数系。国家标准 GB 321—80 规定，R5、R10、R20、R40 四个系列是优先数系中的常用系列，称为基本系列。该系列各项数值如表 1-2 所示。其代号为：系列无限定范围时，用 R5、R10、R20、R40 表示；系列有限定范围时，应注明界限值。例如，R10(1.25···)表示以 1.25 为下限的 R10 系列；R20(···45)表示以 45 为上限的 R20 系列；R40(75···300)表示以 75 为下限，以 300 为上限的 R40 系列。

表 1-2　优先数系的基本系列(常用值)(摘自 GB 321—80)

R5	1.00		1.60		2.50		4.00		6.30		10.00
R10	1.00	1.25	1.60	2.00	2.50	3.15	4.00	5.00	6.30	8.00	10.00
R20	1.00	1.12	1.25	1.40	1.60	1.80	2.00	2.24	2.50	2.80	3.15
	3.55	4.00	4.50	5.00	5.60	6.30	7.10	8.00	9.00	10.00	
R40	1.00	1.06	1.12	1.18	1.25	1.32	1.40	1.50	1.60	1.70	1.80
	1.90	2.00	2.12	2.24	2.36	2.50	2.65	2.80	3.00	3.15	3.35
	3.55	3.75	4.00	4.25	4.50	4.75	5.00	5.30	5.60	6.00	6.30
	6.70	7.10	7.50	8.00	8.50	9.00	9.50	10.00			

由于这些数列是法国人雷诺发明的，因此将这些数列分别写做 R5、R10、R20、R40 系列。雷诺在 1877 年为减少系汽球的绳索尺寸种类，按等比数列分级，将 425 种绳索规格整理简化为 17 种。

2) 补充系列

R80 系列称为补充系列。公比 $q_{80}=\sqrt[80]{10}\approx1.03$，其代号表示方法同基本系列。

以上是国家标准 GB 321—80 规定的五种优先数系，与国际标准 ISO 03—1973 相同。

3) 变形系列

变形系列主要有三种：派生系列、移位系列和复合系列。

(1) 派生系列。派生系列是从基本系列或补充系列 Rr 中(其中 $r=5$，10，20，40，80)，每隔 p 项取值导出的系列，即从每相邻的连续 p 项中取一项而形成的等比系列。派生系列的代号表示方法如下所述。

系列无限定范围时，应指明系列中含有的一个项值，但是如果系列中含有项值 1，则可简写为 Rr/p。例如，R10/3 表示系列为…，1.00，2.00，4.00，8.00，16.00，…；R10/3（…80…）表示含有项值 80 并向两端无限延伸的派生系列。

系列有限定范围时，应注明界限值。例如，R20/4（112…）表示以 112 为下限的派生系列；R40/5（…60）表示以 60 为上限的派生系列；R5/2（1…10 000）表示以 1 为下限、以 10 000 为上限的派生系列。

派生系列的公比为 $q_{r/p}=(\sqrt[r]{10})^{p}$。

例如，派生系列 R10/3，它的公比 $q_{10/3}=(\sqrt[10]{10})^{3}\approx2$。首先，写出 R10 系列如下：

1.00，1.25，1.60，2.00，2.50，3.15，4.00，5.00，6.30，8.00，10.00

由于第一项是 1，因此 R10/3 系列为 1.00，2.00，4.00，8.00，…。同理可以得出，R10/3（1.25…）系列为 1.25，2.50，5.00，10.00，…。

（2）移位系列。移位系列也是一种派生系列，它的公比与某一基本系列相同，但项值与该基本系列不同。例如，项值从 2.58 开始的 R80/8 系列是项值从 2.50 开始的 R10 系列的移位系列，即

R80/8：2.58，3.25，4.12，…

R10：2.50，3.15，4.00，…

则 R80/8 为 R10 系列的移位系列，其公比与 R10 系列相同。

（3）复合系列。复合系列是指由几个公比不同的系列组合而成的变形系列，或以某一系列为主，从中删去个别数值，而加上邻近系列的数值形成的系列，即从一个系列或多个系列中取值。例如：10，16，25，35.5，47.5，63，80，100 即为一个复合系列。其中 10，16，25 为 R5 系列；25，35.5 为 R20/3 系列；35.5，47.5，63 为 R40/5 系列；63，80，100 为 R10 系列。0.6～3600 kW 感应电动机系列也是一个复合系列。

4. 优先数

优先数系的五个系列（R5，R10，R20，R40 和 R80）中任一个项值均称为优先数。根据其取值的精确程度，优先数的数值可分为以下几种。

1）优先数的理论值

理论值即理论等比数列的项值。如 R5 理论等比数列的项值有 1，$\sqrt[5]{10}$，$(\sqrt[5]{10})^{2}$，$(\sqrt[5]{10})^{3}$，$(\sqrt[5]{10})^{4}$，10 等。理论值一般是无理数，不便于实际应用。

2）优先数的计算值

计算值是对理论值取五位有效数字的近似值，同理论值相比，其相对误差小于 1/20 000，用于精确计算。例如 1.60 的计算值为 1.5849。

3）优先数的常用值

常用值即通常所称的优先数，取三位有效数字进行圆整后规定的数值是经常使用的，如表 1-2 所示。

4）优先数的化整值

化整值是对基本系列中的常用数值作进一步圆整后所得的值，一般取两位有效数字，供特殊情况使用。例如 1.12 的化整值为 1.1，6.3 的化整值为 6.0，31.5 的化整值为 30，

等等。又如，齿轮齿数为 31.5 时，取 32。

5. 优先数系的应用

（1）在一切标准化领域中应尽可能采用优先数系。优先数系不仅应用于标准的制定，而且在技术改造设计、工艺、实验、老产品整顿简化等诸多方面都应加以推广，尤其在新产品设计中，更要遵循优先数系。即使现有的旧标准、旧图样和旧产品，也应结合标准进行修订或技术整顿，逐步地向优先数系过渡。此外还应注意，优先数系不仅用于产品设计，也用于零、部件设计，在积木式组合设计和相似设计中，更应使用优先数系；另外有些优先数系（如 R5 系列）还可用于简单的优选法。

（2）区别对待各个参数采用优先数系的要求。基本参数、重要参数及在数值传播上最原始或涉及面最广的参数，应尽可能采用优先数。对其他各种参数，除非由于运算上的原因或其他特殊原因不能采用优先数（例如两个优先数的和或差不再为优先数），原则上都应采用优先数。

对于有函数关系的参数，如 $y = f(x)$，自变量 x 参数系列应尽可能采用优先数系的基本系列。若函数关系为组合特性的多项式，因变量 y 一般不再为优先数，则当条件允许时，可圆整为与它最接近的优先数。当待定参数互为自变量时，尤其当函数式为组合特性的多项式时，应注意仔细分析选取哪些参数为自变量更符合技术经济利益。一般而言，当各种尺寸参数有矛盾，不能都为优先数时，应优先使互换性尺寸或连接尺寸为优先数；当尺寸参数与性能参数有矛盾，不能都为优先数时，宜优先使尺寸参数为优先数。这样便于配套维修，可使材料、半成品和工具等简化统一。

（3）按"先疏后密"的顺序选用优先数系。对自变量参数尽可能选用单一的基本系列，选择的优先顺序是：R5、R10、R20、R40。只有在基本系列不能满足要求时，才采用公比不同，由几段组成的复合系列。如果基本系列中没有合适的公比，则也可用派生系列，并尽可能选用包含有项值 1 的派生系列。对于复合系列和派生系列，也应按"先疏后密"的顺序选用。

1.4　极限与配合标准以及检测技术的发展

1.4.1　极限与配合标准的发展概况

生产的不断发展必然要求企业内部有统一的极限与配合标准，以扩大互换性生产的规模和相应的机器配件的供应。1902 年，英国伦敦以生产剪羊毛机为主的纽瓦尔（Newall）公司编辑出版的《极限表》是最早的极限制。

1906 年，英国颁布了国家标准 B. S. 27。1924 年英国又制定了国家标准 B. S. 164。1925 年美国出版了包括公差制在内的美国标准 A. S. A. B 4a。上述标准即为初期的公差标准。

在公差标准的发展史上，德国的标准 DIN 占有重要位置，它在英、美初期公差制的基础上有了较大发展。其特点是采用了基孔制和基轴制，并提出了公差单位的概念，将精度等级和配合分开，规定了标准温度（20℃）。1929 年苏联也颁布了一个"公差与配合"标准。

生产的发展也使国际间的交流愈来愈多，1926 年，国际标准化协会（ISA）成立了，其中第三技术委员会(ISA/TC3)负责制定公差与配合标准,秘书国为德国。在总结DIN(德国)、AFNOR(法国)、BSS(英国)等公差制的基础上,1932年提出了国际制ISA的议案,1935年公布了国际公差制ISA的草案,1940年正式颁布国际公差标准ISA。第二次世界大战以后,1947年2月国际标准化组织重建,改名为ISO,仍由第三技术委员会(ISO/TC3)负责公差配合标准,秘书国为法国。ISO/TC3在ISA公差的基础上制定了新的ISO公差与配合标准。此标准于1962年公布,其编号为ISO/R 286—1962(极限与配合制)。以后又陆续公布了ISO/R 1938—1971(光滑工件的检验)、ISO 2768—1973(未注公差尺寸的允许偏差)、ISO 1829—1975(一般用途公差带选择)等,逐渐形成了现行国际公差标准。

在过去,我国工业落后,加之帝国主义侵略,军阀割据,根本谈不上统一的公差标准。那时所采用的标准非常混乱,有德国标准DIN、日本标准JIS、美国标准A. S. A、英国标准B. S以及国际标准ISA。1944年,旧经济部中央标准局曾颁布过中国标准CIS(完全借用ISA),实际上也未执行。随着社会主义建设的发展,我国吸收了一些国家在公差标准方面的经验以后,于1955年由第一机械工业部颁布了第一个公差与配合的部颁标准。1959年由国家科委正式颁布了"公差与配合"国家标准(GB 159~174—59)。接着又陆续制定了各种结合件、传动件、表面光洁度以及表面形状和位置公差等的标准。随着四个现代化建设的需要,目前国家科委在国家技术监督局的领导下正逐步对原有标准进行修订,使之适应我国工业发展的水平。

随着微型计算机的发展应用,20世纪70年代末国际上已出现了计算机辅助公差设计(CAT)的研究,近几年来该研究更成了热门课题。我国部分高等学校,如浙江大学、重庆大学等,近几年来也积极开展这方面的研究,并已取得了可喜的成绩。可以预计,随着该研究的进一步深入,传统的、以经验为主的公差设计方法将被CAT所代替。

1.4.2 检测技术的发展概况

要进行测量,首先需要有计量单位和计量器具。长度计量在我国具有悠久的历史,早在商朝时期(至今约3100~3600年),就已有了象牙制成的尺;到了秦朝,已统一了度量衡。公元9年(即西汉末王莽始建国元年)已制成了铜质的卡尺,可测车轮轴径、板厚和槽深,其最小读数值为一分。但是由于我国长期处于封建统治下,因此科学技术未能得到发展,计量技术也停滞不前。

18世纪末期,欧洲工业的发展要求统一长度单位。1791年法国政府决定以通过巴黎的地球子午线的四千万分之一作为长度单位米。之后制成了一米的基准尺,称为档案米尺。该尺的长度由两端面的距离决定。

1875年,国际米尺会议决定制造具有刻线的基准尺,该基准尺采用铂铱合金制成(含铂90%,铱10%)。1888年国际计量局接收了一些工业发达国家制造的共31根基准尺,经与档案米尺进行比较,发现其中No6最接近档案米尺,于是在1889年召开的第一届国际计量大会上规定将该尺作为国际米原器(即米的基准)。

随着科学技术的发展,人们发现地球子午线有变化,米原器的金属结构也不够稳定,因而提出要从长期稳定的物理现象中找出长度的自然基准。1960年10月召开的第十一届国际计量大会规定采用氪的同位素 Kr^{86} 在真空中的波长来定义米,即米等于 Kr^{86} 原子的 $2p_{10}$ 和 $5d_5$ 能级之间跃迁所对应的辐射在真空中的 1 650 763.73 个波长的长度,精度

为 1×10^{-8}。

随着科学技术的发展，后来发现稳频激光的波长比 Kr^{86} 的波长更稳定，精度更高（甲烷稳定的激光系统其波长为 $3.39~\mu m$，精度为 1×10^{-11}），因此以它作为米的新定义似乎更理想。但是，为了避免今后发现一种更稳定的光波又更改一次米的定义，在 1983 年第十七届国际计量大会上通过了以光速定义米的新定义，即米是光在真空中于 1/299 792 458 秒时间间隔内的行程长度。这就是目前所使用的米的定义。

伴随长度基准的发展，计量器具也在不断改进。1926 年德国 Zeiss 厂制成了小型工具显微镜，1927 年该厂又生产了万能工具显微镜。从此，几何参数计量的精确度、计量范围随着生产的发展而飞速发展：精度由 0.01 mm 提高到 0.001 mm、0.1 μm 甚至 0.01 μm；测量范围由两维空间（如工具显微镜）发展到三维空间（如三坐标测量机）；测量的尺寸范围从集成元件上的线条宽度到飞机的机架；测量自动化程度从人工对准刻度尺读数发展到自动对准、计算机处理数据、自动打印或自动显示测量结果。

这里还应提到的是在 20 世纪 80 年代中期由 Bining 和 Rohrer 研制成功并于 1986 年获诺贝尔奖的隧道显微镜，该仪器的分辨率可达 0.01 nm，可测原子或分子的尺寸或形貌。这就为微尺寸的测量打开了新的篇章。

以前，我国没有计量仪器制造厂。后来随着生产的迅速发展，新建和扩建了一批计量仪器制造厂，如哈尔滨量具刃具厂、成都量具刃具厂、上海光学仪器厂、新添光学仪器厂、北京量具刃具厂以及中原量仪厂等。这些厂为我国成批生产了万能工具显微镜、万能渐开线检查仪、触针式粗糙度检查仪、接触式干涉仪、干涉显微镜、电感测微仪、气动量仪、圆度仪、三坐标测量机以及齿轮单啮仪等，满足了我国工业生产发展的需要。

为了做好计量管理和开展科学研究工作，1955 年我国成立了国家计量局（现为国家质量技术监督局的计量司），以后又设立了中国计量科学研究院，各省、市、县也相应地成立了从事计量管理、检定和测试的机构。现在，我国在计量、测试科学的研究工作中也取得了很大的成绩。自 1962～1964 年建立了 Kr^{86} 长度基准以来，又先后制成了激光光电光波比长仪、激光二坐标测量仪、激光量块干涉仪，从而使我国的线纹尺和量块测量技术达到了世界先进水平。此外，我国研制成功并进行小批生产的激光丝杆动态检查仪、光栅式齿轮全误差测量仪等均进入了世界先进行列。近年来我国又相继开发出了隧道显微镜和原子力显微镜，在纳米测量技术方面也紧跟世界先进水平。可以预言，随着新的测量理论与数据处理方法的突破，我国的计量测试技术将取得更大的发展。

习 题 1

1-1 按优先数的基本系列确定优先数。

(1) 一个数为 10，按 R5 系列确定后五项优先数。

(2) 一个数为 100，按 R10/3 系列确定后三项优先数。

1-2 试写出 R10 优先数系从 1 到 100 的全部优先数（常用值）。

1-3 普通螺纹公差从 3 级精度开始其公差等级系数为 0.50、0.63、0.80、1.00、1.25、1.60、2.00。试判断它们属于优先数系中的哪一种？其公比是多少？

第2章 测量技术基础

2.1 概　述

在生产和科学实验中，经常需要对各种量进行测量。所谓测量，就是把被测量与复现计量单位的标准量进行比较，从而确定被测量量值的过程。在测量中假设 L 为被测量值，E 为采用的计量单位，那么，它们的比值为

$$q = \frac{L}{E} \tag{2-1}$$

式(2-1)表明，在被测量值一定的情况下，比值的大小完全决定于所采用的计量单位，且成反比关系。同时，计量单位的选择取决于被测量值所要求的精确程度，因此，经比较而确定的被测量值为 $L = qE$。由此可知，任何一个测量过程必须有被测的对象和所采用的计量单位，还有测量的方法和测量的精确度。因此，测量过程包括测量对象、计量单位、测量方法及测量精确度四个因素。测量方法是指测量时所采用的方法、计量器具和测量条件的综合。测量精确度是指测量结果与真值的一致程度。测量结果与真值之间总是存在着差异，因此任何测量过程不可避免地会出现测量误差。测量误差小，测量精确度就高；相反，测量误差大，测量精确度就低。

测量过程可分为等精度测量和不等精度测量。前者是指在所用的测量方法、计量器具、测量条件和测量人员都不变的条件下对某一量进行多次重复测量。如果在多次重复测量过程中上述条件都不恒定，则称为不等精度测量。用这两种不同测量过程测量同一被测几何量时，产生的测量误差和数据处理方法都不同。

2.2 基准与量值传递

为了保证工业生产中长度测量的精度，首先要建立国际统一、稳定可靠的长度基准。作为长度基准，米的定义为光在真空中 1/299 792 458 s 时间内所经过的距离。目前，在实际工作中仍使用线纹尺和量块作为两种实体基准，并用光波波长传递到基准线纹尺和 1 等量块，然后再由它们逐次传递到工件，以保证量值准确一致，如图 2-1 所示。

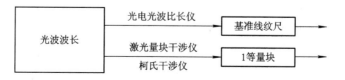

图 2-1　量值的传递

量块是没有刻度的平面平行端面量具，用特殊合金钢制成，其线胀系数小，不易变形，且耐磨性好。量块的形状有长方体和圆柱体两种，常用的是长方体（见图 2-2）。量块上有两个平行的测量面和四个非测量面。量块长度是指量块上测量面的任意两点到与下测量面相研合的辅助体（如平晶）表面间的垂直距离。量块的中心长度是指量块测量面上中心点的量块长度，即图 2-2 中的 L_0。量块上标出的尺寸为名义上的中心长度，称名义尺寸。按 GB 6093—85 的规定，量块按制造精度可分为 6 级，即 00，0，1，2，3 和 K 级。分级的主要依据是量块长度极限偏差、量块长度变动允许值、测量面的平面度、量块的研合性及测量面的表面粗糙度等。量块按检定精度分为 6 等，即 1，2，3，4，5，6 等，其中，1 等量块精度最高，6 等精度最低。划分的主要依据是量块中心长度测量的极限误差和平面平行性的极限偏差。

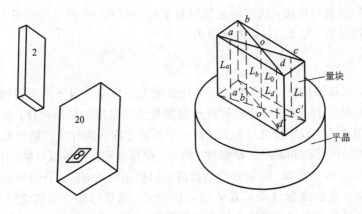

图 2-2　量块

　　量块的测量面极为光滑平整，具有可研合的特性。利用这一特性可以在一定的尺寸范围内，将不同尺寸的量块组合成所需要的各种尺寸。量块是成套生产的，根据 GB 6093—85 规定，量块共有 17 种套别，其中每套数目分别为 91，83，46，38，10，8，6，5 等。组合量块时，为减少量块的组合误差，应尽力减少量块的数目，一般不超过 4 块。选用量块时，应从消去所需尺寸最小尾数开始，逐一选取。例如，从 83 块中选取 36.375 mm 的量块组合的过程如图 2-3 所示。

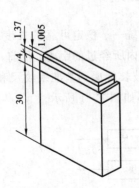

量块组合尺寸	36.375 mm
第一块	1.005 mm
剩余尺寸	35.37 mm
第二块	1.37 mm
剩余尺寸	34 mm
第三块	4 mm
剩余尺寸	30 mm
第四块	30 mm

图 2-3　量块尺寸

2.3 计量器具和测量方法

2.3.1 计量器具和测量方法的分类

1. 计量器具的分类

计量器具可以按计量学的观点进行分类，也可以按器具本身的结构、用途和特点进行分类。按用途和特点，计量器具可分为标准量具、极限量规、检验夹具以及计量仪器四类。

1）标准量具

标准量具只有某一个固定尺寸，通常用来校对和调整其他计量器具，或作为标准用来与被测工件进行比较，如量块、直角尺、各种曲线样板及标准量规等。

2）极限量规

极限量规是一种没有刻度的专用检验工具，用这种工具不能得出被检验工件的具体尺寸，但能确定被检验工件是否合格。

3）检验夹具

检验夹具也是一种专用的检验工具，当配合各种比较仪时，可用来检查更多和更复杂的参数。

4）计量仪器

计量仪器是能将被测的量值转换成可直接观察的指示值或等效信息的计量器具。根据构造特点，计量仪器还可分为以下几种。

（1）游标式量仪（游标卡尺、游标高度尺及游标量角器等）。

（2）微动螺旋副式量仪（外径千分尺、内径千分尺等）。

（3）机械式量仪（百分表、千分表、杠杆比较仪、扭簧比较仪等）。

（4）光学机械式量仪（光学计、测分仪、投影仪、干涉仪等）。

（5）气动式量仪（压力式、流量计式等）。

（6）电动式量仪（电接触式、电感式、电容式等）。

2. 测量方法的分类

测量方法可以按各种不同的形式进行分类，如直接测量与间接测量、绝对测量和相对测量、综合测量与单项测量、接触测量与不接触测量、被动测量与主动测量、静态测量与动态测量等。

1）直接测量

直接测量是无需对被测量与其他实测量进行一定函数关系的辅助计算而直接得到被测量值的测量方法。

2）间接测量

间接测量是通过直接测量与被测参数有已知关系的其他量而得到该被测参数量值的测量方法。例如，在测量大的圆柱形零件的直径 D 时，可以先量出其圆周长 L，然后通过 $D=L/\pi$ 计算零件的直径 D。间接测量的精确度取决于有关参数的测量精确度，并与所依据的计算公式有关。

3）绝对测量

在仪器刻度尺上读出被测参数的整个量值的测量方法称为绝对测量，例如用游标卡尺、千分尺测量零件的直径。

4）相对测量

相对测量是由仪器刻度尺指示的值指示被测量参数对标准参数的偏差的测量方法。由于标准值是已知的，因此，被测参数的整个量值等于仪器所指偏差与标准量的代数和。例如用量块调整标准比较仪测量直径。

5）综合测量

综合测量指同时测量工件上的几个有关参数，从而综合地判断工件是否合格。其目的是限制被测工件在规定的极限轮廓内，以保证互换性的要求。例如，用极限量规检验工件，用花键塞规检验花键孔等。

6）单项测量

单项测量指单个地、彼此没有联系地测量工件的单项参数。例如，测量圆柱体零件某一剖面的直径，分别测量螺纹的螺距或半角等。分析加工过程中造成次品的原因时，多采用单项测量。

7）接触测量

接触测量指仪器的测量头与工件的被测表面直接接触，并有机械作用的测力存在。接触测量对零件表面油污、切削液、灰尘等不敏感，但由于有测力存在，因而会引起零件表面、测量头以及计量仪器传动系统的弹性变形。

8）不接触测量

不接触测量指仪器的测量头与工件的被测表面之间没有机械的测力存在（如光学投影测量、气动测量）。

9）被动测量

被动测量指零件加工完成后进行的测量。此时，测量结果仅限于发现并剔出废品。

10）主动测量

主动测量指零件在加工过程中进行的测量。此时，测量结果直接用来控制零件的加工过程，决定是否继续加工，调整机床或采取其他措施，因此，它能及时防止与消灭废品。由于主动测量具有一系列优点，因此它是技术测量的主要发展方向。主动测量的推广应用将使技术测量和加工工艺紧密地结合起来，从根本上改变技术测量的被动局面。

11）静态测量

静态测量指测量时被测表面与测量头是相对静止的。例如，用千分尺测量零件直径。

12）动态测量

动态测量指测量时被测表面与测量头之间有相对运动，它能反映被测参数的变化过程。例如，用激光比长仪测量精密线纹尺，用激光丝杆动态检查仪测量丝杆等。动态测量也是技术测量的发展方向之一，它能较大地提高测量效率并能保证测量精度。

2.3.2　计量器具和测量方法的常用术语

（1）标尺间距：指沿着标尺长度的线段测量得出的任何两个相邻标尺标记之间的距

离。标尺间距用长度单位表示，它与被测量的单位或标在标尺上的单位无关。

（2）标尺分度值：指两个相邻标尺标记所对应的标尺值之差。标尺分度值又称为标尺间隔，一般可简称为分度值，它用标在标尺上的单位表示，与被测量的单位无关。国内有的地方把分度值称为格值。

（3）标尺范围：指在给定的标尺上，两端标尺标记之间标尺值的范围。它用标在标尺上的单位表示，与被测量的单位无关。

（4）量程：指标尺范围上限值与下限值之差。

（5）测量范围：指在允许误差限内计量器具所能测出的被测量值的范围。测量范围的最高值和最低值分别称为测量范围的"上限值"、"下限值"。

（6）灵敏度：指计量仪器的响应变化除以相应的激励变化。在激励和响应为同一类量的情况下，灵敏度也可称为"放大比"或"放大倍数"。

（7）稳定度：指在规定工作条件下，计量仪器保持其计量特性恒定不变的程度。

（8）鉴别力阈：指使计量仪器的响应产生一个可觉察变化的最小激励变化值。鉴别力阈也称为灵敏阈或灵敏限。鉴别力阈可能与噪声、摩擦、阻尼、惯性、量子化有关。

（9）分辨力：是计量器具指示装置可以有效辨别所指示的紧密相邻量值能力的定量表示。一般认为模拟式指示装置其分辨力为标尺间隔的一半，数字式指示装置其分辨力为最后一位数。

（10）可靠性：指计量器具在规定条件下和规定时间内完成规定功能的能力。

（11）测量力：指在接触测量过程中，测头与被测物体表面之间接触的压力。

（12）量具的标称值：指在量具上标注的量值。

（13）计量器具的示值：指由计量器具所指示的量值。

（14）量值的示值误差：指量具的标称值和真值（或约定值）之间的差值。

（15）计量仪器的示值误差：指计量仪器的示值与被测量的真值（或约定真值）之间的差值。

（16）仪器不确定度：指在规定条件下，由于测量误差的存在，被测量值不能肯定的程度。一般用误差限来表征被测量所处的量值范围。仪器不确定度也是仪器的重要精度指标。仪器的示值误差与仪器不确定度都是表征在规定条件下测量结果不能肯定的程度。

（17）允许误差：技术规范、规程等对给定计量器具所允许的误差极限值。

2.4　测量误差和数据处理

2.4.1　测量误差的基本概念

由于计量器具与测量条件的限制或其他因素的影响，任何测量过程总是不可避免地存在测量误差，因此，每一个测得值往往只在一定程度上近似于真值，这种近似程度在数值上就表现为测量误差。测量误差是指测量结果和被测量的真值之差，即

$$\delta = l - L \tag{2-2}$$

式中：δ 为测量误差；L 为被测量的真值；l 为测量结果。

式(2-2)表达的测量误差也称为绝对误差,可用来评定大小相同的被测几何量的测量精确度。

由于 l 可大于或小于 L,因此,δ 可能是正值或负值,即 $L = l \pm |\delta|$。这说明,测量误差绝对值的大小决定了测量的精确度,误差的绝对值越大,精确度越低,反之则越高。

若对大小不同的同类量进行比较,则要比较其精确度的高低,就要测量相对误差,即

$$f = \frac{\delta}{L} \approx \frac{\delta}{l} \qquad (2-3)$$

式中,f 为相对误差。

由式(2-3)可知,相对误差是无量纲的数值,通常用百分数(%)表示。

2.4.2 测量误差的来源

产生测量误差的原因很多,主要有以下几种。

1. 计量器具误差

计量器具误差是指与计量器具本身的设计、制造和使用过程有关的各项误差。这些误差的总和表现在计量器具的示值误差和重复精度上。

设计计量器具时,因结构不符合理论要求会产生误差,如用均匀刻度的刻度尺近似地代替理论上要求非均匀刻度的刻度尺所产生的误差;制造和装配计量器具时也会产生误差,如刻度尺的刻线不准确,分度盘安装偏心,计量器具调整不善所产生的误差。

使用计量器具的过程中也会产生误差,如计量器具中零件的变形、滑动表面的磨损,以及接触测量的机械测量力所产生的误差。

2. 标准器误差

标准器误差是指作为标准量的标准器其本身存在的误差,如量块的制造误差、线纹尺的刻线误差等。标准器误差直接影响测得值。为了保证测量精确度,标准器应具有足够高的精度。

3. 方法误差

方法误差是指由于测量方法不完善(包括计算公式不精确,测量方法不当,工件安装不合理)所产生的误差。例如,对同一个被测几何量分别用直接测量法和间接测量法测量会产生不同的方法误差。再如,先测出圆的直径 d,然后按 $s = \pi d$ 计算圆周长 s,由于 π 取近似值,因此计算结果中会带有方法误差。

4. 环境误差

环境误差是指测量时的环境条件不符合标准条件所引起的误差。例如,温度、湿度、气压、照明等不符合标准以及计量器具上有灰尘、振动等引起的误差。因此,高精度测量应在恒温、恒湿、无尘的条件下进行。

5. 人为误差

人为误差是指测量人员的主观因素(如技术熟练程度、分辨能力、思想情绪等)引起的误差,如计量器具调整不正确,量值估读错误等引起的误差。

总之，产生测量误差的因素很多，测量时应找出这些因素，并采取相应的措施，才能保证测量的精度。

2.4.3 测量误差的分类和特性

根据误差出现的规律，可以将误差分成系统误差、随机误差和粗大误差三种基本类型。

1. 系统误差

系统误差是指在同一条件下多次测量同一几何量时，误差的大小和符号均不变，或按一定规律变化的测量误差。前者称为定值系统误差，如量块检定后的实际偏差；后者称为变值系统误差，如分度盘偏心所引起的按正弦规律周期变化的测量误差。

从理论上讲，系统误差具有规律性，较容易发现和消除。但实际上，有些系统误差变化规律很复杂，因而不易发现和消除。

2. 随机误差

随机误差指在相同条件下多次测量同一量值时，绝对值和符号以不可预定的方式变化的误差。所谓随机，是指在单次测量中，误差出现是无规律可循的，但若进行多次重复测量，则误差服从统计规律。因此，常用概率论和统计原理对随机误差进行处理。随机误差主要是由诸如环境变化、仪器中油膜的变化以及对线、读数不一致等随机因素引起的误差。

1) 随机误差的分布及其特性

进行以下实验：对一个工件的某一部位用同一种方法进行 150 次重复测量，测得 150 个不同的读数（这一系列的测得值常称为测量列），然后将测得的尺寸进行分组，从 7.131 ~ 7.141 mm，每隔 0.001 mm 为一组，共分 11 组，其每组的尺寸范围如表 2-1 中第 1 列所示。每组出现的次数 n_i 列于该表第 3 列。若零件总的测量次数用 N 表示，则可算出各组的相对出现次数 n_i/N，列于该表第 4 列。将这些数据画成图表，横坐标表示测得值 x_i，纵坐标表示相对出现次数 n_i/N，可得频率直方图，如图 2-4(a) 所示。连接每个小方图的上部中点，得一折线，称为实际分布曲线。由作图步骤可知，图形的高矮将受分组间隔 Δx 的影响。当间隔 Δx 大时，图形变高；而 Δx 小时，图形变矮。为了使图形不受 Δx 的影响，可用纵坐标 $n_i/N\Delta x$ 代替纵坐标 n_i/N，此时，图形高矮不再受 Δx 取值的影响，$n_i/N\Delta x$ 即为概率中所知的概率密度。如果将上述试验的测量次数 N 无限增大（$N \to \infty$），而间隔 Δx 取得很小（$\Delta x \to 0$），且用误差 δ 来代替尺寸 x，则可得如图 2-4(b) 所示的光滑曲线，即随机误差的正态分布曲线。可见，此种随机误差具有如下四个特点：

(1) 绝对值相等的正误差和负误差出现的次数大致相等，即对称性；

(2) 绝对值小的误差比绝对值大的误差出现的次数多，即单峰性；

(3) 在一定条件下，误差的绝对值不会超过一定的限度，即有界性；

(4) 对同一量在同一条件下重复测量，其随机误差的算术平均值随测量次数的增加而趋近于零，即抵偿性。

表 2 - 1　重复测量实验统计表

测量值范围	测量中值	出现次数 n_i	相对出现次数 n_i/N
$7.1305 \sim 7.1315$	$x_1 = 7.131$	$n_1 = 1$	0.007
$7.1315 \sim 7.1325$	$x_2 = 7.132$	$n_2 = 3$	0.020
$7.1325 \sim 7.1335$	$x_3 = 7.133$	$n_3 = 8$	0.054
$7.1335 \sim 7.1345$	$x_4 = 7.134$	$n_4 = 18$	0.120
$7.1345 \sim 7.1355$	$x_5 = 7.135$	$n_5 = 28$	0.187
$7.1355 \sim 7.1365$	$x_6 = 7.136$	$n_6 = 34$	0.227
$7.1365 \sim 7.1375$	$x_7 = 7.137$	$n_7 = 29$	0.193
$7.1375 \sim 7.1385$	$x_8 = 7.138$	$n_8 = 17$	0.113
$7.1385 \sim 7.1395$	$x_9 = 7.139$	$n_9 = 9$	0.060
$7.1395 \sim 7.1405$	$x_{10} = 7.140$	$n_{10} = 2$	0.013
$7.1405 \sim 7.1415$	$x_{11} = 7.141$	$n_{11} = 1$	0.007

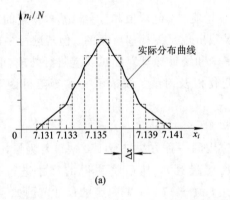 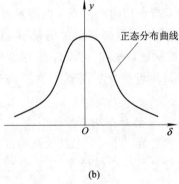

(a)　　　　　　　　　　　　　　(b)

图 2 - 4　频率直方图和正态分布曲线

2）评定随机误差的尺度

根据概率论原理可知，正态分布曲线可用下列数学公式表示：

$$y = \frac{1}{\sigma\sqrt{2\pi}}e^{-\frac{\delta^2}{2\sigma^2}} \tag{2-4}$$

式中：y 为概率密度；σ 为标准偏差；e 为自然对数的底；δ 为随机误差。

由式（2-4）可知，概率密度与随机误差及标准偏差有关。当 $\delta = 0$ 时，概率密度最大，$y_{max} = \dfrac{1}{\sigma\sqrt{2\pi}}$。由式（2-4）还可以知道，不同的标准偏差对应不同的正态分布曲线，如图 2-5 所示。

图 2-5 中，若三条正态分布曲线 $\sigma_1 < \sigma_2 < \sigma_3$，则 $y_{1max} > y_{2max} > y_{3max}$。由此表明，标准偏差愈小，曲线就愈陡，随机误差的分布也就愈集中，测量的可靠性也就愈高；反之，标准偏差愈大，曲线也就愈平缓，随机误差的分布也就愈分散，测量的可靠性也就愈差。因此标准偏差可作为随机误差分布特性的评定指标。按照误差理论，当不存在系统误差时，等精度测量列中单次测量（任一测得值）的标准偏差可用式（2-5）计算：

$$\sigma = \sqrt{\frac{\sum\limits_{i=1}^{N} \delta_i^2}{N}} \qquad (2-5)$$

式中，δ_1，δ_2，$\cdots$，δ_N 分别为测量列中各测得值相应的随机误差；N 为测量次数。

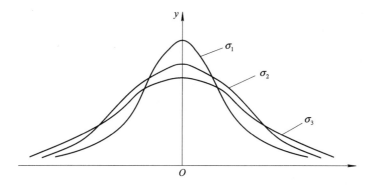

图 2-5　标准偏差对随机误差分布特性的影响

由概率论可知，随机误差正态分布曲线下包含的面积等于其相应区间确定的概率。如果误差落在区间$(-\infty \sim +\infty)$中，则其概率为

$$P = \int_{-\infty}^{+\infty} y \, \mathrm{d}\delta = \int_{-\infty}^{+\infty} \frac{1}{\sigma\sqrt{2\pi}} \mathrm{e}^{-\frac{\delta^2}{2\sigma^2}} \, \mathrm{d}\delta = 1$$

理论上，随机误差的分布范围应在正无穷和负无穷之间，但在生产中这是不切合实际的，实际估算随机误差的分布范围只能在某一区间内。

假设误差落在区间$(-\delta，+\delta)$内，则其概率为

$$P = \int_{-\delta}^{+\delta} y \, \mathrm{d}\delta = \int_{-\delta}^{+\delta} \frac{1}{\sigma\sqrt{2\pi}} \mathrm{e}^{-\frac{\delta^2}{2\sigma^2}} \, \mathrm{d}\delta \qquad (2-6)$$

为化成标准正态分布，引入新的变量 t：

$$t = \frac{\delta}{\sigma}，\quad \mathrm{d}t = \frac{\mathrm{d}\delta}{\sigma}$$

经变换，式(2-6)化为

$$P = \frac{1}{\sqrt{2\pi}} \int_{-t}^{+t} \mathrm{e}^{-\frac{t^2}{2}} \, \mathrm{d}t = \frac{2}{\sqrt{2\pi}} \int_{0}^{+t} \mathrm{e}^{-\frac{t^2}{2}} \, \mathrm{d}t = 2\phi(t)$$

式中，$\phi(t) = \dfrac{1}{\sqrt{2\pi}} \displaystyle\int_{0}^{+t} \mathrm{e}^{-\frac{t^2}{2}} \, \mathrm{d}t$。

函数 $\phi(t)$ 称为拉普拉斯函数，也称概率积分。知道了 t 值，就可由 $\phi(t) = \dfrac{1}{\sqrt{2\pi}} \displaystyle\int_{0}^{+t} \mathrm{e}^{-\frac{t^2}{2}} \, \mathrm{d}t$ 算得 $\phi(t)$ 值。

若 δ 在$\pm t\sigma$ 内出现的概率为 $2\phi(t)$，则 δ 在$\pm t\sigma$ 外(即绝对值超出 $t\sigma$)的概率为

$$\alpha = 1 - \phi(t)$$

表 2-2 列出了四个典型 t 值所对应的 $2\phi(t)$ 值和 α 值。由表 2-2 可知，随机误差超出 $\pm 3\sigma$ 范围的概率仅为 0.27%，即 370 次测量中可能超出的只有 1 次。实际上，测量次数一般不多于几十次时，绝对值大于 3σ 的随机误差极难出现。因此，可将随机误差的极限值记做：

$$\delta_{\lim(l)} = \pm 3\sigma$$

表 2 - 2　典型 t 值及相应的概率

t	$\delta = t\sigma$	$2\phi(t)$	α
1	1σ	0.6826	0.3174
2	2σ	0.9544	0.0456
3	3σ	0.9973	0.0027
4	4σ	0.9999	0.0001

显然，$\delta_{\lim(l)}$ 也是测量列中任一测得值的测量极限误差。随机误差的极限值或分布范围可以用统一方法对测量列进行数据处理后加以确定。

3. 粗大误差

粗大误差是指超出在规定条件下预计的测量误差，即明显歪曲了测量结果的误差。造成粗大误差有主观上的原因，如读数不正确，操作不正确；也有客观上的原因，如外界突然振动。在正常情况下，测量结果中不应该含有粗大误差，故在分析测量误差和处理数据时应设法剔除粗大误差。

需要说明的是，系统误差与随机误差不是绝对的，在一定条件下，二者可以相互转化。例如，使用量块时，若没有检定出量块的尺寸偏差，而按名义尺寸使用，则量块的制造误差属于随机误差；如果量块已检定，按检定所得的中心长度来使用，那么，量块的制造误差就属于系统误差。

2.4.4　测量精度

精度是和误差相对的概念(而误差是不准确、不精确的意思，即指测量结果离开真值的程度)。由于误差分为系统误差和随机误差，因此，笼统的精度概念已不能反应上述误差的差异，从而引出如下概念。

1. 精密度

精密度表示测量结果随机分散的特性，是指在多次测量中所得的数值重复一致的程度。它说明在一个测量过程中，在同一条件下进行重复测量时，所得结果彼此之间符合到什么程度。

2. 正确度

正确度表示测量结果中其系统误差大小的程度。在理论上，正确度可用修正值来消除。

3. 精确度(或准确度)

精确度是测量的精密度和正确度的综合反映，用来说明测量结果与真值的一致程度。

一般地，精密度高，正确度不一定高；但精确度高，则精密度和正确度都高。以射击为例，图 2 - 6 中，(a)表示系统误差小而随机误差大，即正确度高而精密度低；(b)表示系统误差大而随机误差小，即正确度低而精密度高；(c)表示系统误差和随机误差都小，即精确度高。

(a) 正确度高    (b) 精密度高    (c) 精确度高

图 2-6 正确度、精密度和精确度

2.5 等精度测量列的数据处理

2.5.1 系统误差、随机误差和粗大误差的处理

在同一条件下，对某一量进行 N 次重复测量获得测量列 l_1，l_2，…，l_N。在这些测得值中，可以同时含有系统误差、随机误差和粗大误差。为获得可靠的测量结果，应对测量列的各项误差分别进行分析和处理。

1. 测量列中随机误差的处理

从理论上讲，随机误差的分布中心是真值。但真值是不知道的，随机误差值和标准误差值也就成了未知量。在这种情况下，为了正确评定随机误差，应对测量列进行统计处理。

1）测量列的算术平均值

如果要从测量列中找出一个接近真值的数值，那么就可以用其算术平均值来代替。设测量列为 l_1，l_2，…，l_N，则算术平均值为

$$\bar{l} = \frac{\sum_{i=1}^{N} l_i}{N} \tag{2-7}$$

式中，N 为测量次数。

由概率论的大数定律可知，当测量列中没有系统误差时，若测量次数无限增加，则算术平均值必然等于真值 L。实际上因测量次数有限，算术平均值不会等于真值，而只能近似地等于真值。

用算术平均值代替真值后计算所得的误差，称为残余误差（简称残差），记做 V_i，即

$$V_i = l_i - \bar{l} \tag{2-8}$$

可以证明，残差具有下述两个特性。

（1）残差的代数和等于零，即

$$\sum_{i=1}^{N} V_i = 0$$

这一特性可用来验证数据处理中求得的算术平均值和残差是否正确。

（2）残差的平方和为最小，即

$$\sum_{i=1}^{N} V_i^2 = \min$$

这一特性表明，若不用算术平均值而用测量列中任一测得值代替真值，则得到的残差

的平方和不是最小。由此进一步说明，用算术平均值作为测量的结果最可靠、最合理。

2）测量列中任一测得值的标准偏差

由于随机误差是未知量，标准偏差不好确定，因此，必须用一定的方法去估算标准偏差。估算的方法很多，常用的是贝赛尔(Bessel)公式，即

$$\sigma = \sqrt{\frac{\sum\limits_{i=1}^{N} V_i^2}{N-1}} \qquad (2-9)$$

式（2-9）是测量列中任意测得值的标准偏差的统计公式，该式根号内的分母 $N-1$ 不同于式（2-5）根号内的分母 N。这是因为按 V_i 计算 σ 时，N 个残差不完全独立，而是受 $\sum\limits_{i=1}^{N} V_i$ 为零条件的约束。所以，N 个残差只能等效于 $N-1$ 个独立随机变量。

由式（2-9）计算出 σ 值后，便可确定任一测得值的测量结果。若只考虑随机误差，则该测量结果 L_e 可表示为

$$L_e = l_i \pm 3\sigma \qquad (2-10)$$

3）测量列算术平均值的标准误差

测量列算术平均值可以看做是一个测得值。如果在同样条件下对同一被测几何量进行 m 组（每组 N 次）等精度测量，则对应每组 N 次测量都有一个算术平均值。由于随机误差存在，因此这些算术平均值各有不同。它们分布在真值附近的某一范围内，且分布范围一定比单次测得值的分布范围要小得多。多次测量的算术平均值的分布特性，同样可用测量列算术平均值的标准偏差来评定。

根据误差理论，测量列算术平均值的标准偏差 σ_l 与测量列任一测得值的标准偏差 σ 存在如下关系：

$$\sigma_l = \frac{\sigma}{\sqrt{N}} \qquad (2-11)$$

式中，N 为每组的测量次数。

若用残差表示，则

$$\sigma_l = \sqrt{\frac{\sum\limits_{i=1}^{N} V_i^2}{N(N-1)}}$$

由式（2-11）可知，σ_l 为 σ 的 $1/\sqrt{N}$。N 愈大，算术平均值就愈接近真值，则 σ_l 就愈小，测量精密度也就愈高。图 2-7 所示为 σ_l/σ 与 N 的关系。测量列算术平均值的测量极限误差为 $\delta_{\lim(l)} = \pm 3\sigma_l$，多次测量的测量结果可表示为 $L_e = \bar{l} \pm 3\sigma_l$。

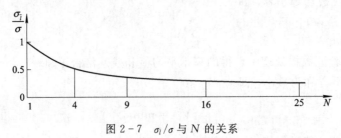

图 2-7　σ_l/σ 与 N 的关系

【例 2 - 1】 对同一量按等精度测量 10 次，将各测得值列于表 2 - 3 中。假设系统误差已消除，粗大误差不存在，试确定测量结果。

表 2 - 3 数据处理计算表

测量顺序	l_i/mm	$V_i(=l_i-\bar{l})/\mu m$	$V_i^2/\mu m$
1	30.030	−4	16
2	30.035	+1	1
3	30.032	−2	4
4	30.034	0	0
5	30.037	+3	9
6	30.033	−1	1
7	30.036	+2	4
8	30.033	−1	1
9	30.036	+2	4
10	30.034	0	0
$\bar{l}=\dfrac{\sum\limits_{i=1}^{N}l_i}{N}=30.034$		$\sum\limits_{i=1}^{N}V_i=0$	$\sum\limits_{i=1}^{N}V_i^2=40$

解：（1）测量列的算术平均值为

$$\bar{l}=30.034 \text{ mm}$$

（2）测量列任一测得值的标准偏差为

$$\sigma=\sqrt{\frac{\sum\limits_{i=1}^{N}V_i^2}{N-1}}=\sqrt{\frac{40}{10-1}}\approx 2.1 \ \mu m$$

（3）测量列算术平均值的标准偏差为

$$\sigma_{\bar{l}}=\frac{\sigma}{\sqrt{N}}=\frac{2.1}{\sqrt{10}}\approx 0.7 \ \mu m$$

（4）测量列算术平均值的测量极限误差为

$$\delta_{\lim(\bar{l})}=\pm 3\sigma_{\bar{l}}=\pm 3\times 0.7 \ \mu m$$

（5）测量结果为

$$L_e=\bar{l}\pm 3\sigma_{\bar{l}}=30.034\pm 0.002 \text{ mm}$$

2. 测量列中系统误差的处理

系统误差应从产生误差的根源上加以消除。例如，为了防止测量过程中零位变动，测量时都需要检查零位。又如，为了防止计量器具的精度因长期使用而降低，需要严格进行定期检定和维修。定值系统误差通常用修正法消除，即把测量值加上相应的修正值，即可得到不含有系统误差的测得值。定值系统误差还可用抵消法消除。例如，在工具显微镜上测量螺距时，分别测出左右面的螺距，然后取平均值作为测得值，以抵消测量时因安装不正确引起的大小相同、符号相反的系统误差。变值系统误差也可设法消除，具体方法可参考有关书籍。

从理论上讲，系统误差是可以完全消除的。但由于许多因素的影响，实际上只能减少到一定限度。例如采用修正法，由于修正法本身也包含有一定误差，因此系统误差不可能完全消除。一般来说，系统误差若能减小到使其影响值相当于随机误差的程度，便可认为已经被消除。

3. 测量列中粗大误差的处理

粗大误差的数值相当大，在测量中应尽可能避免。如果粗大误差已经产生，则应根据判断粗大误差的准则予以剔除，通常用拉依达准则来判断。

拉依达准则又称 3σ 准则，主要用于服从正态分布的误差，重复次数又比较多的情况。其具体做法是：使用系列测得的一组数据算出标准偏差 σ，然后用 3σ 作为准则来检查所有的残余误差 V_i，若某个 $|V_i| > 3\sigma$，则该残余误差判断为粗大误差，应剔除。然后重新计算标准偏差 σ，再用新算出的残余误差进行判断，直到剔除完为止。

其他判断准则请参阅有关误差理论的书籍。

2.5.2 测量列中综合误差的数据处理

测量列的测得值中可能同时含有系统误差、随机误差和粗大误差，或者只含有其中某一类或某两类误差，因此，应对各类误差分别进行处理，最后再综合分析，从而得出正确的测量结果。

根据测量列的获得方法是直接测量还是间接测量，可将测量列分为直接测量列和间接测量列。二者综合误差的处理步骤不同，如下所述。

1. 直接测量列的数据处理

首先判断测量列中是否存在系统误差，倘若存在，则应设法加以消除和减小。然后，依次计算测量列的算术平均值、残余误差和任一测得值的标准偏差，再判断是否存在粗大误差，如存在，则应剔除并重新组成测量列，重复上述计算，直到不含有粗大误差为止。之后，计算测量列算术平均值的标准偏差和测量极限误差。最后，在此基础上确定测量结果。

【例 2 - 2】 对某一工件的同一部位进行多次重复测量，将测得值 l_i 列于表 2 - 4 中，试求其测量结果。

解：（1）判断系统误差。

根据发现系统误差的有关方法判断，测量列中已无系统误差。

（2）算术平均值为

$$\bar{l} = \frac{\sum l_i}{N} = 30.048$$

（3）残余误差 V_i 为

$$V_i = l_i - \bar{l}$$

采用"残余误差观察法"进一步判断，测量列中也不存在系统误差。

表 2 - 4　数据处理计算表

序号	l_i	$V_i = l_i - \bar{l}$	V_i^2
1	30.049	+0.001	0.000 001
2	30.047	-0.001	0.000 001
3	30.048	0	0
4	30.046	-0.002	0.000 004
5	30.050	+0.002	0.000 004
6	30.051	+0.003	0.000 009
7	30.043	-0.005	0.000 025
8	30.052	+0.004	0.000 016
9	30.045	-0.003	0.000 009
10	30.049	+0.001	0.000 001
合计	$\sum l_i = 300.48$ $\bar{l} = 30.048$	$\sum_{i=1}^{N} V_i = 0$	$\sum_{i=1}^{N} V_i^2 = 0.000\ 07$

（4）标准偏差为

$$\sigma = \sqrt{\frac{\sum V_i^2}{N-1}} = \sqrt{\frac{0.000\ 07}{9}} = 0.0028$$

（5）用拉依达准则判断粗大误差。因 $3\sigma = 3 \times 0.0028 = 0.0084$，故不存在粗大误差。

（6）算术平均值的标准偏差为

$$\sigma_{\bar{l}} = \frac{\sigma}{\sqrt{N}} = \frac{0.0028}{\sqrt{10}} = 0.000\ 89$$

（7）测量结果为

$$L_e = \bar{l} \pm 3\sigma_{\bar{l}} = 30.048 \pm 0.0027$$

即该工件的测量结果为 30.048，其误差在 ± 0.0027 范围的可能性达 99.73%。

2. 间接测量列的数据处理

间接测量时，实测的几何量不是被测几何量，被测几何量是实测的几何量的函数。间接测量总的测量误差是实测的各几何量的测量误差的函数，因此，它属于函数误差。

1）函数误差的基本计算公式

间接测量中的被测几何量通常为实测的几何量的多元函数，可表示为

$$y = f(x_1, x_2, \cdots, x_N)$$

式中：y 为被测几何量，即因变量；$x_1, x_2, \cdots, x_N$ 为实测的各几何量，即自变量。

该函数的增量可用函数的全微分来表示，即可得函数误差的基本计算公式：

$$\delta y = \frac{\partial f}{\partial x_1} \delta x_1 + \frac{\partial f}{\partial x_2} \delta x_2 + \cdots + \frac{\partial f}{\partial x_N} \delta x_N \tag{2-12}$$

式中：δy 为被测几何量的测量误差；$\delta x_1, \delta x_2, \cdots, \delta x_N$ 为实测的各几何量的几何误差；$\frac{\partial f}{\partial x_1}, \frac{\partial f}{\partial x_2}, \cdots, \frac{\partial f}{\partial x_N}$ 为各测量误差的传递函数。

例如，用弓高弦长法间接测量半圆键的直径，如图 2-8 所示，实测的几何量为弓高和弦长，函数关系为

$$d = \frac{L^2}{4h} + h$$

由式(2-12)得

$$\delta d = \frac{\partial f}{\partial L}\delta L + \frac{\partial f}{\partial h}\delta h$$

式中，δL 和 δh 分别为弦长和弓高的测量误差。因此，被测直径的误差为

$$\delta d = \frac{L}{2h}\delta L - \left(\frac{L^2}{4h^2} - 1\right)\delta h$$

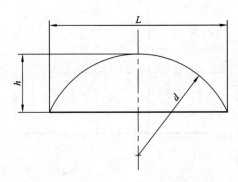

图 2-8　用弓高弦长法测量半圆键的直径

2) 函数系统误差的计算

如果实测的各几何量 x_i 的测得值中存在系统误差，那么，函数（被测几何量）也相应存在系统误差。令 Δx_i 代替式(2-12)中的 δx_i，于是可近似得到函数的系统误差：

$$\Delta y = \frac{\partial f}{\partial x_1}\Delta x_1 + \frac{\partial f}{\partial x_2}\Delta x_2 + \cdots + \frac{\partial f}{\partial x_N}\Delta x_N \qquad (2-13)$$

式(2-13)称为函数的传递公式。例如，用弓高弦长法测量直径，根据式(2-13)可得被测直径的系统误差为

$$\Delta d = \frac{\partial f}{\partial L}\Delta L + \frac{\partial f}{\partial h}\Delta h$$

即

$$\Delta d = \frac{L}{2h}\Delta L - \left(\frac{L^2}{4h^2} - 1\right)\Delta h$$

式中：$L/2h$ 和 $-(L^2/(4h^2)-1)$ 分别为弦长和弓高的误差传递函数；ΔL 和 Δh 分别为弦长和弓高的系统误差。

3) 函数随机误差的计算

由于实测的各几何量 x_i 的测量列中存在随机误差，因此，函数也存在随机误差。根据误差理论，函数的标准偏差 σ_y 与实测的各几何量的标准偏差 σ_{x_i} 的关系如下：

$$\sigma_y = \sqrt{\left(\frac{\partial f}{\partial x_1}\right)^2\sigma_{x_1}^2 + \left(\frac{\partial f}{\partial x_2}\right)^2\sigma_{x_2}^2 + \cdots + \left(\frac{\partial f}{\partial x_N}\right)^2\sigma_{x_N}^2} \qquad (2-14)$$

式(2-14)称为随机误差的传递公式。

如果实测的各几何量的随机误差服从正态分布，则由式(2-14)可推导出函数的测量

极限误差的计算公式：

$$\delta_{\lim(y)} = \sqrt{\left(\frac{\partial f}{\partial x_1}\right)^2 \delta_{\lim(x_1)}^2 + \left(\frac{\partial f}{\partial x_2}\right)^2 \delta_{\lim(x_2)}^2 + \cdots + \left(\frac{\partial f}{\partial x_N}\right)^2 \delta_{\lim(x_N)}^2} \tag{2-15}$$

式中，$\delta_{\lim(x_i)}$ 为实测的各几何量的测量极限误差。例如，用弓高弦长法测量直径，根据式（2-15），被测几何量（直径 d）的标准偏差 σ_d 与实测的两个几何量的标准偏差 σ_L 和 σ_h 的关系如下：

$$\sigma_d = \sqrt{\left(\frac{\partial f}{\partial L}\right)^2 \sigma_L^2 + \left(\frac{\partial f}{\partial h}\right)^2 \sigma_h^2}$$

即

$$\sigma_d = \sqrt{\left(\frac{L}{2h}\right)^2 \sigma_L^2 + \left(\frac{L^2}{4h^2} - 1\right)^2 \sigma_h^2}$$

4）间接测量列的数据处理步骤

首先，确定被测几何量 y 与实测的各几何量 x_1，x_2，$\cdots$，x_N 的函数关系及表达式，然后，把实测的各几何量的测得值 x_{i0} 代入此表达式，求出被测几何量的测得值 y_0。之后，按式（2-13）式（2-15）分别计算被测几何量的系统误差 Δy 和测量极限误差 $\delta_{\lim(y)}$。最后，在此基础上确定测量结果：

$$y_0 = (y_0 - \Delta y) \pm \delta_{\lim(y)}$$

应该说明，在计算系统误差 Δy 时，倘若实测的几何量的测得值 x_{i0} 中已消除几何误差，则该实测几何量的系统误差 $\Delta x_i = 0$；倘若所有 x_{i0} 中都已消除各自的系统误差，则实测的所有几何量的系统误差都等于零，此时 $\Delta y = 0$。还需说明，在计算被测几何量的测量极限误差 $\delta_{\lim(y)}$ 时，实测的各几何量的标准偏差 σ_{x_i} 或对应的测量极限误差 $\delta_{\lim(x_i)}$ 应与各自的测得值相对应，即如果 x_i 是任一测得值，则 σ_{x_i} 是任一测得值的标准偏差，如果 x_{i0} 是算术平均值，则 σ_{x_i} 应是算术平均值的标准偏差。

【例 2-3】 用弓高弦长法测量工件的直径。若各尺寸测定为：$L = 100$ mm，$\delta L = 5~\mu$m；$h = 20$ mm，$\delta h = 4~\mu$m，则可根据式（2-12）计算直径 d 的误差：

$$\delta d = \left(\frac{\partial f}{\partial L}\right)\delta L + \left(\frac{\partial f}{\partial h}\right)\delta h$$

$$\frac{\partial f}{\partial L} = \frac{1}{4h} \times 2L = \frac{200}{80} = 2.5$$

因为

$$\frac{\partial f}{\partial h} = -\frac{L^2}{4h^2} + 1 = -\frac{100^2}{4 \times 20^2} + 1 = -5.25~\mu\text{m}$$

所以

$$\delta d = 2.5 \times 5 + (-5.25) \times 4 = 12.5 - 21 = -8.5~\mu\text{m}$$

若尺寸 L、h 测定的极限尺寸为 $\delta_{\lim(L)} \pm 2~\mu$m，$\delta_{\lim(h)} = \pm 1~\mu$m，则可根据式（2-15）计算直径 d 的测量极限误差：

$$\delta_{\lim(d)} = \pm \sqrt{\left(\frac{\partial f}{\partial L}\right)^2 \delta_{\lim(L)}^2 + \left(\frac{\partial f}{\partial h}\right)^2 \delta_{\lim(h)}^2}$$

$$= \pm \sqrt{(2.5)^2 \times 2^2 + (-5.25)^2 \times 1^2}$$

$$= \pm 7.25~\mu\text{m}$$

2.6 计量器具的选择

2.6.1 计量器具的选择原则

制造业中计量器具的选择主要取决于计量器具的技术指标和经济指标。在综合考虑这些指标时,主要有以下两点要求:

(1) 根据被测工件的部位、外形及尺寸选择计量器具,使所选择的计量器具的测量范围能满足工件的要求。

(2) 根据被测工件的公差选择计量器具。考虑到计量器具的误差将会带入到工件的测量结果中,因此选择的计量器具所允许的极限误差应当小一些。但计量器具的极限误差愈小,其价格就愈高,对使用时的环境条件和操作者的要求也愈高。因此,选择计量器具时,应将技术指标和经济指标统一考虑。

通常计量器具的选择可根据标准进行。对于没有标准的用于工件检测的计量器具,应使所选用的计量器具的极限误差约占被测工件的 $1/10 \sim 1/3$,其中,对低精度的工件采用 $1/10$,对高精度的工件采用 $1/3$ 甚至 $1/2$。由于工件精度愈高,对计量器具的精度要求也愈高,而高精度的计量器具制造困难,因此,使其极限误差占工件公差的比例增大是合理的。

2.6.2 光滑极限量规

用量规检验只能判断工件被测部位是否在公差范围内,以确定该工件是否合格,但不能确定其实际参数的具体数值。这种方法简便、迅速、可保证互换性。

1. 量规的种类

检验孔用的量规叫塞规,检验轴用的量规叫卡规(见图 2-9)。量规通常成对使用,其中通规控制作用尺寸,止规控制实际尺寸。当检验工件时,如果通规能通过,止规不能通过,则可确定该检验工件为合格品;反之,为不合格品。

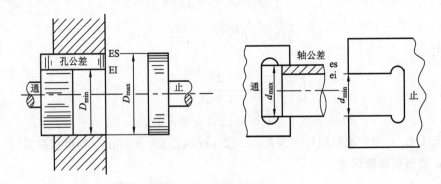

图 2-9 极限量规

量规分为工作量规、验收量规和校对量规。工作量规为在制造工件的过程中操作者所使用的量规。验收量规为检验部门和用户代表在验收产品时所用的量规。校对量规为校对工作量规和验收量规的量规。标准只对轴用量规规定了校对量规。因为孔用量规（塞规）便于用精密量仪测量，所以未对其规定校对量规。

为了避免矛盾，国家标准 GB/T 1957—81《光滑极限量规》规定：操作者应该使用新的或磨损较少的通规；检验部门应该使用与工作量规形式相同，且已磨损较多的通规；用户代表用量规验收工件时，所用通规应接近工件的最大实体尺寸，所用止规应接近工件的最小实体尺寸。

2. 量规的公差

量规的制造虽比工件精密，但也不可能做到绝对准确，而且量规在检验时要通过工件，也会造成磨损，这样量规的尺寸就不能完全等于工件的实体尺寸，而是在一定的范围内变动。国家标准规定量规的公差带位于孔、轴的公差带内，如图 2-10 所示。通规要通过每一个合格件，磨损较多，为了延长量规的使用寿命，将通规公差带从最大实体尺寸向工件公差带内缩一个距离；而止规不通过工件，故将止规公差带放在工件公差带内，紧靠最小实体尺寸处。

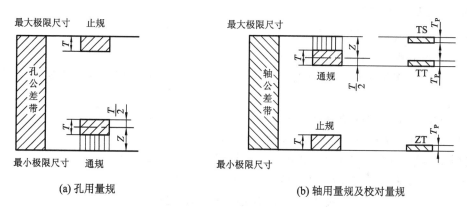

(a) 孔用量规 (b) 轴用量规及校对量规

图 2-10 极限量规的公差带

量规的公差带在工件公差带内，为了不使量规公差过多地占用工件公差，并考虑量规的制造能力和使用寿命，国家标准按工件的公称尺寸和公差等级，规定了量规的制造公差（T）和通规尺寸公差的中心到工件最大实体尺寸之间的距离（Z），其数值见表 2-5。轴用量规及三种校对量规的公差带见图 2-10(b)。

表 2-5　量规公差 T 和 Z 值（摘自 GB 1957《光滑极限量规》）　　μm

工件公称尺寸 /mm	IT6			IT7			IT8			IT9			IT10		
	IT6	T	Z	IT7	T	Z	IT8	T	Z	IT9	T	Z	IT10	T	Z
>10~18	11	1.6	2.0	18	2.0	2.8	27	2.8	4	43	3.4	6	70	4	8
>18~30	13	2.0	2.4	21	2.4	3.4	33	3.4	5	52	4.0	7	84	5	9
>30~50	16	2.4	2.8	25	3.0	34.0	39	4.0	6	62	5.0	8	100	6	11
>50~80	19	2.8	3.4	30	3.6	4.6	46	4.6	7	74	6.0	9	120	7	13

1）校通-通量规（代号 TT）

校通-通量规用在轴用通规制造时防止通规尺寸小于其最小极限尺寸（等于轴的最大实体尺寸）。检验时，这个校对量规应通过轴用通规，否则判断该轴用通规不合格。

2）校止-通量规（代号 ZT）

校止-通量规用在轴用止规制造时防止止规尺寸小于其最小极限尺寸（等于轴的最小实体尺寸）。检验时，这个校对量规应通过轴用止规，否则判断该轴用止规不合格。

3）校通-损量规（代号 TS）

校通-损量规用来检查使用中的轴用通规是否磨损，以防止通规超过工件的最大实体尺寸。检验时，如果轴用通规磨损到能被校对量规通过，则此时轴用通规应予以报废；若不被通过，则仍可以继续使用。

三种校对量规的尺寸公差均为被校对轴用量规尺寸公差的50%。由于校对量规精度高，制造困难，而目前测量技术又有了提高，因此，在生产中逐步用量块或计量仪器来代替校对量规。

3. 量规工作尺寸的计算

量规工作尺寸的计算步骤如下：

（1）查出被检验工件的极限偏差；

（2）查出工作量规的制造公差 T 和通规制造公差带中心到工件最大实体尺寸的距离 Z；

（3）确定校对量规的制造公差 T_P；

（4）画量规公差带图，计算和标注各种量规的工作尺寸。

【例 2-4】 计算 $\phi25H8/f7$ 孔用量规和轴用量规的工作尺寸。

解： 按上述步骤进行计算，所得计算结果如表 2-6 所示。

表 2-6　量规工作尺寸的计算结果

被检工件	量规代号	量规公差 $T(T_P)$ /μm	Z /μm	量规公称尺寸 /mm	量规极限偏差 /μm		量规尺寸标注 /mm
					上偏差	下偏差	
孔 $\phi25H8({}^{+0.033}_{0})$	通(T)	3.4	5	25	+6.7	+3.3	$\phi25^{+0.0007}_{+0.0033}$
	止(Z)	3.4	—		+33.0	+29.6	$\phi25^{+0.0330}_{+0.0293}$
轴 $\phi25f7({}^{-0.020}_{-0.041})$	通(T)	2.4	3.4		−22.2	−24.6	$\phi25^{-0.0222}_{-0.0246}$
	止(Z)	2.4	—		−38.6	−41.0	$\phi25^{-0.0386}_{-0.0410}$
	TT	1.2	—		−23.4	−24.6	$\phi25^{-0.0234}_{-0.0246}$
	ZT	1.2	—		−39.8	−41.0	$\phi25^{-0.0398}_{-0.0410}$

本例所得量规公差带如图 2-11 所示。量规的形状和位置公差标准规定为其尺寸公差的 50%，如果尺寸公差小于 0.002 mm，则形状和位置公差取为 0.001 mm。

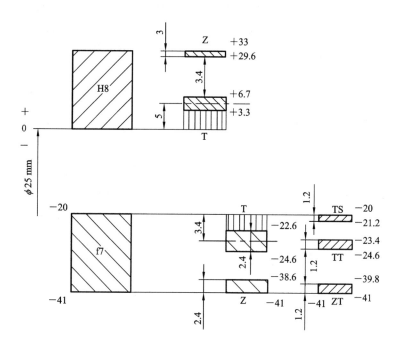

图 2-11　$\phi25$H8/f7 量规公差带图(单位：μm)

量规测量面的表面粗糙度如表 2-7 所示。

表 2-7　极限量规测量面的表面粗糙度

工 作 量 级	工件公称尺寸/mm		
	～120	>120～315	>315～500
	表面粗糙度 R_a/μm		
IT6 级孔用量规	>0.02～0.04	>0.04～0.08	>0.08～0.16
IT6～IT9 级轴用量规 IT7～IT9 级孔用量规	>0.04～0.08	>0.08～0.16	>0.16～0.32
IT10～IT12 级孔、轴用量规	>0.08～0.16	>0.16～0.32	>0.32～0.63
IT13～IT16 级孔、轴用量规	>0.16～0.32	>0.32～0.63	>0.32～0.63

注：校对量规测量面的粗糙度比被校对量规测量面的粗糙度数值小 50%。

2.6.3 光滑工件尺寸的检验

GB/T 3177—1997 用普通计量器具进行光滑工件尺寸的检验，该标准适用于车间的计量器具(如游标卡尺、千分尺和比较仪等)。其主要内容包括：如何根据工件的公称尺寸和公差等级确定工件的验收极限；如何根据工件公差等级选择计量器具。

标准中规定了以下两种验收极限。

1. 内缩方式

该方式规定验收极限分别从工件的最大实体尺寸和最小实体尺寸向公差带内缩一个安全裕度 A，如图 2-12 所示。这种验收方式用于单一要素包容原则和公差等级较高的场合。

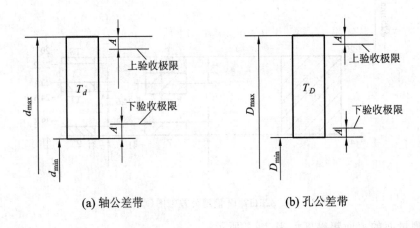

(a) 轴公差带   (b) 孔公差带

图 2-12 内缩方式

2. 不内缩方式

该方式规定验收极限等于工件的最大实体尺寸和最小实体尺寸，即安全裕度 $A=0$，如图 2-13 所示。这种验收方式常用于非配合和一般公差的尺寸。

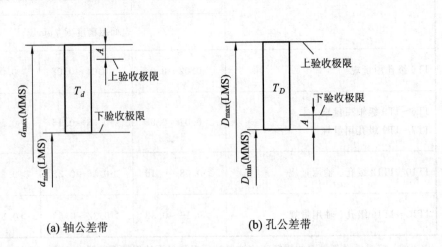

(a) 轴公差带   (b) 孔公差带

图 2-13 不内缩方式

另外，当工艺能力指数 C_p 大于或等于 1 时，其验收极限可按不内缩方式确定；但当采用包容原则时，在最大实体尺寸一侧仍应按内缩方式确定验收极限（见图 2-14）。当工件实际尺寸服从偏态分布时，可以只对尺寸偏向的一侧采用内缩方式确定验收极限（见图 2-15）。安全裕度 A 的大小由工件公差等级确定，如表 2-8 所示。安全裕度 A 是为了避免在测量工件时，由于测量误差的存在将尺寸已超出公差带的零件误判为合格（误收）而设置的。

标准规定计量器具的选择应按测量不确定度的允许值 U 来进行，U 由计量器具的不确定度 u_1 和测量时的温度、工件形状误差以及测力引起的误差 u_2 等组成。$u_1 = 0.9U$，$u_2 = 0.45U$，测量不确定度的允许值 $U = \sqrt{u_1^2 + u_2^2}$。选择计量器具时，应保证所选择的计量器具的不确定度不大于允许值 u_1。据 GB/T 3177—1997，表 2-9～表 2-11 列出了有关计量器具不确定度的允许值。

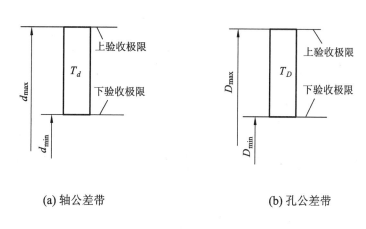

(a) 轴公差带　　　　　　　　　　　(b) 孔公差带

图 2-14　最大实体尺寸一侧的内缩方式

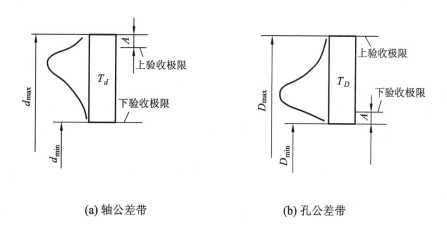

(a) 轴公差带　　　　　　　　　　　(b) 孔公差带

图 2-15　尺寸偏向一侧的内缩方式

表 2-8　安全裕度(A)与计量器具的不确定度允许值(u_1)

単位：μm

公称尺寸/mm		6		u_1			7		u_1			8		u_1			9		u_1			10		u_1			11		u_1		
大于	至	T	A	I	II	III	T	A	I	II	III	T	A	I	II	III	T	A	I	II	III	T	A	I	II	III	T	A	I	II	III
—	3	6	0.6	0.54	0.9	1.4	10	1.0	0.9	1.5	2.3	14	1.4	1.3	2.1	3.2	25	2.5	2.3	3.8	5.6	40	4.0	3.6	6.0	9.0	60	6.0	5.4	9.0	14
3	6	8	0.8	0.72	1.2	1.8	12	1.2	1.1	1.8	2.7	18	1.8	1.6	2.7	4.1	30	3.0	2.7	4.5	6.8	48	4.8	4.3	7.2	11	75	7.5	6.8	11	17
6	10	9	0.9	0.81	1.4	2.0	15	1.5	1.4	2.3	3.4	22	2.2	2.0	3.3	5.0	36	3.6	3.3	5.4	8.1	58	5.8	5.2	8.7	13	90	9.0	8.1	14	20
10	18	11	1.1	1.0	1.7	2.5	18	1.8	1.7	2.7	4.1	27	2.7	2.4	4.1	6.1	43	4.3	3.9	6.5	9.7	70	7.0	6.3	11	16	110	11	10	17	25
18	30	13	1.3	1.2	2.0	2.9	21	2.1	1.9	3.2	4.7	33	3.3	3.0	5.0	7.4	52	5.2	4.7	7.8	12	84	8.4	7.6	13	19	130	13	12	20	29
30	50	16	1.6	1.4	2.4	3.6	25	2.5	2.3	3.8	5.6	39	3.9	3.5	5.9	8.8	62	6.2	5.6	9.3	14	100	10	9.0	15	23	160	16	14	24	36
50	80	19	1.9	1.7	2.9	4.3	30	3.0	2.7	4.5	6.8	46	4.6	4.1	6.9	10	74	7.4	6.7	11	17	120	12	11	18	27	190	19	17	29	43
80	120	22	2.2	2.0	3.3	5.0	35	3.5	3.2	5.3	7.9	54	5.4	4.9	8.1	12	87	8.7	7.8	13	20	140	14	13	21	32	220	22	20	33	50
120	180	25	2.5	2.3	3.8	5.6	40	4.0	3.6	6.0	9.0	63	6.3	5.7	9.5	14	100	10	9.0	15	23	160	16	15	24	36	250	25	23	38	56
180	250	29	2.9	2.6	4.4	6.5	46	4.6	4.1	6.9	10	72	7.2	6.5	11	16	115	12	10	17	26	185	18	17	28	42	290	29	26	44	65
250	315	32	3.2	2.9	4.8	7.2	52	5.2	4.7	7.8	12	81	8.1	7.3	12	18	130	13	12	19	29	210	21	19	32	47	320	32	29	48	72
315	400	36	3.6	3.2	5.4	8.1	57	5.7	5.1	8.4	13	89	8.9	8.0	13	20	140	14	13	21	32	230	23	21	35	52	360	36	32	54	81
400	500	40	4.0	3.6	6.0	9.0	63	6.3	5.7	9.5	14	97	9.7	8.7	15	22	155	16	14	23	35	250	25	23	38	56	400	40	36	60	90

续表

公差等级		12				13				14				15				16				17				18			
公称尺寸/mm		T	A	u₁		T	A	u₁		T	A	u₁		T	A	u₁		T	A	u₁		T	A	u₁		T	A	u₁	
大于	至			I	II			I	II			I	II			I	II			I	II			I	II			I	II
—	3	100	10	9.0	15	140	14	13	21	250	25	23	38	400	40	36	60	600	60	54	90	1000	100	90	150	1400	140	125	210
3	6	120	12	11	18	180	18	16	27	300	30	27	45	480	48	43	72	750	75	68	110	1200	120	110	180	1800	180	160	270
6	10	150	15	14	23	220	22	20	33	360	36	32	54	580	58	52	87	900	90	81	140	1500	150	140	230	2200	220	200	330
10	18	180	18	16	27	270	27	24	41	430	43	39	65	700	70	63	110	1100	110	100	170	1800	180	160	270	2700	270	240	400
18	30	210	21	19	32	330	33	30	50	520	52	47	78	840	84	76	130	1300	130	120	200	2100	210	190	320	3300	330	300	490
30	50	250	25	23	38	390	39	35	59	620	62	56	93	1000	100	90	150	1600	160	140	240	2500	250	220	380	3900	390	350	580
50	80	300	30	27	45	460	46	41	69	740	74	67	110	1200	120	110	180	1900	190	170	290	3000	300	270	450	4600	460	410	690
80	120	350	35	32	53	540	54	49	61	870	87	78	130	1400	140	130	210	2200	220	200	330	3500	350	320	530	5400	540	480	810
120	180	400	40	36	60	630	63	57	95	1000	100	90	150	1600	160	150	240	2500	250	230	380	4000	400	360	600	6300	630	570	940
180	250	460	46	41	69	720	72	65	110	1150	115	100	170	1850	180	170	280	2900	290	260	440	4600	460	410	690	7200	720	650	1080
250	315	520	52	47	78	810	81	73	120	1300	130	120	190	2100	210	190	320	3200	320	290	480	5200	520	470	780	8100	810	730	1210
315	400	570	57	51	86	890	89	80	130	1400	140	130	210	2300	230	210	350	3600	360	320	540	5700	570	510	860	8900	890	800	1330
400	500	630	63	57	95	970	97	87	150	1500	150	140	230	2500	250	230	380	4000	400	360	600	6300	630	570	950	9700	970	870	1450

注：u_1 分为 I、II、III挡，一般情况下优先选用 I挡，其次选用 II挡、III挡。

表 2-9　千分尺和游标卡尺的不确定度　　　　　　　mm

尺寸范围	计量器具类型			
	分度值0.01 外径千分尺	分度值0.01 内径千分尺	分度值0.02 游标卡尺	分度值0.05 游标卡尺
	不 确 定 度			
0~50	0.004			0.050
50~100	0.005	0.008		
100~150	0.006			
150~200	0.007		0.020	0.100
200~250	0.008	0.013		
250~300	0.009			
300~350	0.010			
350~400	0.011	0.020		
400~450	0.012			
450~500	0.013	0.025		
500~600		0.030		
600~700				
700~800				0.150

表 2-10　比较仪的不确定度　　　　　　　mm

尺寸范围		所使用的计量器具			
		分度值为0.0005 (相当于放大倍数为2000)的比较仪	分度值为0.001 (相当于放大倍数为1000)的比较仪	分度值为0.002 (相当于放大倍数为400)的比较仪	分度值为0.005 (相当于放大倍数为250)的比较仪
大于	至	不 确 定 度			
—	25	0.0006	0.0010	0.0017	0.0030
25	40	0.0007			
40	65	0.0008	0.0011	0.0018	
65	90	0.0008			
90	115	0.0009	0.0012	0.0019	
115	165	0.0010	0.0013		
165	215	0.0012	0.0014	0.0020	0.0035
215	265	0.0014	0.0016	0.0021	
265	315	0.0016	0.0017	0.0022	

注：测量时，使用的标准器由 4 块 1 等（或 4 等）量块组成。

表 2-11 指示表的不确定度 　　　　　　　　　　　mm

尺寸范围		所使用的计量器具			
		分度值为 0.001 的千分表(0 级在全程范围内,1 级在 0.2 mm 内),分度值为0.002 的千分表(在 1 转范围内)	分度值为0.001, 0.002,0.005 的千分表(1 级在全程范围内),分度值为 0.01 的百分表(0 级在任意 1 mm 内)	分度值为 0.01 的百分表(0 级在全程范围内,1 级在任意 1 mm 内)	分度值为 0.01 的百分表(1 级在全程范围内)
大于	至		不 确 定 度		
—	25	0.005	0.010	0.018	0.030
25	40	0.005	0.010	0.018	0.030
40	65	0.005	0.010	0.018	0.030
65	90	0.005	0.010	0.018	0.030
90	115	0.005	0.010	0.018	0.030
115	165	0.006	0.010	0.018	0.030
165	215	0.006	0.010	0.018	0.030
215	265	0.006	0.010	0.018	0.030
265	315	0.006	0.010	0.018	0.030

注:测量时,使用的标准器由 4 块 1 等(或 4 等)量块组成。

习 题 2

2-1 试从 83 块一套的量块中,同时组合下列尺寸(单位为 mm):29.875,48.98, 40.79,10.56。

2-2 仪器读数在 20 mm 处的示值误差为+0.002 mm。当用它测量工件时,读数正好为 20 mm,问工件的实际尺寸是多少?

2-3 用某测量方法在等精度的情况下对某一工件测量了 15 次,各次的测量值如下(单位为 mm):

30.742,30.743,30.740,30.741,30.739,30.740,30.739,30.741,30.742, 30.743,30.739,30.740,30.743,30.742,30.741

求单次测量的标准偏差和极限误差。

2-4 用某一测量方法在等精度的情况下对某一工件测量了 4 次,其测量值如下(单位为 mm):20.001,20.002,20.000,19.999。若已知单次测量的标准偏差为 0.6,求测量结果及极限误差。

2-5 三个量块的实际尺寸和检定时的极限误差分别为 20±0.0003,1.0054± 0.0003,1.484±0.0003,试计算这三个量块组合后的尺寸和极限误差。

2-6　现要测出图2-16所示阶梯形零件的尺寸 N。用千分尺测量尺寸 A_1 和 A_2，可得 $N=A_1-A_2$。若千分尺的测量极限误差为 $\pm 2.5\ \mu m$，则测得尺寸 N 的测量极限误差是多少？

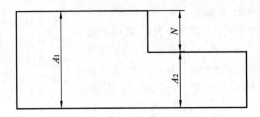

图 2-16　阶梯形零件

2-7　在万能工具显微镜上用影像法测量圆弧样板（见图 2-17），测得弦长 $L=95\ mm$，弓高 $A=30\ mm$，测量弦长的测量极限误差 $\delta_{\lim(L)}=\pm 2.5\ \mu m$，测量弓高的测量极限误差为 $\delta_{\lim(h)}\ \pm 2\ \mu m$。试确定圆弧的直径及其测量极限误差。

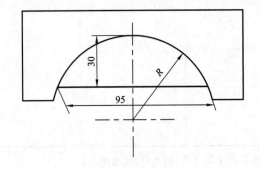

图 2-17　圆弧样板

2-8　用游标卡尺测量箱体孔的中心距（见图 2-18）有如下三种测量方案：(1) 测量孔径 d_1、d_2 和孔边距 L_1；(2) 测量孔径 d_1、d_2 和孔边距 L_2；(3) 测量孔边距 L_1 和 L_2。若已知它们的测量极限误差，$\delta_{\lim(d_1)}=\delta_{\lim(d_2)}=\pm 40\ \mu m$，$\delta_{\lim(L_1)}=\pm 60\ \mu m$，$\delta_{\lim(L_2)}=\pm 70\ \mu m$，试计算三种测量方案的测量极限误差。

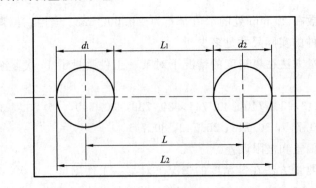

图 2-18　箱体

第3章　尺寸公差与圆柱结合的互换性

3.1　圆柱结合的使用要求

圆柱结合(包括平行平面的结合)在机械产品中应用非常广泛。根据使用要求的不同，可将其归纳为以下三类。

1. 用作相对运动副

这类结合主要用于具有相对转动和移动的机构。滑动轴承与轴颈的结合、机床尾座顶尖的运动(见图3-1(a))为相对转动的典型结构；导轨与滑块的结合为相对移动的典型结构。这类结合除要保证一定的功能外，还必须保证一定的运动准确性和工作灵活性。从保证功能要求及运动准确性出发，应使配合的间隙越小越好，因为这样才能实现较高的定心精度和较准确的运动。但从保证工作灵活性出发，又必须留有足够的间隙。因此，对这类结合必须保证有一定的配合间隙。

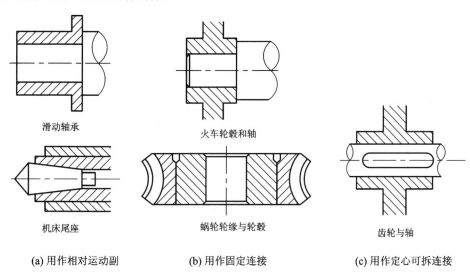

滑动轴承　　　　　火车轮毂和轴

机床尾座　　　蜗轮轮缘与轮毂　　　齿轮与轴

(a) 用作相对运动副　　　(b) 用作固定连接　　　(c) 用作定心可拆连接

图3-1　圆柱结合的类型

2. 用作固定连接

机械产品有许多旋转零件，考虑其结构特点或为了节省较贵重材料等，将整体零件拆成了两件，如齿轮轴可分为齿轮与轴的结合，蜗轮又可分为轮缘与轮毂的结合以及火车轮毂和轴的结合等，如图3-1(b)所示，然后再经过装配而形成一体，构成固定的连接。对这类结合必须保证有一定的过盈，使之能够在传递足够的扭矩或轴向力时不打滑。

3. 用作定心可拆连接

这类结合主要用于保证有较高的同轴度和在不同修理周期下能拆卸的机构，如一般减速器中齿轮与轴的结合(见图 3 - 1(c))、定位销与销孔的结合等。其特点主要是起定位作用，传递的扭矩比固定连接小，甚至不传递扭矩，传递扭矩主要靠的是键。由于这种连接要求有较高的同轴度，因此，应该保证有一定的过盈量，但也不能太大。

除圆柱结合外，有些典型零件的结合(如螺纹、平键、花键等)也不外乎是上述三种类型的连接。在工程实践中，正因为对圆柱结合有以上三种要求，所以在极限与配合的国家标准中才规定了与此有关的三类配合，即间隙配合、过盈配合和过渡配合。

3.2　基本术语及定义

3.2.1　孔与轴的定义

国家标准中首先规定了尺寸要素的概念，所谓尺寸要素是指由一定大小的线性尺寸或角度尺寸确定的几何形状，如圆柱形、圆锥形、球形和两平行的对于面等。由此规定了有关孔轴概念，孔轴概念关系到尺寸公差与孔、轴配合国家标准应用范围的问题。

1. 孔

孔通常是指工件的圆柱形内尺寸要素，也包括非圆柱形内尺寸要素(即由两个平行平面或切面形成的包容面)。

2. 轴

轴通常是指工件的圆柱形外尺寸要素，也包括非圆柱形外尺寸要素(即由两个平行平面或切面形成的被包容面)。

3. 孔和轴的判断

(1) 从定义上来判断，内尺寸要素是孔，而外尺寸要素是轴。

(2) 从包容性质上来看，孔为包容面(尺寸之间是空的)，而轴为被包容面(尺寸之间是实的)。

(3) 从加工方式上来看，孔类加工尺寸由小到大，而轴类加工尺寸由大到小。

(4) 从检测方式上来看，孔类使用内卡尺，轴类使用外卡尺。

这里的孔和轴是广义的，如图 3 - 2 所示，尺寸 D_1、D_2、D_3、D_4 等为孔，尺寸 d_1、d_2、d_3、d_4 为轴。

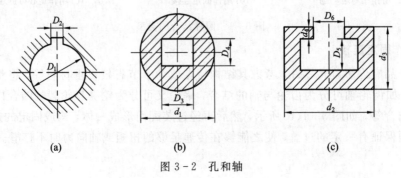

(a)　　　　　　　　(b)　　　　　　　　(c)

图 3 - 2　孔和轴

采用广义孔和轴的目的是为了确定零件的尺寸极限和相互的配合关系，而且术语也拓展了极限与配合制标准的应用范围。广义孔和轴不仅可用于圆柱体内、外表面的结合，也可用于非圆柱体内、外表面的结合，如键结合中的键与槽宽，花键结合中的外径、内径及键与槽宽等。

3.2.2 有关尺寸的术语与定义

1. 尺寸

尺寸是标准中最基本的一个术语，它是指以特定单位表示线性尺寸值的数值（GB/T 1800.1—2009），如直径、长度、宽度等。尺寸包括直径、半径、宽度、深度、高度及中心距等，由数字和长度单位组成。但是，在技术图纸和一定范围内，当已注明共同单位（如在尺寸标准中，以 mm 为单位）时，可以只写数字，不写单位。

2. 公称尺寸

公称尺寸是指由图样规范确定的理想形状要素尺寸（GB/T1800.1—2009）。通过它应用上、下极限偏差可算出极限尺寸的尺寸。一般公称尺寸可以是一个整数或一个小数值，例如 32，15，8.75，0.5 等等。上述定义反映了公称尺寸与极限偏差和极限尺寸的关系。实际上公称尺寸是设计者通过计算或根据经验而确定的尺寸。确定时按标准尺寸圆整取值，以减少定值刀具、量具的规格数量。孔的公称尺寸用大写字母 D 表示，轴的公称尺寸用小写字母 d 表示。一般来说，公称尺寸具有如下特点：

（1）依据强度、刚度和结构位置确定。例如，依据功率和转数计算轴的直径。依据公式 $d=11\sqrt[3]{\dfrac{p(\mathrm{kw})}{n(\mathrm{r/min})}}(\mathrm{cm})$（材料为 45 号钢）可计算出直径。假如直径为 $\phi23.8$，若按 R5 系列，公称尺寸取 25；现依据轴结构的限制（如图 3-3 所示），按 R20 系列取 28。

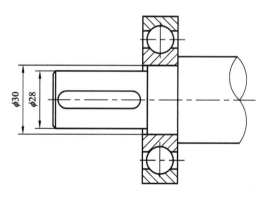

图 3-3 轴端结构

（2）圆整后，按 GB 2822《标准尺寸》取值。

（3）公称尺寸是计算偏差的起始尺寸。

（4）相配合的孔、轴其公称尺寸必须相同。

3. 提取实际（组成）要素的局部尺寸

一切提取实际（组成）要素上两对应点的距离称为提取实际（组成）要素的局部尺寸。通过测量获得的某一孔、轴直径方向（圆柱长度方向）的尺寸，并通过拟合圆心的尺寸（拟合轴线)称为提取圆柱表面的局部尺寸。孔的提取实际要素的局部尺寸用 D_a 表示，轴用 d_a 表示。两平行提取表面的局部尺寸是指两平行对应提取表面上两对应点的距离，其中，所有对应点的连线均垂直于拟合中心平面(GB/T1800.1—2009)。

4. 极限尺寸

极限尺寸是指一个孔或轴允许的尺寸的两个极端。提取实际(组成)要素的局部尺寸应位于其中，也可达到极限尺寸。孔或轴允许的最大尺寸为最大极限尺寸，即两个极端中较大的一个。孔和轴允许的最小尺寸为最小极限尺寸，即两个极端中较小的一个。孔的最大、最小极限尺寸分别用 D_{max}、D_{min} 表示，轴的最大、最小极限尺寸分别用 d_{max}、d_{min} 表示。

上述尺寸中，公称尺寸和极限尺寸是设计者确定的尺寸，如图 3-4 所示。而提取实际(组成)要素的局部尺寸是加工后对零件测量得到的尺寸。为了保证使用要求，极限尺寸用于控制实际尺寸。

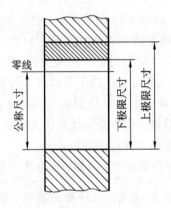

图 3-4　公称尺寸与上下极限尺寸

3.2.3　有关尺寸偏差与公差的术语和定义

1. 偏差

某一尺寸减其公称尺寸所得的代数差，称为偏差。这里的"某一尺寸"是指提取实际(组成)要素的局部尺寸或极限尺寸等。根据"某一尺寸"的不同，偏差可分为实际组成要素偏差和极限偏差。

1) 实际组成要素偏差

提取实际(组成)要素的局部尺寸减其公称尺寸所得的代数差，称为实际组成要素偏差。孔和轴的实际组成要素偏差分别用符号 E_a 和 e_a 表示，可用公式表示为

$$E_a = D_a - D, \quad e_a = d_a - d$$

2) 极限偏差

极限偏差指上极限偏差和下极限偏差，用于限制实际组成要素偏差。上极限尺寸减其公称尺寸所得的代数差称为上极限偏差，孔和轴的上极限偏差分别用符号 ES(法文 Ecart Superieur 的缩写)和 es 表示；下极限尺寸减其公称尺寸所得的代数差称为下极限偏差，孔和轴的下极限偏差分别用符号 EI(法文 Ecart Interieur 的缩写)和 ei 表示。国标规定，ES、es、EI、ei 为英文字母正体。由上述表述可得，孔、轴的上、下极限偏差可分别表示为

上极限偏差：

$$ES = D_{max} - D, \ es = d_{max} - d \qquad (3-1)$$

下极限偏差：

$$EI = D_{min} - D, \ ei = d_{min} - d \qquad (3-2)$$

偏差为代数值，故有正数、负数或零。计算或标注时，除零以外必须带有正号或负号，零本身也要标注，例如，孔 $\phi 20_{\ 0}^{+0.033}$，轴 $\phi 20_{-0.041}^{-0.020}$，轴 $\phi 20 \pm 0.0065$。规定偏差的定义主要是为了工程上计算或标注方便，实际应用中常用极限偏差来表示允许尺寸的变动范围。合格零件的实际组成要素偏差应在规定的极限偏差范围内。

2. 尺寸公差

尺寸公差简称公差，指上极限尺寸与下极限尺寸之差，或上极限偏差与下极限偏差之差。公差是允许尺寸的变动量。孔和轴的公差分别用 T_D 和 T_d 表示，其计算公式为

$$T_D = |D_{max} - D_{min}| = |(D + ES) - (D + EI)| = |ES - EI| \qquad (3-3)$$

同理，

$$T_d = |d_{max} - d_{min}| = |es - ei| \qquad (3-4)$$

尺寸公差是一个没有符号的绝对值，且不能为零。公称尺寸、极限尺寸、极限偏差及公差之间的相互关系如图 3-5 所示。

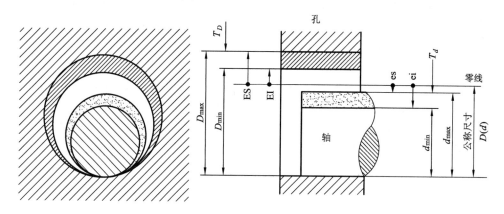

图 3-5　公称尺寸、极限尺寸、极限偏差及公差之间的相互关系

应当指出，公差与偏差是两个不同的概念。公差表示制造精度的要求，反映加工难易程度；而偏差表示与公称尺寸偏离的程度，它表示公差带的位置，影响配合松紧。从工艺来看，偏差一般不反映加工难易程度，只表示加工时机床的调整（如车削时进刀位置）。它们的区别是：第一，偏差是代数值，有正负号，有零，而公差没有正负之分，不能为零；第二，偏差表示起始位置，公差表示变动量。第三，极限偏差用来控制实际组成要素偏差，公差用来控制零件的误差。

3. 公差带图与公差带

公差带图可清楚地表示尺寸、偏差和公差的相互关系，是一个非常有用的工具。由于公差及偏差的数值比公称尺寸的数值小得多，不便于用同一比例表示，因此可只将公差值放大，画出公差带的位置图解，用尺寸公差带的高度和相互位置表示公差大小和配合性质，如图 3-6 所示。通过图 3-6 我们可以看出，公差带图由两部分组成：零线和公差带。

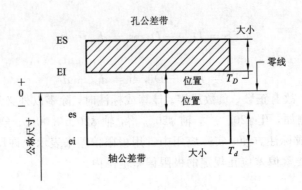

图 3-6　公差带图解

1）零线

在图解中，表示公称尺寸的是一条直线，以其为基准确定偏差和公差，这条直线称为零线。通常正偏差位于零线的上方，负偏差位于零线的下方。在绘制公差带图时，应注意标注零线的公称尺寸线、公称尺寸值和符号"0"。

2）公差带

在图解中，公差带是由代表上极限偏差和下极限偏差或最大极限尺寸和最小极限尺寸的两条直线所限定的一个区域。公差带由公差带大小和公差带位置两个要素决定。前者指公差带在零线垂直方向上的宽度，后者指公差带相对于零线的位置，如图 3-6 所示。

在绘制公差带图时，应注意用不同方式区分孔、轴公差带，其相互位置与大小则应用协调比例画出。由于公差带图中孔、轴的公称尺寸和上、下极限偏差的量纲单位可能不同，因此对于某一孔、轴尺寸公差带的绘制规定了两种不同的画法。第一，图中孔、轴的公称尺寸和上、下极限偏差都不写量纲单位，这表示图中各数值的量纲单位均为 mm，这种公差带图的绘制方法可参见图 3-7(a)；第二，图中孔、轴的公称尺寸标写量纲单位 mm，上、下极限偏差不标写量纲单位，这表示孔、轴公称尺寸的量纲单位为 mm，而其上、下极限偏差的量纲单位为 μm，这种公差带图的绘制方法可参见图 3-7(b)。在公差带图中还应标出极限间隙或极限过盈(间隙与过盈的概念见 3.2.4 节)。

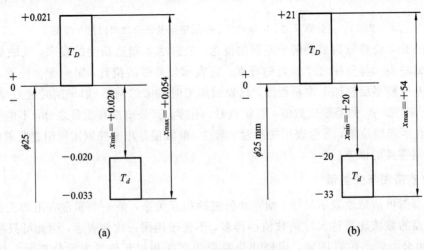

(a)　　　　　　　　　　　　　　　(b)

图 3-7　尺寸公差带图

【例 3 - 1】 已知孔、轴的公称尺寸为 $\phi25$，$D_{\max}=\phi25.021$，$D_{\min}=\phi25.000$，$d_{\max}=\phi24.980$，$d_{\min}=\phi24.967$，求孔与轴的极限偏差和公差，并在图样上注明孔与轴的极限偏差，最后用两种方法画出它们的尺寸公差带图。

解：根据式(3-1)～式(3-4)可得：

孔的上极限偏差为

$$ES = D_{\max} - D = 25.021 - 25 = +0.021$$

孔的下极限偏差为

$$EI = D_{\min} - D = 25.000 - 25 = 0$$

轴的上极限偏差为

$$es = d_{\max} - d = 24.980 - 25 = -0.020$$

轴的下极限偏差为

$$ei = d_{\min} - d = 24.967 - 25 = -0.033$$

孔的公差为

$$T_D = |D_{\max} - D_{\min}| = |25.021 - 25| = 0.021$$

或

$$T_D = |ES - EI| = |(+0.021) - 0| = 0.021$$

轴的公差为

$$T_d = |d_{\max} - d_{\min}| = |24.980 - 24.967| = 0.013$$

或

$$T_d = |es - ei| = |(-0.020) - (-0.033)| = 0.013$$

在图样上标注：孔为 $\phi25_{0}^{+0.021}$，轴为 $\phi25_{-0.033}^{-0.020}$。

用两种方法画出的孔、轴尺寸公差带图如图 3-7 所示。

4. 标准公差(IT)

本标准极限配合制中，标准公差指所规定的任一公差(GB/T 1800.1—1997)，字母 IT 为"国际公差"的符号(国标表格中所列的用以确定公差带大小的任一公差值都是标准公差)。

5. 基本偏差

本标准极限配合制中，基本偏差指确定公差带相对零线位置的那个极限偏差。它可以是上极限偏差或下极限偏差，一般为靠近零线的那个偏差(GB/T 1800.1—2009)。

3.2.4 有关配合的术语和定义

1. 配合

配合是指公称尺寸相同，相互结合的孔、轴的公差带之间的关系。形成配合要有两个基本条件：一是孔和轴的公称尺寸必须相同；二是具有包容或被包容特性，即孔、轴的结合。配合是指一批孔、轴的装配关系，而不是单个孔和单个轴的相配，所以用公差带的相互位置关系来反映配合比较确切。另外，这种关系也反映孔和轴之间的松紧程度，具体表现为孔和轴结合后，有的牢固连接为一体，有的可沿结合面作相对运动。

2. 间隙或过盈

孔的尺寸减去相配合的轴的尺寸所得的代数差为正时是间隙，用 X 来表示，为负时是过盈，用 Y 来表示，如图 3-8 所示。间隙大小决定两个相互配合工件相对运动的活动程度，过盈大小则决定两个相互配合工件连接的牢固程度。

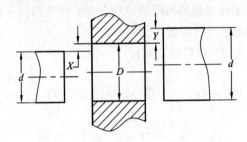

图 3-8　间隙或过盈

3. 配合的类别

配合按其出现间隙、过盈的不同，可分为以下三大类。

1）间隙配合

间隙配合是指具有间隙（包括最小间隙等于零）的配合。间隙配合具有如下特点。

（1）孔的公差带在轴的公差带之上，如图 3-9(a)所示。

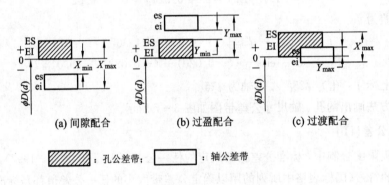

(a) 间隙配合　　　　　(b) 过盈配合　　　　　(c) 过渡配合

▨▨▨：孔公差带；　▭：轴公差带

图 3-9　间隙配合、过盈配合和过渡配合

（2）在间隙配合中，孔和轴有两个极限尺寸，因而间隙也有极限间隙，即最大间隙和最小间隙。孔的最大极限尺寸与轴的最小极限尺寸之差，称为最大间隙 X_{max}；孔的最小极限尺寸与轴的最大极限尺寸之差，称为最小间隙 X_{min}。间隙配合的性质用最大间隙代数量和最小间隙代数量表示，计算公式为

$$X_{max} = D_{max} - d_{min} = (D + ES) - (d + ei) = ES - ei \qquad (3-5)$$

$$X_{min} = D_{min} - d_{max} = (D + EI) - (d + es) = EI - es \qquad (3-6)$$

当孔的最小极限尺寸等于轴的最大极限尺寸时，最小间隙 $X_{min} = 0$。

（3）最大间隙和最小间隙的平均值称为平均间隙 X_{av}，即

$$X_{av} = \frac{1}{2}(X_{max} + X_{min}) \qquad (3-7)$$

注意：间隙值的前面必须标注正号。

【例 3-2】　试计算孔 $\phi 30^{+0.033}_{0}$ 与轴 $\phi 30^{-0.020}_{-0.041}$ 配合的极限间隙和平均间隙。

解：依题意可得：$ES = +0.033$，$EI = 0$，$es = -0.020$，$ei = -0.041$。根据式（3-5）～式（3-7）可得：

$$X_{\max} = \mathrm{ES} - \mathrm{ei} = (+0.033) - (-0.041) = +0.074$$

$$X_{\min} = \mathrm{EI} - \mathrm{es} = 0 - (-0.020) = +0.020$$

$$X_{\mathrm{av}} = \frac{1}{2}(X_{\max} + X_{\min}) = \frac{1}{2}[(+0.074) + (+0.020)] = +0.047$$

2）过盈配合

过盈配合是指具有过盈（包括最小过盈等于零）的配合。过盈配合具有如下特点。

（1）孔的公差带在轴的公差带之下，如图 3-9(b) 所示。

（2）过盈配合也有极限过盈，即最大过盈和最小过盈。孔的最小极限尺寸与轴的最大极限尺寸之差，称为最大过盈 $Y_{\max}$；孔的最大极限尺寸与轴的最小极限尺寸之差，称为最小过盈 $Y_{\min}$。过盈配合的性质用最小过盈代数量和最大过盈代数量表示，计算公式为

$$Y_{\min} = D_{\max} - d_{\min} = (D + \mathrm{ES}) - (d + \mathrm{ei}) = \mathrm{ES} - \mathrm{ei} \qquad (3-8)$$

$$Y_{\max} = D_{\min} - d_{\max} = (D + \mathrm{EI}) - (d + \mathrm{es}) = \mathrm{EI} - \mathrm{es} \qquad (3-9)$$

当孔的最大极限尺寸等于轴的最小极限尺寸时，最小间隙 $Y_{\min} = 0$。

（3）最大过盈和最小过盈的平均值称为平均过盈 Y_{av}，即

$$Y_{\mathrm{av}} = \frac{1}{2}(Y_{\max} + Y_{\min}) \qquad (3-10)$$

注意：过盈值的前面必须标注负号。

【例 3-3】 试计算孔 $\phi 30_0^{+0.033}$ 与轴 $\phi 30_{+0.048}^{+0.069}$ 配合的极限过盈和平均过盈。

解：依题意可得：ES$= +0.033$，EI$=0$，es$= +0.069$，ei$= +0.048$。根据式(3-8)～式(3-10)可得：

$$Y_{\min} = \mathrm{ES} - \mathrm{ei} = (+0.033) - (+0.048) = -0.015$$

$$Y_{\max} = \mathrm{EI} - \mathrm{es} = 0 - (+0.069) = -0.069$$

$$Y_{\mathrm{av}} = \frac{1}{2}(Y_{\max} + Y_{\min}) = Y_{\mathrm{av}} = \frac{1}{2}[(-0.069) + (-0.015)] = -0.042$$

3）过渡配合

过渡配合是指可能具有间隙或过盈的配合。过渡配合具有如下特点。

（1）孔的公差带和轴的公差带相互交叠，如图 3-9(c) 所示。

（2）在过渡配合中，孔的最大极限尺寸与轴的最小极限尺寸之差为最大间隙 $X_{\max}$，计算公式同式(3-5)。孔的最小极限尺寸与轴的最大极限尺之差为最大过盈 $Y_{\max}$，计算公式同式(3-9)。过渡配合的性质用最大间隙代数量和最大过盈的代数量来表示。

（3）最大间隙和最大过盈的平均值是间隙，还是过盈取决于平均值的符号，为正时是平均间隙 X_{av}，为负时是平均过盈 Y_{av}，即

当 $|X_{\max}| \geqslant |Y_{\max}|$ 时，

$$X_{\mathrm{av}} = \frac{1}{2}(X_{\max} + Y_{\max}) \qquad (3-11)$$

$|X_{\max}| \leqslant |Y_{\max}|$ 时，

$$Y_{\mathrm{av}} = \frac{1}{2}(X_{\max} + Y_{\max}) \qquad (3-12)$$

【例 3-4】 试计算孔 $\phi 30_0^{+0.033}$ 与轴 $\phi 30_{-0.008}^{+0.013}$ 配合的极限间隙或极限过盈、平均过盈或平均间隙。

解：依题意可判定：ES＝＋0.033，EI＝0，es＝＋0.013，ei＝－0.008。根据式(3-5)和式(3-9)可得：

$$X_{max} = ES - ei = (+0.033) - (-0.008) = +0.041$$

$$Y_{max} = EI - es = 0 - (+0.013) = -0.013$$

因为$|X_{max}| = |+0.041| = 0.041 > |Y_{max}| = |-0.013| = 0.013$，所以平均间隙为

$$X_{av} = \frac{1}{2}(X_{max} + Y_{max}) = \frac{1}{2}[(+0.041) + (-0.013)] = +0.014$$

4. 配合公差

配合公差指组成配合的孔、轴公差之和，它是允许间隙或过盈的变动量，用T_f表示。对于间隙配合，配合公差等于最大间隙与最小间隙之差的绝对值，即间隙公差；对于过盈配合，配合公差等于最小过盈与最大过盈之差的绝对值，即过盈公差；对于过渡配合，配合公差等于最大间隙与最大过盈之差的绝对值。

对于间隙配合，配合公差为

$$T_f = |X_{max} - X_{min}| = |(D+ES) - (d+ei) - (D+EI) + (d+es)|$$
$$= |(ES-EI) + (es-ei)| = T_D + T_d \tag{3-13}$$

对于过盈配合，配合公差为

$$T_f = |Y_{min} - Y_{max}| = T_D + T_d \tag{3-14}$$

对于过渡配合，配合公差为

$$T_f = |X_{max} - Y_{max}| = T_D + T_d \tag{3-15}$$

配合公差反映配合精度，配合种类反映配合的性质。配合公差T_f反映配合松紧的变化范围，即配合的精确程度，也称为配合精度或装配精度，这是功能要求(即设计要求)；而孔公差T_D和轴公差T_d分别表示孔和轴加工的精确程度，这是制造要求(即工艺要求)。通过关系式$T_f = T_D + T_d$可将这两方面的要求联系在一起。若功能要求(设计要求)提高，即T_f减小，则$T_D + T_d$也要减小，结果使加工和测量困难，成本增加。这个关系式正好说明了"公差"的实质，反映了零件的功能要求与制造要求之间的矛盾，以及设计与工艺之间的矛盾。

5. 配合公差带图

同样，为了清楚地看出配合的性质和间隙或过盈的变化范围，可用配合公差带图来表示(见图3-10)。零线代表间隙或过盈等于零；零线上方表示间隙，为正值；零线下方表示过盈，为负值；纵坐标值代表极限间隙或极限过盈。配合公差带在零线之上的是间隙配合，在零线之下的是过盈配合，跨于零线两侧的是过渡配合。配合公差带的上、下两端的坐标值代表极限间隙或极限过盈，其宽度为配合公差的大小。

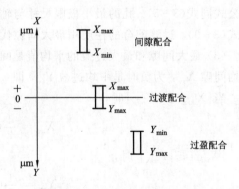

图3-10　配合公差带图

6. 配合制

配合制是指同一极限制的孔和轴组成配合的一种制度。在工程实践中，需要各种不同的孔、轴公差带来实现各种不同的配合。为了设计和制造上的方便，把其中孔的公差带（或轴的公差带）位置固定，通过改变轴的公差带（或孔的公差带）位置来形成所需要的各种配合。

GB/T 1800.1—2009 中规定了两种等效的配合制：基孔制配合和基轴制配合。用标准化的孔、轴公差带（同一极限制的孔和轴）组成各种配合的制度称为配合制。

1）基孔制配合

基孔制是指基本偏差一定的孔的公差带与基本偏差不同的轴的公差带形成各种配合的一种制度。对本标准极限与配合制而言，孔的最小极限尺寸与公称尺寸相等，孔的下极限偏差为零（即 EI＝0）的一种配合制，称为基孔制配合，如图 3-11 所示。基孔制配合中选做基准的孔为基准孔，其代号为"H"。

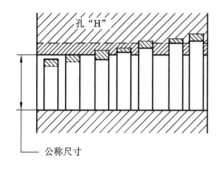
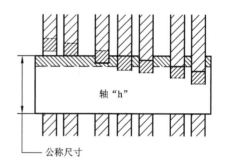

图 3-11　基孔制配合　　　　图 3-12　基轴制配合

2）基轴制配合

基轴制是指基本偏差一定的轴的公差带与基本偏差不同的孔的公差带形成各种配合的一种制度。对本标准极限与配合制而言，轴的最大极限尺寸与公称尺寸相等，轴的上极限偏差为零（即 es＝0）的一种配合制，即称为基轴制配合，如图3-12所示。基轴制配合中选做基准的轴为基准轴，其代号为"h"。

《极限与配合》标准中规定的配合制不仅适用于圆柱（包括平行平面）结合，同样也适用于螺纹结合、圆锥结合、键和花键结合等典型零件。

基孔制和基轴制是两种平行的配合制度。在一定的条件下，同名配合的性质是相同的。因此，对各种使用要求的配合，在基孔制中找得到的，在基轴制中也可以找到。例如，$\phi 30 \dfrac{\text{H8}}{\text{f7}}$ 等价于 $\phi 30 \dfrac{\text{F8}}{\text{h7}}$，是同名配合，亦即配合性质相同。但是，在一般情况下，优先采用基孔制配合。

【例 3-5】　有间隙配合，孔 $\phi 20_{0}^{+0.033}$，轴 $\phi 20_{-0.041}^{-0.020}$。试计算其极限尺寸、极限偏差、尺寸公差、极限间隙和配合公差，画出其尺寸公差带及配合公差带图。

解：（1）极限尺寸为

$$孔：D_{max}＝\phi 20.033 \qquad D_{min}＝\phi 20$$

$$轴：d_{max}＝\phi 19.980 \qquad d_{min}＝\phi 19.959$$

(2) 极限偏差为

$$孔：ES= +0.033 \qquad EI=0$$
$$轴：es= -0.020 \qquad ei= -0.041$$

(3) 尺寸公差为

$$孔：T_D=|ES-EI|=|(+0.033)-0|=0.033$$
$$轴：T_d=|es-ei|=|(-0.020)-(-0.041)|=0.021$$

(4) 极限间隙为

$$X_{\max}=ES-ei=(+0.033)-(-0.041)=+0.074$$
$$X_{\min}=EI-es=0-(-0.020)=+0.020$$

(5) 配合公差为

$$T_f=T_D+T_d=0.033+0.021=0.054$$

(6) 尺寸公差带和配合公差带图如图 3-13 所示。

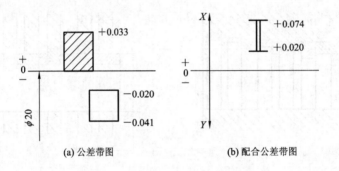

(a) 公差带图 　　　　　　(b) 配合公差带图

图 3-13　公差带图和配合公差带图

3.3　标准公差系列

　　标准公差系列是由不同公差等级和不同公称尺寸的标准公差值构成的。标准公差是指在本标准极限与配合制中所规定的任一公差。它的制定原则是：依据生产中总结出来的工艺规律，并考虑产品零件设计和制造的不同场合的使用要求而制定。生产中的工艺规律表明：第一，公称尺寸相同，加工方法不同，则产生的误差不同；第二，加工方法相同，而公称尺寸不同，产生的误差也不同，如图 3-14 所示。这说明加工误差的主要影响因素是加工方法和公称尺寸的大小，故与加工误差相对应的标准公差的计算公式可表示为

$$\begin{cases} T=ai(I) \\ i(I)=f(D) \end{cases} \qquad (3-16)$$

式中：T 为标准公差值；a 为公差等级系数，当零件尺寸相同，公差等级不同时，应有不同的公差值(例如，$\phi 28^{0}_{-0.013}$ 和 $\phi 130^{0}_{-0.025}$ 的公差等级系数一样，都是 $a=10$，但公差值不一样，a 的大小反映了加工方法的难易程度)；$i(I)$ 为标准公差因子，它是公称尺寸的函数，当公差等级相同，零件尺寸不同时，也应有不同的公差值；D 为公称尺寸的计算值，单位为 mm。

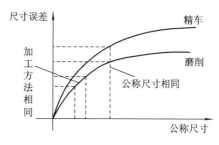

图 3 - 14　加工误差曲线

3.3.1　标准公差因子

标准公差因子是计算标准公差值的基本单位，也是制定标准公差系列表的基础。根据生产实践以及专门的科学试验和统计分析可知，标准公差因子与零件尺寸的关系如图 3 - 15 所示。由图 3 - 15 可知，在常用尺寸段（≤500 mm）内，它们呈立方抛物线的关系。实际上人们很早就发现公差与直径有关系，1902 年纽瓦尔发现公差与直径的关系为 $D^{0.5}$，1924 年英国国标 B. S. 164 将其确定为 $D^{0.445}$，1925 美国 A. S. A. B 4a 将其确定为 $D^{1/3}$。当尺寸较大，即尺寸大于 500～3150 mm 时，接近线性关系。例如，法国 1963 年 12 月颁布标准中取 $I=0.004D+2.1$。

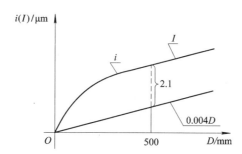

图 3 - 15　标准公差因子与零件尺寸的关系

国家标准规定，对于公称尺寸 $D \leqslant 500$ mm，标准公差因子计算式为

$$i = 0.45\sqrt[3]{D} + 0.001D \qquad (3-17)$$

式中，D 的单位为 mm，i 的单位为 μm。式(3-17)中，第一项表示加工误差随尺寸变化的关系，即符合立方抛物线的关系；第二项表示测量误差随尺寸变化的关系，即符合线性关系。第二项主要考虑温度变化引起的测量误差。比如通过实验可知：当加工 ϕ30 mm 的零件时，给定标准公差值为 13 μm，若温度变化 5℃，则该零件尺寸变化量为 1.7 μm，仅占公差值的 13%；但加工零件尺寸为 ϕ3000 mm 时，其相应的标准公差为 135 μm，若温度也变化 5℃，则零件尺寸的变化量可达 176 μm，占给定公差值的 130%。由此可见，当尺寸较大时，由于温度的变化而产生的测量误差将占有很大的比例。所以，标准规定：当零件尺寸大于 500～3150 mm 时，其公差单位(以 I 表示)的计算式为

$$I = 0.004D + 2.1 \qquad (3-18)$$

式(3-18)中，常数 2.1 是考虑到与常用尺寸段的衔接关系而采用的，故可得：2.1 $=$ $(0.45\sqrt[3]{500} + 0.001 \times 500) - 0.004 \times 500$。至于公称尺寸大于 3150～10 000 mm 的更大尺

寸段，目前尚未确定出合理的标准公差因子计算公式，暂时以 $I=0.004D+2.1$ 为基础来计算标准公差。由于公差源于误差产生规律，即公差必须大于等于加工误差和测量误差之和，因此 $T \geqslant f_{加工}+f_{测量}$。

3.3.2 标准公差等级

在本标准极限与配合制中，同一公差等级（例如 IT7）对所有公称尺寸的一组公差被认为具有同等精确程度。它是以公差等级系数（a）作为分级依据的，在公称尺寸一定的情况下，a 是决定标准公差大小的唯一系数，其大小在一定程度上反映加工方法的精度高低。因此，标准公差等级的划分通常以加工方法在一般条件下所能达到的经济精度为依据，从而满足广泛且不同的使用要求。

1. 标准规定

GB/T 1800.3—1998 在公称尺寸至 500 mm 内规定了 01，0，1，…，18 共 20 个等级；在公称尺寸大于 500～3150 mm 范围内规定了 1，2，…，18 共 18 个等级。标准公差代号由 IT(ISO Toleranlce 的缩写)与阿拉伯数字组成，表示为：IT01，IT0，IT1，…，IT18。从 IT01 到 IT18，等级依次降低，公差依次增大。属于同一等级的公差，对所有的尺寸段虽然公差数值不同，但应看做同等精度。

2. 公差等级系数 a

《极限与配合》标准在正文中只给出 IT1～IT18 共 18 个标准公差等级的标准公差数值，IT01 和 IT0 两个最高级在工业中很少用到，所以在标准正文中没有给出这两个公差等级的标准公差数值，但为满足使用者的需要，在标准附录中给出了这两个公差等级的标准公差数值。尺寸小于等于 3150 mm 标准公差系列的各级公差值的计算公式列于表 3-1 中。

表 3-1 标准公差的计算公式(摘自 GB/T 1800.3—2009)

公差等级	标准公差	公称尺寸/mm		公差等级	标准公差	公称尺寸/mm	
		$D \leqslant 500$	$D>500 \sim 3150$			$D \leqslant 500$	$D>500 \sim 3150$
01	IT01	$0.3+0.008D$	I	8	IT8	$25i$	$25I$
0	IT0	$0.5+0.012D$	$\sqrt{2}I$	9	IT9	$40i$	$40I$
1	IT1	$0.8+0.020D$	$2I$	10	IT10	$64i$	$64I$
2	IT2	$(IT1)\left(\dfrac{IT5}{IT1}\right)^{\frac{1}{4}}$		11	IT11	$100i$	$100I$
				12	IT12	$160i$	$160I$
3	IT3	$(IT1)\left(\dfrac{IT5}{IT1}\right)^{\frac{1}{2}}$		13	IT13	$250i$	$250I$
				14	IT14	$400i$	$400I$
4	IT4	$(IT1)\left(\dfrac{IT5}{IT1}\right)^{\frac{3}{4}}$		15	IT15	$640i$	$640I$
5	IT5	$7i$	$7I$	16	IT16	$1000i$	$1000I$
6	IT6	$10i$	$10I$	17	IT17	$1600i$	$1600I$
7	IT7	$16i$	$16I$	18	IT18	$2500i$	$2500I$

表 3-1 中的 a 值与公称尺寸无关，只与公差等级有关。

(1) IT5 的 a 值是继承旧公差标准，仍然取 7。

(2) IT6～IT18 的 a 值采用优先数系 R5 系列，$q_5 = \sqrt[5]{10} = 1.6$，每隔 5 项 a 值增大为原来的 10 倍。

(3) 对高精度 IT01、IT0、IT1，主要考虑测量误差，标准公差与零件尺寸呈线性关系。这三个等级的标准公差计算公式之间的常数和系数均采用优先数系的派生系列 R10/2，$q_{10/2} = 1.6$，依然是每隔 5 项常数和系数增大为原来的 10 倍。下面写出 R10 系列。

R10：1.00 1.25 1.60 2.00 2.50 3.15 4.00 5.00 6.30 8.00 10.00

常数： 0.3 0.5 0.8

系数： 0.012 0.020 0.008

即可得公式：$0.3 + 0.008D$，$0.5 + 0.012D$，$0.8 + 0.020D$。

(4) 对于 IT2～IT4 级，为使全部标准公差计算公式符合一定的规律，在 IT1～IT5 之间插入具有一定公比的几何级数。设公比为 r，则有：

$$\text{IT2} = \text{IT1} \times r; \quad \text{IT3} = \text{IT2} \times r = \text{IT1} \times r^2; \quad \text{IT4} = \text{IT3} \times r = \text{IT1} \times r^3;$$
$$\text{IT5} = \text{IT4} \times r = \text{IT1} \times r^4$$

所以 $r = \sqrt[4]{\dfrac{\text{IT5}}{\text{IT1}}}$，将 r 带入以上各式可得：

$$\text{IT2} = (\text{IT1})(\text{IT5}/\text{IT1})^{1/4}; \quad \text{IT3} = (\text{IT1})(\text{IT5}/\text{IT1})^{1/2}; \quad \text{IT4} = (\text{IT1})(\text{IT5}/\text{IT1})^{3/4}$$

3. 国标各级公差

国标各级公差之间的分布其规律性很强，主要体现在以下两个方面。

(1) 能向高低两端延伸。如需要更低等级 IT19，则可在 IT18 的基础上，乘以优先数系 R5 的公比 $q_5 = 1.6$ 得到，即 $\text{IT19} = \text{IT18} \times 1.6 = 2500i \times 1.6 = 4000i$；若需要比 IT01 更高等级 IT02 时，可在 IT01 的计算式的常数和系数上分别除以 R10/2 的公比 $q_{10/2} = 1.6$ 得到，即 $\text{IT02} = \text{IT01}/1.6 = 0.2 + 0.005D$。

(2) 可在两个公差等级之间按优先数系变化规律插入中间等级。例如求 IT8.5，即在 IT8 和 IT9 之间插入一个 IT8.5，相当于在 R10 系列中取 IT8 和 IT9 之间的值。因为 $\text{IT8} = 25i$，$\text{IT9} = 40i$，所以 $\text{IT8.5} = 31.5i$，或者 $\text{IT8.5} = \text{IT8} \times q_{10} = \text{IT8} \times 1.25 = 31.5i$。

可见，标准公差能很方便地满足各种特殊情况的需要。

3.3.3　尺寸分段

按照标准公差的计算公式，对于每个公差等级，每个公称尺寸都可计算出一个相应的公差值。但在生产中，公称尺寸很多，这样编制的公差表格将会极为庞大，既不实用，也无必要，反而会给实际应用带来很多困难。为了减少公差数目，简化公差表格，便于应用，必须对公称尺寸进行分段，即在同一标准公差等级下，给同一尺寸段内的所有公称尺寸规定相同的标准公差值。

尺寸分段后可使公差数目减少，表格简化，但同时会产生标准公差因子的计算误差。分段间隔愈小，则标准公差因子计算误差愈小，而公差值数目愈多；分段间隔愈大，则反之。显然，对尺寸分段的基本要求就是使计算误差和公差数目要求（一对矛盾）达到协调。

由优先数系的相对差均匀的特性可知，按优先数系进行分段，能以较少的数据最大限度地满足尺寸分段的要求，使上述矛盾达到最好的协调。为此，GB/T 1800.3—2009 对公称尺寸至 3150 mm 采用优先数系进行大多数分段，如图 3-16 所示。

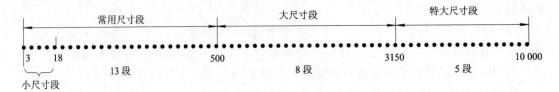

图 3-16 尺寸分段

其中，3～500 分为 13 段；500～3150 分为 8 段；3150～10 000 分为 5 段。

尺寸分段后，在相同公差等级情况下，对同一尺寸段内所有公称尺寸规定相同的标准公差数值。D 为同一尺寸段内所有公称尺寸的计算直径，它是尺寸分段首尾尺寸的几何平均值。用计算直径计算的标准公差的相对误差小于 5%～8%。在利用表 3-1 进行标准公差的计算时，将尺寸分段（大于 D_n～D_{n-1}）首尾两项的几何平均值 $D=\sqrt{D_n \cdot D_{n-1}}$（对于小于等于 3 mm 的尺寸段，$D=\sqrt{1\times 3}$）代入公式中，计算后所得值必须按本标准规定的标准公差数值尾数的修约规则进行修约。表 3-2 中所列标准公差数值就是经过计算和尾数修约后的各尺寸的标准公差值，在工程应用中应以此表所列数值为准。

表 3-2 标准公差数值（摘自 GB/T 1800.3—2009）

公称尺寸/mm		标 准 公 差 等 级																
		IT1	IT2	IT3	IT4	IT5	IT6	IT7	IT8	IT9	IT10	IT11	IT12	IT13	IT14	IT15	IT16	IT17	IT18
大于	至	标准公差/μm											标准公差/mm						
—	3	0.8	1.2	2	3	4	6	10	14	25	40	60	0.1	0.14	0.25	0.4	0.6	1	1.4
3	6	1	1.5	2.5	4	5	8	12	18	30	48	75	0.12	0.18	0.3	0.48	0.75	1.2	1.8
6	10	1	1.5	2.5	4	6	9	15	22	36	58	90	0.15	0.22	0.36	0.58	0.9	1.5	2.2
10	18	1.2	2	3	5	8	11	18	27	43	70	110	0.18	0.27	0.43	0.7	1.1	1.8	2.7
18	30	1.5	2.5	4	6	9	13	21	33	52	84	130	0.21	0.33	0.52	0.84	1.3	2.1	3.3
30	50	1.5	2.5	4	7	11	16	25	39	62	100	160	0.25	0.39	0.62	1	1.6	2.5	3.9
50	80	2	3	5	8	13	19	30	46	74	120	190	0.3	0.46	0.74	1.2	1.9	3	4.6
80	120	2.5	4	6	10	15	22	35	54	87	140	220	0.35	0.54	0.87	1.4	2.2	3.5	5.4
120	180	3.5	5	8	12	18	25	40	63	100	160	250	0.4	0.63	1	1.6	2.5	4	6.3
180	250	4.5	7	10	14	20	29	46	72	115	185	290	0.46	0.72	1.15	1.85	2.9	4.6	7.2
250	315	6	8	12	16	23	32	52	81	130	210	320	0.52	0.81	1.3	2.1	3.2	5.2	8.1
315	400	7	9	13	18	25	36	57	89	140	230	360	0.57	0.89	1.4	2.3	3.6	5.7	8.9
400	500	8	10	15	20	27	40	63	97	155	250	400	0.63	0.97	1.55	2.5	4	6.3	9.7

注：公称尺寸小于或等于 1 mm 时，无 IT14～IT18。

【例 3-6】 计算公称尺寸 $\phi 20$ 的 7 级和 8 级的标准公差。

解：因 $\phi 20$ 在大于 18～30 的尺寸段内，故计算直径 $D=\sqrt{18\times 30}\approx 23.24$。

由式（3-16）得标准公差因子：

$$i = 0.45 \sqrt[3]{D} + 0.001D = 0.45 \sqrt[3]{23.24} + 0.001 \times 23.24 = 1.31 \ \mu m$$

由表 3-1 可得 IT7=16i，IT8=25i，则 IT7=16i=16×1.31=20.96 μm，修约为 21 μm，IT8=25i=25×1.31=32.75 μm，修约为 33 μm。

【例 3-7】 现有两种轴：$d_1 = \phi100$，$d_2 = \phi8$，轴 1 的公差为 $T_{d1}=35$ μm，轴 2 的公差为 $T_{d2}=22$ μm。试比较这两种轴加工的难易程度。

解：对于轴 1，ϕ100 mm 属于大于 80~120 mm 尺寸段，故

$$D_1 = \sqrt{80 \times 120} = 97.98$$

$$i_1 = 0.45 \sqrt[3]{D_1} + 0.001D_1 = 0.45 \sqrt[3]{97.98} + 0.001 \times 97.98 \approx 2.173 \ \mu m$$

$$a_1 = \frac{T_{d1}}{i_1} = \frac{35}{2.173} = 16.1 \approx 16$$

根据 $a_1=16$ 查表 3-1，可得轴 1 属于 IT7 级。

对于轴 2，ϕ8 属于大于 6~10 mm 尺寸段，故

$$D_2 = \sqrt{6 \times 10} \approx 7.746$$

$$i_2 = 0.45 \sqrt[3]{7.746} + 0.001 \times 7.746 \approx 0.898 \ \mu m$$

$$a_2 = \frac{T_{d2}}{i_2} = \frac{22}{0.898} \approx 25$$

根据 $a=25$ 查表 3-1，可得轴 2 属于 IT8 级。

由此可见，虽然轴 2 比轴 1 的公差值小，但轴 2 比轴 1 的公差等级低，因而轴 2 比轴 1 容易加工。

例 3-6 说明了标准公差数值是如何计算出来的。显然，对标准公差都做上述计算是很麻烦的，为方便使用，在实际应用中不必自行计算，标准公差从表 3-2 中查得即可。例 3-7 说明了标准公差的分级基本上是根据公差单位系数 a 的不同划分的。对于同一标准公差等级，所有不同尺寸段虽然其标准公差值不同，但应看做同精度，即加工难易程度相同。

3.4　基本偏差系列

基本偏差是在本标准极限与配合制(GB/T 1800.1—2009)中确定公差带相对零线位置的极限偏差，它可以是上极限偏差或下极限偏差，一般为靠近零线的偏差。基本偏差是决定公差带位置的参数。为了公差带位置的标准化，并满足工程实践中各种使用情况的需要，国标规定了孔和轴各有 28 种基本偏差，如图 3-17 所示。这些不同的基本偏差便构成了基本偏差系列。

3.4.1　基本偏差代号及其特点

1. 基本偏差代号

由图 3-17 可见，基本偏差的代号用拉丁字母表示，大写表示孔，小写表示轴。26 个字母中去掉 5 个易与其他参数相混淆的字母：I、L、O、Q、W(i、l、o、q、w)，为满足某些配合的需要，又增加了 7 个双写字母：CD、EF、FG、JS、ZA、ZB、ZC(cd、ef、fg、js、za、zb、zc)，即得孔、轴各 28 个基本偏差代号。

2. 特点

根据图 3-17 可以看出,基本偏差具有以下特点。

(1) 对孔来说,采用基轴制。对于孔的基本偏差:A~H 为下极限偏差,EI 为正值或零,公差带在零线上方;J~ZC 为上极限偏差,ES 多为负值,公差带在零线下方。

(2) 对轴来说,采用基孔制。对于轴的基本偏差:a~h 为上极限偏差,es 为负值或零,公差带在零线下方;j~zc 为下极限偏差,ei 多为正值,公差带在零线上方。

(3) H 和 h 的基本偏差为零。对孔来说,H 的下极限偏差 EI=0;对轴来说,h 的上极限偏差 es=0。由前述内容可知,H 和 h 分别为基准孔和基准轴的基本偏差的代号。

(4) JS 和 js 在各个公差等级中完全对称于零线。基本偏差可以是上极限偏差,亦可以是下极限偏差,ES(EI、es、ei)=±IT/2。当公差等级为 7~11 级,且公差值为奇数时,则有上、下极限偏差为±(IT−1)/2。而 J 和 j 近似对称。但在国标中,孔仅保留 J6、J7、J8,轴仅保留 j5、j6、j7、j8,这是由于与轴承配合的缘故。以后将用 JS 和 js 逐渐代替 J 和 j,因此在基本偏差系列图中将 J 和 j 放在 JS 和 js 的位置上。

(5) 基本偏差是公差带位置标准化的唯一参数,除去上述的 JS 和 js,以及 k、K、M、N 以外,原则上讲基本偏差与公差等级无关,如图 3-17 所示。

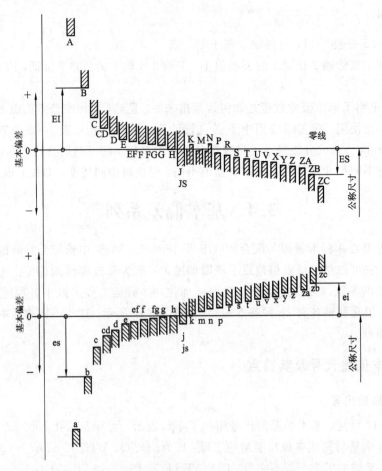

图 3-17 基本偏差系列(摘自 GB/T 1800.2—1998)

3.4.2 孔和轴的基本偏差

轴的各种基本偏差数值应根据轴与基准孔 H 的各种配合要求来制定。由于在工程应用中对于基孔制配合和基轴制配合是等效的，因此孔的各种基本偏差数值也应根据孔与基准轴 h 组成的各种配合来制定。孔、轴的各种基本偏差的计算公式是根据设计要求、生产经验的累积和科学试验，经数理统计分析整理出来的，如表 3-3 所示。

表 3-3　轴和孔的基本偏差计算公式(摘自 GB/T 1800—2009)

公称尺寸 /mm		轴			公　式	孔			公称尺寸 /mm	
大于	至	基本偏差	符号	极限偏差		极限偏差	符号	基本偏差	大于	至
1	120	a	—	es	$265+1.3D$	EI	＋	A	1	120
120	500				$3.5D$				120	500
1	160	b	—	es	$\approx 140+0.85D$	EI	＋	B	1	160
160	500				$\approx 1.8D$				160	500
0	40	c	—	es	$52D^{0.2}$	EI	＋	C	0	40
40	500				$95+0.8D$				40	500
0	10	cd	—	es	C, c 和 D, d 值的几何平均值	EI	＋	CD	0	10
0	3150	d	—	es	$16D^{0.44}$	EI	＋	D	0	3150
0	3150	e	—	es	$11D^{0.41}$	EI	＋	E	0	3150
0	10	ef	—	es	E, e 和 F, f 值的几何平均值	EI	＋	EF	0	10
0	3150	f	—	es	$5.5D^{0.41}$	EI	＋	F	0	3150
0	10	fg	—	es	F, f 和 G, g 值的几何平均值	EI	＋	FG	0	10
0	3150	g	—	es	$2.5D^{0.34}$	EI	＋	G	0	3150
0	3150	h	无符号	es	偏差＝0	EI	无符号	H	0	3150
0	500	j			无公式			J	0	500
0	3150	js	＋ －	es ei	$0.5ITn$	EI ES	＋ －	JS	0	3150
0	500	k	＋	ei	$0.6\sqrt[3]{D}$	ES	—	K	0	500
500	3150		无符号	ei	偏差＝0		无符号		500	3150
0	500	m	＋	ei	IT7～IT6	ES	—	M	0	500
500	3150				$0.024D+12.6$				500	3150
0	500	n	＋	ei	$5D^{0.34}$	ES	—	N	0	500
500	3150				$0.04D+21$				500	3150
0	500	p	＋	ei	IT7＋(0～5)	ES	—	P	0	500
500	3150				$0.072D+37.8$				500	3150
0	3150	r	＋	ei	P, p 和 S, s 值的几何平均值	ES	—	R	0	3150
0	50	s	＋	ei	IT8＋(1～4)	ES	—	S	0	50
50	3150				$IT7+0.4D$				50	3150
24	3150	t	＋	ei	$IT7+0.63D$	ES	—	T	24	3150
0	3150	u	＋	ei	$IT7+D$	ES	—	U	0	3150
14	500	v	＋	ei	$IT7+1.25D$	ES	—	V	14	500
0	500	x	＋	ei	$IT7+1.6D$	ES	—	X	0	500

1. 轴的基本偏差的计算

基本偏差的大小在很大程度上决定了孔和轴配合的性质（即间隙或过盈的大小），体现了设计与使用方面的要求。公称尺寸小于等于 500 mm 的轴的基本偏差计算公式如表 3-3 所示。表 3-3 中 D 值是尺寸分段中首、尾两个尺寸的几何平均值，单位是 mm；除 j 和 js 外，表中所列的公式与公差等级无关。下面简要分析表 3-3 中不同计算公式的特性与应用。

(1) a～h 为间隙配合，基本偏差为上极限偏差 es，它的绝对值等于最小间隙。其中，a、b、c 三种用于大间隙或热动配合，考虑到热膨胀的影响，采用与直径成正比的关系计算，例如基本偏差 a 的计算公式 $es = -(265 + 1.3D)$；d、e、f 主要用于旋转运动，为了保证良好的液体摩擦，按流体润滑理论，最小间隙应与直径成平方根关系，但考虑到表面粗糙度的影响，间隙应适当减小，故 d、e、f 公式中的指数略小于 0.5，例如 d 的基本偏差 $es = -16D^{0.44}$；g、h 配合主要用于滑动或半液体摩擦，或用于定位配合，间隙要小，所以直径的指数有所减小，例如，基本偏差 g 的公式 $es = -2.5D^{0.34}$。

(2) j、k、m、n 四种多为过渡配合，基本偏差为下极限偏差。所得间隙和过盈均不很大，以保证孔与轴配合时能够对中和定心，拆卸也不困难，其计算公式一般按统计方法和经验数据来确定。

(3) p～zc 为过盈配合，基本偏差为下极限偏差，其计算公式应从保证配合的最小过盈来考虑。表中的计算式由两项组成，第一项为基准孔的标准公差，第二项为最小过盈量。这些计算式与直径呈线性关系，以保证孔与轴结合时具有足够的连接强度，并能正常地传递扭矩。同时，最小过盈系数应符合优先数系。

(4) 有了基本偏差和标准公差，就不难求出另一极限偏差，它可能是上极限偏差或下极限偏差，因此，轴的另一个极限偏差的计算公式如下：

基本偏差为 a～h，公差带在零线以下，求下极限偏差，公式为

$$ei = es - IT \qquad (3-19)$$

基本偏差为 j～zc，公差带在零线以上，求上极限偏差，公式为

$$es = ei + IT \qquad (3-20)$$

(5) 利用表 3-3 中轴的基本偏差计算公式，将尺寸分段的几何平均值代入这些公式计算后，再按本标准的尾数修约规则进行修约可得表 3-4。在工程中，若已知工件的公称尺寸和基本偏差代号，则从表 3-4 中可查出相应的基本偏差数值。例如，公称尺寸为 $\phi50$，d 的基本偏差 es=80 μm，公称尺寸为 $\phi60$，s 的基本偏差 ei=53 μm。

2. 孔的基本偏差的计算

孔的基本偏差是在基轴制的基础上制定的。基轴制与基孔制是两种平行等效的配合制度，所以孔的基本偏差可以直接由轴的基本偏差换算得到。换算原则是：同一字母表示的孔和轴的基本偏差，当按基轴制形成配合和按基孔制形成配合时，它们构成基孔制与基轴制的同名配合的配合性质完全相同，即极限间隙或极限过盈相等，或简单地说，其松紧程度相等。例如，基孔制 $\phi50$H7/f6 可换算成同名的基轴制配合 $\phi50$F7/h6。根据此原则，在公称尺寸小于等于 500 mm 范围内，孔的基本偏差按以下两种规则进行换算。

表 3－4 轴的基本偏差数值（摘自 GB/T 1800.3—2009）

基本偏差/μm（a~js 为上极限偏差 es；j~zc 为下极限偏差 ei，均为所有标准公差等级；js 偏差等于 ±ITn/2，式中 ITn 是 IT 值数）

公称尺寸/mm	a	b	c	cd	d	e	ef	f	fg	g	h	js	j (IT5~IT6)	j (IT7)	j (IT8)	k (IT4~IT7)	k (≤IT3, >IT7)	m	n	p	r	s	t	u	v	x	y	z	za	zb	zc
≤3	−270	−140	−60	−34	−20	−14	−10	−6	−4	−2	0	±ITn/2	−2	−4	−6	0	0	+2	+4	+6	+10	+14		+18		+20		+26	+32	+40	+50
>3~6	−270	−140	−70	−46	−30	−20	−14	−10	−6	−4	0	±ITn/2	−2	−4		+1	0	+4	+8	+12	+15	+19		+23		+28		+35	+42	+50	+80
>6~10	−280	−150	−80	−56	−40	−25	−18	−13	−8	−5	0	±ITn/2	−2	−5		+1	0	+6	+10	+15	+19	+23		+28		+34		+42	+52	+67	+97
>10~14	−290	−150	−95		−50	−32		−16		−6	0	±ITn/2	−3	−6		+1	0	+7	+12	+18	+23	+28		+33		+40		+50	+64	+90	+130
>14~18	−290	−150	−95		−50	−32		−16		−6	0	±ITn/2	−3	−6		+1	0	+7	+12	+18	+23	+28		+33	+39	+45		+60	+77	+108	+150
>18~24	−300	−160	−110		−65	−40		−20		−7	0	±ITn/2	−4	−8		+2	0	+8	+15	+22	+28	+35		+41	+47	+54	+63	+73	+98	+136	+188
>24~30	−300	−160	−110		−65	−40		−20		−7	0	±ITn/2	−4	−8		+2	0	+8	+15	+22	+28	+35	+41	+48	+55	+64	+75	+88	+118	+160	+218
>30~40	−310	−170	−120		−80	−50		−25		−9	0	±ITn/2	−5	−10		+2	0	+9	+17	+26	+34	+43	+48	+60	+68	+80	+94	+112	+148	+200	+274
>40~50	−320	−180	−130		−80	−50		−25		−9	0	±ITn/2	−5	−10		+2	0	+9	+17	+26	+34	+43	+54	+70	+81	+97	+114	+136	+180	+242	+325
>50~65	−340	−190	−140		−100	−60		−30		−10	0	±ITn/2	−7	−12		+2	0	+11	+20	+32	+41	+53	+66	+87	+102	+122	+144	+172	+226	+300	+405
>65~80	−360	−200	−150		−100	−60		−30		−10	0	±ITn/2	−7	−12		+2	0	+11	+20	+32	+43	+59	+75	+102	+120	+146	+174	+210	+274	+360	+480
>80~100	−380	−220	−170		−120	−72		−36		−12	0	±ITn/2	−9	−15		+3	0	+13	+23	+37	+51	+71	+91	+124	+146	+178	+214	+258	+335	+445	+585
>100~120	−410	−240	−180		−120	−72		−36		−12	0	±ITn/2	−9	−15		+3	0	+13	+23	+37	+54	+79	+104	+144	+172	+210	+254	+310	+400	+525	+690
>120~140	−460	−260	−200		−145	−85		−43		−14	0	±ITn/2	−11	−18		+3	0	+15	+27	+43	+63	+92	+122	+170	+202	+248	+300	+365	+470	+620	+800
>140~160	−520	−280	−210		−145	−85		−43		−14	0	±ITn/2	−11	−18		+3	0	+15	+27	+43	+65	+100	+134	+190	+228	+280	+340	+415	+535	+700	+900
>160~180	−580	−310	−230		−145	−85		−43		−14	0	±ITn/2	−11	−18		+3	0	+15	+27	+43	+68	+108	+146	+210	+252	+310	+380	+465	+600	+780	+1000
>180~200	−660	−340	−240		−170	−100		−50		−15	0	±ITn/2	−13	−21		+4	0	+17	+31	+50	+77	+122	+166	+236	+284	+350	+425	+520	+670	+880	+1150
>200~225	−740	−380	−260		−170	−100		−50		−15	0	±ITn/2	−13	−21		+4	0	+17	+31	+50	+80	+130	+180	+258	+310	+385	+470	+575	+740	+960	+1250
>225~250	−820	−420	−280		−170	−100		−50		−15	0	±ITn/2	−13	−21		+4	0	+17	+31	+50	+84	+140	+196	+284	+340	+425	+520	+640	+820	+1050	+1350
>250~280	−920	−480	−300		−190	−110		−56		−17	0	±ITn/2	−16	−26		+4	0	+20	+34	+56	+94	+158	+218	+315	+385	+475	+580	+710	+920	+1200	+1550
>280~315	−1050	−540	−330		−190	−110		−56		−17	0	±ITn/2	−16	−26		+4	0	+20	+34	+56	+98	+170	+240	+350	+425	+525	+650	+790	+1000	+1300	+1700
>315~355	−1200	−600	−360		−210	−125		−62		−18	0	±ITn/2	−18	−28		+4	0	+21	+37	+62	+108	+190	+268	+390	+475	+590	+730	+900	+1150	+1500	+1900
>355~400	−1350	−680	−400		−210	−125		−62		−18	0	±ITn/2	−18	−28		+4	0	+21	+37	+62	+114	+208	+294	+435	+530	+660	+820	+1000	+1300	+1650	+2100
>400~450	−1500	−760	−440		−230	−135		−68		−20	0	±ITn/2	−20	−32		+5	0	+23	+40	+68	+126	+232	+330	+490	+595	+740	+920	+1100	+1450	+1850	+2400
>450~500	−1650	−840	−480		−230	−135		−68		−20	0	±ITn/2	−20	−32		+5	0	+23	+40	+68	+132	+252	+360	+540	+660	+820	+1000	+1250	+1600	+2100	+2600

注：① 公称尺寸小于或等于 1 mm 时，基本偏差 a 和 b 均不采用。
② 公差带 js7~js11，若 IT 值数是奇数，则取偏差 $=\pm\dfrac{ITn-1}{2}$。

(1) 通用规则。用同一字母表示的孔和轴其基本偏差的绝对值相等，而符号相反。或者说，孔的基本偏差是轴的基本偏差相对于零线的倒影，如图 3-18(a) 与 (b) 所示。

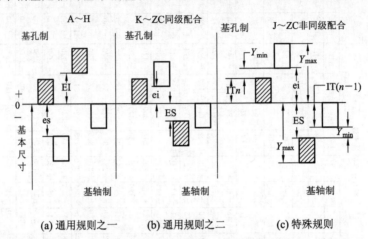

图 3-18　孔的基本偏差换算原则

通用规则的适用范围：

① 对于所有公差等级的基本偏差 A～H，其换算原则是：

$$EI = -es \tag{3-21}$$

② 对于标准公差等级大于 IT8 的 K、M、N，其换算原则是：

$$ES = -ei \tag{3-22}$$

但其中公称尺寸 $D > 3 \sim 500$ mm，标准公差等级大于 IT8 的 N 的基本偏差 ES=0。

③ 对于标准公差等级大于 IT7 的 P～ZC，换算原则同式(3-22)，即 ES=-ei。

(2) 特殊规则。对于公称尺寸小于等于 500 mm，且公差等级较高的 J～ZC，由于公差较小，同一公差等级的孔比轴难加工，因而国标推荐孔与轴配合时，采用轴比孔高一等级的配合，且要求两种基准制所形成配合的配合性质相同。这时，通用规则已不能满足上述换算的前提，必须按特殊规则计算孔的基本偏差。

特殊规则是对于标准公差小于等于 IT8 的 J、K、M、N 和标准公差小于等于 IT 7 的 P～ZC 适用的，其基本偏差 ES 与同一字母的轴的基本偏差 ei 符号相反，而绝对值相差一个 Δ 值。

如图 3-18(c)所示，在图中，

基孔制时有最小过盈：

$$Y_{min} = ES - ei = ITn - ei$$

基轴制时有最小过盈：

$$Y'_{min} = ES - ei = ES - (-IT(n-1))$$

欲使基孔制与基轴制形成的同名配合的配合性质相同，其最小过盈必须相等，则有：

$$Y_{min} = Y'_{min}$$

即

$$ITn - ei = ES - (-IT(n-1)) = ES + IT(n-1)$$

由此得出孔的基本偏差：

$$\begin{cases} ES = -ei + \Delta \\ \Delta = ITn - IT(n-1) \end{cases} \tag{3-23}$$

式中，ITn 与 $IT(n-1)$ 分别指某级和比它高一级的标准公差。由于国标规定大于 500 mm 的孔和轴均采用同级配合，因此大于 500 mm 的孔的基本偏差全部按通用规则计算。

（3）孔的另一个极限偏差由下式求出。

基本偏差为 A～H，公差带在零线以上，求上极限偏差，公式为

$$ES = EI + IT \tag{3-24}$$

基本偏差为 J～ZC，公差带在零线以下，求下极限偏差，公式为

$$EI = ES - IT \tag{3-25}$$

（4）按两个规则确定的孔的基本偏差数值如表 3-5 所示。

3.4.3 极限与配合的表示及其应用举例

1. 极限与配合的表示

1）公差带代号

公差带代号用基本偏差的字母和公差等级数字表示。例如孔 $\phi60H8$，轴 $\phi60f7$，其中，$\phi60$ 是公称尺寸，H、f 是基本偏差代号，8、7 是公差等级。

2）配合代号

配合代号用孔和轴的公差带代号写成分数形式组合表示，分子为孔的公差带代号，分母为轴的公差带代号，例如 $\phi90\dfrac{H6}{h5}$。

3）图样标注

（1）装配图标注。例如标注为 $\phi60\dfrac{H8}{f7}$ 或 $\phi60H8/f7$，也可以写成 $\phi60\dfrac{H8\binom{+0.046}{0}}{f7\binom{-0.030}{-0.060}}$，如图 3-19(a)所示。

（2）零件图标注。当大批量生产时，使用综合量规检测零件，可标注为 $\phi60H8$，$\phi60f7$。当单件小批量生产时，可标注为 $\phi60^{+0.046}_{0}$，$\phi60^{-0.030}_{-0.060}$，$\phi30\pm0.0065$，如图 3-19(b)所示。

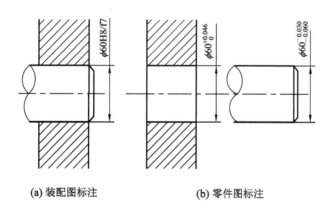

(a) 装配图标注　　　　　　**(b) 零件图标注**

图 3-19　图样标注

4）其他标注

当使用字母组有限的装置传输信息时（例如电报、计算机网络等），公差带与配合的标注在尺寸前加注以下字母。

表 3-5 孔的基本偏差数值(摘自 GB/T 1800.3—1998)

公称偏差/μm

下极限偏差 EI 为所有标准公差等级；上极限偏差 ES。JS 列偏差 = ±ITn/2。P~ZC 列：在大于 IT7 的相应数值上增加一个 Δ 值。K、M、N、P~ZC 列中，大于 IT7 的相应数值上增加一个 Δ 值。

公称尺寸/mm	A	B	C	CD	D	E	EF	F	FG	G	H	J IT6	J IT7	J IT8	K ≤IT8	K >IT8	M ≤IT8	M >IT8	N ≤IT8	N >IT8	P	R	S	T	U	V	X	Y	Z	ZA	ZB	ZC	Δ3	Δ4	Δ5	Δ6	Δ7	Δ8
≤3	+270	+140	+60	+34	+20	+14	+10	+6	+4	+2	0	+2	+4	+6	0	0	-2	-2	-4	-4	-6	-10	-14		-18		-20		-26	-32	-40	-60	0	0	0	0	0	0
>3~6	+270	+140	+70	+46	+30	+20	+14	+10	+6	+4	0	+5	+6	+10	-1+Δ	0	-4+Δ	-4	-8+Δ	0	-12	-15	-19		-23		-28		-35	-42	-50	-80	1	1.5	1	3	4	6
>6~10	+280	+150	+80	+56	+40	+25	+18	+13	+8	+5	0	+5	+8	+12	-1+Δ	0	-6+Δ	-6	-10+Δ	0	-15	-19	-23		-28		-34		-42	-52	-67	-97	1	1.5	2	3	6	7
>10~14	+290	+150	+95		+50	+32		+16		+6	0	+6	+10	+15	-1+Δ	0	-7+Δ	-7	-12+Δ	0	-18	-23	-28		-33		-40		-50	-64	-90	-130	1	2	3	3	7	9
>14~18	+290	+150	+95		+50	+32		+16		+6	0	+6	+10	+15	-1+Δ	0	-7+Δ	-7	-12+Δ	0	-18	-23	-28		-33	-39	-45		-60	-77	-108	-150	1	2	3	3	7	9
>18~24	+300	+160	+110		+65	+40		+20		+7	0	+8	+12	+20	-2+Δ	0	-8+Δ	-8	-15+Δ	0	-22	-28	-35		-41	-47	-54	-63	-73	-98	-136	-188	1.5	2	3	4	8	12
>24~30	+300	+160	+110		+65	+40		+20		+7	0	+8	+12	+20	-2+Δ	0	-8+Δ	-8	-15+Δ	0	-22	-28	-35	-41	-48	-55	-64	-75	-88	-118	-160	-218	1.5	2	3	4	8	12
>30~40	+310	+170	+120		+80	+50		+25		+9	0	+10	+14	+24	-2+Δ	0	-9+Δ	-9	-17+Δ	0	-26	-34	-43	-48	-60	-68	-80	-94	-112	-148	-200	-274	1.5	3	4	5	9	14
>40~50	+320	+180	+130		+80	+50		+25		+9	0	+10	+14	+24	-2+Δ	0	-9+Δ	-9	-17+Δ	0	-26	-34	-43	-54	-70	-81	-97	-114	-136	-180	-242	-325	1.5	3	4	5	9	14
>50~65	+340	+190	+140		+100	+60		+30		+10	0	+13	+18	+28	-2+Δ	0	-11+Δ	-11	-20+Δ	0	-32	-41	-53	-66	-87	-102	-122	-144	-172	-226	-300	-400	2	3	5	6	11	16
>65~80	+360	+200	+150		+100	+60		+30		+10	0	+13	+18	+28	-2+Δ	0	-11+Δ	-11	-20+Δ	0	-32	-43	-59	-75	-102	-120	-146	-174	-210	-274	-360	-480	2	3	5	6	11	16
>80~100	+380	+220	+170		+120	+72		+36		+12	0	+16	+22	+34	-3+Δ	0	-13+Δ	-13	-23+Δ	0	-37	-51	-71	-91	-124	-146	-178	-214	-258	-335	-445	-585	2	4	5	7	13	19
>100~120	+410	+240	+180		+120	+72		+36		+12	0	+16	+22	+34	-3+Δ	0	-13+Δ	-13	-23+Δ	0	-37	-54	-79	-104	-144	-172	-210	-254	-310	-400	-525	-690	2	4	5	7	13	19
>120~140	+460	+260	+200		+145	+85		+43		+14	0	+18	+26	+41	-3+Δ	0	-15+Δ	-15	-27+Δ	0	-43	-63	-92	-122	-170	-202	-248	-300	-365	-470	-620	-800	3	4	6	7	15	23
>140~160	+520	+280	+210		+145	+85		+43		+14	0	+18	+26	+41	-3+Δ	0	-15+Δ	-15	-27+Δ	0	-43	-65	-100	-134	-190	-228	-280	-340	-415	-535	-700	-900	3	4	6	7	15	23
>160~180	+580	+310	+230		+145	+85		+43		+14	0	+18	+26	+41	-3+Δ	0	-15+Δ	-15	-27+Δ	0	-43	-68	-108	-146	-210	-252	-310	-380	-465	-600	-780	-1000	3	4	6	7	15	23
>180~200	+660	+340	+240		+170	+100		+50		+15	0	+22	+30	+47	-4+Δ	0	-17+Δ	-17	-31+Δ	0	-50	-77	-122	-166	-236	-284	-350	-425	-520	-670	-880	-1150	3	4	6	9	17	26
>200~225	+740	+380	+260		+170	+100		+50		+15	0	+22	+30	+47	-4+Δ	0	-17+Δ	-17	-31+Δ	0	-50	-80	-130	-180	-258	-310	-385	-470	-575	-740	-960	-1250	3	4	6	9	17	26
>225~250	+820	+420	+280		+170	+100		+50		+15	0	+22	+30	+47	-4+Δ	0	-17+Δ	-17	-31+Δ	0	-50	-84	-140	-196	-284	-340	-425	-520	-640	-820	-1050	-1350	3	4	6	9	17	26
>250~280	+920	+480	+300		+190	+110		+56		+17	0	+25	+36	+55	-4+Δ	0	-20+Δ	-20	-34+Δ	0	-56	-94	-158	-218	-315	-385	-475	-580	-710	-920	-1200	-1550	4	4	7	9	20	29
>280~315	+1050	+540	+330		+190	+110		+56		+17	0	+25	+36	+55	-4+Δ	0	-20+Δ	-20	-34+Δ	0	-56	-98	-170	-240	-350	-425	-525	-650	-790	-1000	-1300	-1700	4	4	7	9	20	29
>315~355	+1200	+600	+360		+210	+125		+62		+18	0	+29	+39	+60	-4+Δ	0	-21+Δ	-21	-37+Δ	0	-62	-108	-190	-268	-390	-475	-590	-730	-900	-1150	-1500	-1900	4	5	7	11	21	32
>355~400	+1350	+680	+400		+210	+125		+62		+18	0	+29	+39	+60	-4+Δ	0	-21+Δ	-21	-37+Δ	0	-62	-114	-208	-294	-435	-530	-660	-820	-1000	-1300	-1650	-2100	4	5	7	11	21	32
>400~450	+1500	+760	+440		+230	+135		+68		+20	0	+33	+43	+66	-5+Δ	0	-23+Δ	-23	-40+Δ	0	-68	-126	-232	-330	-490	-595	-740	-920	-1100	-1450	-1850	-2400	5	5	7	13	23	34
>450~500	+1650	+840	+480		+230	+135		+68		+20	0	+33	+43	+66	-5+Δ	0	-23+Δ	-23	-40+Δ	0	-68	-132	-252	-360	-540	-660	-820	-1000	-1250	-1600	-2100	-2600	5	5	7	13	23	34

注：① 公称尺寸小于或等于 1 mm 时，基本偏差 A 和 B 及大于 IT8 的 N 均不采用。

② 公差带 JS7~JS11，若 ITn 值是奇数，则取偏差 $=\pm\dfrac{ITn-1}{2}$。

对孔加注 H 或 h，例如 50H5 表示为 H50H5 或 h50h5。对轴加注 S 或 s，例如 50h6 表示为 S50H6 或 s50h6。对配合 52H7/g6 加注，可表示为 H52H7/S52G6 或 h52h7/s52g6。

上述表示方法不能在图样上使用。

2. 应用举例

【例 3－8】 查表确定 $\phi30H8/f7$ 和 $\phi30F8/h7$ 配合中孔、轴的极限偏差，计算两对配合的极限间隙并绘制公差带图。

解：（1）查表确定 $\phi30H8/f7$ 配合中的孔与轴的极限偏差。公称尺寸 $\phi30$ 属于大于 18～30 mm 的尺寸段，由表 3－2 得 IT7＝21 μm，IT8＝33 μm。

对于基准孔 H8 的 EI＝0，其 ES 为
$$ES = EI + IT8 = +33\ \mu m$$

对于 f7，由表 3－4 得 es＝－20 μm，其 ei 为
$$ei = es - IT7 = -20 - 21 = -41\ \mu m$$

由此可得：$\phi30H8 = \phi30^{+0.033}_{0}$，$\phi30f7 = \phi30^{-0.020}_{-0.041}$。

（2）查表确定 $\phi30F8/h7$ 配合中孔与轴的极限偏差。

对于 F8，由表 3－5 得 EI＝＋20 μm，其 ES 为
$$ES = EI + IT8 = +20 + 33 = +53\ \mu m$$

对基准轴 h7 的 es＝0，其 ei 为
$$ei = es - IT7 = -21\ \mu m$$

由此可得：$\phi30F8 = \phi30^{+0.053}_{+0.020}$，$\phi30h7 = \phi30^{0}_{-0.021}$。

（3）计算 $\phi30H8/f7$ 和 $\phi30F8/h7$ 配合的极限间隙。

对于 $\phi30H8/f7$：
$$X_{max} = ES - ei = +33 - (-41) = +74\ \mu m$$
$$X_{min} = EI - es = 0 - (-20) = +20\ \mu m$$

对于 $\phi30F8/h7$：
$$X'_{max} = ES - ei = +53 - (-21) = +74\ \mu m$$
$$X'_{min} = EI - es = +20 - 0 = +20\ \mu m$$

（4）用上面计算的极限偏差和极限间隙绘制公差带图，如图 3－20 所示。

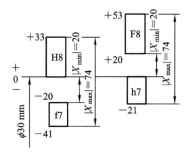

图 3－20　$\phi30H8/f7$ 和 $\phi30F8/h7$ 公差带

由上述计算结果和图 3-20 可知，$\phi 30H8/f7$ 和 $\phi 30F8/h7$ 两对配合的最大间隙和最小间隙均相等，即配合性质相同。

【例 3-9】 $\phi 20$ 在大于 $18\sim30$ mm 的尺寸段，已知 $IT6=13$ μm，$IT7=21$ μm，$\phi 20k6$ 基本偏差是下极限偏差，且 $ei=+2$ μm。试不用查表法，确定 $\phi 20H7/k6$ 和 $\phi 20K7/h6$ 两种配合的孔、轴极限偏差，计算极限间隙或过盈，并绘制公差带图。

解：要求极限偏差，就必须知道标准公差和基本偏差。这里标准公差是已知的，所以求出两个配合的四个基本偏差即可。

（1）确定 $\phi 20H7/k6$。

从基准孔 $\phi 20H7$ 开始，7 级基准孔，$EI=0$，按式(3-24)可得 $ES=EI+IT7=+21$ μm，所以基准孔的极限偏差为 $\phi 20_{0}^{+0.021}$。

对于 $\phi 20k6$，已知 $ei=+2$ μm，求另一极限偏差。公差带在零线以上，按式(3-19)有：$es=ei+IT6=+2+13=+15$ μm，所以轴的极限偏差为 $\phi 20_{+0.002}^{+0.015}$。

配合代号为 $\phi 20\dfrac{H7(_{0}^{+0.021})}{k6(_{+0.002}^{+0.015})}$，公差带交叠，为过渡配合。

极限间隙或过盈：
$$X_{max}=ES-ei=+0.021-(+0.002)=+0.019$$
$$Y_{max}=EI-es=0-(+0.015)=-0.015$$

（2）确定 $\phi 20K7/h6$。

从基准轴 $\phi 20h6$ 开始，$es=0$，按式(3-19)可得 $ei=es-IT6=-0.013$，所以基准轴的极限偏差为 $\phi 20_{-0.013}^{0}$。

$\phi 20K7$ 是 7 级孔，为过渡配合，标准公差小于 8 级，故与该孔对应轴 k7 的基本偏差符号相反，绝对值相差一个 Δ 值。由于基本偏差与公差等级无关，因此 k7 的基本偏差与 k6 的基本偏差一样。

依据式(3-23)，则有（K7 的基本偏差为上极限偏差）：
$$\Delta=IT7-IT6=21-13=8$$

k6 的基本偏差是下极限偏差，且 $ei=+2$ μm，所以，k7 的基本偏差为 $ei=+2$，故
$$ES=-ei+\Delta=-(+2)+8=+6$$

孔的另一个极限偏差按式(3-25)可得：
$$EI=ES-IT7=+6-21=-15 \ \mu m$$

所以该孔的极限偏差为 $\phi 20_{-0.015}^{+0.006}$。

于是配合代号是：$\phi 20\dfrac{K7(_{-0.015}^{+0.006})}{h6(_{-0.013}^{0})}$，公差带交叠，为过渡配合。

极限间隙或过盈：
$$X_{max}=ES-ei=+0.006-(-0.013)=+0.019$$
$$Y_{max}=EI-es=(-0.015)-0=-0.015$$

由上述计算可知，$\phi 20H7/k6$ 和 $\phi 20K7/h6$ 两个配合的最大间隙和最大过盈相等，即配合性质相同。

（3）画公差带图，如图 3-21 所示。

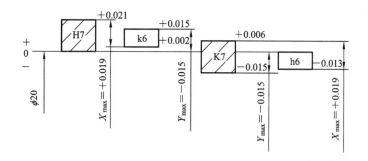

图 3-21 $\phi20H7/k6$ 和 $\phi20K7/h6$ 公差带

3.5 圆柱结合的尺寸精度设计

在公称尺寸确定之后，就要对尺寸精度进行设计。这是机械设计与制造中的一个重要环节。尺寸精度设计得是否恰当，将直接影响产品的性能、质量、互换性及经济性。尺寸精度设计的内容包括选择配合制、确定公差等级和选择配合种类三个方面。尺寸精度设计的原则是在满足使用要求的前提下尽可能获得最佳的技术经济效益。尺寸精度设计的方法有计算法、实验法和类比法，其中类比法应用得比较普遍。

3.5.1 极限与配合标准的适用条件

1. 温度为 20℃ 的情况

机器和仪器的工作条件是各种各样的，有的在高温下工作，有的在低温下工作。为了统一，标准中规定的数值均以在标准温度 20℃ 时的数值为准，即要求零件在此温度下进行加工、测量、装配和工作，或尽量趋近此温度。当工作温度与 20℃ 相差很大时，会影响零件的尺寸、机器或仪器的配合性质。例如，从加工方面看，车制铝件时，在车床上测量的尺寸要比要求的大一些，这样等工件凉下来就获得了所需要的尺寸；从设计方面来看，如果零件或机器在高温下工作，则在确定配合时，必须考虑温度的影响而作必要的修正，即给予足够大的间隙，以保证在给定工作条件下的配合仍符合要求。修正量的计算公式为

$$修正量 = D\alpha\Delta t \tag{3-26}$$

式中：D 为零件配合的公称尺寸；α 为孔或轴的线胀系数；Δt 为孔或轴的工作温度与标准温度之差。

2. 一定的结构条件

若配合长度与直径之比（或称长径比）$L/d\leqslant1.5$，则对过盈配合一般取 $L/d=1$ 左右，对间隙配合和过渡配合，一般取 $L/d=1.5$ 左右。若 L/d 超过上述数值，则应使过盈的绝对值再减小一些，或使间隙的绝对值再大一些。因为长径比 L/d 变大时，配合的孔、轴纵向形状误差增大，即相当于轴的体外作用尺寸增大，孔的体外作用尺寸减小。对过盈配合而言，相当于过盈量增大，这不仅影响配合性质，同时也给装配带来了不便，甚至还可能挤坏零件。对间隙配合而言，相当于间隙减小。若 L/d 远小于上述数值，则可能在孔、轴结合零件中产生自锁。因此，在设计中选择配合时，要考虑配合的长径比。

3. 大批量生产

因为标准给定的极限与配合数值是在大批量生产条件下运用统计分析方法求得的，因而适用于大批量生产。

3.5.2 配合制的选用

配合制的选用是指选基孔制还是基轴制。由于国标规定的基本偏差可以在一定条件下保证同名代号的基孔制与基轴制配合性质相同，即二者都可满足同样的使用要求，因此，基准制的选择与使用要求无关，主要应从结构、工艺和经济等方面综合考虑。

1. 优先选用基孔制

在机械制造中，一般优先选用基孔制配合，这主要是从工艺上和宏观经济效益来考虑的。用钻头、铰刀等定值刀具加工小尺寸高精度的孔，每一把刀具只能加工某一尺寸的孔，而用同一把车刀或一个砂轮可以加工尺寸大小不同的轴。因此，改变轴的极限尺寸在工艺上所产生的困难和增加的生产费用，与改变孔的极限尺寸相比要小得多。所以，采用基孔制配合可以减少定值刀具（钻头、铰刀、拉刀）与定值量具（例如塞规）的规格和数量，可以获得显著的经济效益。但选用基孔制不是唯一的选择，有时候仍然要选用基轴制。

2. 选用基轴制的情况

(1) 轴的毛坯材料采用较为精确的冷拔钢，其精度已合乎要求，若要达到某种配合，则可采用基轴制配合。例如，在农业机械、纺织机械或轻工机械中，有时采用 IT9～IT11 的冷拉钢材直接做轴（不经切削加工）。此时采用基轴制配合可避免冷拉钢材的尺寸规格过多，而且可以节省加工费用。

(2) 加工尺寸小于 1 mm 的精密轴比同级孔要困难，因此在仪器制造、钟表生产、无线电工程中，常使用经过光轧成型的钢丝直接做轴，这时采用基轴制较经济。

(3) 当同一轴与公称尺寸相同的几个孔相配合，且配合性质不同时，应考虑采用基轴制配合。图 3-22(a) 所示为发动机活塞部件活塞销 1 与活塞 2 及连杆 3 的配合。根据使用要求，活塞销 1 和活塞 2 应为过渡配合，活塞销 1 与连杆 3 应为间隙配合。如采用基轴制配合，则活塞销可制成一根光轴，既便于生产，又便于装配，如图 3-22(b) 所示。如采用基孔制，则三个孔的公差带一样，活塞销却要制成中间小的阶梯形，如图 3-22(c) 所示，这样做既不便于加工，又不利于装配。由于活塞销两端直径大于活塞孔径，因此装配时会刮伤轴和连杆孔的表面，还会影响配合质量。

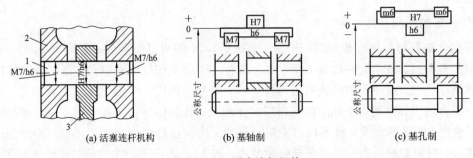

(a) 活塞连杆机构　　　　(b) 基轴制　　　　(c) 基孔制

图 3-22　活塞连杆机构

3. 与标准件(零件或部件)配合

应以标准件为基准件,确定采用基孔制还是基轴制配合。例如,滚动轴承内圈与轴的配合应采用基孔制配合,滚动轴承外圈与外壳孔的配合应采用基轴制配合。图 3 - 23 所示为滚动轴承与轴和外壳孔的配合情况,轴颈应按 φ40k6 制造,外壳孔应按 φ90J7 制造。

4. 任一孔、轴公差带组成的配合

在生产实际工作中常采用此类配合。例如在图3-23中,轴承端盖与外壳孔的配合可为 φ90J7,考虑到整个轴承端盖的精度为 IT9,又要求间隙不要过大,所以选为 φ90J7/f9。图 3 - 23 中隔圈的孔与轴颈的配合为 φ40D11/k6。这些都属于任意孔、轴公差带组成的配合。

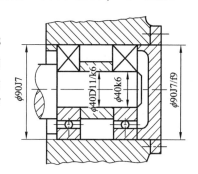

图 3 - 23 滚动轴承的配合

3.5.3 标准公差等级的选用

1. 一般概念

标准公差等级的选用是一项重要的,同时又是一项比较困难的工作,因为公差等级的高低直接影响产品的使用性能和加工的经济性。公差等级过低,产品质量得不到保证;公差等级过高,将使制造成本增加。事实上,公差反映机器零件的使用要求与制造工艺成本之间的矛盾,所以在选用公差等级时,应兼顾这两方面的要求,正确合理地选用公差等级。图 3 - 24 所示为在一定的工艺条件下,零件加工的相对成本、废品率与公差的关系曲线。由图 3 - 24 可见,尺寸精度愈高,加工成本愈高;高精度时,精度稍微提高,成本和废品率都将急剧增加。例如,过去用低精度工作母机生产高精度零件时常采用此法淘汰许多废品,我国第一颗人造卫星中,用于电器连接的五根弹簧,由于要求压力均匀一致,就是从很多弹簧中选出来的。因此,选用高精度零件公差时,要特别慎重。

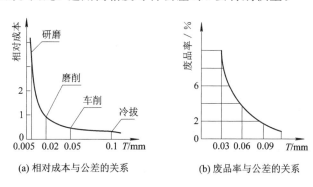

(a) 相对成本与公差的关系   (b) 废品率与公差的关系

图 3 - 24 零件加工的相对成本、废品率与公差的关系

2. 一般原则

选用标准公差等级的原则是:在充分满足使用要求的前提下,考虑工艺的可能性,尽量选用精度较低的公差等级。例如,端盖与轴承孔的配合可选为 φ90J7/d11。

(1) 标准规定:公称尺寸小于 500 mm 时,一般采用常用配合的公差等级,即 6、7、8级孔分别与 5、6、7 级轴配合。表 3 - 6 为按工艺等价原则规定的孔与轴配合的公差等级。

表 3 - 6　孔与轴配合的公差等级

孔的公差等级	6	7	8	9	10	11
轴的公差等级	5	6	7、8	8、9	10	11

（2）一般来说，配合特别精密取 IT2～IT5；一般配合取 IT5～IT11；非配合尺寸取 IT12～IT18，即线性尺寸一般公差的公差等级范围。表 3 - 7 所示为 20 个标准公差等级的应用范围，表 3 - 8 所示为各种加工方法可能达到的标准公差等级范围，供选用时参考。

表 3 - 7　标准公差等级的应用范围

应用	公差等级（IT）																			
	01	0	1	2	3	4	5	6	7	8	9	10	11	12	13	14	15	16	17	18
块规																				
量规																				
配合尺寸																				
特别精密零件的配合																				
非配合尺寸（大制造公差）																				
原材料公差																				

表 3 - 8　各种加工方法所能达到的标准公差等级范围

加工方法	公差等级（IT）																
	01	0	1	2	3	4	5	6	7	8	9	10	11	12	13	14	15	16
研磨																		
珩磨																		
圆磨																		
平磨																		
金刚石车																		
金刚石镗																		
拉削																		
铰孔																		
车																		
镗																		
铣																		
刨、插																		
钻孔																		
滚压、挤压																		
冲压																		
压铸																		
粉末冶金成型																		
粉末冶金烧结																		
砂型铸造、气割																		
锻造																		

3. 等公差法

等公差法的依据是：配合公差公式 $T_f = T_D + T_d$，令 $T_D = T_d$，即为等公差法，然后按工艺等价的原则对孔和轴的公差进行分配。下面通过一个例子来说明等公差法的用法。

【例 3 - 10】 某一公称尺寸为 $\phi 95 \ mm$ 的滑动轴承机构，根据使用要求其允许的最大许用间隙 $[X_{max}] = +55 \ \mu m$，最小许用间隙 $[X_{min}] = +10 \ \mu m$，试确定该轴承机构的轴颈和轴瓦所构成的轴、孔的标准公差等级。

解：（1）计算允许的配合公差 $[T_f]$。由配合公差计算公式（3 - 13）得
$$[T_f] = |[X_{max}] - [X_{min}]| = |55 - 10| = 45 \ \mu m$$
（2）计算并查表确定孔、轴的标准公差等级。按要求可知：
$$[T_f] \geqslant [T_D] + [T_d]$$
式中，$[T_D]$、$[T_d]$ 为配合的孔、轴的允许公差。

由表 3 - 2 得：
$$IT5 = 15 \ \mu m, \quad IT6 = 22 \ \mu m, \quad IT7 = 35 \ \mu m$$

如果孔、轴公差等级都选 6 级，则配合公差 $T_f = 2IT6 = 44 \ \mu m < 45 \ \mu m$，虽然未超过其要求的允许值，但不符合 6、7、8 级孔与 5、6、7 级轴相配合的规定，即工艺等价原则。

若孔选 IT7，轴选 IT6，其配合公差为 $T_f = IT5 + IT7 = 22 + 35 = 57 > 45 \ \mu m$，已超过配合公差的允许值，故不符合配合要求。

因此，最好还是轴选 IT5，孔选 IT6。其配合公差 $T_f = IT5 + IT6 = 15 + 22 = 37 < 45 \ \mu m$，虽然距要求的允许值（$8 \ \mu m$）减小较多，给加工带来一定的困难，但配合精度有一定的储备，而且选用标准规定的公差等级，并选用标准的原材料、刀具和量具，对降低加工成本有利。

3.5.4 配合的选用

极限与配合的中心问题是配合的选用。配合的选用主要是根据使用要求确定配合类别和根据计算法、试验法或类比法确定配合种类，即确定基本偏差。

1. 配合类别的选用

标准规定有间隙、过渡和过盈三大类配合。在机械精度设计中选用哪类配合，主要取决于使用要求。当孔、轴间有相对运动要求时，应选间隙配合；当孔、轴间无相对运动时，若要求传递足够大的扭矩，且又不要求拆卸，一般应选过盈配合；当需要传递一定的扭矩，又要求能够拆卸时，应选过渡配合，这种情况应该加键，以保证传递扭矩。有些配合，对同轴度要求不高，只是为了装配方便，可以选间隙较大的间隙配合。

2. 配合种类的选用

配合种类的选用就是在确定配合制和标准公差等级，并选定了配合类别后，根据使用要求确定与基准件配合的轴或孔的基本偏差代号。

1）选用配合种类的基本方法

选择配合时，确定间隙或过盈的方法有计算法、试验法和类比法三种。

（1）计算法。计算法是根据一定的理论和公式，计算出所需的间隙或过盈，然后对照国标选择适当配合的方法。

间隙配合用于孔与轴的相对运动。当其用于相对转动的滑动轴承时，为了保持长期工作，必须在配合面间加上润滑油，这样当轴旋转时，孔与轴之间便形成油膜层，可减少摩擦和磨损。根据流体润滑理论关于滑动轴承的研究，保证滑动轴承处于液体摩擦状态所需的间隙为

$$X = \sqrt{C_P \frac{\mu v}{p} d^2 L} \qquad (3-27)$$

式中：C_P 是轴承承载量系数，与 e/d 有关，e 是轴颈在稳定运转时的中心与轴承孔中心间的距离；d 和 L 是配合的直径和长度，一般 $L = (0.5 \sim 1.5)d$；μ 是润滑油粘度；v 是运动速度；p 是承受的载荷。

由式(3-27)可见，用作滑动轴承的间隙配合在选择时应考虑运动的速度 v、承受的载荷 p 和润滑油的粘度 μ。此外，还应考虑轴受力和受热时的变形、形状误差和表面粗糙度等因素。

过盈配合用于传递载荷和扭矩，可按弹性变形和塑性变形理论计算出必需的过盈量。根据材料力学关于厚壁圆筒的计算可得，保持牢固连接所需的过盈为

$$Y = p \left(\frac{C_1}{E_1} + \frac{C_2}{E_2} \right) \qquad (3-28)$$

其中 C_1 和 C_2 是零件的刚性系数，与零件的尺寸有关；E_1 和 E_2 是材料的弹性模数；p 是表面接触压力，其计算式为

$$p = \frac{F}{\pi d L f} \quad \text{或} \quad p = \frac{2M}{\pi d^2 L f}$$

式中：F 和 M 是外力和力矩；d、L 和 f 是配合面的直径、长度和摩擦系数。

由上式可知，选择过盈配合时，首先要看最小过盈能否传递该配合所要传递的最大外力 F、力矩 M 或阻止其松动的最大外力。同时要看最大过盈使零件产生的内应力是否超出材料的屈服极限。此外，还应考虑装配方法、配合面的长短、几何精度以及使用时的温度等因素。

通过公式计算可以求出满足机械零件功能要求的间隙或过盈，根据这些数值便可选择最接近的配合种类。必要时，再根据所选配合的间隙或过盈的极限值，用上述公式校核，看最后结果是否满足其功能要求。

由于影响配合间隙或过盈的因素较多，孔与轴结合的实际情况较复杂，因此一般来说，理论的计算是近似的，只能作为重要的参考依据，应用时还要根据实际工作条件进行必要的修正，或经反复试验来确定。

（2）试验法。试验法是根据多次试验结果寻求最合理的间隙或过盈，从而确定配合的一种方法。对产品性能影响很大的一些配合，往往需要用试验法来确定使机器工作性能最佳的间隙或过盈。例如，采煤用的风镐锤体与镐筒配合的间隙量对风镐工作性能有很大影响。又如，机车车轴与轮毂的配合要求传递扭矩等，这种情况下一般采用试验法较为可靠。这种方法要进行大量试验，故时间长，费用大。

（3）类比法。类比法是参考现有同类机器或类似结构中经生产实践验证过的配合情况，与所设计零件的使用条件相比较，经过修正后确定配合的一种方法。

在生产实践中，广泛使用的选择配合的方法是类比法。要掌握这种方法，首先必须分析机器或机构的功用、工作条件及技术要求，其次要了解各种配合的特性和应用。

① 分析零件的工作条件。配合类别确定后，应根据工作条件对零件配合的松紧程度有一个概括性的认识。零件的工作条件包括：相对运动情况（方向、速度和持续时间），负荷大小和性质，材料许用应力，配合面长度和表面粗糙度，润滑条件，温度变化，对中性，拆卸和修理要求等。在全面考虑所有因素的基础上，分清主次，就可使设计零件的间隙或过盈得到进一步明确。表 3-9 列出了工作情况对过盈或间隙的影响。

表 3-9　工作情况对过盈或间隙的影响

工 作 情 况	过 盈	间 隙
材料许用应力小	减小	
经常拆卸	减小	
尺寸较大	减小	增大
工作时孔温高于轴温	增大	减小
工作时轴温高于孔温	减小	增大
有冲击载荷	增大	减小
配合长度较大	减小	增大
配合面形位误差较大	减小	增大
装配时可能歪斜	减小	增大
旋转速度高	增大	增大
有轴向运动		增大
润滑油粘度增大		增大
装配精度高	减小	减小
表面粗糙度低	增大	减小

② 了解各类配合的特性和应用。

间隙配合的特性是结合件之间具有间隙，它主要用于有相对运动的配合。例如，H8/e7 属于液体摩擦情况良好但稍松的配合，可用于汽轮发电机和大电机的高速轴承以及风扇电机中的配合。

过盈配合的特性是结合件之间有过盈，它主要用于没有相对运动的配合。过盈不大时，用键联结传递扭矩；过盈大时，靠孔与轴的结合力传递扭矩。前者可以拆卸，后者一般不能拆卸。例如，H6/s5 可用于柴油机连杆衬套与轴瓦、主轴轴承孔与主轴轴瓦外径等的配合。

过渡配合的特性是结合件之间具有间隙，也可能具有过盈，但所得到的间隙或过盈一般是比较小的。它主要用于定位精确并要求拆卸的相对静止的联结。例如，H6/js5 可用于与滚动轴承相配的轴颈及航空仪表中轴与轴承等的配合。

要做到合理地选择配合，了解和掌握各个基本偏差的特性和应用是很重要的。按照基孔制配合，轴的基本偏差的特性及应用说明见表 3-10（对基轴制配合中同名称孔的基本偏差也同样适用）。表 3-11 是各种优先配合的配合特性及应用。根据表 3-10 和表 3-11 中列出的各种配合的基本特点，结合所需的具体使用情况，便可大致确定所应选用的配合。

表 3-10　基孔制轴的各种基本偏差的特性及应用说明

配合	基本偏差	配合特性及应用
间隙配合	a、b	可得到特别大的间隙，应用很少
	c	可得到很大的间隙，一般用于缓慢、松弛的可动配合，用于工作条件较差（如农业机械）、受力变形，或为了便于装配而必须保证有较大间隙的情况。推荐优先配合为 H11/e11。较高等级的配合，如 H8/c7 适用于轴在高温工作的紧密动配合，例如内燃机排气阀导管配合
	d	一般用于 IT7～IT11。适用于松的传动配合，如密封盖、滑轮空转皮带轮等与轴的配合；也适用大直径滑动轴的配合，如透平机、球磨机、轧滚成型和重型变曲机及其他重型机械中的一些滑动支承配合
	e	多用于 IT7～IT9。通常适用于要求有明显间隙、易于转动的支承用的配合，如大跨距支承、多支点支承等的配合。高等级的 e 适用于大的、高速的重载支承的配合，如蜗轮发电机、大电动机的支承的配合，也适用于内燃机主要轴承、凸轮轴支承、摇臂支承等的配合
	f	多用于 IT6～IT8 的一般转动配合。当温度影响不大时，被广泛用于普通的润滑油（或润滑脂）润滑的支承，如齿轮箱、小电动机、泵等的转轴与滑动支承的配合
	g	多用于 IT5～IT7。配合间隙很小，制造成本高，除负荷很轻的精密装置外，不推荐用于转动配合。最适合不回转的精密滑动配合，也适用于插销等的定位配合，如精密连杆轴承、活塞及滑阀、连杆销等
	h	多用于 IT4～IT11。广泛用于无相对转动的零件，作为一般的定位配合。若没有温度、变形的影响，也用于精密滑动配合
过渡配合	js	为完全对称偏差（±IT/2），平均后为稍有间隙的配合，多用于 IT4～IT7，要求间隙比 h 轴配合时小，并允许略有过盈的定位配合，如联轴节。要用手或木锤装配
	k	平均后是有间隙的配合，适用于 IT4～IT7。推荐用于要求稍有过盈的定位配合，例如为了消除振动用的定位配合，一般用木锤装配
	m	平均后为具有不大过盈的过渡配合，适用于 IT4～IT7。一般可用木锤装配，但在最大过盈时，要求相当的压力
	n	平均过盈比用 m 轴时稍大，很少得到间隙，适用于 IT4～IT7。用锤或压力机装配。通常推荐用于紧密的组件配合。H6 和 n5 配合时为过盈配合
	p	与 H6 或 H7 配合时是过盈配合，与 H8 孔配合时则为过渡配合。对非铁类零件，为较轻的过盈配合，当需要时易于拆卸。对钢、铸铁或钢、钢部件装配，是标准的过盈配合
	r	对铁类零件为中等过盈配合，对非铁类零件为较轻过盈配合。当需要时可以拆卸，与 H8 孔配合。直径在 100 mm 以上时为过盈配合，直径小时为过渡配合

配合	基本偏差	配合特性及应用
过渡配合	s	用于钢和铁制零件的永久性和半永久性装配,可生产相当大的结合力。当用弹性材料,如轻合金时,配合性质与铁类零件的p轴相当。例如套环压装在轴上、阀座等的配合。尺寸较大时,为避免损伤配合表面,需用热胀冷缩法装配
	t	这种配合过盈量较大,对于钢和铸铁件适于作永久性的结合,不用键可传递扭矩,需用热胀冷缩法装配
	u	这种配合过盈量大,一般应按经验计算在最大过盈时工件材料是否会损坏。采用热胀冷缩法装配,例如火车轮毂与轴的配合
	v、x、y、z	这些基本偏差所组成的配合过盈量更大,目前使用的经验和资料还很少,需经试验后才应用。一般不推荐采用

表 3-11　优先配合的配合特性及应用说明

优先配合		配合特性及应用
基孔制	基轴制	
$\dfrac{H11}{c11}$	$\dfrac{C11}{h11}$	间隙非常大,用于很松、转动很慢的配合;要求大公差与间隙的外露组件;要求装配方便的很松的配合
$\dfrac{H9}{d9}$	$\dfrac{D9}{h9}$	间隙很大的自由转动配合。用于公差等级不高,或有大的温度变动、高转速或小的轴颈压力的情况
$\dfrac{H8}{f7}$	$\dfrac{F8}{h7}$	间隙不大的转动配合。用于中等转速与中等轴颈压力的精确转动,也用于较易装配的中等定位配合
$\dfrac{H7}{g6}$	$\dfrac{G7}{h6}$	间隙很小的滑动配合。用于不希望自由转动,但可自由移动和滑动并精密定位的配合,也可用于要求明确的定位配合
$\dfrac{H7}{h6}$ $\dfrac{H8}{h7}$ $\dfrac{H9}{h8}$ $\dfrac{H11}{h11}$	$\dfrac{H7}{h6}$ $\dfrac{H8}{h7}$ $\dfrac{H9}{h9}$ $\dfrac{H11}{h11}$	均为间隙定位配合,零件可自由装拆,而工作时一般相对静止不动。在最大实体条件下的间隙为零,在最小实体条件下的间隙由标准公差等级决定
$\dfrac{H7}{k6}$	$\dfrac{K7}{h6}$	过渡配合,用于精密定位
$\dfrac{H7}{n6}$	$\dfrac{N7}{h6}$	过渡配合,允许有较大过盈的更精密定位
$\dfrac{H7}{p6}$	$\dfrac{P7}{h6}$	过盈定位配合,即小过盈配合。用于定位精度特别重要时,能以最好的定位精度达到部件的刚性及对中性要求,而对内孔承受压力无特殊要求,不依靠配合的紧固件传递负荷
$\dfrac{H7}{s6}$	$\dfrac{S7}{h6}$	中等过盈配合。适用于一般钢件,或用于薄壁件的冷缩配合。用于铸铁件可得到最紧的配合
$\dfrac{H7}{u6}$	$\dfrac{U7}{h6}$	过盈配合。适用于可以承受大压力的零件或不宜承受大压力的冷缩配合

2）尽量选用常用公差带及优先、常用配合

在选择配合时，应考虑尽量采用 GB/T 1801－2009 中规定的公差带与配合。因为标准公差系列和基本偏差系列可组成各种大小和位置不同的公差带。其中，轴有 544 种，孔有 543 种。在国际标准中，孔有 489 种，轴有 490 种。这些公差带又可组成很多不同的配合，数量可达 30 万对。这么多的公差带和配合若都使用，显然是不经济的。根据一般机械产品的使用需要，考虑零件、定值刀具和量具的规格统一，对孔规定了公称尺寸至 500 mm 中一般用途的公差带 105 种，常用公差带 44 种（方框里），优先选用公差带 13 种（圆圈里），如图 3－25 所示，对轴规定了公称尺寸至 500 mm 中一般用途的公差带 116 种，常用公差带 59 种（方框里），优先选用公差带 13 种（圆圈里），如图 3－26 所示。在孔、轴的公差带中，又组成了基轴制常用配合 47 种，优先配合 13 种，如表 3－12 所示；基孔制常用配合 59 种，优先配合 13 种，如表 3－13 所示。

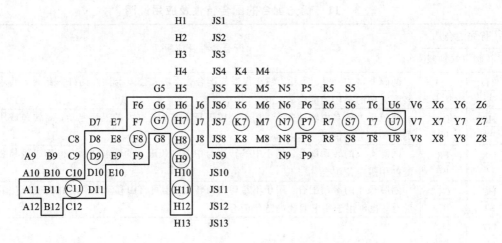

图 3－25　孔的公差带（摘自 GB/T 1801－2009）

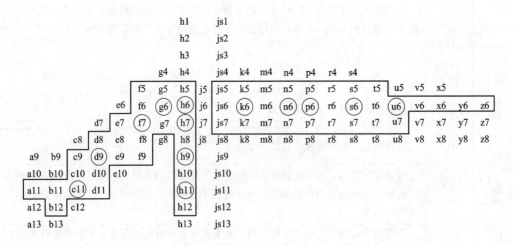

图 3－26　轴的公差带（摘自 GB/T 1801－2009）

表 3–12　基轴制优先、常用配合

基准轴	孔 A	B	C	D	E	F	G	H	JS	K	M	N	P	R	S	T	U	V	X	Y	Z
	间隙配合								过渡配合				过盈配合								
h5						$\frac{F6}{h5}$	$\frac{G6}{h5}$	$\frac{H6}{h5}$	$\frac{JS6}{h5}$	$\frac{K6}{h5}$	$\frac{M6}{h5}$	$\frac{N6}{h5}$	$\frac{P6}{h5}$	$\frac{R6}{h5}$	$\frac{S6}{h5}$	$\frac{T6}{h5}$					
h6						$\frac{F7}{h6}$	$\frac{G7}{h6}$	$\frac{H7}{h6}$	$\frac{JS7}{h6}$	$\frac{K7}{h6}$	$\frac{M7}{h6}$	$\frac{N7}{h6}$	$\frac{P7}{h6}$	$\frac{R7}{h6}$	$\frac{S7}{h6}$	$\frac{T7}{h6}$	$\frac{U7}{h6}$				
h7					$\frac{E8}{h7}$	$\frac{F8}{h7}$		$\frac{H8}{h7}$	$\frac{JS8}{h7}$	$\frac{K8}{h7}$	$\frac{M8}{h7}$	$\frac{N8}{h7}$									
h8				$\frac{D8}{h8}$	$\frac{E8}{h8}$	$\frac{F8}{h8}$		$\frac{H8}{h8}$													
h9				$\frac{D9}{h9}$	$\frac{E9}{h9}$	$\frac{F9}{h9}$		$\frac{H9}{h9}$													
h10				$\frac{D10}{h10}$				$\frac{H10}{h10}$													
h11	$\frac{A11}{h11}$	$\frac{B11}{h11}$	$\frac{C11}{h11}$	$\frac{D11}{h11}$				$\frac{H11}{h11}$													
h12		$\frac{B12}{h12}$						$\frac{H12}{h12}$													

注：① 标注▼的配合为优先配合；② 摘自 GB/T 1801—2009。

表 3–13　基孔制优先、常用配合

基准孔	轴 a	b	c	d	e	f	g	h	js	k	m	n	p	r	s	t	u	v	x	y	z
	间隙配合								过渡配合				过盈配合								
H6						$\frac{H6}{f5}$	$\frac{H6}{g5}$	$\frac{H6}{h5}$	$\frac{H6}{js5}$	$\frac{H6}{k5}$	$\frac{H6}{m5}$	$\frac{H6}{n5}$	$\frac{H6}{p5}$	$\frac{H6}{r5}$	$\frac{H6}{s5}$	$\frac{H6}{t5}$					
H7						$\frac{H7}{f6}$	$\frac{H7}{g6}$	$\frac{H7}{h6}$	$\frac{H7}{js6}$	$\frac{H7}{k6}$	$\frac{H7}{m6}$	$\frac{H7}{n6}$	$\frac{H7}{p6}$	$\frac{H7}{r6}$	$\frac{H7}{s6}$	$\frac{H7}{t6}$	$\frac{H7}{u6}$	$\frac{H7}{v6}$	$\frac{H7}{x6}$	$\frac{H7}{y6}$	$\frac{H7}{z6}$
H8					$\frac{H8}{e7}$	$\frac{H8}{f7}$	$\frac{H8}{g7}$	$\frac{H8}{h7}$	$\frac{H8}{js7}$	$\frac{H8}{k7}$	$\frac{H8}{m7}$	$\frac{H8}{n7}$	$\frac{H8}{p7}$	$\frac{H8}{r7}$	$\frac{H8}{s7}$	$\frac{H8}{t7}$	$\frac{H8}{u7}$				
H8				$\frac{H8}{d8}$	$\frac{H8}{e8}$	$\frac{H8}{f8}$		$\frac{H8}{h8}$													
H9			$\frac{H9}{c9}$	$\frac{H9}{d9}$	$\frac{H9}{e9}$	$\frac{H9}{f9}$		$\frac{H9}{h9}$													
H10			$\frac{H10}{c10}$	$\frac{H10}{d10}$				$\frac{H10}{h10}$													
h11	$\frac{H11}{a11}$	$\frac{H11}{b11}$	$\frac{H11}{c11}$	$\frac{H11}{d11}$				$\frac{H11}{h11}$													
H12		$\frac{H12}{b12}$						$\frac{H12}{h12}$													

注：① $\frac{H6}{n5}$、$\frac{H7}{p6}$ 在公称尺寸小于等于 3 mm 和 $\frac{H8}{r7}$ 在公称尺寸小于等于 100 mm 时，为过渡配合；② 标注▼的配合为优先配合；③ 摘自 GB/T 1801—2009。

在 GB/T 1800.4—2009 中，对所有的优先、常用和一般用途公差带的极限偏差数值编制了表格；在 GB/T 1801—2009 中对基孔制和基轴制优先、常用配合的极限间隙或极限过盈数值编制了表格，供设计时选用。

在进行机械设计时，应该首先采用优先配合，当不能满足要求时，再从常用配合中选择；还可以依次从优先、常用和一般用途公差带中选择孔、轴公差带组成要求的配合；甚至还可以选用任一孔、轴公差带组成满足特殊要求的配合。

【例 3-11】 设有一滑动轴承机构，公称尺寸为 $\phi40$ 的配合，经计算确定极限间隙为 $+20\sim+90\ \mu m$，若已决定采用基孔制配合，试确定此配合的孔、轴公差带和配合代号，画出其尺寸公差带图，并指出是否属于优先或常用的公差带与配合。

解：(1) 确定孔、轴标准公差等级。

因 $[T_f]=|[X_{max}]-[X_{min}]|=|(+90)-(+20)|=70\ \mu m$

按例 3-10 的方法，由表 3-2 可确定孔、轴标准公差等级为

$$T_D=\text{IT8}=39\ \mu m,\quad T_d=\text{IT7}=25\ \mu m$$

(2) 确定孔、轴公差带。因采用基孔制，故孔为基准孔，其公差带代号为 $\phi40\text{H8}$，$\text{EI}=0$，$\text{ES}=+39\ \mu m$。又因采用基孔制间隙配合，故轴的基本偏差应从 a～h 中选取，其基本偏差为上极限偏差。选出的轴的基本偏差应满足下述三个条件：

$$\begin{cases} X_{max}=\text{ES}-\text{ei}\leqslant[X_{max}] \\ X_{min}=\text{EI}-\text{es}\geqslant[X_{min}] \\ \text{es}-\text{ei}=T_d=\text{IT7} \end{cases}$$

式中，$[X_{min}]$ 为允许的最小间隙；$[X_{max}]$ 为允许的最大间隙。

解上面三式可得 es 的要求为

$$\begin{cases} \text{es}\leqslant\text{EI}-[X_{min}] \\ \text{es}\geqslant\text{ES}+\text{IT7}-[X_{max}] \end{cases}$$

将 EI、ES、IT7、$[X_{max}]$、$[X_{min}]$ 的数值分别代入上式得：

$$\text{es}\leqslant0-20=-20\ \mu m$$
$$\text{es}\geqslant39+25-90=-26\ \mu m$$

即

$$-26\leqslant\text{es}\leqslant-20\ \mu m$$

按公称尺寸 $\phi40$ 和 $-26\leqslant\text{es}\leqslant-20\ \mu m$ 的要求查表 3-4，得轴的基本偏差代号为 f，故公差带的代号为 $\phi40\text{f7}$，其 $\text{es}=-25\ \mu m$，$\text{ei}=\text{es}-T_d=-50\ \mu m$。

(3) 确定配合代号为 $\phi40\text{H8/f7}$。

(4) $\phi40\text{H8/f7}$ 的孔、轴尺寸公差带图如图 3-27 所示。

(5) 由图 3-25 和图 3-26 可知，孔 $\phi40\text{H8}$ 和轴 $\phi40\text{f7}$ 均为优先选用的公差带。由表 3-13 可知，$\phi40\text{H8/f7}$ 的配合为优先配合。

【例 3-12】 设一公称尺寸为 $\phi60$ 的配合，经计算，要保证连接可靠，其最小过盈的绝对值不得小于 $20\ \mu m$。为保证装配后孔不发生塑性变形，其最大过盈的绝对值不得大于

$55\ \mu m$。若已决定采用基轴制配合，试确定此配合的孔、轴的公差带和配合代号，画出其尺

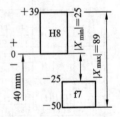

图 3-27　$\phi40\text{H8/f7}$ 公差带图

寸公差带图和配合公差带图，并指出是否属于优先的或常用的公差带与配合。

解：(1) 确定孔、轴公差等级。由题意可知，此孔、轴结合为过盈配合，其允许的配合公差为

$$[T_f] = |\,[Y_{min}] - [Y_{max}]\,| = |-20 - (-55)| = 35\ \mu m$$

同理，按例 3-10 的方法，由表 3-2 可确定孔的公差等级为 6 级，轴的公差等级为 5 级，即

$$T_D = IT6 = 19\ \mu m,\quad T_d = IT5 = 13\ \mu m$$

(2) 确定孔、轴公差带。因采用基轴制配合，故轴为基准轴，其公差带代号为 $\phi 60 h5$，es=0，ei=es-IT5=0-13=-13 μm。因选用基轴制过盈配合，故孔的基本偏差代号可从 P~ZC 中选取，其基本偏差为上极限偏差 ES，若选出的孔的上极限偏差 ES 能满足配合要求，则应符合下列三个条件：

$$\begin{cases} Y_{min} = ES - ei \leqslant [Y_{min}] \\ Y_{max} = EI - es \geqslant [Y_{max}] \\ ES - EI = IT6 \end{cases}$$

解上面三式可得出 ES 的要求为

$$\begin{cases} ES \leqslant [Y_{min}] + ei \\ ES \geqslant es + IT6 + [Y_{max}] \end{cases}$$

将已知的 es、ei、IT6、$[Y_{max}]$ 和 $[Y_{min}]$ 数值代入上式得

$$ES \leqslant -20 + (-13) = -33\ \mu m$$
$$ES \geqslant 0 + 19 + (-55) = -36\ \mu m$$
$$-36 \leqslant ES \leqslant -33\ \mu m$$

按公称尺寸 $\phi 60$ 和 $-36 \leqslant ES \leqslant -33\ \mu m$ 的要求查表 3-5，得孔的基本偏差代号为 R，公差带代号为 $\phi 60R6$，其 ES=-35 μm，EI=ES-IT6=-54 μm。

(3) 确定配合代号为 $\phi 60R6/h5$。

(4) $\phi 60R6/h5$ 的孔、轴尺寸公差带图如图 3-28 所示，配合公差带图如图 3-29 所示。

(5) 由图 3-25 和图 3-26 可知，孔的公差带 $\phi 60R6$ 和轴的公差带 $\phi 60h5$ 都为常用公差带，由表 3-12 所知，$\phi 60R6/h5$ 配合为常用配合。

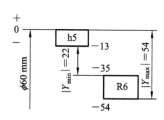

图 3-28　$\phi 60R6/h5$ 公差带图

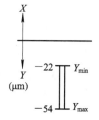

图 3-29　$\phi 60R6/h5$ 配合公差带图

3. 各类配合的特性和应用

为了便于在设计中用类比法合理地确定配合，下面举例说明某些配合在实际中的应用。这些配合被长期的生产实践证实是合理的，因此可以供工程技术人员在设计工作中参考。

1) 间隙配合

属于间隙配合的基本偏差代号有 a～h(或 A～H)共 11 种，它们大致应用于以下五个方面。

(1) 精密定心和精密定位机构中的配合。这类配合定心性要求高，配合间隙的变动范围要求小，一般最小间隙可以为零，而最大间隙受同轴度限制又不能太大，因此，对于具有这样要求的机构多用 H/h，公差等级一般为 IT5～IT7。例如，图 3-30 所示的车床尾座和顶尖套筒即选用 H6/h5 配合。

(2) 往复运动和滑动的精密配合。这类配合要求有一定的运动精度和运动的灵活性，必须给予一定的间隙。其间隙的大小主要取决于单位时间内移动的次数、长度以及导向性要求。通常选用 H/g，公差等级一般为 IT5～IT7 级。例如，图 3-31 所示为钻套和衬套间的配合 H7/g6，以及与钻头的配合 G7。

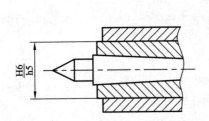
图 3-30 车床尾座和顶尖套筒的配合

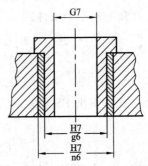
图 3-31 钻套和衬套间的配合

(3) 滑动轴承机构中用的配合。对正常工作条件下的滑动轴承，给定的间隙必须保证形成良好的润滑油层，以形成液体摩擦状态。因此，所选配合的最小间隙应大于形成最小油层的厚度，而最大间隙则应保证轴承机构有足够的同轴度、旋转精度和使用寿命等。常用的配合有 H/d、H/e、H/f，公差等级一般为 6～8 级。表 3-14 所示为几种可供滑动轴承选用间隙配合。

表 3-14　可供滑动轴承选用的间隙配合

配　合	适　用　范　围
H8/f7	车床、铣床、钻床等各传动部分的轴承，汽车发动机中的曲拐轴和连杆机构选用的轴承，减速器和蜗轮传动中的轴承
H8/e8	传动轴支座或同一轴上有几个(不少于两个)座的轴承
H8/d8	精密的传动装置和连接轴、发电机，以及其他容易磨损机械的轴承
H9/f9	蒸汽机和内燃机中的曲拐轴颈连杆机构用轴承，偏心轴、动力机械、离心水泵和通风机等选用的轴承

(4) 大间隙和在高温下工作的配合。对于一些处于高温、高速度工作条件下的滑动轴承，例如大型汽轮机、泵、压缩机和轧钢机的高速重载轴承，它们的工作温度变化较大，为了补偿由于温度变化引起的误差，并保证其正常工作，应选用大间隙配合。对于高温工作条件下的滑动轴承，一般选用 H/c 或 H/e 的配合，公差等级一般为 IT7～IT9 级。此外，工作条件差的农业机械中的滑动轴承，一般选用 H/b、H/c 的配合，公差等级一般为

IT10～IT12 级。例如，内燃机汽门导杆与衬套的配合选用 H8/c7，图 3-32 所示为内燃机主轴与连杆衬套选用的 H7/e6 配合。

（5）纯为装配方便的配合。对于这种类型的配合应尽量选取间隙较大的配合，以补偿较大的形状位置误差，并保证装配方便。一般选用 H/b、H/c、H/d 的配合，公差等级一般为 IT10～IT12 级。图 3-33 所示为起重机吊钩的铰链选用 H12/b12 配合。

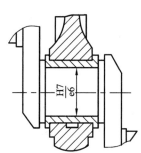

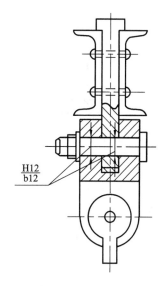

图 3-32　内燃机主轴与连杆衬套选用的配合　　　　图 3-33　起重机吊钩的铰链选用的配合

2）过渡配合

属于过渡配合的基本偏差代号有 js、j～n（或 JS、J～N）共五种。

过渡配合的特点是同一配合的一批配件装配后，有的得到间隙，有的得到过盈。因此不能保证自由运动，也不能保证传递载荷，只用于要求定心而又定期拆卸的定位配合。若需要传递扭矩，则应加紧固件，例如紧固螺钉、平键等。这类配合的公差等级一般为 IT5～IT8。

根据生产中的使用要求，各种过渡配合主要用于以下情况。

（1）H/js、H/j 称为轻微定心。它获得间隙的机会较多，定心性也好，用于要求多次装拆、容易破坏的精密零件，公差等级为 IT4～IT7 级，例如联轴节、齿圈与钢制轮毂以及滚动轴承外圈与箱体的配合等。图 3-34 所示为带轮与轴的配合。

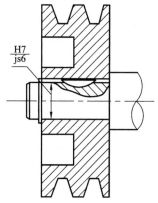

图 3-34　带轮与轴的配合

（2）H/k 称为标准定心。它获得的平均间隙接近于零，定心较好，装配后零件受到的接触应力也较小，能拆卸，用于中修时要拆卸的定位配合，它在过渡配合中应用最广。图 3-35 所示为刚性联轴节的配合。

（3）H/m 为高级定心。它能精密定心，而且抗振性好。图 3-36 所示为齿轮与轴选用 H7/m6 配合。

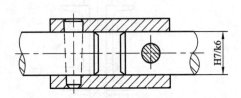

图 3-35　刚性联轴节的配合

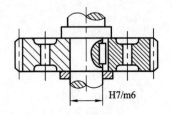

图 3-36　齿轮与轴的配合

（4）H/n 称为精确定心。它获得过盈的机会较多，定心好，装配较紧，耐冲击载荷。但在工程实际中需加紧固件，以便可靠地传递扭矩，图 3-37 所示为蜗轮青铜轮缘与轮辐选用 H7/n6(或 H7/m6)配合。

（5）H/p 称为轻压定心。它获得的是过盈，用于得到精密定心，用木锤子轻敲就可装配，且能承受重载荷，如两个连接件的定位配合等。图 3-38 所示为卷扬机的绳轮和齿轮的配合。

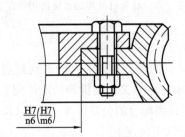

图 3-37　蜗轮青铜轮缘与轮辐的配合

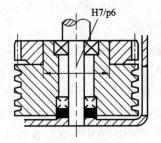

图 3-38　卷扬机的绳轮和齿轮的配合

3）过盈配合

属于过盈配合的基本偏差代号有 p～zc(或 P～ZC)共十二种。

过盈配合的特点是需要传递足够大的扭矩或轴向力，是一种不可拆的连接。传递的扭矩主要靠足够的过盈量来保证，一般不需加紧固件，仅在少数情况下，为保证连接可靠才需加紧固件，如加平键或紧固螺钉等。这类配合的公差等级一般为 IT5～IT7 级。

根据生产中的使用要求，各种过盈配合主要用于以下情况。

（1）轻级过盈配合 H/p 和 H/r。这两种配合在公差等级 IT6～IT7 时为过盈配合，可以用锤打或压力机装配，只宜在大修时拆卸。它主要用于定心精度很高、零件有足够的刚性、受冲击负载的定位配合，如齿轮与衬套的配合。连杆小头孔与衬套的配合如图 3-39 所示。

（2）中级过盈配合 H/s、H/t。这两种中等过盈配合多采用 IT6、IT7 级。它用于钢铁件的永久或半永久结合，不用辅助件，依靠过盈产生的结合力可以直接传递中等负荷，一般用压力法装配，也可采用冷轴或热套法装配，如铸铁轮与轴的装配，柱、销、轴、套等压入孔中的配合。例如曲柄销与曲拐使用配合 H6/s5。图 3 - 40 所示为联轴节与轴选用 H7/t6 配合。

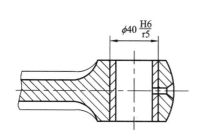

图 3 - 39　连杆小头孔与衬套的配合

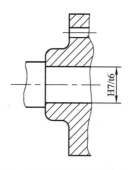

图 3 - 40　联轴节与轴的配合

（3）重级过盈配合 H/u、H/v、H/x、H/y、H/z。这几种配合过盈较大，且依次增大，过盈与直径之比在 0.001 以上。它们适用于传递大的扭矩或承受大的冲击载荷，完全依靠过盈产生的结合力来保证牢固连接的配合。通常采用热套或冷轴法装配。例如，火车的铸钢车轮与高锰钢轮箍要选用 H7/u6 甚至 H6/u5 的配合，如图 3 - 41 所示。因为过盈大，所以要求零件材料刚性好，强度高，否则会将零件挤裂。采用这样的配合要慎重，必须经过试验才能投入生产。装配前往往还要进行挑选，使一批配件的过盈量比较一致、适中。

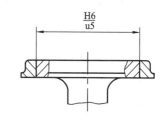

图 3 - 41　火车车轮与轮箍的配合

3.5.5　线性尺寸的未注公差的选用

未注尺寸公差是指在工程图纸上未注出公差的尺寸，对这类尺寸并不是没有公差限制，而是采用一般公差。GB/T 1804—2000 规定，采用一般公差的线性尺寸不单独注出极限偏差，应在图样上、技术文件和标准中作出说明。图 3 - 42 中 120 即为未注出公差的尺寸。但是，当图中几何要素的功能要求比一般公差更小的公差或比允许更大的公差，而该公差更为经济时，应在尺寸后直接注出极限偏差。

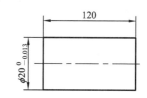

图 3 - 42　未注出公差的尺寸

1. 一般公差的概念

线性尺寸的未注公差即一般公差，指在车间普通工艺条件下，机床设备一般加工能力可达到的公差。在正常维护和操作情况下，一般公差代表车间的经济加工精度。它主要用于精度较低的非配合尺寸和功能上允许的公差等于或大于一般公差的尺寸。采用一般公差的要素在图样上不单独注出公差，并且在正常条件下一般可不检验。

零件上要素的尺寸、形状或要素之间的位置精度要求均取决于它们的功能。无功能要求的要素是不存在的。因此，零件在图样上表达的所有要素都有一定的公差要求。对功能上无特殊要求的要素可给出一般公差。一般公差可用于线性尺寸、角度尺寸、形状和位置等几何要素。

2. 应用线性尺寸未注公差的情况

（1）对非配合尺寸，显然没有配合要求，但为了方便装配，减轻重量，节约材料和美化外形等，应对尺寸变化加以限制，但其公差要求不高，故一般不注明公差值。

（2）零件上某些尺寸的公差可以由工艺来保证。例如，冲压件的尺寸由冲模决定，铸件的尺寸由木模决定，只要冲模、木模的尺寸正确，满足要求，就没有必要标注零件尺寸公差。这样可以简化对这些尺寸的检验，从而有助于质量管理。

（3）简化制图，节省图样设计时间，使图样清晰易读，并突出重要的有公差要求的尺寸，以便在加工和检验时引起重视，故有些尺寸在图纸上不标注公差。

（4）明确图样上哪些要素可由一般工艺来保证，便于供需双方达成合同协议，交货时也可避免不必要的争议。

3. 线性尺寸一般公差的规定

1）公差等级

按照 GB/T 1804—2000 规定，未注公差线性尺寸的一般公差分为 f、m、c、v 四个公差等级，分别表示精密级、中等级、粗糙级和最粗级，相当于 IT12、IT14、IT16、IT17。尺寸分为八段。

2）极限偏差

线性尺寸未注公差的极限偏差数值如表 3-15 所示。倒圆半径和倒角高度的极限偏差数值如表 3-16 所示。由表 3-15 和表 3-16 可见，不论孔、轴，还是长度，线性尺寸的极限偏差取值一律取对称分布。这样规定除了与国际标准（ISO）和各国标准一致外，较单向偏差还有以下优点：对于非配合尺寸，其公称尺寸一般是设计要求的尺寸，所以，以公称尺寸为分布中心是合理的；从尺寸链分析，对称的极限偏差可以减小封闭环的累积偏差；从标注来看，比用单向偏差方便、简单；另外，还可以避免因对孔、轴尺寸的理解不一致而带来不必要的纠纷。

表 3-15　线性尺寸的极限偏差数值（摘自 GB/T 1804—2000）　　mm

公差等级	尺 寸 分 段							
	0.5～3	>3～6	>6～30	>30～120	>120～400	>400～1000	>1000～2000	>2000～4000
f（精密级）	±0.05	±0.05	±0.1	±0.15	±0.2	±0.3	±0.5	—
m（中等级）	±0.1	±0.1	±0.2	±0.3	±0.5	±0.8	±1.2	±2
c（粗糙级）	±0.2	±0.3	±0.5	±0.8	±1.2	±2	±3	±4
v（最粗级）	—	±0.5	±1	±1.5	±2.5	±4	±6	±8

表 3-16　倒圆半径与倒角高度的极限偏差数值（摘自 GB/T 1804—2000）　mm

公差等级	尺 寸 分 段			
	0.5～3	>3～6	>6～30	>30
f（精密级）	±0.2	±0.5	±1	±2
m（中等级）	±0.2	±0.5	±1	±2
c（粗糙级）	±0.4	±1	±2	±4

注：倒圆半径与倒角高度的含义参见 GB/T 6403.4。

4. 一般公差的图样表示法

一般公差在图样上只标注公称尺寸，不标注极限偏差，但应在图样标题栏附近或技术要求、技术文件(如企业标准)中注出标准号及公差等级代号。例如选取中等级时，标注为GB/T 1804—m。

【例 3 - 13】 试查表确定图 3 - 43 所示零件图中线性尺寸的未注公差的极限偏差数值。

解：由图 3 - 43 可见，该零件图中未注公差的线性尺寸有 $\phi225$、$\phi200$、$\phi120$、70、61、5×45°和 $R3$ 七个尺寸，其中前五个为线性尺寸，后两个分别为倒角高度和倒圆半径。以上尺寸的公差等级由图 3 - 43 中技术要求可知为 f 级，即精密级。

根据公称尺寸和 f 通过查表 3 - 15 可得，前五个线性尺寸的极限偏差分别为：$\phi225\pm0.2$、$\phi200\pm0.2$、$\phi120\pm0.15$、70 ± 0.15、61 ± 0.15。根据倒角(高度 5 mm)和倒圆(半径 3 mm)尺寸的 f 查表 3 - 16 可得：$(5\pm0.5)×45°$和 $R3\pm0.2$。

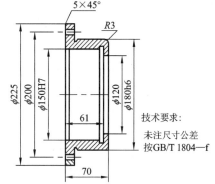

技术要求：

未注尺寸公差
按GB/T 1804—f

图 3 - 43　线性尺寸未注公差的标注

一般公差的线性尺寸是在保证正常车间精度的情况下加工出来的。若生产方和使用方有争议，则应将上述查得的极限偏差作为判据来判断其合格性。

3.6　尺寸精度的检测

3.6.1　用通用计量器具测量

制造厂在车间的环境条件下，采用通用计量器具测量工件应参照 GB/T 3177—1997《光滑工件尺寸检验》进行。

1. 测量的误收与误废

由于各种测量误差存在，因此若按零件的最大、最小极限尺寸验收，则当零件的实际尺寸处于最大、最小极限尺寸附近时，有可能将本来处于零件公差带内的合格品判为废品，或将本来处于零件公差带以外的废品误判为合格品，前者称为"误废"，后者称为"误收"。

如图 3 - 44(a)所示，用分度值为 0.01 mm、测量极限误差(不确定度)为 ±0.004 的外径千分尺测量 $\phi40^{0}_{-0.062}$的轴，若按极限尺寸验收，即凡是测量结果在 $\phi39.938\sim40$ 范围内的轴都认为是合格的，则由于测量误差的存在，会造成处于 $\phi40\sim\phi40.004$ 与 $\phi39.934\sim\phi39.938$ 范围内的不合格零件有可能被误收，而处于 $\phi39.996\sim\phi40$ 与 $\phi39.938\sim\phi39.942$ 范围内的合格零件有可能被误废的现象。显然，测量误差越大，误收、误废的概率也越大；反之，测量误差越小，误收、误废的概率也越小。假如对同样的轴，改用不确定度为 0.001 mm 的比较仪测量，则误收、误废的概率将减小。另一方面，当计量器具不确定度一定时，若改变允许零件尺寸变化的界限(即验收极限)，将验收极限向零件公差带内移动，则误收率减少，而误废率增大。显然，这样做对保证零件的质量是有利的。通常把由验收极限和测量极限误差所确定的允许尺寸变化范围称为"保证公差"，而把为了保证公差在生产中应控制的允许尺寸变化范围称为"生产公差",如图 3-44(b)所示。

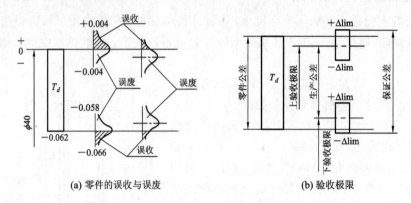

(a) 零件的误收与误废   (b) 验收极限

图 3-44 零件的误收与误废和验收极限

当生产公差一定时,测量误差越大,保证公差也越大,产品质量也就越低;当保证公差一定时,允许的测量极限误差越大,生产公差就越小,加工成本也就越高。反之,允许的测量极限误差越小,则测量的成本越高,这会影响生产过程的经济性。因此,必须正确地选择计量器具(控制一定的测量不确定度)和确定验收极限,才能更好地保证产品质量和降低生产成本。

2. 验收原则、安全裕度与验收极限的确定

由于计量器具和计量系统都存在误差,因此任何测量都不能测出真值。另外,多数计量器具通常只用于测量尺寸,不测量工件上可能存在的形状误差。因此,对要求符合包容要求的尺寸,工件的完善检验还应测量形状误差(如圆度、直线度),并把这些形状误差的测量结果与尺寸的测量结果综合起来,以判定工件表面各部位是否超出最大实体边界。

考虑到车间的实际情况,通常工件的形状误差取决于加工设备及工艺装备的精度,工件合格与否,只按一次测量来判断,对于温度、压陷效应以及计量器具和标准器的系统误差等均不进行修正,因此,任何检验都存在误判,即产生误收或误废。

然而,国家标准规定的验收原则是:所用验收方法原则上应只接收位于规定尺寸极限之内的工件,即只允许有误废而不允许有误收。

为了保证上述验收原则的实现,可采取规定验收极限的方法。验收极限是检验工件尺寸时判断合格与否的尺寸界限。GB/T 3177—1997 规定:验收极限可以按照下列两种方法确定。

方法 1:验收极限从规定的最大实体极限(MML)和最小实体极限(LML)分别向工件公差带内移动一个安全裕度(A),如图 3-45 所示。A 值按工件公差(T)的 1/10 确定,其数值在表 3-17 中给出。

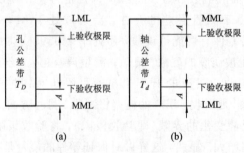

(a)   (b)

图 3-45 安全裕度 A

表 3-17 安全裕度(A)与计量器具的测量不确定度允许值(u_1)

(摘自 GB/T 3177—1997)

μm

公差等级		6					7					8					9				
公称尺寸/mm		T	A	u_1			T	A	u_1			T	A	u_1			T	A	u_1		
大于	至			I	II	III			I	II	III			I	II	III			I	II	III
—	3	6	0.6	0.54	0.9	1.4	10	1.0	0.9	1.5	2.3	14	1.4	1.3	2.1	3.2	25	2.5	2.3	3.8	5.6
3	6	8	0.8	0.72	1.2	1.8	12	1.2	1.1	1.8	2.7	18	1.8	1.6	2.7	4.1	30	3.0	2.7	4.5	6.8
6	10	9	0.9	0.81	1.4	2.0	15	1.5	1.4	2.3	3.4	22	2.2	2.0	3.3	5.0	36	3.6	3.3	5.4	8.1
10	18	11	1.1	1.0	1.7	2.5	18	1.8	1.7	2.7	4.1	27	2.7	2.4	4.1	6.1	43	4.3	3.9	6.5	9.7
18	30	13	1.3	1.2	2.0	2.9	21	2.1	1.9	3.2	4.7	33	3.3	3.0	5.0	7.4	52	5.2	4.7	7.8	12
30	50	16	1.6	1.4	2.4	3.6	25	2.5	2.3	3.8	5.6	39	3.9	3.5	5.9	8.8	62	6.2	5.6	9.3	14
50	80	19	1.9	1.7	2.9	4.3	30	3.0	2.7	4.5	6.8	46	4.6	4.1	6.9	10	74	7.4	6.7	11	17
80	120	22	2.2	2.0	3.3	5.0	35	3.5	3.2	5.3	7.9	54	5.4	4.9	8.1	12	87	8.7	7.8	13	20
120	180	25	2.5	2.3	3.8	5.6	40	4.0	3.6	6.0	9.0	63	6.3	5.7	9.5	14	100	10	9.0	15	23
180	250	29	2.9	2.6	4.4	6.5	46	4.6	4.1	6.9	10	72	7.2	6.5	11	16	115	12	10	17	26

公差等级		10					11					12				13			
公称尺寸/mm		T	A	u_1			T	A	u_1			T	A	u_1		T	A	u_1	
大于	至			I	II	III			I	II	III			I	II			I	II
—	3	40	4.0	3.6	6.0	9.0	60	6.0	5.4	9.0	14	100	10	9.0	15	140	14	13	21
3	6	48	4.8	4.3	7.2	11	75	7.5	6.8	11	17	120	12	11	18	180	18	16	27
6	10	58	5.8	5.2	8.7	13	90	9.0	8.1	14	20	150	15	14	23	220	22	20	33
10	18	70	7.0	6.3	11	16	110	11	10	17	25	180	18	16	27	270	27	24	41
18	30	84	8.4	7.6	13	19	130	13	12	20	29	210	21	19	32	330	33	30	50
30	50	100	10	9.0	15	23	160	16	14	24	36	250	25	23	38	390	39	35	59
50	80	120	12	11	18	27	190	19	17	29	43	300	30	27	45	460	46	41	69
80	120	140	14	13	21	32	220	22	20	33	50	350	35	32	53	540	54	49	81
120	180	160	16	15	24	36	250	25	23	38	56	400	40	36	60	630	63	57	95
180	250	185	18	17	28	42	290	29	26	44	65	460	46	41	69	720	72	65	110

公差等级		14				15				16				17				18		
公称尺寸/mm		T	A	u_1		T	A	u_1		T	A	u_1		T	A	u_1		T	A	u_1
大于	至			I	II			I	II			I	II			I	II			I
—	3	250	25	23	38	400	40	36	60	600	60	54	90	1000	100	90	150	1400	140	135	210
3	6	300	30	27	45	480	48	43	72	750	75	68	110	1200	120	110	180	1800	180	160	270
6	10	360	36	32	54	580	58	52	87	900	90	81	140	1500	150	140	230	2200	220	200	330
10	18	430	43	39	65	700	70	63	110	1100	110	100	170	1800	180	160	270	2700	270	240	400
18	30	520	52	47	78	840	84	76	130	1300	130	120	200	2100	210	190	320	3300	330	300	490
30	50	620	62	56	93	1000	100	90	150	1600	160	140	240	2500	250	220	380	3900	390	350	580
50	80	740	74	67	110	1200	120	110	180	1900	190	170	290	3000	300	270	450	4600	460	410	690
80	120	870	87	78	130	1400	140	130	210	2200	220	200	330	3500	350	320	530	5400	540	480	810
120	180	1000	100	90	150	1600	160	150	240	2500	250	230	380	4000	400	360	600	6300	630	570	940
180	250	1150	115	100	170	1850	180	170	280	2900	290	260	440	4600	460	410	690	7200	720	650	1080

孔尺寸的验收极限：

$$上验收极限 = 最小实体极限(LML) - 安全裕度(A)$$

$$下验收极限 = 最大实体极限(MML) + 安全裕度(A)$$

轴尺寸的验收极限：

$$上验收极限 = 最大实体极限(MML) - 安全裕度(A)$$

$$下验收极限 = 最小实体极限(LML) + 安全裕度(A)$$

方法2：验收极限等于规定的最大实体极限(MML)和最小实体极限(LML)，即 A 值等于零。

验收极限方法的选择要结合尺寸的功能要求及其重要程度、尺寸公差等级、测量不确定度和工艺能力等因素综合考虑。具体原则如下：

(1) 对符合包容要求的尺寸和公差等级高的尺寸，其验收极限按方法1确定。

(2) 当工艺能力指数 $C_P \geqslant 1$ 时，其验收极限可以按方法2确定。但对符合包容要求的尺寸，其最大实体极限一边的验收极限仍按方法1确定。

这里的工艺能力指数 C_P 值是工件公差 T 值与加工设备工艺能力($C\sigma$)的比值，C 为常数，工件尺寸遵循正态分布，$C=6$，σ 为加工设备的标准偏差。显然，当工件遵循正态分布时，$C_P = T/(6\sigma)$。

(3) 对偏态分布的尺寸，其验收极限可以仅对尺寸偏向的一边按方法1确定。

(4) 对非配合和一般的尺寸，其验收极限按方法2确定。

3. 计量器具的选择

为了保证测量的可靠性和量值的统一，标准中规定：按照计量器具所引起的测量不确定度允许值(u_1)选择计量器具。u_1 值约为测量不确定度 u 的 0.9 倍，u_1 值列在表 3-17 中。u_1 值的大小分为Ⅰ、Ⅱ、Ⅲ挡，分别约为工件公差的 $1/10$、$1/6$、$1/4$。对于 IT6～IT11，u_1 值分为Ⅰ、Ⅱ、Ⅲ挡；对于 IT12～IT18，u_1 值分为Ⅰ、Ⅱ挡。一般情况下，优先选用Ⅰ挡，其次选用Ⅱ、Ⅲ挡。

表 3-18 和表 3-19 给出了在车间条件下，常用的千分尺、游标卡尺和比较仪的不确定度。在选择计量器具时，所选用的计量器具的不确定度应小于或等于计量器具的不确定度允许值(u_1)。

【例 3-14】 被检验零件尺寸为轴 $\phi 35e9$Ⓔ，试确定验收极限并选择适当的计量器具。

解：(1) 在极限与配合标准中查得 $\phi 35e9 = \phi 35^{-0.050}_{-0.112}$，画出尺寸公差带图，如图 3-46 所示。

(2) 在表 3-17 中查得安全裕度 $A = 6.2~\mu m$，因为此工件尺寸遵守包容要求，所以应按照方法1的原则确定验收极限，如图 3-46 所示，则

$$上验收极限 = \phi 35 - 0.050 - 0.0062 = \phi 34.9438$$

$$下验收极限 = \phi 35 - 0.112 + 0.0062 = \phi 34.8942$$

(3) 在表 3-17 中按优先选用Ⅰ挡的原则查得计量器具的不确定度允许值 $u_1 = 5.6~\mu m$。由表 3-18 查得分度值为 $0.01~mm$ 的外径千分尺在尺寸范围大于 $0～50$ 内，不确定度数值为 $0.004~mm$，因 $0.004 < u_1 = 0.0056$，故可满足使用要求。

表 3-18　千分尺和游标卡尺的不确定度　　　　　　　　　mm

尺寸范围		计量器具类型			
		分度值0.01 外径千分尺	分度值0.01 内径千分尺	分度值0.02 游标卡尺	分度值0.05 游标卡尺
大于	至	不　确　定　度			
0	50	0.004			
50	100	0.005	0.008		0.05
100	150	0.006			
150	200	0.007		0.020	
200	250	0.008	0.013		
250	300	0.009			
300	350	0.010			
350	400	0.011	0.020		
400	450	0.012			0.100
450	500	0.013	0.025		
500	600				
600	700		0.030		
700	1000				0.150

注：当进行比较测量时，千分尺的不确定度可小于本表规定的数值，一般可减小40%。

表 3-19　比较仪的不确定度　　　　　　　　　mm

尺寸范围		所使用的计量器具			
		分度值为0.0005（相当于放大2000倍）的比较仪	分度值为0.001（相当于放大1000倍）的比较仪	分度值为0.002（相当于放大400倍）的比较仪	分度值为0.005（相当于放大250倍）的比较仪
大于	至	不　确　定　度			
	25	0.0006	0.0010	0.0017	
25	40	0.0007			
40	65	0.0008	0.0011	0.0018	0.0030
65	90	0.0008			
90	115	0.0009	0.0012	0.0019	
115	165	0.0010	0.0013		
165	215	0.0012	0.0014	0.0020	
215	265	0.0014	0.0016	0.0021	0.0035
265	315	0.0016	0.0017	0.0022	

注：测量时，使用的标准器由4块1等（或4等）量块组成。

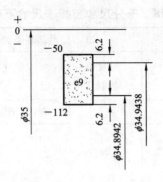

图 3-46 例 3-14 尺寸公差带图

【例 3-15】 被检验零件为孔 $\phi150H10$ Ⓔ，工艺能力指数 $C_P=1.2$，试确定验收极限并选择适当的计量器具。

解：(1) 在表 3-2 和表 3-5 查得，$\phi150H10=\phi150_0^{+0.16}$，画出尺寸公差带图，如图 3-47 所示。

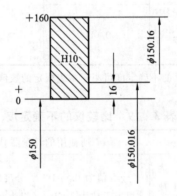

图 3-47 例 3-15 尺寸公差带图

(2) 在表 3-17 中查得安全裕度 $A=16\ \mu m$，因 $C_P=1.2>1$，故验收极限可以按方法 2 确定，即一边 $A=0$，但由于该零件尺寸遵守包容要求，因此其最大实体极限一边的验收极限仍按方法 1 确定，如图 3-47 所示。

$$上验收极限 = \phi(150+0.16) = \phi150.16$$
$$下验收极限 = \phi(150+0+0.016) = \phi150.016$$

(3) 在表 3-17 中按优先选用 I 挡的原则查得计量器具的不确定度允许值 $u_1=15\ \mu m$。由表 3-18 查得分度值为 0.01 mm 的内径千分尺在尺寸 100～150 mm 范围内，不确定度为 $0.008<u_1=0.015$，故可满足使用要求。

【例 3-16】 某孔尺寸要求 $\phi30H8$，用相应的铰刀加工，但因铰刀已经磨损，所以尺寸分布为偏态分布。试确定验收极限，若选用 II 挡测量不确定度允许值 u_1，那么选择适当的计量器具。

解：(1) 从表 3-2 和表 3-5 中查得 $\phi30H8=\phi30_0^{+0.033}$，画出公差带图，如图 3-48 所示。

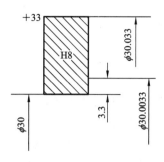

图 3 - 48 例 3 - 16 公差带图

（2）从表 3 - 17 中查得安全裕度 $A=3.3\ \mu m$，因使用了已磨损的铰刀铰孔，故孔尺寸为偏态分布，并且偏向孔的最大实体尺寸一边。按标准规定，验收极限对所偏向的最大实体一边按方法 1 确定，而对另一边按方法 2 确定，如图 3 - 48 所示。

$$上验收极限 = \phi(30+0.033) = \phi30.033$$
$$下验收极限 = \phi(30+0+0.0033) = \phi30.0033$$

（3）在表 3 - 17 中按 Ⅱ 挡查得 $u_1=5.0\ \mu m$。在表 3 - 19 中查得分度值为 0.005 mm（相当于放大 250 倍）的比较仪其不确定度为 0.0030。因 0.0030＜0.005＝u_1，故可满足要求。

【例 3 - 17】 某轴的长度为 100，其加工精度为线性尺寸的一般公差中等级，即 GB/T 1804-m。试确定其验收极限，并选择适当的计量器具。

解：（1）由表 3 - 15 查得该尺寸的极限偏差为 100±0.3，画出该尺寸公差带图，如图 3 - 49 所示。

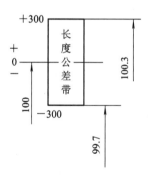

图 3 - 49 例 3 - 17 尺寸公差带图

（2）因该尺寸属于一般公差尺寸，故按标准规定应采用方法 2 确定验收极限，即取安全裕度 $A=0$，则

$$上验收极限 = 100+0.3 = 100.3$$
$$下验收极限 = 100-0.3 = 99.7$$

（3）一般公差的 m 级相当于 IT14 级，由表 3 - 17 可查得，按 Ⅰ 挡 $u_1=78\ \mu m$，从表 3 - 18 中查得相应尺寸范围的分度值为 0.05 mm 的游标卡尺的不确定度为 0.05 mm，因 0.05＜0.078＝u_1，故满足要求。

3.6.2 用光滑极限量规检验

1. 量规的作用和分类

1) 量规的作用

光滑极限量规(以下简称量规)是一种没有刻度的定值专用检验工具。用量规检验零件时,只能判断零件是否合格,而不能测出零件的实际尺寸数值。但是对于成批、大量生产的零件来说,只要能够判断出零件的作用尺寸和实际尺寸均在尺寸公差带以内就足够了。用量规检验很方便,而且由于量规的结构简单,检验效率高,因而在生产中得到了广泛应用。

图 3-50 所示为用量规检验工件的示意图。量规都是成对使用的,孔用量规和轴用量规都有通规和止规。如果通规能够通过被检工件,止规不能通过被检工件,则可确定被检工件是合格品;反之,如果通规不能通过被检工件,或者止规通过了被检工件,则可确定被检工件是不合格品。检验孔的量规叫塞规,检验轴的量规叫环规或卡规。

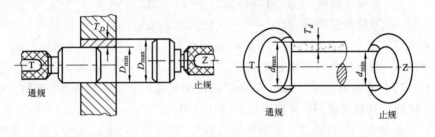

(a) 测孔用的塞规　　　　　　　　(b) 测轴用的卡规

图 3-50　用量规检验工件的示意图

2) 量规的分类

根据使用场合的不同,量规可分为以下三类。

(1) 工作量规。在零件制造过程中,操作者对零件进行检验所使用的量规称为工作量规,通规用"T"表示,止规用"Z"表示。为了保证加工零件的精度,操作者应该使用新的或者磨损较小的通规。

(2) 验收量规。检验部门或用户代表在验收产品时所使用的量规称为验收量规。验收量规的形式与工作量规相同,只是其磨损较多,但未超过磨损极限。这样,由操作者自检合格的零件,检验人员或用户代表验收时也一定合格,从而保证了零件的合格率。

(3) 校对量规。检验轴用量规(环规或卡规)在制造时是否符合制造公差,在使用中是否已达到磨损极限的量规称为校对量规。由于轴用量规是内尺寸,不易检验,因此才设立校对量规,校对量规是外尺寸,可以用通用量仪检测。孔用量规本身是外尺寸,可以较方便地用通用量仪检测,所以不设校对量规。校对量规又可分为以下三类。

① "校通-通"量规(代号"TT")是检验轴用工作量规通规的校对量规。检验时应通过轴用工作量规的通规,否则通规不合格。

② "校止-通"量规(代号"ZT")是检验轴用工作量规止规的校对量规。检验时应通过轴用工作量规的止规,否则止规不合格。

③ "校通-损"量规(代号"TS")是检验轴用工作量规通规是否达到磨损极限的校对量规。检验时不应通过轴用工作量规的通规,否则该通规已达到或超过磨损极限,不应再使用。

2. 量规的设计原则

由于零件存在形状误差，而同一零件表面各处的实际尺寸往往是不同的，因此，对于要求遵守包容要求的孔和轴，在用量规检验时为了正确地评定被测零件的合格性，应按极限尺寸判断原则（泰勒原则）验收，即光滑极限量规应遵循泰勒原则来设计。

1）量规尺寸的确定

为使设计的量规在检验零件时符合泰勒原则，量规的公称尺寸应按如下方法确定：通规的公称尺寸应等于被检工件的最大实体尺寸（MMS）；止规的公称尺寸应等于被检工件的最小实体尺寸（LMS）。

2）量规形式的确定

由于通规用来控制工件的体外作用尺寸，而体外作用尺寸受零件的形状误差的影响，因此为了符合泰勒原则，通规的测量面应是与孔或轴形状相同的完整表面（通常称为全形量规），且长度应等于配合长度，通规表面与被测件应是面接触。由于止规用来控制工件的实际尺寸，而实际尺寸不应受零件形状误差的影响，因此止规的测量面应是点状的（通常称为非全形量规），且长度可以短一些，止规表面与被测件是点接触。

图 3-51 所示为量规形状对检验结果的影响。当孔存在形状误差时，若将止规制成全形量规，则发现不了孔的这种形状误差，而会将因形状误差超出尺寸公差带的零件误判为合格品。若将止规制成非全形量规，则在检验时，它与被测孔是两点接触，只需稍微转动，就可能发现过大的形状误差，将它判定为不合格品。

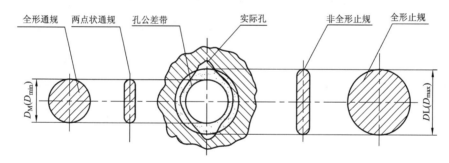

图 3-51 量规形状对检验结果的影响

严格遵守泰勒原则设计的量规，具有既能控制零件尺寸，同时又能控制零件形状误差的优点。但是在量规的实际应用中，往往由于量规制造和使用方面的原因，要求量规形状完全符合泰勒原则是有困难的，因此标准中规定：在保证被检验零件的形状误差不影响零件的配合性质的条件下，允许使用偏离泰勒原则的量规。

例如通规，对于尺寸较大的孔，如果制成全形量规，则非常笨重，不便使用，所以允许采用非全形塞规或球端杆规；而对于诸如曲轴上的中间直径，用全形的环规无法检验，只好用卡规。对于止规，若测量时为点接触，则容易磨损，所以一般用小平面、圆柱面或球面代替；对于尺寸过小的孔，为了便于制造和增强耐磨性，止规也常用全形塞规。此外，为了使用量具厂生产的标准化的系列量规，允许通规的长度小于配合长度。

3. 量规公差及其工作尺寸的计算

1）工作量规的公差及公差带

工作量规的制造公差（T）与被检零件的公差等级和公称尺寸有关，如表 3-20 所示，其公差带图如图3-52所示。为保证验收零件的质量，在检验时不产生误收，量规的公差带位于零件公差带之内，它仅占零件公差的一小部分。止规的公差带紧靠工件的最小实体尺寸；通规的公差带中心偏离工件最大实体尺寸的距离为 Z。这是因为通规工作时，通过被检零件的机会多，其工作表面不可避免地发生磨损，为使其具有一定的使用寿命，就规定了 Z 值。显然，通规的公差带中心到工件最大实体尺寸之间的距离体现了平均使用寿命，而通规的磨损极限尺寸就是零件的最大实体尺寸。由于止规只有在发现不合格品时才通过被检零件，磨损机会少，因此标准中没有特别规定止规的磨损公差。

表 3-20　光滑极限量规公差（摘自 GB 1957-2009）　　　　　μm

工件公称尺寸 D/mm	IT6			IT7			IT8			IT9			IT10			IT11		
	IT6	T	Z	IT7	T	Z	IT8	T	Z	IT9	T	Z	IT10	T	Z	IT11	T	Z
～3	6	1	1	10	1.2	1.6	14	1.6	2	25	2	3	40	2.4	4	60	3	6
＞3～6	8	1.2	1.4	12	1.4	2	18	2	2.6	30	2.4	4	48	3	5	75	4	8
＞6～10	9	1.4	1.6	15	1.8	2.4	22	2.4	3.2	36	2.8	5	58	3.6	6	90	5	9
＞10～18	11	1.6	2	18	2	2.8	27	2.8	4	43	3.4	6	70	4	8	110	6	11
＞18～30	13	2	2.4	21	2.4	3.4	33	3.4	5	52	4	7	84	5	9	130	7	13
＞30～50	16	2.4	2.8	25	3	4	39	4	6	62	5	8	100	6	11	160	8	16
＞50～80	19	2.8	3.4	30	3.6	4.6	46	4.6	7	74	6	9	120	7	13	190	9	19
＞80～120	22	3.2	3.8	35	4.2	5.4	54	5.4	8	87	7	10	140	8	15	220	10	22
＞120～180	25	3.8	4.4	40	4.8	6	63	6	9	100	8	12	160	9	18	250	12	25
＞180～250	29	4.4	5	46	5.4	7	72	7	10	115	9	14	185	10	20	290	14	29

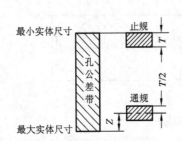

(a) 孔用工作量规公差带图

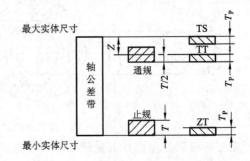

(b) 轴用工作量规及其校对量规公差带图

图 3-52　量规公差带图

工作量规的几何误差应在其尺寸公差带内，其公差值为量规尺寸公差的 50%。

2）校对量规的公差及公差带

校对量规的公差值外取量规制造公差 T 的 50%，其公差带布置如图 3-52(b) 所示。

"校通-通"量规（TT）的作用是防止通规过小，检验时应通过被校对的轴用通规，其公差带从通规的下偏差起向轴用量规通规公差带内分布。

"校通-损"量规（TS）的作用是防止通规在使用中超出磨损极限尺寸，检验时不应通过被校对的轴用通规，其公差带从通规的磨损极限起向轴用量规通规公差带内分布。

"校止-通"量规（ZT）的作用是防止止规尺寸过小，检验时应通过被校对的轴用止规，其公差带从止规的下偏差起向轴用量规止规公差带内分布。

校对量规的形状误差应在其尺寸公差带内。

3）量规工作尺寸的计算

根据上述工作量规和校对量规的公差带布置，就可以很容易地画出量规公差带图，并计算出各种量规的工作尺寸，下面举例说明。

【例 3 - 18】 计算 $\phi40H8/g7$ 孔和轴用量规的极限偏差和工作尺寸。

解：（1）由表 3 - 2、表 3 - 4 和表 3 - 5 查出孔与轴的上、下极限偏差为

$\phi40H8$：

$$ES = +0.039, EI = 0$$

$\phi40g7$：

$$es = -0.009, ei = -0.034$$

（2）由表 3 - 20 查出 T 和 Z 的值，确定工作量规的形状公差和校对量规的尺寸公差。

塞规的尺寸公差：

$$T = 0.004$$
$$Z = 0.006$$

塞规的形状公差：

$$\frac{T}{2} = 0.002$$

卡规的尺寸公差：

$$T = 0.003$$
$$Z = 0.004$$

卡规的形状公差：

$$\frac{T}{2} = 0.0015$$

校对的量规尺寸公差：

$$T_P = \frac{T}{2} = 0.0015$$

（3）画出工件与量规的公差带图，如图 3 - 53 所示。

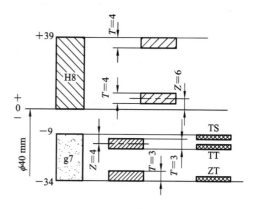

图 3 - 53　工件与量规的公差带图

（4）计算各种量规的极限偏差和工作尺寸。

① $\phi40H8$ 孔用塞规的极限偏差和工作尺寸。

（a）通规（T）：

$$上极限偏差 = EI + Z + \frac{T}{2} = 0 + 0.006 + 0.002 = +0.008$$

$$下极限偏差 = EI + Z - \frac{T}{2} = 0 + 0.006 - 0.002 = +0.004$$

工作尺寸 $= \phi40^{+0.008}_{+0.004}$

磨损极限尺寸 $= \phi40$

(b) 止规(Z)：

$$上极限偏差 = ES = +0.039$$

$$下极限偏差 = ES - T = (+0.039) - 0.004 = +0.035$$

$$工作尺寸 = \phi40^{+0.039}_{+0.035}$$

② $\phi40g7$ 轴用卡规的极限偏差和工作尺寸。

(a) 通规(T)：

$$上极限偏差 = es - Z + \frac{T}{2} = (-0.009) - 0.004 + 0.0015 = -0.0115$$

$$下极限偏差 = es - Z - \frac{T}{2} = (-0.009) - 0.004 - 0.0015 = -0.0145$$

$$工作尺寸 = \phi40^{-0.0115}_{-0.0145}$$

$$磨损极限尺寸 = \phi(40 - 0.009) = \phi39.991$$

(b) 止规(Z)：

$$上极限偏差 = ei + T = (-0.034) + 0.003 = -0.031$$

$$下极限偏差 = ei = -0.034$$

$$工作尺寸 = \phi40^{-0.031}_{-0.034}$$

③ 轴用卡规的校对量规的极限偏差和工作尺寸。

(a) "校通-通"量规(TT)：

$$上极限偏差 = es - Z - \frac{T}{2} + T_P$$

$$= (-0.009) - 0.004 - 0.0015 + 0.0015 = -0.0130$$

$$下极限偏差 = es - Z - T_P = (-0.009) - 0.004 - 0.0015 = -0.0145$$

$$工作尺寸 = \phi40^{-0.0130}_{-0.0145}$$

(b) "校通-损"量规(TS)：

$$上极限偏差 = es = -0.0090$$

$$下极限偏差 = es - T_P = (-0.009) - 0.0015 = -0.0105$$

$$工作尺寸 = \phi40^{-0.0090}_{-0.0105}$$

(c) "校止-通"量规(ZT)：

$$上极限偏差 = ei + T_P = (-0.034) + 0.0015 = -0.0325$$

$$下极限偏差 = ei = -0.0340$$

$$工作尺寸 = \phi40^{-0.0325}_{-0.0340}$$

习　题　3

3-1　孔的公称尺寸 $D=50$，最大极限尺寸 $D_{max}=50.087$，最小极限尺寸 $D_{min}=50.025$，求孔的上极限偏差 ES、下极限偏差 EI 及公差 T_D，并画出公差带图。

3-2　设某配合的孔径为 $\phi45^{+0.027}_0$，轴径为 $\phi45^{-0.016}_{-0.034}$，试分别计算其极限尺寸、极限偏差、尺寸公差、极限间隙（或过盈）、平均间隙（或过盈）和配合公差，并画出尺寸公差带图与配合公差带图。

3-3 设某配合的孔径为 $\phi 45^{+0.005}_{-0.034}$，轴径为 $\phi 45^{0}_{-0.025}$，试分别计算其极限尺寸、极限偏差、尺寸公差、极限间隙(或过盈)及配合公差，画出其尺寸公差带图与配合公差带图，并说明其配合类别。

3-4 若已知某孔、轴配合的公称尺寸为 $\phi 30$，最大间隙 $X_{max} = +23\ \mu m$，最大过盈 $Y_{max} = -10\ \mu m$，孔的尺寸公差 $T_D = 20\ \mu m$，轴的上极限偏差 es = 0，试画出其尺寸公差带图与配合公差带图。

3-5 已知某零件的公称尺寸为 $\phi 50$ mm，试用计算法确定 IT7 和 IT8 的标准公差值，并按优先数系插入法求 IT7.5、IT8.5 及 IT7.25、IT8.25 级公差值。

3-6 已知两根轴，其中 $d_1 = \phi 5$，其公差值 $T_{d1} = 5\ \mu m$，$d_2 = 180$，其公差值 $T_{d2} = 25\ \mu m$。试比较以上两根轴的加工难易程度。

3-7 试用标准公差、基本偏差数值表查出下列公差带的上、下极限偏差数值，并写出在零件图中采用极限偏差的标注形式。

(1) 轴：① $\phi 32d8$，② $\phi 70h11$，③ $\phi 28k7$，④ $\phi 80p6$，⑤ $\phi 120v7$。

(2) 孔：① $\phi 40C8$，② $\phi 300M6$，③ $\phi 30JS6$，④ $\phi 6J6$，⑤ $\phi 35P8$。

3-8 试通过查表确定以下孔、轴的公差等级和基本偏差代号，并写出其公差带代号。

(1) 轴 $\phi 40^{+0.033}_{+0.017}$；(2) 轴 $\phi 120^{-0.036}_{-0.123}$；(3) 孔 $\phi 65^{-0.030}_{-0.060}$；(4) 孔 $\phi 240^{+0.285}_{+0.170}$。

3-9 已知 $\phi 50\ \dfrac{H6\left(^{+0.016}_{0}\right)}{r5\left(^{+0.045}_{+0.034}\right)}$，$\phi 50\ \dfrac{H8\left(^{+0.039}_{0}\right)}{e7\left(^{-0.050}_{-0.075}\right)}$。试不用查表法确定 IT5、IT6、IT7、IT8 的标准公差值及其配合公差，并求出 $\phi 50e5$、$\phi 50E8$ 的极限偏差。

3-10 已知 $\phi 30N7\left(^{-0.007}_{-0.028}\right)$ 和 $\phi 30t6\left(^{+0.054}_{+0.041}\right)$。试不用查表法计算 $\phi 30\ \dfrac{H7}{n6}$ 与 $\phi 30\ \dfrac{T7}{h6}$ 的极限偏差，并画出尺寸公差带图。

3-11 已知基孔制配合 $\phi 45\ \dfrac{H7}{t6}$ 中，孔和轴的公差分别为 $25\ \mu m$ 和 $16\ \mu m$，轴的基本偏差为 $+54\ \mu m$。试不用查表法确定配合性质不变的同名基轴制配合 $\phi 45\ \dfrac{T7}{h6}$ 的极限偏差，并画出公差带图与配合公差带图。

3-12 设孔、轴的公称尺寸和使用要求如下：

(1) $D(d) = \phi 35$ mm，$X_{max} = +120\ \mu m$，$X_{min} = +50\ \mu m$；

(2) $D(d) = \phi 40$ mm，$Y_{max} = -80\ \mu m$，$Y_{min} = -35\ \mu m$；

(3) $D(d) = \phi 60$ mm，$X_{max} = +50\ \mu m$，$Y_{max} = -32\ \mu m$。

试确定各组的配合制、公差等级及其配合，并画出尺寸公差带图。

3-13 设某一孔、轴配合为 $\phi 40\ \dfrac{H8\left(^{+0.039}_{0}\right)}{f7\left(^{-0.025}_{-0.050}\right)}$。但孔加工后的实际尺寸为 $\phi 40.045$。若允许修改轴的上、下极限偏差以满足原设计要求，试问此时轴的上、下极限偏差应取何值？采取这种措施后，零件是否仍然具有互换性？

3-14 图 3-54 所示为蜗轮零件。蜗轮的轮缘由青铜制成，而轮毂由铸铁制成。为了使轮缘和轮毂结合成一体，在设计上可以采用两种结合形式，图 3-54(a)为螺钉紧固，图 3-54(b)为无紧固件。若蜗轮工作时承受负荷不大，且有一定的对中性要求，试按类比法

确定 $\phi90$ 和 $\phi120$ 处的配合。

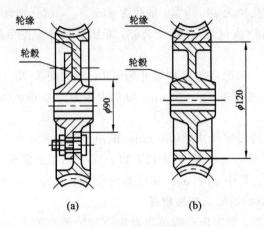

图 3-54　蜗轮结构图

3-15　图 3-55 所示为机床传动装配图的一部分，齿轮与轴由键连接，轴承内、外圈与轴和机座的配合分别采用 $\phi50k6$（图中的③尺寸）和 $\phi110J7$（图中的④尺寸）。试确定齿轮与轴（即图中的①尺寸）、挡环与轴（即图中的②尺寸）、端盖与机座（即图中的⑤尺寸）的配合。

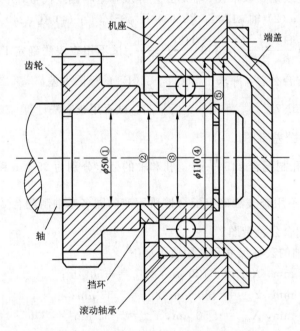

图 3-55　机床传动装配图

3-16　被检验零件尺寸为轴 $\phi60f9$ Ⓔ，试确定验收极限，并选择适当的计量器具。

3-17　被检验零件为孔 $\phi100H9$ Ⓔ，工艺能力指数为 $C_P=1.3$，试确定验收极限，并选择适当的计量器具。

3-18　某轴的尺寸要求为 $\phi50h8$，因采用试切法加工，故其尺寸分布偏向于最大极限尺寸，试确定验收极限。若选用Ⅱ挡测量不确定度允许值 u_1，试选择适当的计量器具。

3-19　某内尺寸为 120 mm，未注公差的线性尺寸，其加工精度遵循 GB/T 1804-f。试确定其验收极限并选择适当的计量器具。

3-20 已知某孔的尺寸要求为 $\phi30M8$，画出工作量规的公差带图，计算量规的尺寸和极限偏差，并确定磨损极限尺寸。

3-21 计算检验轴 $\phi18p7$ 用的工作量规及其校对量规的工作尺寸和极限偏差，画出量规的公差带图。

第4章 几何公差与检测

4.1 概　述

几何公差是由于尺寸公差不能满足要求而发展起来的，它是衡量产品质量和保证产品互换性要求的一项重要指标。它的标准化工作也是二次世界大战以后才开始发展起来的。1950年，美国、英国和加拿大召开三国标准化联席会议，讨论和通过了在图样上的几何公差统一标注法，决定采用文字标注，同时美国军用标准却采用框格注法。1958年国际标准化组织ISO提出了框格注法的推荐草案，第一次向世界各国推荐框格注法，1969年正式颁布了标准。1970年我国开始着手组织制定几何公差国家标准。1974年、1975年发布试行标准GB1182－74和GB1183－75，1980年转为正式标准GB1182－80，GB1183－80，1958－80。并将GB1182－80，GB1183－80合为一个标准。在我国进入国际WTO组织之后，国家标准与国际ISO标准进行对接，在20世纪90年代制定了形状和位置公差的国家标准，分别为GB/T1182，GB/T1184，GB/T4249，GB/T16671，GB13319等。进入新的21世纪，随着现代制造业的快速发展和计算机辅助设计与制造在制造业的广泛应用，同时与国际市场完全对接，实现制造业国际化，国家标准从国际ISO标准中引入了"产品几何技术规范（GPS）"的概念，制定了产品几何技术规范（GPS）的系列标准。本章在几何公差的标注方面，采用最新的GB/T4249－2018、GB/T1182－2018、GB/T16671－2018、GB/T17852－2018等标准。在几何误差检测方面，采用GB/T1958－2017国家标准。

4.1.1 零件的几何误差及对其使用性能的影响

1. 几何误差

机械零件是通过设计、加工等过程制造出来的。在设计阶段，图样上给出的零件都是没有误差的几何体，构成这些几何体的点、线、面都具有理想几何特征，其相互之间的位置关系也都是理想的、正确的。然而，零件在机械加工过程中，由于工艺系统本身的制造、调整误差和受力变形、热变形、振动、磨损等，使加工后零件的实际几何体和理想几何体之间存在差异，这种差异表现在零件的几何形体和线、面相互方向和位置上，则分别称为形状误差、方向误差和位置误差，统称为几何误差。其中形状误差称宏观几何误差，波度、表面粗糙度称为微观几何误差，本章中的几何误差特指宏观几何误差。

例如，在图4-1(a)所示的阶梯轴图样中，ϕd_1表面不但有圆柱度要求，同时又要求其轴线与两ϕd_2圆柱面的公共轴线同轴。从图4-1(b)所示完工后的实际零件示意图中不难看出，ϕd_1表面不是理想的圆柱面，并且ϕd_1轴线与两ϕd_2圆柱面的公共轴线之间有夹角，即完工后ϕd_1圆柱面的形状和位置均不正确，既有形状误差，又有方向和位置误差。

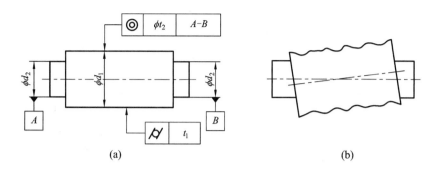

(a)   (b)

图 4-1 形状、方向和位置误差

2. 对零件使用性能的影响

几何误差对机械产品的工作精度、连接强度、运动平稳性、密封性、耐磨性、配合性以及可装配性都会产生影响，它会引起噪声，缩短机械产品的使用寿命。一般来说，几何误差对零件使用性能的影响可归纳为以下三个方面。

（1）影响零件的功能要求。例如，机床导轨表面的直线度、平面度不好，将影响机床刀架的运动精度。齿轮箱上各轴承孔的位置误差，将影响齿轮传动的齿面接触精度和齿侧间隙。钻模、冲模、锻模、凸轮等的形状误差，将直接影响零件的加工精度。

（2）影响零件的配合性质。形状误差会影响零件表面间的配合性质，造成间隙或过盈不一致。对于间隙配合，形状误差会引起局部磨损加快，降低零件的运动精度，缩短零件的工作寿命。对于过盈配合，形状误差影响连接强度。

（3）影响零件的自由装配性。位置误差不仅会影响零件表面间的配合性质，还会直接影响零、部件的可装配性。例如，若法兰端面上孔的位置有误差，就会影响零件的自由装配性。

总之，零件的几何误差对其使用性能的影响不容忽视。为保证产品的质量和零件的互换性，应规定几何公差，以限制其误差。

4.1.2 几何公差的研究对象

几何公差的研究对象是机械零件的几何要素（简称要素）。几何要素是构成零件几何特征的点、线、面的统称，如图 4-2 所示零件的球面、圆锥面、端面、圆柱面、轴心线、球心、圆锥顶点、圆台和圆锥面的表面轮廓线等。几何要素存在于设计、工件和检验三个范畴之中。设计范畴是指设计者对工件的设计意图表达；工件范畴是指物质和实物的范畴；而检验范畴是指通过计量器具对工件取样进行检验来表示给定工件。正确理解三个范畴之间的关系是非常重要的，如图 4-3 所示。

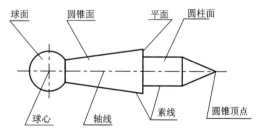

图 4-2 零件的几何要素

为了便于研究几何公差和几何误差，这些几何要素可以按不同角度进行分类。

1. 按结构特征分类

按结构特征不同，这些要素分为组成要素和导出要素。

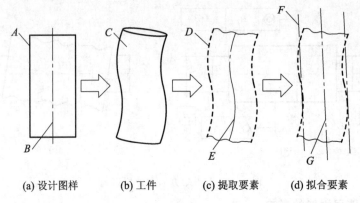

(a) 设计图样   (b) 工件   (c) 提取要素   (d) 拟合要素

图 4-3   几何要素的三个范畴

1）组成要素

构成零件的面及面上的线称为组成要素。如图 4-2 所示的圆柱面、圆锥面、两环状平面、圆柱面上素线、圆锥面上素线等。

2）导出（中心）要素

由一个或多个组成要素得出对称中心所表示的点、线、面各要素称为导出要素。如图 4-1 中的 ϕd_1 轴线和两 ϕd_2 轴线，图 4-2 中的中心线和球心。

2. 按存在状态分类

按存在的状态不同，这些要素分为公称要素和实际要素。

1）公称要素

在图样中只具有几何意义的要素称为公称要素。公称要素为没有任何误差的纯几何的点、线、面。机械图样所表示的要素均为公称要素，如图 4-1(a) 所示的几何要素。标准中还规定了公称组成要素和公称导出要素，如图 4-3(a) 中 A 表示公称组成要素，B 表示公称导出要素。

2）实际要素

零件实际存在的要素称为实际要素。因为加工误差不可避免，所以实际要素总是偏离其公称要素，如图 4-3(b) 所示。测量检验时由提取要素和拟合要素代替，图 4-3(c) 和 (d) 中 D 表示提取组成要素，E 表示提取导出要素，F 表示拟合组成要素，G 表示拟合导出要素。由于存在测量误差，测得要素并非该实际要素的真实状况。

3. 按所处地位分类

按所处地位不同，这些要素分为被测要素和基准要素。

1）被测要素

图样上给出了几何公差要求的要素称为被测要素，即需要研究和测量的要素。如图 4-1(a) 中 ϕd_1 轴线和 ϕd_1 圆柱表面。

2）基准要素

用来确定被测要素方向和位置的要素称为基准要素，公称基准要素简称基准。如图 4-1(a) 中两 ϕd_2 圆柱面的公共轴线。

4. 按功能要求分类

按功能要求不同，这些要素分为单一要素和关联要素。

1) 单一要素

仅对要素本身提出形状公差要求的要素称为单一要素。单一要素只是对本身有要求的点、线、面，而与其他要素没有功能关系，即本身只有形状公差要求。检测零件时，评定该要素是否合格与其他要素没有关系，同时评定其他要素是否合格与该要素也没有关系。图4-1(a)中 ϕd_1 圆柱表面就是单一要素。

2) 关联要素

对其他要素有功能要求而给出方向公差和位置公差的要素称为关联要素。凡是具有方向和位置公差要求的要素都是关联要素。检测零件时，评定该要素是否合格要以作为该要素方向和位置公差要求的基准要素为参考。图4-1(a)中 ϕd_1 轴线是关联要素。

4.1.3 几何公差特征项目和符号

根据国家标准 GB/T 1182—2018 的规定，几何公差的特征项目分为形状、方向、位置和跳动公差四大类，它们的名称和符号见表4-1。其中，形状公差特征项目6个，它们没有基准要求，方向公差特征项目5个，位置公差特征项目6个，跳动公差特征项目2个，方向公差、位置公差和跳动公差都有基准。几何公差标注要求及其他附加符号见表4-2。

表4-1　几何公差特征项目及符号(摘自 GB/T 1182—2018)

公差规范	特征项目	符　　号	有无基准
形状公差	直线度	一	无
	平面度	▱	无
	圆度	○	无
	圆柱度	⌭	无
	线轮廓度	⌒	无
	面轮廓度	⌓	无
方向公差	平行度	∥	有
	垂直度	⊥	有
	倾斜度	∠	有
	线轮廓度	⌒	有
	面轮廓度	⌓	有
位置公差	位置度	⊕	有
	同轴(同心)度	◎	有
	对称度	═	有
	线轮廓度	⌒	有
	面轮廓度	⌓	有
跳动公差	圆跳动	╱	有
	全跳动	⌰	有

表 4-2　几何公差标注要求及其他附加符号（摘自 GB/T 1182—2018）

描　述	符号	描　述	符　号
组合公差带	CZ	谷深参数	V
独立公差带	SZ	标准差参数	Q
偏置公称带（规定偏置量）	UZ	被测要素区间标识符	←——→
线性偏置公差带（未规定偏置量）	OZ	联合要素标识符	UF
角度偏置公差带（未规定偏置量）	VA	小径	LD
中心要素	Ⓐ	大径	MD
延伸公差带	Ⓟ	节径	PD
无约束的最小区域（切比雪夫）拟合被测要素	C	全周（轮廓）	
实体外部约束的最小区域（切比雪夫）拟合被测要素	CE	全表面（轮廓）	
实体内部约束的最小区域（切比雪夫）拟合被测要素	CI	任意截面	ACS
无约束的最小二乘（高斯）拟合被测要素	G	理论正确尺寸（TED）	50
实体外部约束的最小二乘（高斯）拟合被测要素	GE	最大实体要求	Ⓜ
实体内部约束的最小二乘（高斯）拟合被测要素	GI	最小实体要求	Ⓛ
最小外接拟合被测要素	N	可逆要求	Ⓡ
最大内切拟合被测要素	X	包容要求	Ⓔ
偏差的总体范围参数	T	自由状态（非刚性零件）	Ⓕ
峰值参数	P	目标基准标识	φ4/A1

4.2　几何公差规范在图样上的表示方法

在技术图样（2D）和立体图（3D）中，几何公差规范均采用符号标注。在几何公差规范标注时，应绘制指引线和公差框格，注明几何公差数值及其辅助要求，并使用表 4-1 和表 4-2 中的有关符号。当采用符号标注有困难时，特殊情况也允许在技术要求中用文字说明或列表注明公差项目、被测要素、基准要素和公差值。

4.2.1　被测要素的标注

当几何公差规范指向组成要素时，该几何公差规范应通过指引线与被测要素连接，并以箭头或圆点终止。在二维标注中，指引线以箭头终止在要素的轮廓上或轮廓的延长线上（但与尺寸线明显分离），如图 4-4(a)、(c)所示，或者箭头放在指引横线上，如图 4-4(e)所示。在三维标注中，指引线以箭头终止在延长线上（但与尺寸线明显分离）和箭头终止指引横线上，如图 4-4(b)、(f)所示，或者指引线以圆点终止在组成要素上，如图 4-4(b)、(d)所示。

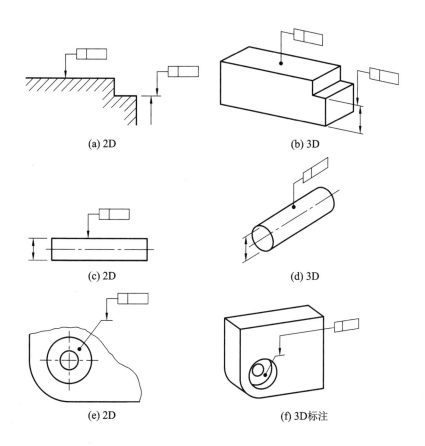

(a) 2D　　　　(b) 3D

(c) 2D　　　　(d) 3D

(e) 2D　　　　(f) 3D标注

图 4-4　被测要素在 2D 和 3D 图样的标注

当几何公差规范适用于导出要素（中心线、中心面和中心点）时，指引线以箭头终止在尺寸要素的延长线上，并与尺寸线对齐，如图 4-5 所示。也可以将修饰符Ⓐ（中心要素）放置在回转体的公差框格第二格公差数值后，指引线以箭头或圆点终止在组成要素上，如图 4-6 所示，注意修饰符Ⓐ只适用于回转体，不适用于其他尺寸要素。

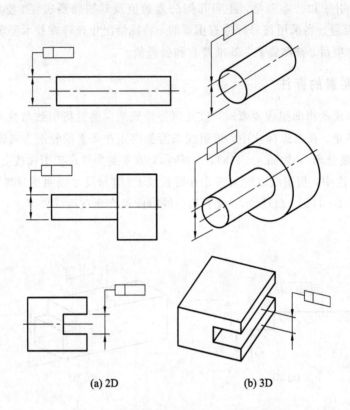

(a) 2D   (b) 3D

图 4-5　导出要素在 2D 和 3D 图样的标注

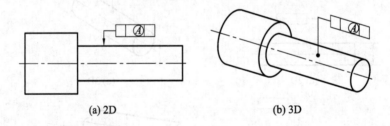

(a) 2D   (b) 3D

图 4-6　中心要素在 2D 和 3D 图样的标注

4.2.2　几何公差规范标注

几何公差规范标注的组成包括公差框格、可选的辅助平面和要素标注以及可选的相邻标注(补充标注)。如图 4-7 所示,图中 a 为公差框格,b 为辅助平面和要素标注,c 为相邻标注。

公差框格包括两部分或三部分矩形框格,如图 4-8 所示。当被测要素是形状公差时,公差框格只有前面两部分。当被测要素是方向、位置和跳动公差时,公差框格是三部分,第三部分是可选的基准部分,可包含一至三格。

图 4-8 中符号部分,即公差框格的第一格,只能标注几何特征项目的符号,见表 4-1。公差带、要素和特征部分,即公差框格的第二格,除了标注公差带宽度的数值外,还可以选择标注公差带的形状、组合规范、偏置、约束规范、滤波器类型及嵌套指数、特征及

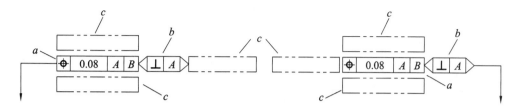

图 4-7 几何公差规范标注

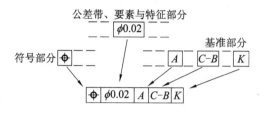

图 4-8 公差框格的三部分

参数、实体状态和自由状态等,见表 4-3。基准部分,即公差框格第三格至第五格,标注基准符号,基准可以是一个基准、二个基准或者三个基准,但是基准是有顺序的。

表 4-3 公差带、要素和特征部分中规范元素(摘自 GB/T 1182—2018)

形状	公差区域				公差特性				特征及参数		实体状态	自由状态
	宽度及区域	组合规范	偏置及数值	约束规范	滤波器		拟合特性	导出特性	参照要素拟合	评定参数		
					类型	嵌套指数						
ϕ $S\phi$	0.02 0.02—0.01 0.1/75 0.1/75×75 0.2/ϕ0.4 0.2/75×30° 0.3/10°×30°	CZ SZ	UZ+0.2 UZ−0.3 UZ+0.1:+0.2 UZ+0.2:−0.3 UZ−0.2:−0.3	OZ VA ><	G S SW F H …	0.8 −250 0.8,−250 500 −15 500−15 等	Ⓒ Ⓖ Ⓝ Ⓣ Ⓧ	Ⓐ Ⓟ Ⓟ25 Ⓟ32−7	C CE CI G GE GI N X	P V T Q	Ⓜ Ⓛ Ⓡ	Ⓕ

4.2.3 公差框格中公差带、要素和特征部分标注

1. 公差框格中公差带规范元素

1) 公差带形状、宽度与范围

如果公差框格第二部分中的公差值前面有符号"ϕ",则公差带应为圆柱形或圆形的;如果前面有符号"$S\phi$",则公差带应为球形的。

公差带默认具有恒定的宽度,公差值应以线性尺寸所使用的单位(毫米)给出,公差值给的公差带宽度默认垂直于被测要素。如果公差带的宽度在两个值之间发生线性变化,这两个数值应采用"—"分开标明,还应使用在公差框格邻近处的区间符号标识出每个数值所适用的两个位置,如图 4-9 所示。公差默认适用于整个被测要素。如果公差适用于整个要素内的任何局部区域,则应将局部区域的范围添加在公差值后面,并用斜杠分开,如图 4-10

和图 4-11 所示。

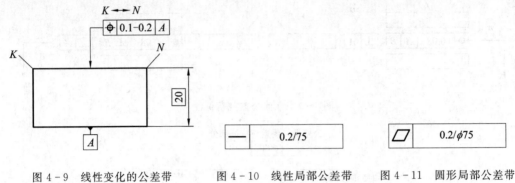

图 4-9　线性变化的公差带　　　图 4-10　线性局部公差带　　图 4-11　圆形局部公差带

2) 公差带组合规范元素

被测要素的公差带默认遵守独立原则，即对于每个被测要素的规范要求都是相互独立的，也可选择标注 SZ 以强调要素要求的独立性。SZ 表示"独立公差带"。

当组合公差带应用于若干独立的要素时，或若干个组合公差带（由同一个公差框格控制）同（并非相互独立的）应用于多个独立的要素时，要求为组合公差带标注符号 CZ，如图 4-12 与图 4-13 所示。所有相关的单独公差带应采用明确的理论正确尺寸（TED），如图 4-14 所示。

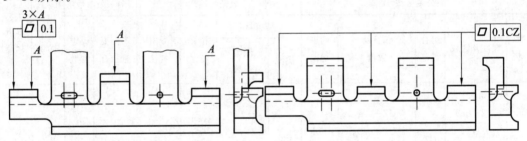

图 4-12　适用于多个单独要素的规范　　图 4-13　适用于多个要素的组合公差带

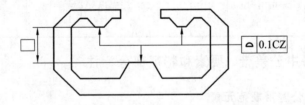

图 4-14　适用于多个要素的组合公差带

3) 偏置公差带规范元素

偏置公差带规范包括给定偏置量公差带规范和未给定偏置量公差带规范。图 4-15 是面轮廓度使用 UZ 的给定偏置量公差带的规范，图中 1 代表轮廓理论正确要素（TEF），其实体位于轮廓的下方，2 代表用一个直径 0.5 的球表示理论偏置要素的无数个球，其包络面就形成参照要素，3 代表用一个直径 2.5 的球，其球心位于参照要素上，再做一系列相切的无数球，4 代表由相切无数球形成的上下包络面，即公差带界限。这样公差带相对于理论轮廓面向实体内部偏置了 0.5 mm。公差框格第二格中"+"符号表示"实体外部"，

"—"符号表示"实体内部"。当 UZ 与位置度符号组合使用时，只可以用于平面要素，如图 4-16 所示。如果公差带的偏置量在两个数值之间线性变化，则应注明两个值，并用分号 ":"分开，见表 4-3。但要用区间符号标注出偏置量所适用的公差带两端，与图 4-9 的标注类似。

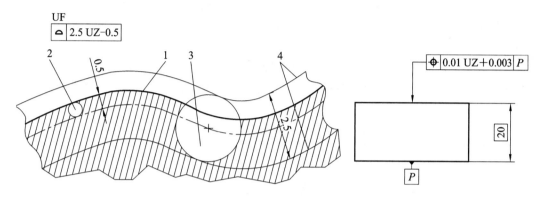

图 4-15　给定偏置量的偏置公差带　　　　图 4-16　平面要素的偏置公差带

图 4-17 是面轮廓度使用 OZ 的未给定偏置量公差带的规范，图中 1 代表轮廓理论正确要素(TEF)，2 代表用两个直径 r(常量，但未限定偏置量)的球表示理论偏置要素的无数个球，3 代表无数球形成包络面，即形成了参照要素，5 代表以直径 0.5 的球，其球心在参照要素上，再做一系列相切的无数球，4 代表由相切无数球形成的上下包络面，即公差带界限。这样公差带相对理论正确要素可以任意地平移。当公差带的平移不受约束时，应在公差框格的公差带、要素与特征部分内标注仅方向符号"＞＜"，其限制了公差带的旋转自由度。

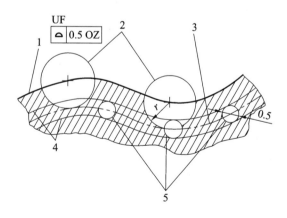

图 4-17　未给定偏置量的偏置公差带

2. 公差框格中被测要素规范元素

1) 被测要素的滤波器及嵌套指数

在形状偏差和表面粗糙度测量中要使用滤波技术，形状偏差和表面粗糙度参数值都对滤波器有高度依赖性，特别是表面粗糙度参数值对滤波器有很高依赖性。采用不同的滤波器和嵌套指数时测得的形状偏差会产生很多变化，尤其对圆度和直线度测量。目前在技术图样上可缺省滤波器标注，也可选择滤波器及其嵌套指数。在 GB/T10610—2009 中给出了滤波器的缺省规则。当选择滤波器时，就要选择滤波器的类型及其嵌套指数。滤波器的种类很多，常用的滤波器主要有高斯滤波器(G)、样条滤波器(S)、样条小波滤波器(SW)、傅利叶滤波器(F)和凸包滤波器(H)等。嵌套指数包括截止波长和截止 UPR(波数/转)，截止波长用于开放轮廓的滤波器，而截止 UPR 用于封闭轮廓的滤波器。标注时，在长波通滤波器的指数后添加"—"，在短波通滤波器的指数前添加"—"。

2) 拟合被测要素规范元素

拟合被测要素可用于表示规范不适于所标注的要素本身，而适用于与其拟合的要素。如果标注滤波器，则拟合的应是滤波要素。拟合被测要素是可选规范元素，常用的拟合被测要素的方法见表 4-4 所示。

表 4-4　拟合被测要素的方法

拟合方法	标注符号	适用要素
最小区域(切比雪夫)拟合	Ⓒ	直线、平面、圆、圆柱、圆锥、圆环
最小二乘(高斯)拟合	Ⓖ	直线、平面、圆、圆柱、圆锥、圆环
最小外接拟合	Ⓝ	圆、圆柱
最大内切拟合	Ⓧ	圆、圆柱
贴切拟合	Ⓣ	直线、平面

【例 4-1】　图 4-18(a)平板图样标注，表示实际平面经测量后采用最小区域(切比雪夫)拟合被测要素，要求拟合被测要素要在距离为 0.2 的两平行平面之间，零件的位置度合格。图 4-18(b)中 a 为基准 H，b 为实际要素，c 为最小区域拟合的被测要素。

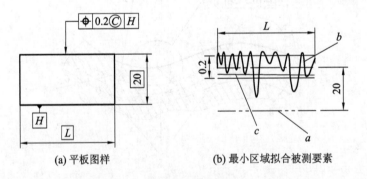

(a) 平板图样　　　　(b) 最小区域拟合被测要素

图 4-18　最小区域拟合被测要素标注及说明

【例 4-2】　图 4-19(a)零件上孔的位置度标注图样，表示实际孔经测量后采用最小外接圆拟合被测要素，拟合被测要素(中心轴线)要在直径为 $\phi0.2$ 的圆内，孔的位置度合格。图 4-19(b)中 a 为基准 A，b 为基准 B，c 为实际要素或滤波要素，d 为最小外接圆，e 为位置公差带，f 为拟合被测要素(孔中心线)。

— 112 —

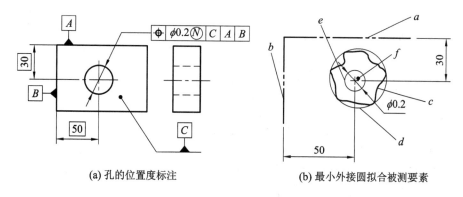

(a) 孔的位置度标注　　　　　(b) 最小外接圆拟合被测要素

图 4-19　最小外接圆拟合被测要素标注和说明

3. 公差框格中特征规范元素

1) 参照要素的拟合规范元素

参照要素是评定被测要素时所依据的要素。参照要素的拟合是可选规范元素，它只适用于形状公差，即无基准的规范。参照要素的拟合默认为无约束的最小区域（切比雪夫）拟合。常用的参照要素拟合方法符号、含义及图解见表 4-5 所示。

表 4-5　参照要素拟合方法符号、含义及图解

标注符号	拟合方法	含　　义	例　图　解
C	无约束的最小区域（切比雪夫）拟合	它将被测要素上最远点与参照要素的距离最小化，如右图中 b	─ 0.2 C
CE	实体外部约束最小区域（切比雪夫）拟合	它将被测要素上最远点与参照要素的距离最小化，如右图中 b，同时将参照要素保持在实体外部	─ 0.2 CE
CI	实体内部约束最小区域（切比雪夫）拟合	它将被测要素上最远点与参照要素的距离最小化，如右图中 b，同时将参照要素保持在实体内部	─ 0.2 CI
G	无约束的最小二乘（高斯）拟合	它将被测要素与参照要素间局部误差的平和最小化	省略

标注符号	拟合方法	含　义	例　图　解
GE	实体外部约束最小二乘(高斯)拟合	它将被测要素与参照要素间局部误差的平和最小化,同时将参照要素保持在实体外部	省略
GI	实体内部约束最小二乘(高斯)拟合	它将被测要素与参照要素间局部误差的平和最小化,同时将参照要素保持在实体内部	省略
X	最大内切拟合	仅适用于线性尺寸要素,最大化参照要素尺寸的同时维持其完全处于被测要素内部,如右图中 d	⊨ 0.2 X
N	最小外接拟合	仅适用于线性尺寸要素,最小化参照要素尺寸的同时维持其完全处于被测要素外部,如右图中 c	⊨ 0.2 N

注:表中图的字母含义,a 为被测要素,b 为最小化的最大距离或拟合要素(最大化)的尺寸,c 为参照要素,d 为实体外部,e 为实体内部,f 为拟合要素与被测要素的接触点。

2) 评定参数规范要素

当不标注参数规范要素时,缺省参数为偏差的总体范围,即参照要素与被测要素的最高点与最低点的距离之和,用 T 表示。参数是可选规范元素,仅适用于形状公差,即与基准无关。除了偏差的总体范围外,还可以选用 P 表示峰高,V 表示谷深,Q 表示被测要素相对于参照要素的残差平方和或标准差。如图 4-20 所示,a 为被测要素,b 为无约束的最小区域(切比雪夫)或最小二乘(高斯)拟合线,c 为实体外部,d 为实体内部,e 为峰高(P 参数),f 为谷深(V 参数),g 为总体范围(T)参数 $T=P+V$。

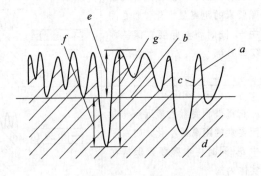

图 4-20　参数

【例 4-3】　图 4-21(a)所示为适用于最小二乘(高斯)参照要素的直线度公差示例。相交平面框格标注表示被测要素方向平行于基准 C。图 4-21(b)所示为采用 50UPR 截止值高斯长波通滤波器并应用了最小外接参照要素的圆度公差示例。图 4-21(c)所示为圆度公差用于最小二乘(高斯)参照要素规范元素与谷深特征规范元素示例。

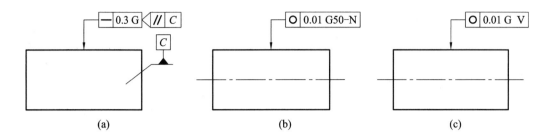

図 4 - 21   公差框格中特征规范元素标注示例

4.2.4 基准及其标注

1. 基准符号

基准符号由带小方格的大写英文字母用细实线(基准连线)与小黑色三角形相连而组成,这个小黑色三角形代表基准,如图 4 - 22(a)所示。表示基准的字母称为基准字母,使用规则与公差框格内基准所使用的规则一致,也要标注在相应被测要素的位置公差框格内。一般建议不采用 I、O、Q、X 这四个英文字母。当基准符号引向基准要素时,无论基准符号在图面上的方向如何,基准符号中的小方格中的字母都应水平书写。图 4 - 22(a)的基准符号是新的国标符号(国际基准符号),图 4 - 22(b)是我国长期采用旧的基准符号。

(a) 新的基准符号   (b) 旧的基准符号

图 4 - 22   基准符号

2. 基准要素标注方法

(1) 当基准要素是轮廓线或表面时,基准符号的小黑色三角形放在基准要素的轮廓线或其延长线上,且基准连线与轮廓的尺寸线明显错开,如图 4 - 23 所示。基准符号标注在轮廓的延长线上时,可以放置在延长线的任一侧,如图 4 - 24 所示。

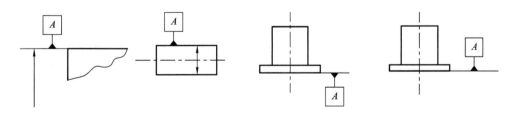

图 4 - 23   轮廓线或表面为基准的标注   图 4 - 24   基准符号在轮廓延长线上的标注

(2) 当基准要素是轴线或中心平面或由带尺寸的要素确定时,基准符号的基准连线与尺寸线对齐。如图 4 - 25 所示。若尺寸线处安排不下两个箭头,则另一个箭头可用基准代号的小黑色等腰三角形来代替,如图 4 - 26 所示。

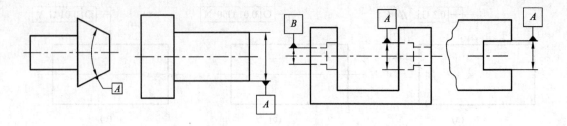

图 4-25 基准中心要素的标注

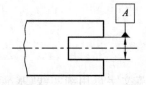

图 4-26 尺寸线的一个箭头用基准代号的粗短线代替

（3）对于由两个同类要素构成而作为一个公共基准使用的公共基准轴线、公共基准中心平面等公共基准，应对这两个同类要素分别标注基准代号（采用两个不同的基准字母），并且在被测要素位置公差框格的第三格或其以后某格中填写用短横线"—"隔开的这两个字母，如图 4-27(a)和(b)所示。

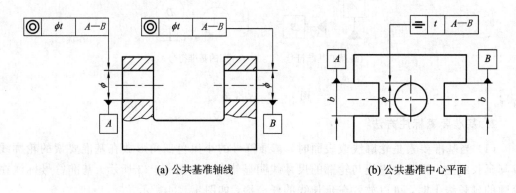

(a) 公共基准轴线　　　　　　　(b) 公共基准中心平面

图 4-27 公共基准标注示例

（4）任选基准的标注。对于具有对称形状的零件上的两个相同要素的位置公差，常常标注任选基准（或称为互为基准）。此时，用指引线箭头代替基准代号中的小黑色等腰三角形。如图 4-28 表示两平面中任一平面作基准时，另一平面的平行度误差不大于 0.02 mm。可见，任选基准的要求高于指定基准（除任选基准外的基准都称为指定基准）。

（5）局部表面作为基准。图 4-29(a)表示以粗点划线所示的局部表面作为基准，图 4-29(b)表示以视图上圆点所在的表面为基准。

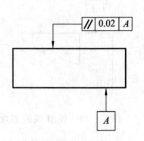

图 4-28 任选基准的标注

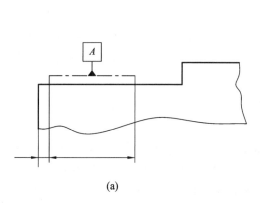

(a)

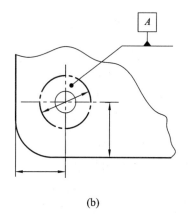

(b)

图 4 - 29　局部基准要素的标注

（6）基准目标。当需要在基准上指定某些点、线或局部表面用来体现各基准平面时，应标注基准目标。基准目标按下列方法标在图样上：

① 当基准目标为点时，用"×"表示，见图4 - 30(a)所示。

② 当基准目标为线时，用双点划线表示，并在棱边上加"×"表示，见图4 - 30(b)所示。

③ 当基准目标为局部表面时，用双点划线绘出该局部表面的图形，并画上与水平成45°的细实线，见图4 - 30(c)。

基准目标代号在图样中的标注如图4 - 31所示。

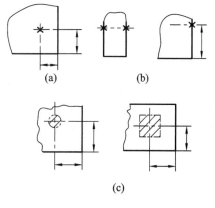

图 4 - 30　基准目标的标注

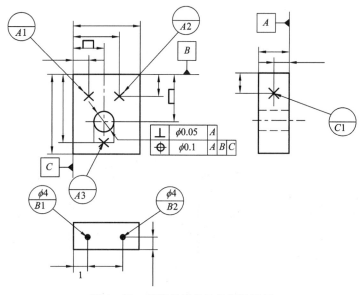

图 4 - 31　基准目标代号的标注示例

4.2.5　辅助平面与要素框格

辅助平面框格主要包括相交平面框格、定向平面框格、方向要素框格和组合平面框格。这些框格均标注在公差框格的右侧。如果需要标注若干个辅助平面框格，应在相交平面框格最接近公差框格的位置标注，其次是定向平面框格或方向要素框格（此两个不应一同标注），最后是组合平面框格。

1.　相交平面框格

相交平面的作用是标识线要素要求的方向，主要适用于在平面上标识线要素的直线度、线轮廓度、要素的线素的方向，以及在面要素上的线要素的"全周"规范。

相交平面在图样上的标注应使用相交平面框格规定，并且作为公差框格的延伸部分标注在其右侧，如图 4-32 所示。

图 4-32　相交平面框格

相交平面框格的第一格是构建相交平面相对于基准的要求，这个要求有平行度∥、垂直度⊥、保持特定的角度∠和对称度═（包容），因此第一格填写这些要求符号，第二格填写基准字母。如图 4-33 图样上是使用相交平面框格标注，它表示被测要素是位于平行于 C 基准的相交平面内的线要素，要求这个线要素与基准 D 的平行度公差为 0.2 mm。其他相交平面在三维图样标注示例见图 4-34。

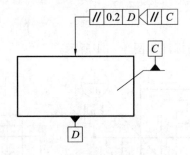

图 4-33　使用相交平面框格规范

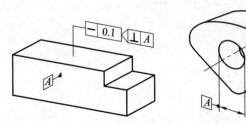
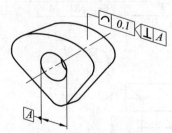
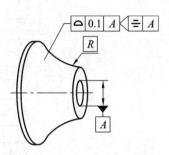

图 4-34　使用相交平面框格示例

2. 定向平面框格

定向平面的作用是既能控制公差带构成平面的方向，又能控制公差带宽度的方向（间接地与这些平面垂直），或能控制圆柱形公差带的轴线方向。主要适用于被测要素是中心线或中心点，且公差带是由两平行平面限定的，或者被测要素是中心点，公差带是由一个圆柱限定的，还可能是公差带相对于其他要素定向，即能够标识公差带的方向。

定向平面在图样上的标注应使用定向平面框格规定，并且作为公差框格的延伸部分标注在其右侧，如图 4-35 所示。

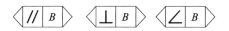

图 4-35　定向平面框格

定向平面框格的第一格是构建定向平面相对于基准的要求，这个要求有平行度∥、垂直度⊥、保持特定的角度∠，因此第一格填写这些要求符号，第二格填写基准字母。如图 4-36 图样上是使用定向平面框格标注，它表示被测要素是位于与基准 B 保持理论正确角度 α 的定向平面内的孔轴线，要求这个孔轴线与基准 A 平行度公差为 0.1 mm。

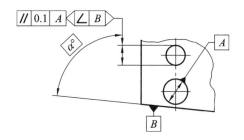

图 4-36　使用定向平面框格规范

3. 方向要素框格

方向要素的作用是当被测要素是组成要素且公差带宽度的方向与面要素不垂直时，使用方向要素确定公差带的方向。另外，采用方向要素标注非圆柱体或球体表面圆度的公差带宽度方向。

方向要素在图样上的标注应使用方向要素框格规定，并且作为公差框格的延伸部分标注在其右侧，如图 4-37 所示。

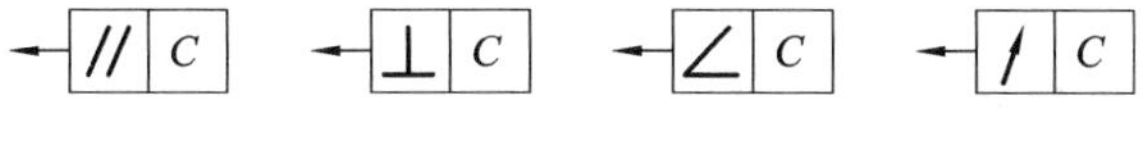

$\leftarrow \boxed{\text{// } C} \quad \leftarrow \boxed{\perp\ C} \quad \leftarrow \boxed{\angle\ C} \quad \leftarrow \boxed{\text{/ } C}$

图 4-37　方向要素框格

方向要素框格的第一格是构建方向要素相对于基准的要求，这个要求有平行度∥、垂直度⊥、保持特定的角度∠和跳动方向↗，因此第一格填写这些要求符号，第二格填写基准字母。如图 4-38(a)所示图样使用方向要素框格标注，它表示公差带的方向与被测要素的面要素垂直的圆度公差。当图样上标注跳动测量的理论正确夹角 α 时，可以省略方向要素，如图 4-38(b)所示。

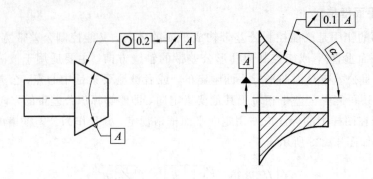

图 4 - 38　使用方向要素框格规范

4. 组合平面框格

在标注"全周"符号时，应使用组合平面。组合平面可标识一个平行平面族，可用来标识"全周"标注所包含要素。使用组合平面框格时，其作为公差框格的延伸部分标注在公差框格右侧，如图 4 - 39 所示。注意公差框格第一格符号可用相交平面框格第一格相同的符号，其含义相同。如图 4 - 40 所示图样使用组合平面框格标注，它表示被测要素是一族与基准 A 平行的轮廓曲线。

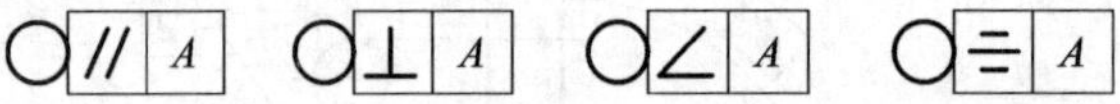

图 4 - 39　组合平面框格

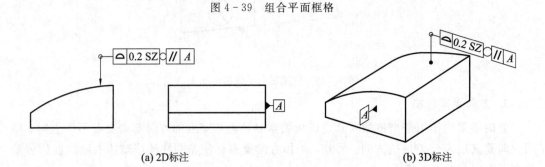

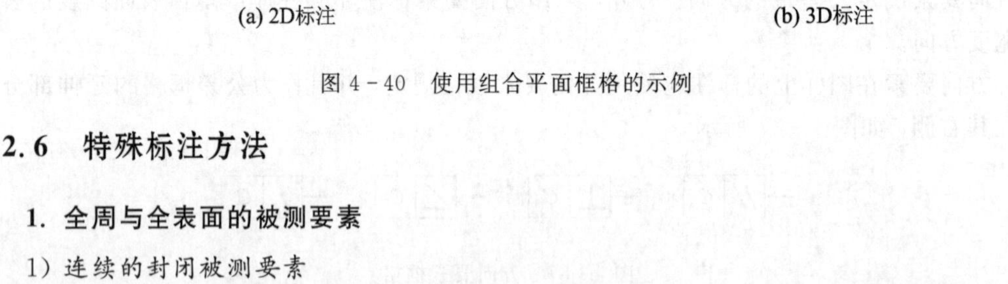

(a) 2D标注　　　　　　　　　　　　　　(b) 3D标注

图 4 - 40　使用组合平面框格的示例

4.2.6　特殊标注方法

1. 全周与全表面的被测要素

1) 连续的封闭被测要素

如果将几何公差规范作为单独的要求应用到横截面的轮廓上，或将其作为单独的要求应用到封闭轮廓所表示的所有要素上时，应使用"全周"符号○标注，并放置在公差框格的指引线与参考线的交点。在三维(3D)标注中应使用组合平面框格来标识组合平面，在二维(2D)标注中优先使用组合平面框格，如图 4 - 41(a)和(b)所示。一般"全周"或"全表面"应与 SZ(独立公差带)或 UF(联合要素)组合使用。全周符号表示零件横截面的一周要素都是被测要素，如图 4 - 41(c)中 a、b、c、d 都是被测要素，它们构成一个连续封闭被测要素。

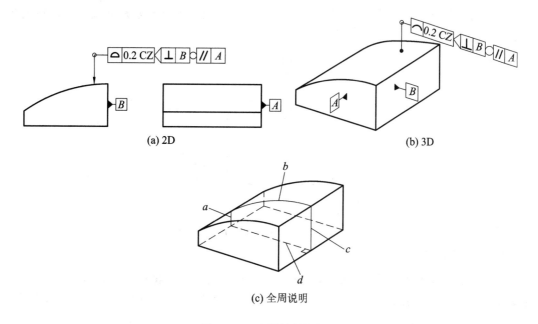

(a) 2D (b) 3D

(c) 全周说明

图 4-41　全周符号的标注

如果将几何公差规范作为单独的要求应用到工件的所有组成要素上，应使用"全表面"符号◎标注，并放置在公差框格的指引线与参考线的交点，如图 4-42(a)和(b)所示。全表面符号表示零件横截面的全部要素都是被测要素，如图 4-42(c)中 a、b、c、d、e、f 都是被测要素，它们构成一个连续封闭被测要素。

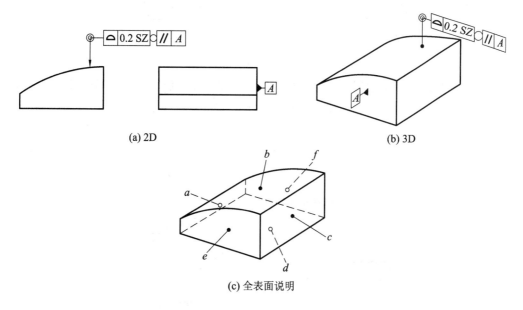

(a) 2D (b) 3D

(c) 全表面说明

图 4-42　全表面的标注

2）连续的非封闭被测要素

如果被测要素是连续要素的一些连续的局部区域，而不是横截面的整个轮廓（或轮廓表示的整个面要素），应标识出被测要素的起止点，并且用粗长点划线定义部分面要素或者使用区间符号"↔"，如图 4-43 所示。在图 4-43 中表示被测要素是从线 J 开始到线 K 结束的上部面要素。

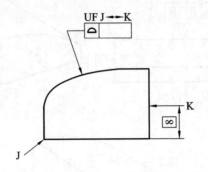

图 4-43　局部要素示例

2. 局部区域被测要素

当被测要素为图样上局部表面时，用粗长点划线来定义局部表面，也可以用阴影区域来定义局部表面，并应使用理论正确尺寸(TED)定义其位置与尺寸。如图 4-44(a)和(b)所示。

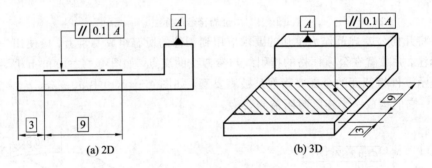

(a) 2D　　　　　　　　　(b) 3D

图 4-44　被测要素的局部标注

如果特征相同的规范适用于在要素整体尺寸范围内任意位置的一个局部长度，则该局部长度的数值应添加在公差值后面，并用斜杠分开，如图 4-45 所示。图 4-45(a)表示在被测要素的平面上任何位置任意取边长 100 mm 的小平面，其平面度公差要求为 0.1 mm。图 4-45(b)表示在整个被测要素上，其直线度公差要求 0.08 mm，同时，在被测要素上任何位置取长度 100 mm 的线，其公差要求为 0.02。

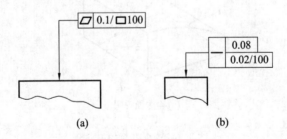

(a)　　　　　　　　(b)

图 4-45　公差限制值的标注

将拐角点定义为组成要素的交点(拐角点的位置用 TED 定义)，并且用大写字母及端头是箭头的指引线定义。字母可标注在公差框格的上方，最后两个字母之间可布置"区间"

符号，如图 4-46(a)和(b)所示。图 4-46 中(a)图与(b)图有相同含义。

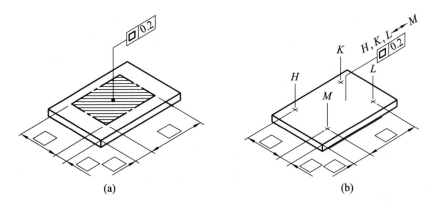

图 4-46 局部区域标注

当被测要素为图样上局部表面时，箭头可置于带点的参考线上，该点指在实际表面上，如图 4-47(a)和(b)所示，也可直接将指引线指在局部表面的点上。

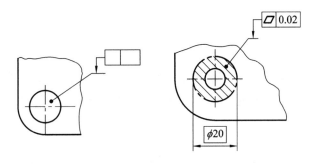

图 4-47 局部区域标注

3. 螺纹、齿轮和花键标注

通常，以中径轴线作为螺纹轴线被测要素或基准要素，如采用大径轴线，则应用"MD"表示，见图 4-48(a)和(b)所示，采用小径轴线时，用"LD"表示。

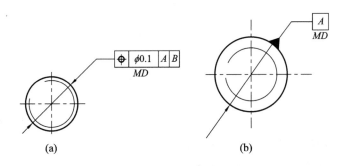

图 4-48 适用于大径轴线的被测要素和基准要素

当齿轮和花键轴线作为被测要素或基准要素时，节径轴线用"PD"表示，大径(对外齿轮是顶圆直径，对内齿轮是根圆直径)轴线用"MD"表示，小径(对外齿轮是根圆直径，对内齿轮为顶圆直径)轴线用"LD"表示。

4. 理论正确尺寸表示法

对于要素的位置度、轮廓度或倾斜度，其尺寸由不带公差的理论正确位置、轮廓或角度确定，这种尺寸称为"理论正确尺寸(TED)"。理论正确尺寸应围以框格，零件实际尺寸仅由在公差框格中位置度、轮廓度或倾斜度公差值来限定，如图 4-49 所示。

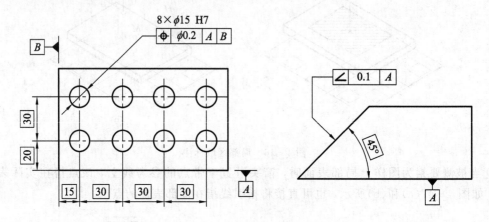

图 4-49 理论正确尺寸标注示例

5. 延伸公差带标注

延伸公差带的含义是将被测要素的公差带延伸到工件实体之外，控制工件外部的公差带，以保证相配零件与该零件配合时能顺利装入。延伸公差带用符号 ⓟ 表示，并注出其延伸的范围，如图 4-50 所示。

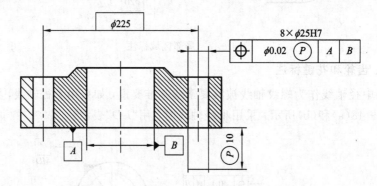

图 4-50 延伸公差带

6. 自由状态条件的表示

对于非刚性零件常需给出自由状态条件下的形位公差带，有时可同时给出约束条件下和自由状态条件下的形位公差要求。自由状态条件的符号为 Ⓕ (free state condition)，按规定注在公差框格中形位公差值后面，见图 4-51。

图 4-51 自由状态

7. 最大实体要求、最小实体要求和可逆要求的表示方法

最大实体要求用符号Ⓜ表示,此符号置于给出公差值或基准字母的后面,或同时置于两者后面,见图4-52;最小实体要求用符号Ⓛ表示,此符号置于给出的公差值或基准字母后面,或同时置于两者后面,见图4-53;可逆要求用符号Ⓡ表示,此符号置于被测要素的形位公差值后的Ⓜ或Ⓛ的后面,见图4-54。

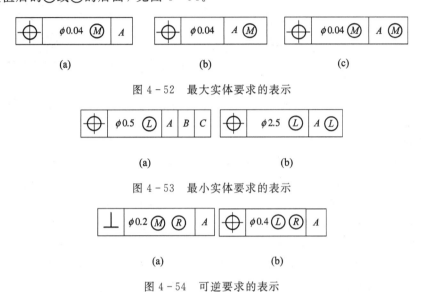

图4-52 最大实体要求的表示

图4-53 最小实体要求的表示

图4-54 可逆要求的表示

4.3 几何公差带

4.3.1 几何公差的含义和特征

1. 几何公差的含义

几何公差是指实际被测要素对图样上给定的理想形状、理想方向和理想位置的允许变动量。形状公差是指实际单一要素的形状所允许的变动量。方向公差是指实际关联要素相对于基准在某一方向上所允许的变动量。位置公差是指实际关联要素相对于基准的位置所允许的变动量。

2. 几何公差带的特征

几何公差带是用来限制被测实际要素变动的区域。这个区域可以是平面区域或空间区域。只要被测实际要素能全部落在给定的公差带内,就表明该被测实际要素合格。几何公差带具有形状、大小、方向和位置四个特征,这四个特征将在图样标注中体现出来。

1)形状

公差带的形状取决于被测要素的几何理想要素和设计要求,具有最小包容区的形状。根据被测要素的特征(项目)及其规范要求,公差带有表4-6列出的九种主要形状,它们都是几何图形。表4-6中两个等距曲线、两个等距曲面和两平行平面也可以不等距和不平行,这样形成距离线性变化区域。

表 4-6 公差带的主要形状

平面区域		空间区域	
两条平行直线		球	
两条等距曲线		圆柱面	
两个同心圆		两个同轴圆柱面	
圆		两个平行平面	
		两个等距曲面	

2）大小

公差带的大小由设计者在框格中给定，公差值用线性值 t 的数值表示。公差值默认是指公差带的宽度，有时是指公差带的直径，这取决于被测要素的形状和设计要求。如公差带是圆形或圆柱形的，则在公差值前加注 ϕ，如是球形的，则加注"$S\phi$"。公差带的宽度和直径是控制零件几何精度的重要指标，一般情况下应根据标准规定来选择。

3）方向

公差带的放置方向应与评定被测要素的误差方向一致。误差的评定方向由最小条件确定，因此，公差带的放置方向就是被测要素的最小条件方向。对于方向公差带，其放置方向由被测要素与基准的几何关系来确定；对于位置公差带，其放置方向由定位尺寸来确定。一般来说，公差带的宽度方向默认垂直于被测要素的方向。

4）位置

公差带位置是指公差带位置是固定的还是浮动的。所谓固定的，是指公差带的位置不随实际尺寸的变动而变化，例如，同轴度和对称度公差带位置均是固定的。又如，位置公差带的位置由理论正确尺寸控制，其位置是固定的，由理论正确尺寸来确定。所谓浮动的，是指公差带的位置随实际尺寸的变化（上升或下降）而浮动。例如，一般形状公差带位置都是浮动的。例如，图 4-55 所示，该零件的平行度公差带的位置由尺寸公差控制，宽度为 t 的形位公差带在尺寸公差带内浮动。

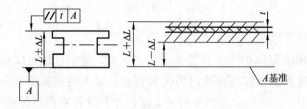

图 4-55 形位公差带在尺寸公差带内浮动

在生产实践中，必须掌握两点：第一，根据图样上几何公差的要求画出相应的几何公差带，以作为判断工件是否合格的依据；第二，在零件的设计中，依据零件的使用要求和功能要求，规定合适的几何公差带。也就是说，从加工这方面来看，应会读解图样上几何公差，并画出相应的几何公差带，以判断零件是否合格；从设计这方面来看，根据使用要求和功能要求来规定合适的几何公差带，并标注在图样上。

4.3.2 形状公差带

形状公差是单一实际被测要素对其理想要素的允许变动量。形状公差包括直线度、平面度、圆度和圆柱度四个项目。形状公差不涉及基准，它们的理想被测要素的形状不涉及尺寸，公差带的方向可以浮动。

1. 直线度

直线度公差用于限制平面内或空间直线的形状误差。被测要素可以是组成要素或导出要素。其公称被测要素的属性与形状为明确给定的直线或一组直线要素，如素线、交线、轴线、中心线等。直线度的类型有以下几种：

（1）在由相交平面框格规定的平面内的直线度，如图 4-56 所示。图 4-56(a)和(b)的标注表示被测要素是与基准 A 平行的相交平面内的提取（实际）线。被测要素的公差带如图 4-56(c)所示，图中 a 为基准平面，c 为与基准平面平行的相交平面，b 为任意距离。被测要素公差带是在相交平面内距离 t 的两平行直线之间区域。

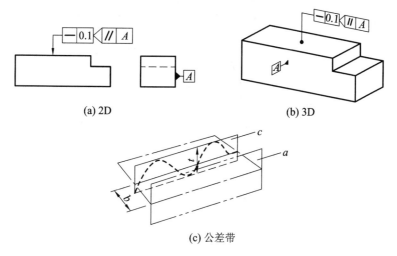

(c) 公差带

图 4-56　直线度标注及公差带

（2）给定方向上的直线度，如图 4-57 所示。图 4-57(a)和(b)的标注表示被测要素是与轴线方向一致的提取（实际）线，被测要素的公差带如图 4-57(c)所示，图中圆柱表面的提取（实际）棱边的公差带是距离 t 的两平行直线之间区域。

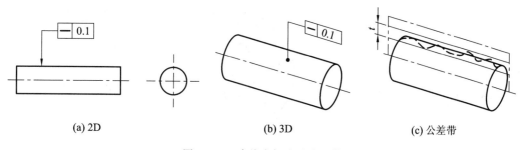

(a) 2D　　　　　　　　　　(b) 3D　　　　　　　　　　(c) 公差带

图 4-57　直线度标注及公差带

（3）任意方向上的直线度，如图4-58所示。任意方向是指围绕被测线的360°方向。图4-58(a)和(b)的标注表示被测要素是轴线的导出要素（中心线）。被测要素的公差带如图4-58(c)所示，图中圆柱面的提取（实际）中心线的公差带是直径等于 $\phi 0.08$ 的圆柱形。

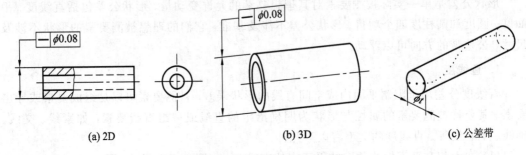

(a) 2D   (b) 3D   (c) 公差带

图4-58　直线度标注及公差带

2. 平面度

平面度公差用以限制被测实际平面的形状误差。被测要素可以是组成要素或导出要素，其公称被测要素的属性和形状为明确给定的平表面，属于面要素，如图4-59所示。公差带是距离为公差值 t，即0.08的平行平面之间的区域，图4-59(c)所示。

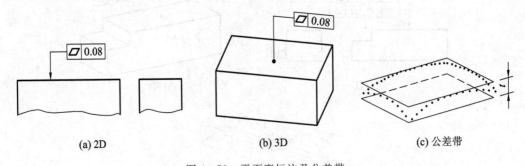

(a) 2D   (b) 3D   (c) 公差带

图4-59　平面度标注及公差带

3. 圆度

圆度公差用以限制回转表面的某一方向截面轮廓的形状误差。被测要素是组成要素，且被测要素是明确给定的圆周线或一组圆周线。圆柱要素的圆度要求可用在被测要素轴线垂直的截面上；球形要素的圆柱要求可用在包含球形的截面上；非圆柱体的回转表面应标注方向要素。图4-60中，圆柱和圆锥表面的圆度公差要求表示在圆柱和圆锥的任意横截

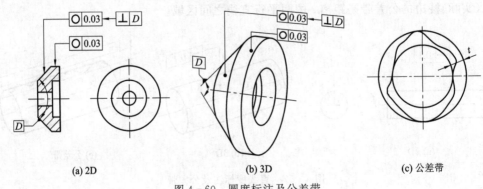

(a) 2D   (b) 3D   (c) 公差带

图4-60　圆度标注及公差带

面内，提取（实际）圆周应限制在半径差等于 0.03 mm 的两个共面同心圆之间，公差带图如图 4-60(c) 所示。圆锥的圆度公差框格后有方向要素辅助框格，图 4-60 表示方向要素是垂直于基准 D 的方向。而图 4-61 方向要素是用跳动符号，它表示公差带的方向与跳动相同，图 4-61(c) 的公差带方向是垂直于圆锥表面素线方向。

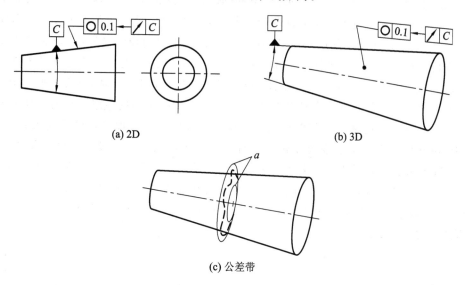

(a) 2D (b) 3D

(c) 公差带

图 4-61　圆度标注及公差带

4. 圆柱度

圆柱度公差用以限制被测实际圆柱面的形状误差。圆柱度公差仅是对圆柱表面的控制要求，它不能用于圆锥表面或其他形状的表面。圆柱度公差同时控制了圆柱体横剖面和轴向剖面内各项形状误差，诸如圆度、素线直线度、轴线直线度误差等。因此，圆柱度是圆柱面各项形状误差的综合控制指标。圆柱度的指引线箭头垂直于轮廓表面。如图 4-62 所示，公差带是半径差为公差值 t，即 0.1 的两同轴圆柱面之间的区域。被测圆柱面必须位于该公差带内。

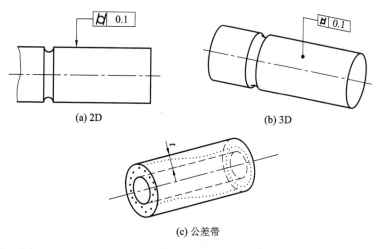

(a) 2D (b) 3D

(c) 公差带

图 4-62　圆柱度标注及公差带

4.3.3　轮廓度公差带

1. 线轮廓度

线轮廓度公差是用以限制平面曲线(或曲面的截面轮廓)的形状误差。它是对非圆曲线形状误差的控制要求，也可用于局部曲面。线轮廓度公差如没有对基准的要求，则属于形状公差，如图 4-63 所示；如有对于基准的要求，则属于方向和位置公差，其公差带位置由基准和理论正确尺寸确定，如图 4-64 所示。图 4-63(a)、(b)是图样上零件的无基准的线轮廓度的标注，图 4-63(c)中的 a 表示基准 A 平面，b 表示任意距离，c 表示平行于基准 A 的平面，线轮廓度的公差带是在任意距离平行于基准 A 的平面内包络一系列直径为公差值 t，即 0.04 的圆的两包络线之间的区域，诸圆的圆心位于具有理论正确几何形状的线上。提取的被测轮廓线必须位于该公差带内。图 4-64 所示为有基准要求的线轮廓度公差标注。两种线轮廓公差带的形状、大小均相同，只是图 4-63 所示的公差带是浮动的，而图 4-64 所示公差带位置是固定的。图 4-64 中 a 为基准 A 平面，b 为基准 B 平面，c 为平行于基准 A 且垂直于基准 B 的任意平面，理论轮廓线的最高点距离基准 B 是 50 mm，因此，公差带的位置是固定的。

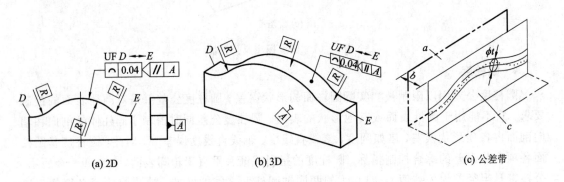

(a) 2D　　　　　(b) 3D　　　　　(c) 公差带

图 4-63　无基准的线轮廓度标注及公差带

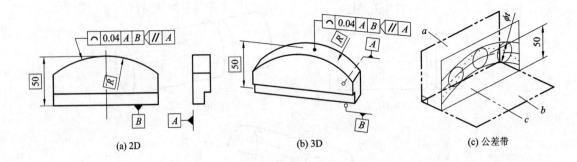

(a) 2D　　　　　(b) 3D　　　　　(c) 公差带

图 4-64　有基准的线轮廓度标注及公差带

2. 面轮廓度

面轮廓度公差是用以限制一般曲面的形状误差。它是对任意曲面或锥面形状误差的控制要求。同样，面轮廓度公差带有两种：一种是无基准要求，如图 4-65 所示，它的公差带是包络一系列直径为公差值 t 即 0.02 的球的两包络面之间的区域，诸球的球心应位于具有理论正确几何形状的面上。被测轮廓面必须位于该公差带内。另一种是有基准要求的面轮廓度公差，其公差标注示例如图 4-66 所示。两种面轮廓度公差带的形状、大小均相同，图 4-65 所示公差带的位置是浮动的，而图 4-66 所示公差带的位置是固定的，有基准要求。

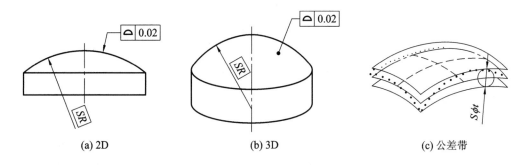

图 4-65 无基准的面轮廓度标注及公差带

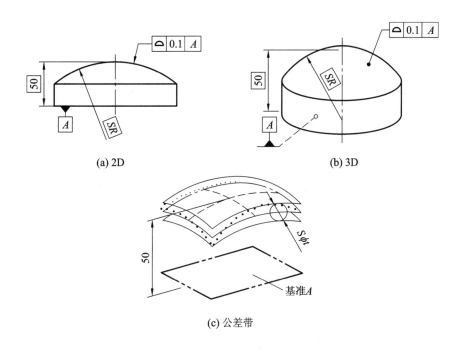

图 4-66 有基准的面轮廓度标注及公差带

4.3.4 基准

用来定义公差带的位置和方向或用来定义实体状态的位置和方向的一个（组）方位要素称为基准。基准有基准点、基准直线（包括基准轴线）和基准平面（包括基准中心面）等几种形式，基准直线和基准平面得到广泛应用。由于零件上存在误差，必须以其理想要素作为基准，而理想要素的位置应符合最小条件。最小条件将在后面介绍。设计时，在图样上标出的基准一般可分为以下四种。

1. 单一基准

由一个要素建立的基准称为单一基准。如由一个平面，一根轴线均可建立基准。如图 4-67 所示为由一个平面建立的基准。

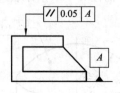

图 4-67　单一基准

2. 公共基准

由两个或两个以上的同类要素所建立的一个独立基准称为公共基准，或组合基准。如图 4-68(a)所示，公共基准轴线 $A—B$ 是由两个直径皆为 ϕd_1 的圆柱面轴线 A、B 所建立，它应当是包容两实际轴线的理想圆柱的轴线。在图 4-68(b)中，S 为实际被测轴线；Z 为圆柱形公差带。

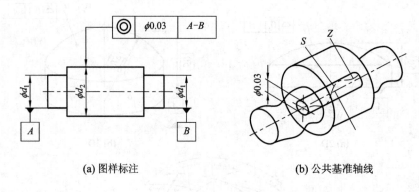

(a) 图样标注　　　　　　　　(b) 公共基准轴线

图 4-68　组合基准

3. 三基面体系

由三个互相垂直的平面构成的一个基准体系，称为三基面体系。如图 4-69 所示，三个互相垂直的平面都是基准平面，A 为第一基准平面，B 为第二基准平面且垂直于 A，第三基准平面 C 即垂直于 A 又垂直于 B。每两个基准平面的交线构成基准轴线，三轴线的交点构成基准点。确定被测要素的方位时，可以使用三基面体系中的三个基准平面，也可以使用其中的两个基准平面或一个基准平面(单一基准平面)，或者使用一个基准平面和一条基准轴线。由此可见，单一基准或基准轴线均可从三基面体系中得到。应用三基面体系标注图样时，要特别注意基准的顺序。图 4-70 所示为应用一个基准平面和一个基准轴线，第一基准为 A，第二基准为 B。

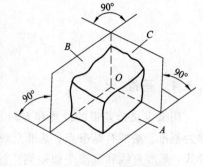

图 4-69　三基面体系

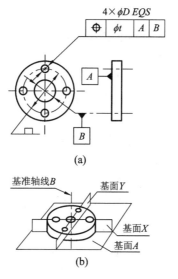

$4 \times \phi D \ EQS$

| ⊕ | ϕt | A | B |

(a)

基准轴线B　基面Y

基面X

基面A

(b)

图 4-70　三基面体系的应用

4. 基准目标

为了构成基准体系的各基准平面,在基准要素上指定某些点、线或局部表面来体现各基准平面。这种情况常常用在一些锻造、铸造零件的表面标注,如图 4-31 所示,指定三个点或一点一线等作为基准目标,建立起基准平面。

4.3.5　方向公差带

方向公差是指实际关联要素相对基准的实际方向对理想方向的允许变动量,它包括平行度、垂直度、倾斜度。方向公差的被测要素和基准要素都有直线和平面之分。因此,有被测直线相对于基准直线(线对线),被测直线相对于基准平面(线对面),被测平面相对于基准直线(面对线)和被测平面相对于基准平面(面对面)等四种情况。平行度、垂直度和倾斜度公差带分别相对于基准保持平行、垂直和倾斜一理论正确角度的关系。

将公差带按方向分类,可分为两种:第一,在给定方向上,公差带是距离为公差值 t,且平行于基准平面(或基准线)的两平行平面之间的区域;第二,在任意方向上,公差带是直径为公差值 t,且平行于基准线的圆拄面内的区域。

方向公差带可以把同一被测要素的形状误差控制在方向公差范围内。如平面的平行度公差,可以控制该平面的平面度和直线度误差。因此规定了方向公差的要素,一般不再规定形状公差,只有在对被测要素的形状精度有进一步要求时,才另行给出形状公差,而形状公差值必须小于定向公差值。例如图 4-71 所示,对被测平面给出 0.03 mm 平行度公差和 0.01 mm 平面度公差。

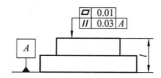

| ▱ | 0.01 |
| // | 0.03 | A |

A

图 4-71　对一个被测要素同时给出方向公差和形状公差示例

1. 平行度

平行度公差用于限制被测要素对基准要素相平行的误差。平行度公差有以下四种类型。

1) 线对基准直线的平行度(线对线)

当被测线与基准线平行时,在公差框格后必须用定向平面框格给出被测线的公差带与辅助基准的方向。当被测线在任意方向上与基准平行时,应在公差框格的公差值前加注 φ。例如,图 4-72(a)所示的公差带是距离为公差值 t(即 0.2),且平行于基准线 A,与辅助基准 B 垂直的两平行平面之间的区域。被测轴线必须位于该公差带内。图 4-72(b)所示的公差带是距离为公差值 t(即 0.2),且平行于基准线,与辅助基准 B 平行的两平行平面之间的区域。被测轴线必须位于该公差带内。在图 4-72(c)中,如果公差框格内的公差值前加注 φ,公差带是直径为公差值 t(即 φ0.03)且平行于基准线的圆柱面内的区域。被测轴线必须位于该公差带内。

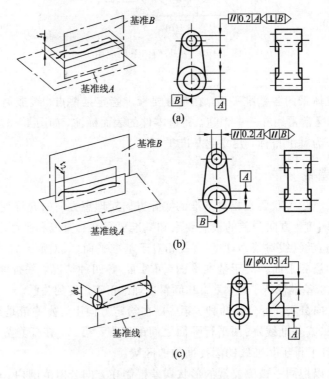

图 4-72 线对线的平行度

2) 线对基准平面的平行度(线对面)

被测要素可以是素线、轴线、中心线、交线、刻线等。如图 4-73 所示,该图样上线对

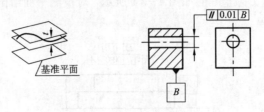

图 4-73 线对面的平行度

— 134 —

面平行度公差带是距离为公差值 t（即 0.01），且平行于基准平面 B 的两平行平面之间的区域。被测轴线必须位于该公差带内。

3）表面对基准直线的平行度（面对线）

如图 4-74 所示，面对线的平行度的公差带是距离为公差值 t（即 0.1），且平行于基准轴线的两平行平面之间的区域。被测表面必须位于该公差带内。

 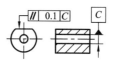

图 4-74　面对线的平行度

4）表面对基准平面的平行度（面对面）

如图 4-75 所示，面对面平行度的公差带是距离为公差值 t（即 0.01），且平行于基准平面的两平行平面之间的区域。被测表面必须位于该公差带内。

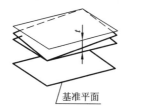

图 4-75　面对面的平行度

2. 垂直度

垂直度公差用于限制被测要素对基准要素相垂直的误差。与平行度一样，垂直度公差有以下四种类型。

1）线对基准直线的垂直度（线对线）

如图 4-76 所示，公差带是距离为公差值 t（即 0.06），且垂直于基准线的两平行平面之间的区域。被测轴线必须位于公差带之内。

2）线对基准平面的垂直度（线对面）

被测要素可以是素线、轴线、中心线

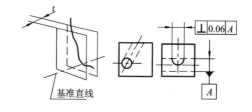

图 4-76　线对线的垂直度

等。当被测要素与基准线垂直时，在公差框格后必须用定向平面框格给出被测线的公差带与辅助基准的方向。当被测线在任意方向上与基准垂直时，应在公差框格的公差值前加注 ϕ。如图 4-77(a)、(b)所示，公差带是互相垂直的距离为 t（即 0.2 和 0.1），且垂直于基准面 A，并与辅助基准 B 平行和垂直两个方向的两平行平面之间的区域。图 4-77(c)所示，在任意方向上，应该在公差值前加注 ϕ，则公差带是直径为公差值 t（即 0.01），且垂直于基准面的圆柱面的区域。被测轴线必须位于公差带内。

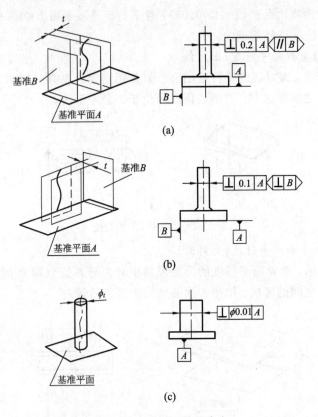

(a)

(b)

(c)

图 4-77　线对面的垂直度

3）表面对基准轴线的垂直度（面对线）

如图 4-78 所示，公差带是距离为公差值 t（即 0.08），且垂直于基准轴线的两平行平面之间的区域。被测平面必须位于公差带内。

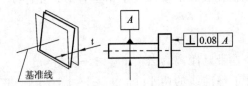

图 4-78　面对线的垂直度

4）表面对基准平面的垂直度（面对面）

如图 4-79 所示，公差带是距离为公差值 t（即 0.08），且垂直于基准面的两平行平面之间的区域。被测平面必须位于公差带以内。

3. 倾斜度

倾斜度公差用于限制被测要素对基准要素有

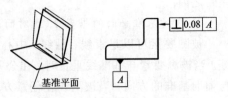

图 4-79　面对面的垂直度

夹角（0°＜α＜90°）的误差。被测要素与基准要素的倾斜角度必须用理论正确角度表示。同理，倾斜度公差有以下四种类型。

1）线对基准直线的倾斜度

两条线可以在同一平面内，也可以在不同平面内，可以是一个方向上或任意方向上的控制被测要素。如图 4-80 所示，被测轴线和基准轴线在同一平面内，公差带是距离为公差值 t（即 0.08），且与基准线（A—B 公共轴线）成一给定角度的两平行平面的区域。如图 4-81 所示，被测轴线和基准轴线不在同一平面内，公差带是直径为 0.08 的圆柱面，且圆柱的轴线与基准夹角为 60°。被测轴线必须位于该公差带内。

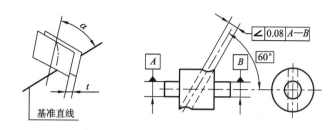

图 4-80　线对线的倾斜度（同一平面内，一个方向）

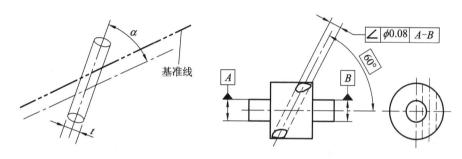

图 4-81　线对线的倾斜度（不同平面内，任意方向）

2）线对基准平面的倾斜度

可以是一个方向上或任意方向上的控制被测要素，当需要在任意方向上控制时，为固定公差带位置，必须采用三基面体系作基准。如图 4-82(a) 所示，在给定的方向上，公差

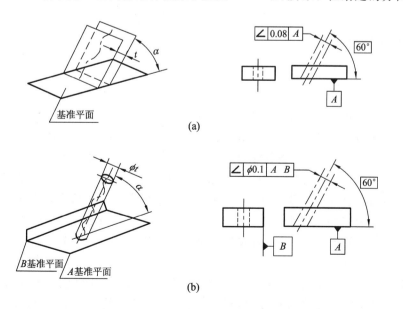

(a)

(b)

图 4-82　线对面的倾斜度

带是距离为公差值 t（即 0.08），且与基准成一给定角度的两平行平面之间的区域。被测轴线必须位于公差带内。图 4 - 82(b)为在任意方向上（此时应该在公差值之前加注 ϕ），公差带是直径为公差值 t（即 $\phi 0.1$）的圆柱面内的区域，该圆柱面的轴线应平行于基准平面，并与基准体系呈一给定的角度。

3）表面对基准轴线的倾斜度

如图 4 - 83 所示，公差带是距离为公差值 t（即 0.05），且与基准轴线成一给定角度的两平行平面之间的区域。被测平面必须位于公差带以内。

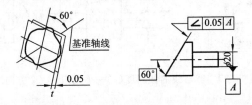

图 4 - 83　面对线的倾斜度

4）表面对基准平面的倾斜度

如图 4 - 84 所示，公差带是距离为公差值 t（即 0.08），且与基准面成一给定角度的两平行平面之间的区域。

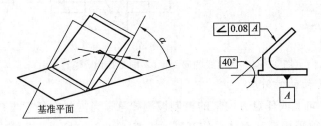

图 4 - 84　面对面的倾斜度

4.3.6　位置公差带

位置公差是关联实际要素对基准在位置上所允许的变动量。位置公差带与其他形位公差带比较有以下特点：第一，位置公差带具有确定的位置，即固定公差带，公差带相对于基准的尺寸由理论正确尺寸确定，见图 4 - 85 中 l；第二，公差值是指的全值范围，即对称于理想中心位置分布，如图 4 - 85 所示的值 0.05 为全值范围，0.025 为理想中心位置 P_0 到公差带边界的距离，S 为实际被测要素，Z 为公差带；第三，位置公差亦可控制与其有关的形状误差和方向误差，即位置公差带具有综合控制被测要素位置、方向和形状的功能。因此，对某一被测要素给出位置公差后，仅在对其方向精度和形状精度有进一步要求时，才另行给出方向公差或（和）形状公差，而方向公差必须小于位置公差值，形状公差值必须小于方向公差值。例如图 4 - 86 中，对被测平面同时给出 0.05 mm 位置度公差、0.03 mm 平行度公差和 0.01 mm 平面度公差。

根据被测要素和基准要素之间的功能关系，位置公差分为同轴度、对称度、位置度三个特征项目。其中同轴度或对称度可以视为位置度的特殊情况，即理论正确尺寸为零的情况。

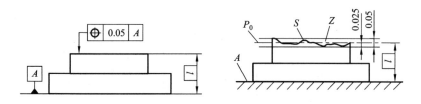

图 4-85 面的位置度公差带

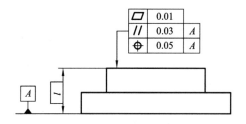

图 4-86 对同一个被测要素同时给出位置、方向和形状公差

1. 同轴度

同轴度公差用于被测要素是导出要素，限制导出要素的轴线对基准要素的轴线同轴的位置误差。它是指被测轴线应与基准轴线（或公共基准轴线）重合的精度要求。同轴度公差有点的同心度公差和线的同轴度公差两种。

1）点的同心度

点的同心度公差涉及的要素是圆心。同心度是指被测圆心应与基准圆心重合的精度要求。点的同心度公差是指实际被测圆心对基准圆心（被测圆心的理想位置）的允许变动量。如图 4-87 所示，公差值为 ϕt（即 0.01），且与基准圆心同心的圆内的区域。外圆的圆心必须位于公差带以内，该公差带的位置是固定的。

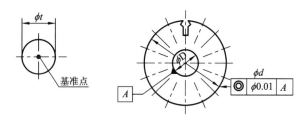

图 4-87 点的同心度

2）线的同轴度

线的同轴度公差涉及的要素是圆柱面和圆锥面的轴线。它是指实际被测轴线对基准轴线（被测轴线的理想位置）的允许变动量。同轴度公差带是指直径为公差值 t，且与基准轴线同轴线的圆柱面内的区域。例如图 4-88 所示的图样标注，被测轴线应与公共基准轴线 $A-B$ 重合，理想被测要素的形状为直线，以公共轴线 $A-B$ 为中心在任意方向上控制实际被测轴线的变动范围，因此公差带是公差值为 t（即 $\phi0.08$）的圆柱面内的区域，该圆柱面的轴线与基准轴线同轴，大圆柱面的轴线必须位于该公差带内。该公差带的位置是固定的。

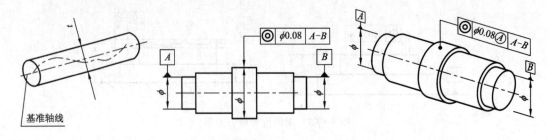

图 4-88 线的同轴度

2. 对称度

对称度公差用于被测要素是组成要素或导出要素，限制其中心线（或中心平面）对基准要素中心线（或中心平面）的共线性（共面性）的误差。对称度公差涉及的导出要素是中心平面（或公共中心平面）和轴线（或公共轴线、中心直线）。它是指实际被测中心要素的位置对基准的允许变动量，有被测中心平面相对于基准中心平面（面对面）、被测中心平面相对于基准轴线（面对线）、被测轴线相对于基准中心平面（线对面）和被测轴线相对于基准轴线（线对线）等四种形式。对称度公差带是指距离为公差值 t，且相对于基准对称配置的两平行平面之间的区域。

1）面对面的对称度

如图 4-89 所示，被测槽的中心平面应与零件基准中心平面重合。理想被测要素的形状为平面，以基准中心平面为中心在给定方向上控制实际被测要素的变动范围，因此公差带应是距离为公差值 t（即 0.08），且相对基准的中心平面对称配置的两平行平面之间的区域。被测中心平面必须位于该公差带内，该公差带的位置是固定的。

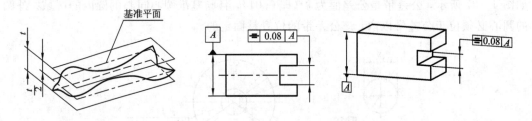

图 4-89 面对面的对称度

2）面对线的对称度

如图 4-90 所示，过基准轴线作一个辅助平面 P_0，这个辅助平面就是理想中心平面，被测要素键槽中心面应与理想中心平面重合。因此键槽对称度的公差带是距离为公差值 t

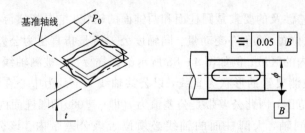

图 4-90 面对线的对称度

（即 0.05），且相对于基准轴线对称配置的两平行平面之间的区域。键槽中心面必须位于公差带内。同样，该公差带是固定的。

3. 位置度

位置度公差用以被测要素是组成要素或导出要素，限制其被测点、线、面的实际位置对其理想位置的变动。位置度公差涉及的被测要素有点、线、面，而涉及的基准要素通常为线和面。位置度是指被测要素应位于由基准和理论正确尺寸确定的理想位置上的精度要求。位置度公差带相对于理想被测要素的位置对称分布。位置度公差是综合性最强的指标之一，它同时控制了被测要素上的其他形状和方向公差。它的公差带位置是固定的，由理论正确尺寸确定。位置度公差有以下五种类型。

1）点的位置度

点的位置度是以圆心或球心为被测要素，一般均要求在任意方向上加以控制。如在二维平面控制，公差带为一个圆（ϕt）；在三维空间控制，则公差带为一个球（$S\phi t$）。如图4-91所示为二维点的位置度，它的公差带是直径为公差值 t（即 $\phi 0.03$）的圆内的区域，圆公差带的中心点的位置由相对于基准 A、B 的理论正确尺寸确定，被测圆心必须位于公差带内。图 4-92 所示为三维点的位置度，公差带是直径为公差值 t 即 $S\phi 0.3$ 的球内的区域，球的中心点的位置由相对于基准 A、B 和 C 的理论正确尺寸确定。被测球的球心必须位于该公差带内。

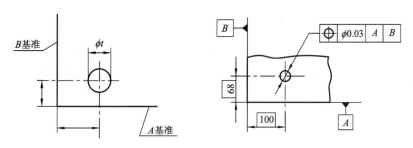

图 4-91　二维平面点的位置度

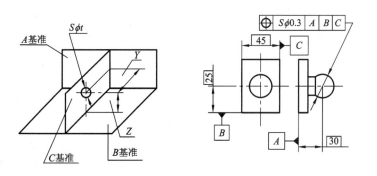

图 4-92　三维空间点的位置度

2）线的位置度

线的位置度可以在一个方向上、两个互相垂直的方向上以及任意方向上加以控制。图 4-93 中的线的位置度是在任意方向上控制的，它的公差带是直径为公差值 t（即 $\phi 0.08$）的圆柱面内的区域，公差带的轴线的位置由相对于三基面体系的理论正确尺寸确定。被测轴线必须位于该公差带内。

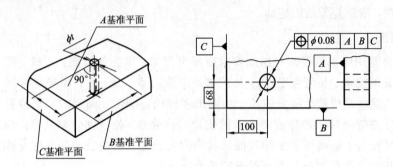

图 4 - 93　线的位置度

3）面的位置度

面的位置度公差是对零件表面或中心平面的位置度要求。在图 4 - 94 中，被测要素是左斜面，它的公差带是距离为公差值 t（即 0.05），且以面的理想位置为中心对称配置的两平行平面之间的区域，面的理想位置是由相对于三基面体系的理论正确尺寸确定。被测平面必须位于公差带内。

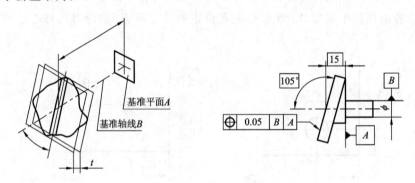

图 4 - 94　面的位置度

4）成组要素位置度

对于尺寸和结构分别相同的几个被测要素，通常称为成组要素，如孔组。用由理论正确尺寸按确定的几何关系把成组要素联系在一起作为一个整体就构成了几何图框（见图 4 - 95(b)），几何图框是用来确定成组要素的理想位置。例如图 4 - 95(a)所示的图样标注，矩形布置的六孔组有位置度要求，六个孔心之间的相对位置关系由保持垂直关系的理论正确尺寸 x_1、x_2 和 y 确定；图 4 - 95(b)为六孔组的几何图框；图 4 - 95(c)所示为该几何图框的理想位置由基准 A、B（后者垂直于前者）和定位的理论正确尺寸 L_x、L_y 来确定。各孔心位置度公差带（图 4 - 95(c)所示 $6 \times \phi t$ 的圆）是分别以各孔的理想位置为中心（圆心）的圆内的区域，它们分别相对于各自的理想位置对称配置，公差带的直径为 ϕt。被测要素六孔组的轴线必须位于公差带内。

如图 4 - 96(a)所示的图样标注，圆周布置的六孔组有位置度要求，六个孔的轴线之间的相对位置关系是它们均布在直径为理论正确尺寸 ϕL 上的圆周上。如图 4 - 96(b)所示，六孔组的几何图框就是这个圆周，该几何图框的中心与基准轴线 A 重合，其位置的理论正确尺寸为零。各孔轴线位置度公差带是以由基准轴线 A 和几何图框确定的各自理想位置

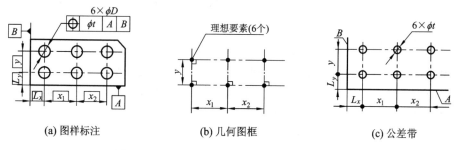

(a) 图样标注   (b) 几何图框   (c) 公差带

图 4-95 矩形布置孔组的位置度公差带示例

（按 $60°$ 均匀分布）为中心的圆柱面内的区域，它们分别相对于各自的理想位置对称分布，公差带的直径等于公差值 ϕt。被测要素各孔轴线必须位于公差带内。

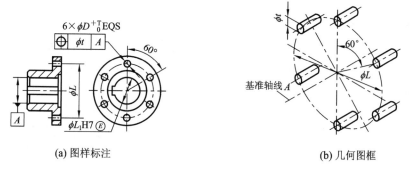

(a) 图样标注   (b) 几何图框

图 4-96 圆周布置六孔组的位置度公差带示例

5）复合位置度

复合位置度公差是对同一被测要素要求两种不同的位置度公差，用上、下两个框格表示。上框格的位置度为孔组相对于基准体系的要求，下框格为孔组对某一基准的进一步要求或孔组之间的要求，这两项要求必须同时满足。如图 4-97 所示，该零件的复合位置度的公差带分别是直径为公差值 $\phi 0.1$ 的圆柱面内的区域（该圆柱面轴线相对于三基面体系确定）和公差带为 $\phi 0.05$ 的圆柱面内的区域（该圆柱面的轴线垂直于基准 A）。被测各孔轴线

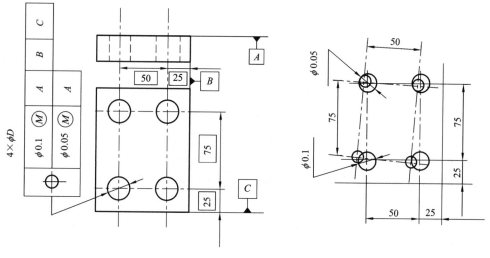

图 4-97 复合位置度

— 143 —

必须位于两公差带的交集之处。

4.3.7 跳动公差带

跳动公差是被测要素围绕基准要素旋转时指示器(千分表或百分表)沿给定方向测得的示值最大变动量的允许值。跳动公差涉及的被测要素为圆柱面、圆形端平面、圆锥面和曲面等轮廓要素，涉及的基准要素为轴线。跳动公差分为圆跳动和全跳动两类。

1. 圆跳动

圆跳动公差是被测要素的某一固定参考点围绕基准轴线旋转一周时(零件和测量仪器无轴向位移)测得的示值最大变动量的允许值。圆跳动公差分为径向圆跳动、端面圆跳动和斜向圆跳动。圆跳动公差适用于各个不同的测量位置。

1) 径向圆跳动

径向圆跳动公差是指被测圆柱面的某一固定参考点上，在垂直于基准轴线方向上，绕基准轴线旋一周时允许指示器跳动之最大读数差值。对于一个圆柱面的径向圆跳动值，应在多个有代表性的不同的位置进行测量，并取得其最大值进行评定。图 4-98(a)所示的公差带是在垂直于基准轴线的任一测量平面内，半径差为公差值 t(即 0.1)，且圆心在基准轴线上的两个同心圆之间的区域；图 4-98(b)表示当被测要素围绕基准线 A(基准轴线)并同时受基准表面 B(基准平面)的约束旋转一周时，在任一测量平面内的径向圆跳动量均不得大于 0.1；图 4-98(c)表示当被测要素围绕公共基准线($A-B$ 公共基准轴线)旋转一周时，在任一测量平面内的径向圆跳动量均不得大于 0.1。

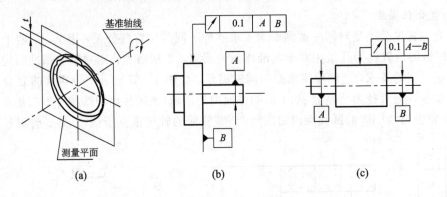

图 4-98　径向圆跳动

2) 端面圆跳动

端面圆跳动公差是指在被测端面(圆柱体端面、箱体表面等)的某一固定参考点上，在平行于基准轴线的方向上，绕基准轴线旋转一周时允许指示器跳动之最大读数差值。对于一个端面的圆跳动值，往往是距基准轴线最远处误差值最大。因此应在多个有代表性的不同的测量部位，尤其是最远处(直径最大处)进行测量，并取得最大值。图 4-99(a)所示的公差带是在与基准同轴的任一半径位置的测量圆柱面上距离为 t(即 0.1)的两圆之间的区域；图 4-99(b)表示被侧面围绕基准轴线 A 旋转一周时，在任一测量圆柱面内轴向的跳动量均不得大于 0.1。

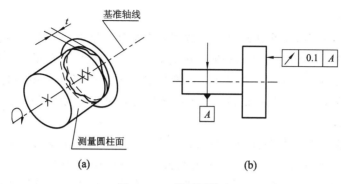

(a)   (b)

图 4-99   端面圆跳动

3）斜向圆跳动

斜向圆跳动公差是在非圆柱回转表面（曲面）的某一固定参考点上，在垂直于表面的方向上绕基准轴线旋转一周时指示器跳动之最大读数差值。对于一个非圆柱回转表面的斜向圆跳动值，应在多个有代表性的不同位置进行测量，并取其最大值进行评定。斜向圆跳动反映了该非圆柱回转表面的部分形状误差和同轴度误差。图 4-100(a)所示的公差带是在与基准同轴的任何一测量圆锥面上且距离为 t（即 0.1）的两圆之间的区域，除另有规定外，其测量方向应与该被测量圆锥面垂直。图 4-100(b)表示被测面绕基准线 C（基准轴线）旋转一周时，在任一测量圆锥面上的跳动量均不得大于 0.1。斜向圆跳动也可不在垂直于表面的方向上测量，此时必须注出测量方向的角度。如图 4-101 所示的公差带是在相对于方向要素（给定角度 α）的任一圆锥截面上，实际要素应限定在圆锥截面内间距等于 0.1 的两圆之间。

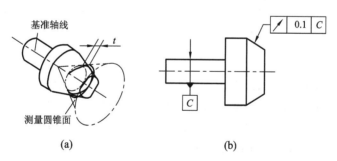

(a)   (b)

图 4-100   斜向圆跳动

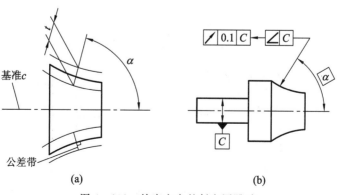

(a)   (b)

图 4-101   给定方向的斜向圆跳动

2. 全跳动

被测要素是组成要素,全跳动公差是被测要素绕基准轴线作若干次旋转,同时指示表作平行或垂直于基准轴线的直线移动时,在整个表面上的最大跳动量。全跳动公差分为径向全跳动和端面全跳动。在实际测量中,被测要素上取点的多少直接影响跳动量的数值。为尽量接近真实值,应取尽量多的测点,各点之间的轴向变化也应尽量地小。

1) 径向全跳动

径向全跳动公差是被测圆柱面上各点在垂直于基准的方向上围绕基准旋转时,允许指示器跳动的最大读数差值。径向全跳动公差是综合性最强的指标之一,它可同时全面地控制该圆柱面上的形状误差,包括有圆度、圆柱度、素线和轴线直线度以及同轴度误差。图 4-102(a) 所示的公差带是半径差为公差值 t(即 0.1),且与基准同轴的两圆柱面之间的区域。图 4-102(b) 表示被测要素围绕公共的基准线 A—B 作若干次旋转,并在测量仪器与工件间同时作轴向的相对移动时被测要素上各点间的示值差均不得大于 0.1,测量仪器或工件必须沿着基准轴线方向并相对于公共基准轴线 A—B 移动。整个圆柱面必须位于公差带以内。

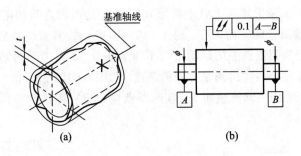

图 4-102 径向全跳动

2) 端面全跳动

端面全跳动是指在被测端面上各点在平行于基准的方向上围绕基准旋转时,允许指示器跳动的最大读数差数值。端面全跳动公差也是综合性最强的指标之一,可同时全面地控制该端面上的形状误差(平面度)和垂直度误差。图 4-103(a) 所示的公差带是距离为公差值 t(即 0.1),且与基准垂直的两平行平面之间的区域,图 4-103(b) 表示被测要素围绕基

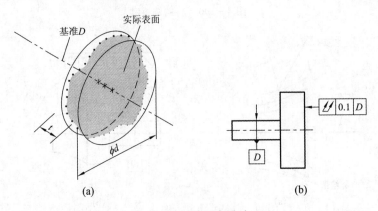

图 4-103 端面全跳动

准轴线 D 作若干次旋转，并在测量仪器与工件间作径向相对移动时，在被测要素上各点间的示值差均不得大于 0.1。测量仪器或工件必须沿着轮廓具有理想正确形状的线和相对于基准轴线 D 的垂直方向移动。被测端面必须位于公差带以内。

4.4 公差原则与公差要求

图样上的零件几何要素既有尺寸公差要求，又有几何公差要求，它们都是对同一要素的几何精度要求。这是因为任何机械零件，都同时存在几何误差和尺寸误差。有些几何误差和尺寸误差密切相关，例如偶数棱圆的圆柱面的圆度误差与尺寸误差；有些几何误差和尺寸误差又相互无关，例如中心要素的形状误差与相应组成要素的尺寸误差。而影响零件使用性能的，有时主要是几何误差，有时主要是尺寸误差，有时主要是它们的综合结果，而不必区分出它们各自的大小。因此设计零件时，应根据需要赋予该零件要素的几何公差和尺寸公差以不同的关系。通常把确定几何公差与尺寸公差之间的关系原则称为公差原则。

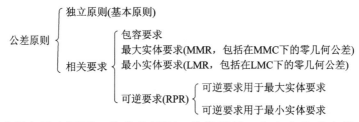

图样上明确规定了应用哪一种公差原则，将使设计、生产和检验人员达到统一认识，这对保证产品质量具有重要意义。

4.4.1 有关公差原则的术语及定义

1. 体外作用尺寸

在被测要素的给定长度上，与实际内表面体外相接的最大理想面或与实际外表面体外相接的最小理想面的直径或宽度，称为体外作用尺寸，如图 4-104 所示。对于关联要素，该理想面的轴线或中心平面必须与基准保持图样给定的几何关系，如图 4-105 所示。

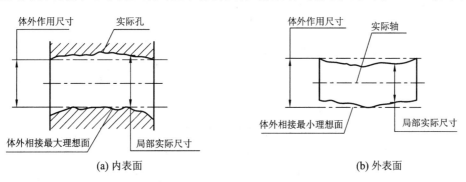

图 4-104 单一要素的体外作用尺寸

从图 4-104 和图 4-105 中可以看出，体外作用尺寸是由被测要素的实际尺寸和几何

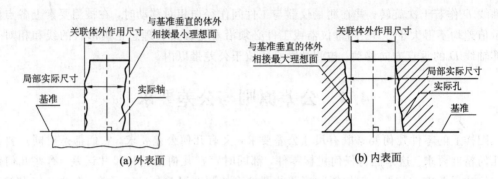

(a) 外表面   (b) 内表面

图 4-105　关联要素的体外作用尺寸

误差综合形成的。图 4-104 绘出的孔、轴存在着轴线的直线度误差、圆度误差和圆柱度误差，图 4-105 绘出的孔、轴除存在几何误差外，还存在着轴线的垂直度误差。因此，弯曲孔的体外作用尺寸小于该孔的实际尺寸，弯曲轴的体外作用尺寸大于该轴的实际尺寸。通俗地讲，由于孔、轴存在几何误差 $f_{几何}$，当孔和轴配合时，孔显得小了，轴显得大了，因此不利于二者的装配。从图 4-104 中可以较直观地推导出轴的体外作用尺寸和孔的体外作用尺寸分别为

$$d_{fe} = d_a + f_{几何} \tag{4-1}$$

$$D_{fe} = D_a - f_{几何} \tag{4-2}$$

式(4-1)和式(4-2)中，d_{fe} 为轴的体外作用尺寸代号，D_{fe} 为孔的体外作用尺寸代号。

2. 体内作用尺寸

在被测要素的给定长度上，与实际内表面体内相接的最小理想面或与实际外表面体内相接的最大理想面的直径或宽度，称为体内作用尺寸，如图 4-106 所示。对于关联要素，该理想面的轴线或中心平面必须与基准保持图样给定的几何关系，如图 4-107 所示。

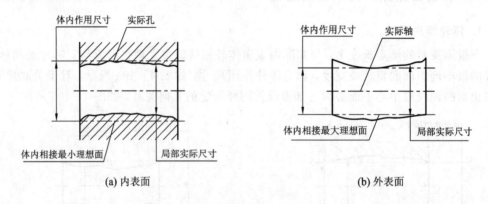

(a) 内表面   (b) 外表面

图 4-106　单一要素的体内作用尺寸

同样，可从图 4-106 和图 4-107 中看出，体内作用尺寸也是由被测要素的实际尺寸和几何误差综合形成的。图 4-106 绘出的孔、轴存在着轴线的直线度误差，圆度误差和圆柱度误差，图 4-107 绘出的孔、轴除存在几何误差外，还存在着轴线的同轴度误差。可以清楚地看出，弯曲孔的体内作用尺寸大于该孔的实际尺寸，弯曲轴的体内作用尺寸小于该轴的实际尺寸，可以较直观地推导出轴的体内作用尺寸和孔的体内作用尺寸为

$$d_{fi} = d_a - f_{几何} \qquad (4-3)$$
$$D_{fi} = D_a + f_{几何} \qquad (4-4)$$

式(4-3)和式(4-4)中，d_{fi}为轴的体内作用尺寸代号，D_{fi}为孔的体内作用尺寸代号。

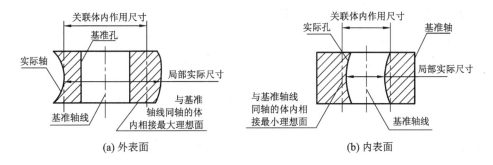

图 4-107　关联要素的体内作用尺寸

3. 最大实体状态与最大实体尺寸

实际要素在给定长度上处处位于尺寸极限之内并具有实体最大时的状态，称为最大实体状态。或者说孔或轴具有允许的材料量为最多时的状态，称为最大实体状态（简称 MMC）。实际要素在最大实体状态下的极限尺寸称为最大实体尺寸（MMS）。对于外表面，它为最大极限尺寸；对于内表面，它为最小极限尺寸。d_M为轴的最大实体尺寸代号，D_M为孔的最大实体尺寸代号。

显然，根据极限尺寸和最大实体尺寸定义，对于某一图样中的某一轴或孔的有关尺寸存在下式关系：

$$d_M = d_{max} \qquad (4-5)$$
$$D_M = D_{min} \qquad (4-6)$$

4. 最小实体状态与最小实体尺寸

实际要素在给定长度上处处位于尺寸极限之内并具有实体最小时的状态，称为最小实体状态。或者说孔或轴具有允许的材料量为最少时的状态，称为最小实体状态（简称 LMC）。实际要素在最小实体状态下的极限尺寸称为最小实体尺寸（LMS）。对于外表面，它为最小极限尺寸；对于内表面，它为最大极限尺寸。d_L为轴的最小实体尺寸代号，D_L为孔的最小实体尺寸代号。

显然，根据极限尺寸和最小实体尺寸的定义，对于某一图样中的某一轴或孔的有关尺寸存在下式关系：

$$d_L = d_{min} \qquad (4-7)$$
$$D_L = D_{max} \qquad (4-8)$$

5. 最大实体实效状态与最大实体实效尺寸

在给定长度上，实际要素处于最大实体状态且其中心要素的几何误差等于给出公差值时的综合极限状态，称为最大实体实效状态（简称 MMVC）。最大实体实效状态下的体外作用尺寸，称为最大实体实效尺寸（MMVS）。对于内表面，它为最大实体尺寸减几何公差值 $t_{几何}$（加注符号 Ⓜ 的）；对于外表面，它为最大实体尺寸加几何公差值 $t_{几何}$（加注符号 Ⓜ 的）。d_{MV}为轴的最大实体实效尺寸代号，D_{MV}为孔的最大实体实效尺寸代号。

显然，根据定义，对于某一图样中的某一轴或孔的有关尺寸存在下式关系：

$$d_{MV} = d_M + t_{几何} \qquad (4-9)$$

$$D_{MV} = D_M - t_{几何} \qquad (4-10)$$

6. 最小实体实效状态和最小实体实效尺寸

在给定长度上，实际要素处于最小实体状态且其中心要素的几何误差等于给出公差值时的综合极限状态，称为最小实体实效状态（简称 LMVC）。最小实体实效状态下的体内作用尺寸，称为最小实体实效尺寸（LMVS）。对于内表面，它为最小实体尺寸加几何公差值 $t_{几何}$（加注符号 Ⓛ 的）；对于外表面，它为最小实体尺寸减几何公差值 $t_{几何}$（加注符号 Ⓛ 的）。d_{LV} 为轴的最小实体实效尺寸代号，D_{LV} 为孔的最小实体实效尺寸代号。

显然，根据定义，对于某一图样中的某一轴或孔的有关尺寸存在下式关系：

$$d_{LV} = d_L - t_{几何} \qquad (4-11)$$

$$D_{LV} = D_L + t_{几何} \qquad (4-12)$$

7. 边界

由设计给定的具有理想形状的极限包容面（极限圆柱或两平行平面）称为边界。单一要素的边界没有方向或位置的约束，而关联要素的边界则与基准保持图样上给定的几何关系。对于外表面来说，它的边界相当于一个具有理想形状的内表面；对于内表面来说，它的边界相当于一个具有理想形状的外表面。该极限包容面的直径或宽度称为边界的尺寸。

边界用于综合控制实际要素的尺寸和几何误差。根据零件的功能和经济性要求，可以给出最大实体边界、最小实体边界、最大实体实效边界和最小实体实效边界。

(1) 最大实体边界：尺寸为最大实体尺寸的边界称为最大实体边界。

(2) 最小实体边界：尺寸为最小实体尺寸的边界称为最小实体边界。

(3) 最大实体实效边界：尺寸为最大实体实效尺寸的边界称为最大实体实效边界。

(4) 最小实体实效边界：尺寸为最小实体实效尺寸的边界称为最小实体实效边界。

【例 4-4】 按图 4-108(a)、(b)加工轴、孔零件，测得直径尺寸为 $\phi16$，其轴线的直线度误差为 0.02；按图 4-108(c)、(d)加工轴、孔零件，测得直径尺寸为 $\phi16$，其轴线的垂直度误差为 0.2。试求出四种情况的最大实体尺寸、最小实体尺寸、体外作用尺寸、体内作用尺寸、最大实体实效尺寸和最小实体实效尺寸。

解：(1) 按图 4-108(a)加工零件，根据有关公式可计算出：

$$d_M = d_{max} = 16$$

$$d_L = d_{min} = 16 + (-0.07) = 15.93$$

$$d_{fe} = d_a + f_{几何} = 16 + 0.02 = 16.02$$

$$d_{fi} = d_a - f_{几何} = 16 - 0.02 = 15.98$$

$$d_{MV} = d_M + t_{几何} = 16 + 0.04 = 16.04$$

$$d_{LV} = d_L - t_{几何} = 15.93 - 0.04 = 15.89$$

(2) 按图 4-108(b)加工零件，同理可算出：

$$D_M = D_{min} = 16 + 0.05 = 16.05$$

$$D_L = D_{max} = 16 + 0.12 = 16.12$$

$$D_{fe} = D_a - f_{几何} = 16 - 0.02 = 15.98$$

$$D_{fi} = D_a + f_{几何} = 16 + 0.02 = 16.02$$
$$D_{MV} = D_M - t_{几何} = 16.05 - 0.04 = 16.01$$
$$D_{LV} = D_L + t_{几何} = 16.12 + 0.04 = 16.16$$

（3）按图 4 - 108(c)加工零件，同理可算出：

$$d_M = d_{max} = 16 - 0.05 = 15.95$$
$$d_L = d_{min} = 16 - 0.12 = 15.88$$
$$d_{fe} = d_a + f_{几何} = 16 + 0.2 = 16.2$$
$$d_{fi} = d_a - f_{几何} = 16 - 0.2 = 15.8$$
$$d_{MV} = d_M + t_{几何} = 15.95 + 0.1 = 16.05$$
$$d_{LV} = d_L - t_{几何} = 15.88 - 0.1 = 15.78$$

（4）按图 4 - 108(d)加工零件，同理可算出：

$$D_M = D_{min} = 16$$
$$D_L = D_{max} = 16 + 0.07 = 16.07$$
$$D_{fe} = D_a - f_{几何} = 16 - 0.2 = 15.8$$
$$D_{fi} = D_a + f_{几何} = 16 + 0.2 = 16.2$$
$$D_{MV} = D_M - t_{几何} = 16 - 0.1 = 15.9$$
$$D_{LV} = D_L + t_{几何} = 16.07 + 0.1 = 16.17$$

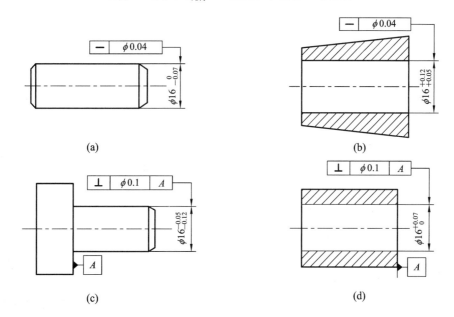

图 4 - 108　孔、轴零件图

4.4.2　独立原则

1. 独立原则的含义和在图样上的标注方法

独立原则是指图样上对某要素注出或未注的尺寸公差与几何公差各自独立，彼此无关，分别满足各自要求的公差原则。例如，印刷机滚筒(见图 4 - 109 所示)精度的重要要求是控制其圆柱度误差，以保证印刷时它与纸面接触均匀，使印刷的图文清晰，而滚筒尺寸（直径）d 的变动量对印刷质量则无甚影响，即该滚筒的形状精度要求高，而尺寸精度要求不高。在这种情况下，应该采用独立原则，规定严格的圆柱度公差 0.005 和较大的尺寸公差（采用未注公差），以获得最佳的技术经济效益。如果通过严格控制滚筒的尺寸 d 的变动

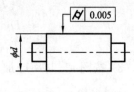

图 4-109　印刷滚筒

量来保证圆柱度要求，就需要规定严格的尺寸公差（把圆柱度误差控制在尺寸公差范围内），因而增加尺寸加工的难度，仍需要使用高精度机床，以保证被加工零件形状精度的要求，这显然是不经济的。

采用独立原则时，应在图样上标注文字说明："公差原则按 GB/T 4249－2018"。此时，图样上凡是要素的尺寸公差和几何公差没有用特定的关系符号或文字说明它们有联系时，就表示它们遵守独立原则。同时，图样上的未注几何公差总是遵守独立原则的。由于图样上所有的公差中的绝大多数遵守独立原则，故独立原则是尺寸公差与几何公差相互关系遵循的基本原则。德国、法国、加拿大、英国以及我国的大量统计资料表明：产品中 95% 以上的零件要素均应遵循独立原则，因而 ISO 8015 和 GB/T 4249 均规定独立原则为标注公差的基本原则。此规定已在世界各国实施。

2. 零件的合格条件

根据独立原则的含义，可以得出零件的合格条件：

$$\begin{cases} d_{min} \leqslant d_a \leqslant d_{max} \text{ 或 } D_{min} \leqslant D_a \leqslant D_{max} \\ f_{几何} \leqslant t_{几何} \end{cases} \quad (4-13)$$

图 4-110 为按独立原则注出尺寸公差和圆度公差、直线度公差的示例。零件加工后的实际尺寸应在 29.979～30 范围内，即 $29.979 \leqslant d_a \leqslant 30$，任一横截面的圆度误差不得大于 0.005，即 $f_○ \leqslant 0.005$，素线直线度误差不得大于 0.01，即 $f_— \leqslant 0.01$。在图 4-110 中，圆度和直线度误差的允许值与零件实际尺寸的大小无关，并且实际尺寸和圆度、素线直线度误差皆合格，该零件才合格。若其中只要有一项不合格，则该零件就不合格。

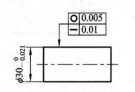

图 4-110　按独立原则标注公差示例

被测要素采用独立原则时，其实际尺寸用两点法测量，其几何误差使用普通计量器具来测量。

3. 独立原则的主要应用范围

独立原则应用十分广泛，精度低和精度高的情况下都可以采用独立原则。认为独立原则仅用于非配合的不重要场合，是片面的，不正确的。

独立原则的应用场合为以下几类：

（1）对几何精度要求严格，需单独加以控制而不允许受尺寸影响的要素。

（2）几何精度要求高，尺寸精度要求低的要素。

（3）尺寸精度要求高，几何精度要求低的要素。

（4）几何与尺寸本身无必然联系的要素。

（5）几何与尺寸均要求较低的非配合要素。

（6）未注几何公差与注出尺寸公差的要素。

（7）未注几何公差与未注尺寸公差的要素。

4.4.3 包容要求

1. 包容要求的含义和图样上的标注方法

（1）包容要求适用于单一要素，如圆柱面或两平行平面，即仅对零件要素本身提出形状公差要求的要素，例如提出直线度要求的轴线。

（2）包容要求表示实际要素应遵守其最大实体边界，其局部实际尺寸不得超出最小实体尺寸。所谓遵守最大实体边界，是指设计时应用边界尺寸，即最大实体尺寸的边界来控制被测要素的实际尺寸和形状误差的综合结果，要求该要素的实际轮廓不得超出这边界（即体外作用尺寸不超出最大实体尺寸），并且实际尺寸不得超出最小实体尺寸。

（3）采用包容要求的单一要素应在其尺寸极限偏差或公差带代号之后加注符号$Ⓔ$。例如$\phi 40^{+0.018}_{+0.002}Ⓔ$、$\phi 100H7\,Ⓔ$、$\phi 40k6\,Ⓔ$、$\phi 100H7(^{+0.035}_{0})Ⓔ$。

单一要素采用包容要求时，在最大实体边界范围内，该要素的实际尺寸和形状误差相互依赖，所允许的形状误差值完全取决于实际尺寸的大小。因此，若轴或孔的实际尺寸处处皆为最大实体尺寸，则其形状误差必须为零，才能合格。例如图 4-111(a)所示的图样标注，表示单一要素轴的实际轮廓不得超出边界尺寸为 $\phi 20$ 的最大实体边界，即轴的体外作用尺寸应不大于 $\phi 20$ 的最大实体尺寸（轴的最大极限尺寸）。轴的实际尺寸应不小于$\phi 19.987$ 的最小实体尺寸（轴的最小极限尺寸）。由于轴受到最大实体边界的限制，当轴处于最大实体状态时，不允许存在形状误差，见图 4-111(b)所示；当轴处于最小实体状态时，其轴线直线度误差允许值可达到 $\phi 0.013$，见图 4-111(c)，图中设轴的横截面形状正确。但是，在大部分情况下，轴是处于某一实际尺寸下的，而且具有形状误差（包括轴线直线度），这时，由于实际尺寸偏离了最大实体状态，轴的形状公差值可以从这个偏离中得到

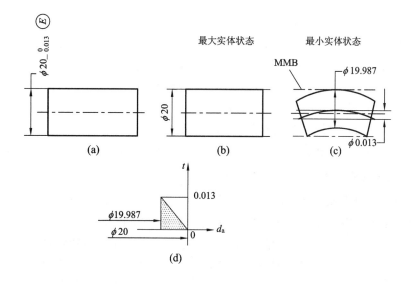

图 4-111　包容要求解释

补偿，偏离多少就补偿多少，不偏离不补偿。也就是说，轴的形状公差值等于补偿值。现设实际尺寸为 19.998，将轴的形状公差值列于表 4 - 7。

表 4 - 7　图 4 - 111 中补偿的形状公差值

项　目	最大实体状态	实际尺寸	最小实体状态	遵守的边界，最大实体边界
尺寸	$\phi 20$	$\phi 19.998$	$\phi 19.987$	$d_{\mathrm{M}}=\phi 20$
形状公差值	0	补偿值 $=20-19.998=0.002$	0.013	

当实际要素偏离最大实体状态时，包容要求允许尺寸公差补偿给形状公差，补偿量取决于偏离最大实体状态的多少。在表 4 - 6 中所指的形状公差可能是轴线直线度，当实际尺寸为 $\phi 19.998$ 时，此时补偿公差值 $=\phi 20-\phi 19.998=\phi 0.002$，可能是素线直线度，其补偿公差值为 0.002，也可能是圆度，补偿值也为 0.002。

2. 零件的合格条件

1）从含义上判断

根据包容要求的含义，可以得出下列的零件合格条件（泰勒原则）：

对于孔：

$$\begin{cases} D_{\mathrm{fe}} \geqslant D_{\mathrm{M}}, \\ D_{\mathrm{a}} \leqslant D_{\mathrm{L}} \end{cases} \quad 即 \quad \begin{cases} D_{\mathrm{a}} - f_{形状} \geqslant D_{\min} \\ D_{\mathrm{a}} \leqslant D_{\max} \end{cases} \tag{4-14}$$

对于轴：

$$\begin{cases} d_{\mathrm{fe}} \leqslant d_{\mathrm{M}}, \\ d_{\mathrm{a}} \geqslant d_{\mathrm{L}} \end{cases} \quad 即 \quad \begin{cases} d_{\mathrm{a}} + f_{形状} \leqslant d_{\max} \\ d_{\mathrm{a}} \geqslant d_{\min} \end{cases} \tag{4-15}$$

2）从偏离最大实体状态上判断

按偏离最大实体状态的程度可计算出形状公差的补偿值：

$$\begin{cases} d_{\min} \leqslant d_{\mathrm{a}} \leqslant d_{\max} \quad 或 \quad D_{\min} \leqslant D_{\mathrm{a}} \leqslant D_{\max} \\ f_{形状} \leqslant t_{形状} = 补偿值 \end{cases} \tag{4-16}$$

式中的补偿值是偏离最大实体状态的偏离值。对于轴来说，补偿值等于最大实体尺寸减去实际尺寸，即 $t_{形状}=d_{\mathrm{M}}-d_{\mathrm{a}}$；对于孔来说，补偿值等于孔的实际尺寸减去最大实体尺寸，即 $t_{形状}=D_{\mathrm{a}}-D_{\mathrm{M}}$。以轴为例，图 4 - 111(d) 为上例轴的动态公差图，该图表示该轴的轴线直线度公差值 t 随轴的实际尺寸 d_{a} 变化的规律，这个公差值就是轴相对于每个实际尺寸的补偿值。只要误差值落在图中的阴影部分，轴的形状公差就是合格的。

判断零件合格时，上述任一种方法都可以，第二种方法比较简单。

3. 包容要求的主要应用范围

包容要求常用于保证孔、轴的配合性质，特别是配合公差较小的精密配合要求，用最大实体边界保证所需要的最小间隙或最大过盈。例如 $\phi 20H7$ Ⓔ 孔与 $\phi 20h6$ Ⓔ 轴的间隙定位配合中，所需要最小间隙为零的间隙配合性质是通过孔和轴各自遵守最大实体边界来保证的，不会因为孔和轴的形状误差而产生过盈。采用包容要求时，基孔制配合中轴的上偏差数值即为最小间隙或最大过盈；基轴制配合中孔的下极限偏差数值即为最小间隙或最大过盈。应当指出，对于最大过盈要求不严而最小过盈必须保证的配合，其孔和轴不必采用包容要求，因为最小过盈的大小取决于孔和轴的实际尺寸，是由孔和轴的最小实体尺寸控制的，而不是由它们的最大实体边界控制的。按包容要求给出单一要素的尺寸公差后，若对该要素的形状精度有更高的要求，还可以进一步给出形状公差值，这形状公差值必须小于给出的尺寸公差值。

【例 4-5】 按尺寸 $\phi 50^{0}_{-0.05}$ Ⓔ 加工一个轴，图样上该尺寸按包容要求加工，加工后测得该轴的实际尺寸 $d_a = \phi 49.97$，其轴线直线度误差 $f_- = \phi 0.02$，判断该零件是否合格。

解：从含义上判断。依题意可得

$$d_{max} = \phi 50, \quad d_{min} = \phi 49.95$$

$$\begin{cases} d_{fe} = d_a + f_- = \phi 49.97 + \phi 0.02 = \phi 49.99 < d_M = d_{max} = \phi 50 \\ d_a = \phi 49.97 > d_L = d_{min} = \phi 49.95 \end{cases}$$

满足方程组式(4-15)，故零件合格。

【例 4-6】 按尺寸 $\phi 50^{+0.05}_{0}$ Ⓔ 加工一个孔，图样上该尺寸按包容要求加工，加工后测得该孔的实际尺寸 $D_a = \phi 50.04$，其轴线直线度误差 $f_- = \phi 0.02$，判断该零件是否合格。

解：从偏离最大实体状态上判断。依题意可得

$$D_{max} = \phi 50.05, \quad D_{min} = \phi 50$$

按方程组式(4-16)知：

$$\begin{cases} \phi 50 \leqslant \phi 50.04 \leqslant \phi 50.05 \\ f_- = \phi 0.02 < t_- = 补偿值 = D_a - D_M = \phi 50.04 - \phi 50 = \phi 0.04 \end{cases}$$

满足方程组式(4-16)，故零件合格。

4.4.4 最大实体要求

孔与轴间隙配合时，它们能否自由装配和保证功能要求，通常取决于局部实际尺寸和几何误差的体外综合效应。例如，两个法兰盘上的螺栓孔与固紧它们的螺栓相装配，当螺栓孔和螺栓的局部实际尺寸都达到最大实体尺寸，且它们的几何误差也都达到给定几何公差值时，它们的装配间隙为最小值。当它们的局部实际尺寸偏离最大实体尺寸而达到最小实体尺寸和几何误差为零时，它们的装配间隙为最大值。据此，如果螺栓孔和螺栓的局部实际尺寸向最小实体尺寸方向偏离其最大实体尺寸，即使它们的几何误差超出给定形位公差值(但不超出某一限度)，它们也能自由装配。这种装配取决于结合零件的局部实际尺寸及几何误差之间关系的概念，就是建立最大实体要求的理论依据。

1. 最大实体要求的含义和在图样上的标注方法

(1) 最大实体要求适用于导出(中心)要素。

(2) 遵守最大实体实效边界。也就是说，最大实体要求是控制被测要素的实际轮廓处于其最大实体实效边界之内的一种公差要求。当其实际尺寸偏离最大实体尺寸时，允许其几何误差值超出其给出的公差值。

(3) 最大实体要求既适用于被测要素也适用于基准要素。

(4) 最大实体要求的符号为Ⓜ。当应用于被测要素时，应在被测要素形位公差框格中的公差值后标注符号Ⓜ，见图 4-112(a)；当应用于基准要素时，应在几何公差框格内的基准字母代号后标注符号Ⓜ，见图 4-112(b)。

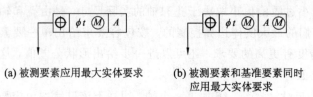

(a) 被测要素应用最大实体要求　　　　(b) 被测要素和基准要素同时
应用最大实体要求

图 4-112　应用最大实体要求的标注方法

2. 最大实体要求应用于被测要素

（1）最大实体要求应用于被测要素时，被测要素的实际轮廓在给定的长度上处处不得超出最大实体实效边界，即其体外作用尺寸不应超出最大实体实效尺寸，且其局部实际尺寸不得超出最大实体尺寸和最小实体尺寸。

（2）最大实体要求应用于被测要素时，被测要素的几何公差值是在该要素处于最大实体状态时给出的，当被测要素的实际轮廓偏离其最大实体状态，即其实际尺寸偏离最大实体尺寸时，几何误差值可超出在最大实体状态下给出的几何公差值，即此时的几何公差值可以增大。

（3）当给出的几何公差值为零时，则为零几何公差。此时，被测要素的最大实体实效边界等于最大实体边界；最大实体实效尺寸等于最大实体尺寸。

（4）最大实体要求主要应用于关联要素，也可用于单一要素。

（5）零件的合格条件如下所述：

① 从含义上判断。根据最大实体要求的含义，可以得出下列的零件合格条件：

对于孔

$$\begin{cases} D_{\text{fe}} \geqslant D_{\text{MV}} \\ D_{\text{M}} \leqslant D_{\text{a}} \leqslant D_{\text{L}} \end{cases}, \quad 即 \begin{cases} D_{\text{a}} - f_{\text{几何}} \geqslant D_{\min} - t_{\text{几何}} \\ D_{\min} \leqslant D_{\text{a}} \leqslant D_{\max} \end{cases} \tag{4-17}$$

对于轴

$$\begin{cases} d_{\text{fe}} \leqslant d_{\text{MV}} \\ d_{\text{L}} \leqslant d_{\text{a}} \leqslant d_{\text{M}} \end{cases}, \quad 即 \begin{cases} d_{\text{a}} + f_{\text{几何}} \leqslant d_{\max} + t_{\text{几何}} \\ d_{\min} \leqslant d_{\text{a}} \leqslant d_{\max} \end{cases} \tag{4-18}$$

② 从偏离最大实体状态上判断。偏离最大实体状态的程度可计算出几何公差 $t_{\text{几何}}$ 的补偿值：

$$\begin{cases} d_{\min} \leqslant d_{\text{a}} \leqslant d_{\max} \quad 或 \quad D_{\min} \leqslant D_{\text{a}} \leqslant D_{\max} \\ f_{\text{几何}} \leqslant t_{\text{几何}} = 给定值 + 补偿值 \end{cases} \tag{4-19}$$

式中的给定值是公差框格中给定的公差值，也就是被测实际要素处于最大实体状态下的给定的几何公差值。补偿值是当实际尺寸偏离最大实体状态时，几何公差值可以得到尺寸公差的补偿，偏离多少补偿多少，不偏离不补偿。对于轴来说，补偿值等于最大实体尺寸减去实际尺寸，即补偿值 $= d_{\text{M}} - d_{\text{a}}$；对于孔来说，补偿值等于孔的实际尺寸减去最大实体尺寸，即补偿值 $= D_{\text{a}} - D_{\text{M}}$。

（6）被测要素按最大实体要求标注的图样解释。

图 4-113 为最大实体要求应用于被测要素为单一要素的示例。图 4-113(a)的图样标

注表示 $\phi 20^{0}_{-0.013}$ 轴的轴线直线度公差与尺寸公差的关系采用最大实体要求。当轴处于最大实体状态时，其轴线直线度公差值为 0.01。实际尺寸应在 19.987～20 范围内。按式(4-9)计算轴的最大实体实效边界尺寸为

$$d_{MV} = d_M + t_{几何} = d_{max} + t_- = \phi 20 + \phi 0.01 = \phi 20.01$$

在遵守最大实体实效边界 MMVB 的条件下，当轴处于最大实体状态，即轴的实际尺寸处处皆为最大实体尺寸 $\phi 20$ 时，轴线直线度误差允许值为 0.01，见图 4-114(b)；当轴处于最小实体状态，即轴的实际尺寸处处皆为最小实体尺寸 $\phi 19.987$ 时，轴线直线度误差允许值可以增大到 $\phi 0.023$，见图 4-113(c)，此时，设轴横截面形状正确，它等于图样上标注的轴线直线度公差值 0.01 与轴尺寸公差值 0.013 之和。图 4-113(d)给出了轴线直线度公差值 t 随轴实际尺寸 d_a 变化的规律的动态公差图。相对于每一个实际尺寸的轴线直线度误差只要落在图中的阴影部分，该轴的轴线直线度就是合格的。现设该轴实际尺寸为 $\phi 19.998$，将轴的轴线直线度公差列于表 4-8 中。

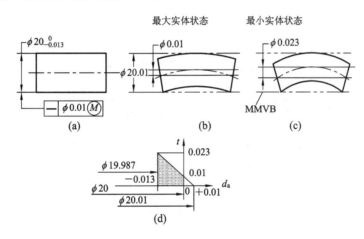

图 4-113 最大实体要求应用于单一要素的示例及其解释

表 4-8 图 4-113 中轴线直线度公差值

项 目	最大实体状态	实际尺寸	最小实体状态	遵守的边界，最大实体实效边界
尺寸	$\phi 20$	$\phi 19.998$	$\phi 19.987$	$d_{MV} = \phi 20.01$
轴线直线度公差值	$\phi 0.01$	给定值＋补偿值 $= \phi 0.01 + (\phi 20 - \phi 19.998)$ $= \phi 0.012$	给定值＋最大补偿值 $= \phi 0.01 + \phi 0.013$ $= \phi 0.023$	

现又测得轴线直线度误差为 $\phi 0.011$，问该轴是否合格？

按含义判断，依据方程组式(4-18)得

$$\begin{cases} d_a + f_- = \phi 19.998 + \phi 0.011 = \phi 20.009 < d_{max} + t_- = \phi 20 + \phi 0.01 = \phi 20.01 \\ \phi 19.987 < \phi 19.998 < \phi 20 \end{cases}$$

所以该轴是合格的。

图 4-114 为最大实体要求应用于被测要素为关联要素的示例。图 4-114(a)的图样标

注表示 $\phi 50_0^{+0.13}$ 孔的轴线对基准平面 A 的垂直度公差与尺寸公差的关系采用最大实体要求，当孔处于最大实体状态时，其轴线垂直度公差值 $t_\perp$ 为 0.08，实际尺寸应在 50～50.13 范围内。按式(4-10)计算，孔的最大实体实效边界尺寸为

$$D_{MV} = D_M - t_{几何} = D_M - t_\perp = \phi 50 - \phi 0.08 = \phi 49.92$$

在遵守最大实体实效边界 MMVB 的条件下，当孔的实际尺寸处处皆为最大实体尺寸 $\phi 50$ 时，轴线垂直度误差允许值为 0.08，见图 4-115(b)；当孔的实际尺寸处处皆为最小实体尺寸 50.13 时，轴线垂直度误差允许值可以增大到 0.21，见图 4-115(c)，它等于图样上标注的轴线垂直度公差值 0.08 与孔尺寸公差值 0.13 之和。图 4-115(d)给出了轴线垂直度公差 t 随孔实际尺寸 D_a 变化的规律的动态公差图。同理，相对于每一个实际尺寸的轴线垂直度误差，只要落在图中的阴影部分，该轴的轴线垂直度就是合格的。设实际尺寸为 $\phi 50.12$，允许的轴线垂直度公差列于表 4-9。

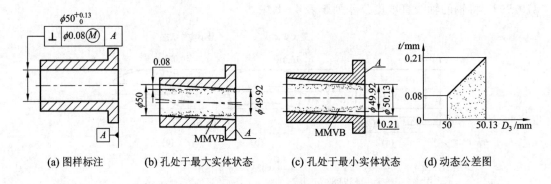

(a) 图样标注　　(b) 孔处于最大实体状态　　(c) 孔处于最小实体状态　　(d) 动态公差图

图 4-114　最大实体要求应用于关联要素的示例及其解释

表 4-9　图 4-114 中轴线垂直度公差值

项　目	最大实体状态	实际尺寸	最小实体状态	遵守的边界，最大实体实效边界
尺寸	$\phi 50$	$\phi 50.12$	$\phi 50.13$	$D_{MV} = \phi 49.92$
轴线垂直度公差值	$\phi 0.08$	给定值＋补偿值 $= \phi 0.08 + (\phi 50.12 - \phi 50)$ $= \phi 0.2$	给定值＋最大补偿值 $= \phi 0.08 + \phi 0.13$ $= \phi 0.21$	

此时如果测得的轴线垂直度误差值为 $\phi 0.12$，按偏离最大实体状态来判断，依据方程组式(4-19)得

$$\begin{cases} \phi 50 < \phi 50.12 < \phi 50.13 \\ f_{几何} = f_\perp = \phi 0.12 < t_{几何} = t_\perp = 给定值＋补偿值 = \phi 0.08 + (\phi 50.12 - \phi 50) = \phi 0.2 \end{cases}$$

所以该孔合格。

最大实体要求应用于关联要素而给出的最大实体状态下的位置公差值为零时，称为最大实体要求的零几何公差。在这种情况下，被测要素的最大实体实效边界就是最大实体边界，其最大实体实效尺寸等于最大实体尺寸。图 4-115(a)的图样标注，表示关联要素孔的实际轮廓不得超出边界尺寸为 $\phi 50$ 的最大实体尺寸(孔最小极限尺寸)的边界；孔的实际尺寸应不大于 $\phi 50.13$ 的最小实体尺寸(孔的最大极限尺寸)。由于孔受到最大实体边界的限

制，当孔处于最大实体状态时，轴线垂直度误差允许值为零，见图4-115(b)；如果孔实际尺寸大于 $\phi50$ 的最大实体尺寸，则允许轴线垂直度误差存在；当孔处于最小实体状态时，轴线垂直度误差允许值可达 $\phi0.13$，见图4-115(c)；图4-115(d)给出了表达上述关系的动态公差图，该图表示垂直度误差允许值 t 随孔实际尺寸 D_a 变化的规律。相对于每一个实际尺寸的轴线垂直度误差，只要落在图中的阴影部分，该轴的轴线垂直度就是合格的。设轴的实际尺寸为 $\phi50.1$，轴线垂直度公差值如表4-10所示。

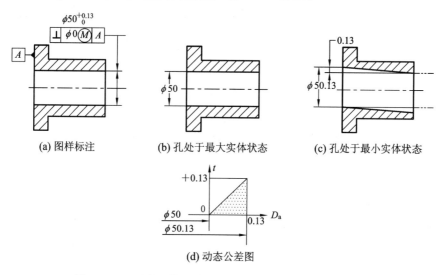

| (a) 图样标注 | (b) 孔处于最大实体状态 | (c) 孔处于最小实体状态 |

(d) 动态公差图

图4-115 最大实体要求的零形位公差标注示例及其解释

表4-10 图4-115中轴线垂直度公差值

项　目	最大实体状态	实际尺寸	最小实体状态	遵守的边界，最大实体边界
尺寸	$\phi50$	$\phi50.1$	$\phi50.13$	$d_{MV}=d_M=\phi50$
轴线垂直度公差值	0	给定值+补偿值 $=0+(\phi50.1-\phi50)$ $=\phi0.1$	给定值+最大补偿值 $=0+\phi0.13=\phi0.13$	

如果轴线垂直度误差值为 $\phi0.08$，按最大实体要求含义判断，依据方程组式(4-17)得

$$\begin{cases} D_a - f_{几何} = D_a - f_\perp = \phi50.1 - \phi0.08 = \phi50.02 > D_{MV} = D_M = D_{min} = \phi50 \\ D_a = \phi50.1 < D_L = D_{max} = \phi50.13 \end{cases}$$

满足方程组式(4-17)，所以该孔合格。

【例4-7】 按图4-116(a)图样标注所示为关联要素采用最大实体要求并限制最大垂直度误差值加工一个孔，加工后测得孔的实际尺寸为 $\phi50.02$，轴的垂直度误差值 $f_\perp$ 为 $\phi0.09$，试判断该孔是否合格？

解：图4-116(a)的图样标注，表示上公差框格按最大实体要求标注孔的轴线垂直度公差值0.08；下公差框格规定孔的轴线垂直度误差允许值应不大于0.12。也就是说，以尺寸 $\phi50.04$ 为界限，$\phi50+(0.12-0.08)=\phi50.04$，尺寸小于等于 $\phi50.04$ 则按零件轮廓采用最大实体要求处理，尺寸大于 $\phi50.04$ 则按独立原则处理。因此，无论孔的实际尺寸偏离其最大实体尺寸到什么程度，即使孔处于最小实体状态，其轴线垂直度误差值也不得大于

0.12。图 4-116(b)给出了轴线垂直度公差值 t 随孔实际尺寸 D_a 变化的规律的动态公差图。相对于每一个实际尺寸的轴线垂直度误差值，如果落在图中的阴影部分，就说明该轴线垂直度是合格的。现测得孔的实际尺寸为 $\phi50.02$，小于 $\phi50.04$，故按被测要素采用最大实体要求计算：

依据方程组式(4-19)

$$\begin{cases} \phi50 < \phi50.02 < \phi50.13 \\ f_{几何} = f_\perp = \phi0.09 < t_{几何} = t_\perp = 给定值 + 补偿值 = \phi0.08 + (\phi50.02 - \phi50) = \phi0.1 \end{cases}$$

所以该孔合格。

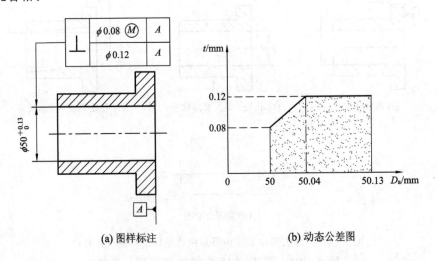

(a) 图样标注　　　　　(b) 动态公差图

图 4-116　采用最大实体要求并限制最大位置误差值的零件

3. 最大实体要求应用于基准要素

基准要素是确定被测要素位置的参考对象的基础。基准要素尺寸公差与被测要素位置公差的关系可以是彼此无关而独立的，或者是相关的。基准要素本身可以采用独立原则、包容要求、最大实体要求和最大实体可逆要求等。

(1) 最大实体要求应用于基准要素时，基准要素应遵守相应的边界。若基准要素的实际轮廓偏离其相应的边界，即其体外作用尺寸偏离其相应的边界尺寸，则允许基准要素在一定范围内浮动，其浮动范围等于基准要素的体外作用尺寸与其相应的边界尺寸之差。

(2) 基准要素本身采用最大实体要求时，则其相应的边界为最大实体实效边界。此时，基准代号应直接标注在形成该最大实体实效边界的形位公差框格下面，如图 4-117(b) 所示。

(3) 基准要素本身不采用最大实体要求时，其相应的边界为最大实体边界，如图 4-117(a) 所示基准本身采用独立原则，如图 4-117(c) 为基准本身采用包容要求。

(4) 零件合格条件。按偏离状态来判断，对于被测要素来说，是偏离最大实体实效边界；对于基准要素来说，是偏离相应的边界尺寸。

$$\begin{cases} d_{min} \leqslant d_a \leqslant d_{max} \quad 或 \quad D_{min} \leqslant D_a \leqslant D_{max} \\ f_{几何} \leqslant t_{几何} = 给定值 + 被测要素补偿值 + 基准要素补偿值 \end{cases} \tag{4-20}$$

如果基准要素标注有几何公差，且有给定值，式中的给定值也包括基准要素的给定值，被测要素补偿值和基准要素补偿值的意义及计算方法同前。

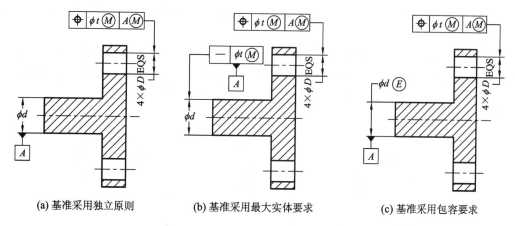

(a) 基准采用独立原则　　　(b) 基准采用最大实体要求　　　(c) 基准采用包容要求

图 4-117　最大实体要求应用于基准要素的标注

（5）基准要素按最大实体要求标注的图样解释。

图 4-118 所示为同轴度公差采用最大实体要求。它表示最大实体要求应用于孔 $\phi 40^{+0.1}_0$ 的轴线对孔 $\phi 20^{+0.033}_0$ ⓔ 的轴线的同轴度公差，并同时应用于基准要素。当被测要素处于最大实体状态，基准要素也处于最大实体状态时，其轴线对 A 基准的同轴度公差为 $\phi 0.1$。当被测孔处于最小实体状态时，其轴线对 A 基准轴线的同轴度误差允许达到最大值，即等于图样给出的同轴度公差（$\phi 0.1$）与孔的尺寸公差（0.1）之和 $\phi 0.2$。当 A 基准的实际轮廓处于最大实体边界上，即其体外作用尺寸等于最大实体尺寸 $D_M = \phi 20$ 时，基准轴线不能浮动。当 A 基准的实际轮廓偏离最大实体边界，即其体外作用尺寸偏离最大实体尺寸 $D_M = \phi 20$ 时，基准轴线可以浮动。当其体外作用尺寸等于最小实体尺寸 $D_L = \phi 20.033$ 时，其浮动范围达到最大值 $\phi 0.033 (= D_L - D_M = 20.033 - 20)$。现设基准孔的实际尺寸为 $\phi 20.02$；被测孔的实际尺寸为 $\phi 40.08$。同轴度公差列于表 4-11 中。

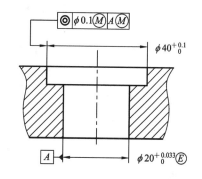

图 4-118　同轴度公差采用最大实体
要求标注示例及解释

表 4-11　图 4-118 的同轴度公差

项　目	最大实体 状态	实际尺寸	最小实体状态	遵守的边界
被测孔尺寸	$\phi 40$	$\phi 40.08$	$\phi 40.1$	最大实体实效边界 $D_{MV} = D_M - t_{\odot} = \phi 39.9$
基准孔尺寸	$\phi 20$	$\phi 20.02$	$\phi 20.033$	最大实体边界 $D_M = \phi 20$
轴线同轴度公差 $t_{\odot}$	$\phi 0.1$	给定值＋被测要素补偿值＋基准要素补偿值 $= \phi 0.1 + (\phi 40.08 - \phi 40)$ $+ (\phi 20.02 - \phi 20)$ $= \phi 0.2$	给定值＋被测要素最大补偿值＋基准要素最大补偿值 $= \phi 0.1 + \phi 0.1 + \phi 0.033$ $= \phi 0.233$	

此时如果测得轴线的同轴度误差为 $\phi 0.15$，根据表中的计算，以及方程组式(4-20)可判断该孔合格。

图 4-119 为位置度公差采用最大实体要求的标注示例。与上例不同的是基准要素本身采用最大实体要求，即基准 B 的相应边界为最大实体实效边界。现设被测孔的实际尺寸为 $\phi 7.75$，基准轴的实际尺寸为 $\phi 9.95$。位置度公差列于表 4-12 中。

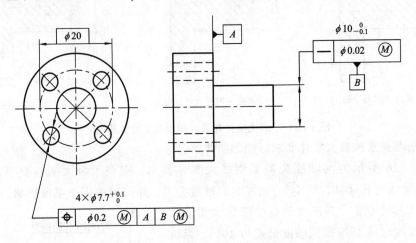

图 4-119 位置度公差采用最大实体要求标注示例及解释

表 4-12 图 4-119 的位置度公差

项 目	最大实体状态	实际尺寸	最小实体状态	遵守的边界
被测孔尺寸	$\phi 7.7$	$\phi 7.75$	$\phi 7.8$	最大实体实效边界 $D_{MV}=D_M-t_{位置}$ $=\phi 7.7-\phi 0.2$ $=\phi 7.5$
基准轴尺寸	$\phi 10$	$\phi 9.95$	$\phi 9.9$	最大实体实效边界 $d_{MV}=d_M+t_-$ $=\phi 10+\phi 0.02$ $=\phi 10.02$
轴线位置度公差值 $t_{位置}$	$\phi 0.2+\phi 0.02$ $=\phi 0.22$	给定值＋被测要素补偿值＋基准要素补偿值 $=\phi 0.2+\phi 0.02+(\phi 7.75-\phi 7.7)+(\phi 10-\phi 9.95)$ $=\phi 0.32$	给定值＋被测要素最大补偿值＋基准要素最大补偿值 $=\phi 0.2+\phi 0.02+\phi 0.1+\phi 0.1$ $=\phi 0.42$	

此时，测得被测孔的位置度误差为 $\phi 0.30$，依据表中的计算，该孔合格。

4. 最大实体要求的主要应用范围

只要求装配互换的要素，通常采用最大实体要求。因此，最大实体要求一般用于主要保证可装配性，而对其他功能要求较低的场合。这样可以充分利用尺寸公差补偿几何公差，有利于制造和检验。最大实体要求只能用于轴线及中心面的形状、方向与位置公差。设计时如能正确应用此原则，将给生产带来有利的经济效果。例如，用螺栓或螺钉连接的圆盘零件上圆周布置的通孔的位置度公差广泛采用最大实体要求，以便充分利用图样上给出的通孔尺寸公差，获得最佳的技术经济效益。

4.4.5 最小实体要求

同一零件上相邻要素之间的临界距离（如最小壁厚或最大距离）的保证，通常取决于要素的局部实际尺寸和几何误差的体内综合效应。例如，零件上相邻两孔之间的壁厚，当两孔的局部实际尺寸都达到最小实体尺寸，且它们之间的位置误差也达到给定的位置度公差时，它们之间的壁厚为最小值。据此，如果两孔的局部实际尺寸向最大实体尺寸方向偏离其最小实体尺寸，即使它们的位置误差超出给定位置度公差值（但不超出某一限度），它们也能保证最小壁厚。这种临界距离取决于同一零件上相邻要素的局部实际尺寸及形位误差之间关系的概念，就是建立最小实体要求的理论依据。

1. 最小实体要求的含义和在图样上的标注方法

（1）最小实体要求适用于导出（中心）要素。

（2）遵守最小实体实效边界。也就是说，最小实体要求是控制被测要素的实际轮廓处于其最小实体实效边界之内的一种公差要求。当其实际尺寸偏离最小实体尺寸时，允许其几何误差值超出其给出的公差值。

（3）最小实体要求既适用于被测要素也适用于基准要素。

（4）最小实体要求的符号为Ⓛ。当应用于被测要素时，应在被测要素几何公差框格中的公差值后标注符号Ⓛ，见图4-120(a)；当应用于基准要素时，应在几何公差框格内的基准字母代号后标注符号Ⓛ，见图4-120(b)。

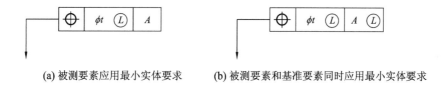

(a) 被测要素应用最小实体要求　　　(b) 被测要素和基准要素同时应用最小实体要求

图4-120　应用最小实体要求的标注方法

2. 最小实体要求应用于被测要素

（1）最小实体要求应用于被测要素时，被测要素的实际轮廓在给定的长度上处处不得超出最小实体实效边界，即其体内作用尺寸不应超出最小实体实效尺寸，且其局部实际尺寸不得超出最大实体尺寸和最小实体尺寸。

（2）最小实体要求应用于被测要素时，被测要素的几何公差值是在该要素处于最小实体状态时给出的，当被测要素的实际轮廓偏离其最小实体状态，即其实际尺寸偏离最小实体尺寸时，几何误差值可超出在最小实体状态下给出的几何公差值，即此时的几何公差值可以增大。

（3）当给出的几何公差值为零时，则为零几何公差。标注时被测要素形位公差框格第二格中的几何公差值用 $\phi0$Ⓛ注出。此时，被测要素的最小实体实效边界等于最小实体边界；最小实体实效尺寸等于最小实体尺寸。

（4）最小实体要求主要应用于关联要素，也可用于单一要素。

（5）零件的合格条件如下所述：

① 从含义上判断。根据最小实体要求的含义，可以得出下列的零件合格条件：

对于孔

$$
\begin{cases} D_{fi} \leqslant D_{LV} \\ D_M \leqslant D_a \leqslant D_L \end{cases}, \quad 即 \quad \begin{cases} D_a + f_{几何} \leqslant D_{max} + t_{几何} \\ D_{min} \leqslant D_a \leqslant D_{max} \end{cases} \tag{4-21}
$$

对于轴

$$
\begin{cases} d_{fi} \geqslant d_{LV} \\ d_L \leqslant d_a \leqslant d_M \end{cases}, \quad 即 \quad \begin{cases} d_a - f_{几何} \geqslant d_{min} - t_{几何} \\ d_{min} \leqslant d_a \leqslant d_{max} \end{cases} \tag{4-22}
$$

② 从偏离最小实体状态上判断。按偏离最小实体状态的程度可计算出几何公差 $t_{几何}$ 的补偿值：

$$
\begin{cases} d_{min} \leqslant d_a \leqslant d_{max} \quad 或 \quad D_{min} \leqslant D_a \leqslant D_{max} \\ f_{几何} \leqslant t_{几何} = 给定值 + 补偿值 \end{cases} \tag{4-23}
$$

式中的给定值是公差框格中给定的公差值，也就是被测实际要素处于最小实体状态下的给定的几何公差值。补偿值是当实际尺寸偏离最小实体状态时，几何公差值可以得到尺寸公差的补偿，偏离多少补偿多少，不偏离不补偿。对于轴来说，补偿值等于实际尺寸减去最小实体尺寸，即补偿值 $= d_a - d_L$；对于孔来说，补偿值等于孔的最小实体尺寸减去实际尺寸，即补偿值 $= D_L - D_a$。

（6）被测要素按最小实体要求标注的图样解释。

图 4-121 为最小实体要求应用于被测要素为关联要素的示例。图 4-121（a）的图样标注表示 $\phi20^{0}_{-0.013}$ 轴的轴线对基准平面 A 的垂直度公差与尺寸公差的关系采用最小实体要求，当轴处于最小实体状态时，其轴线垂直度公差值 $t_\perp$ 为 0.01，实际尺寸应在 19.987～20 范围内。按式（4-11）计算，轴的最小实体实效边界尺寸为

$$
d_{LV} = d_L - t_{几何} = d_L - t_\perp = \phi19.987 - \phi0.01 = \phi19.977
$$

在遵守最小实体实效边界 LMVB 的条件下，当轴的实际尺寸处处皆为最小实体尺寸 $\phi19.987$ 时，轴线垂直度误差允许值为 0.01，见图 4-121（b）；当轴的实际尺寸处处皆为最大实体尺寸 20 时，轴线垂直度误差允许值可以增大到 0.023，见图 4-121（c），它等于图样上标注的轴线垂直度公差值 0.01 与轴尺寸公差值 0.013 之和。图 4-121（d）给出了轴线垂直度公差 t 随孔实际尺寸 d_a 变化规律的动态公差图。相对于每一个实际尺寸的轴线垂直度误差，只要落在图中的阴影部分，该轴的轴线垂直度就是合格的。设实际尺寸为 $\phi19.998$，允许的轴线垂直度公差列于表 4-13。

表 4-13 图 4-121 的垂直度公差值

项 目	最大实体状态	实际尺寸	最小实体状态	遵守的边界，最小实体实效边界
尺寸	$\phi20$	$\phi19.998$	$\phi19.987$	$d_{LV} = \phi19.977$
轴线垂直度公差值	给定值 + 最大补偿值 $= 0.01 + \phi0.013$ $= \phi0.023$	给定值 + 补偿值 $= \phi0.01 + (\phi19.998 - \phi19.987)$ $= \phi0.021$	$\phi0.01$	

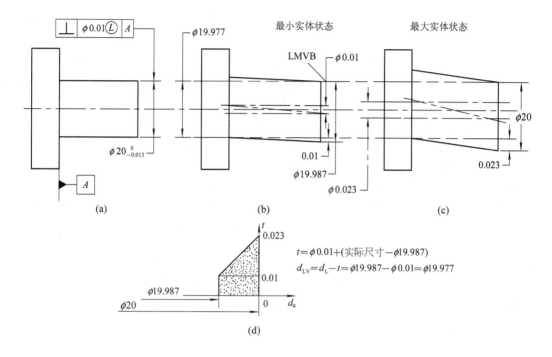

图 4 - 121 最小实体要求应用于关联要素的示例及其解释

设轴线垂直度误差为 $\phi 0.02$，按含义来判断，问该轴是否合格？

依据方程组式(4 - 22)可得

$$
\begin{cases}
d_a - f_{几何} = d_a - f_\perp = \phi 19.998 - \phi 0.02 \\
\qquad = \phi 19.978 > d_{\min} - t_\perp = \phi 19.987 - \phi 0.01 = \phi 19.977 \\
\phi 19.987 < \phi 19.998 < \phi 20
\end{cases}
$$

所以该轴合格。

图 4 - 122(a)表示孔 $\phi 8_0^{+0.25}$ 的轴线对 A 基准的位置度公差采用最小实体要求，以保证孔与边缘之间的最小距离。当被测要素处于最小实体状态时，其轴线对 A 基准的位置度公差为 $\phi 0.4$，如图 4 - 122(b)所示。按最小实体要求的含义，该孔应该满足下列要求：第一，

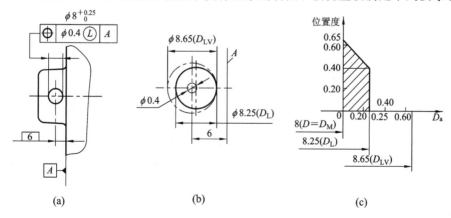

图 4 - 122 位置度公差采用最小实体要求

实际尺寸在 $\phi8\sim\phi8.25$ 之内；第二，实际轮廓不超出关联最小实体实效边界，即其关联体内作用尺寸不大于最小实体实效尺寸 $D_{LV}=D_L+t=8.25+0.4=8.65$。当该孔处于最大实体状态时，其轴线对 A 基准的位置度误差允许达到最大值，即等于图样给出的位置度公差 $(\phi0.4)$ 与孔的尺寸公差 (0.25) 之和 $\phi0.65$。随着实际孔径的变化，其允许的位置度误差也不断地变化，两者之间的变化关系见动态公差图，图 4-122(c)。相对于某个实际尺寸的位置度误差，只要落在图中的阴影部分，它的位置度就是合格的。

关联要素采用最小实体要求时的零几何公差见图 4-123。图 4-123(a) 是孔 $\phi8_0^{+0.65}$ 轴线对侧面 A 基准的位置度公差，在最小实体状态下给出的公差值为零。该图样表示，孔的实际轮廓应遵守最小实体实效边界。由于此时给出的位置度公差为 $\phi0$，因此最小实体实效边界等于最小实体边界。孔的实际轮廓受最小实体边界的控制。当孔的实际轮廓处于最小实体状态，其体内作用尺寸处处均为 $\phi8.65$ 时，轴线的位置度的允许误差为 $\phi0$，见图 4-123(b)。当孔的实际轮廓偏离最小实体状态，其体内作用尺寸由 $\phi8.65$ 向 $\phi8$ 减小时，孔的轴线相对于 A 基准面可获得一定的允许位置度误差值。当实际轮廓处于最大实体状态时，其允许的位置度误差可达 $\phi0.65$，它们之间的关系见动态公差图，如图 4-123(c) 所示。该孔应该满足以下要求：第一，实际尺寸不小于 $\phi8$；第二，实际轮廓不超出关联最小实体边界，即其关联体内作用尺寸不大于最小实体尺寸 $D_L=\phi8.65$。

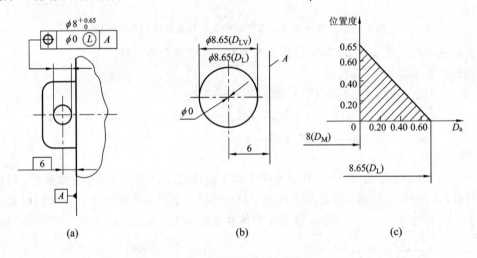

图 4-123　关联要素采用最小实体要求时的零形位公差

3. 最小实体要求应用于基准要素

最小实体要求应用于基准要素，是指基准要素的尺寸公差与被测要素的位置公差的关系采用最小实体要求。

(1) 最小实体要求应用于基准要素时，基准要素应遵守相应的边界。若基准要素的实际轮廓偏离其相应的边界，即其体内作用尺寸偏离其相应的边界尺寸，则允许基准要素在一定范围内浮动，其浮动范围等于基准要素的体内作用尺寸与其相应的边界尺寸之差。

(2) 基准要素本身采用最小实体要求时，则其相应的边界为最小实体实效边界。此时，基准代号应直接标注在形成该最小实体实效边界的形位公差框格下面，如图 4-124 所示。

因基准要素本身采用最小实体要求，其实际轮廓必须遵守最小实体实效边界，当它作为 $\phi 20_0^{+1.5}$ 孔轴线的基准时，所遵守的边界不会变化，仍然是最小实体实效边界。

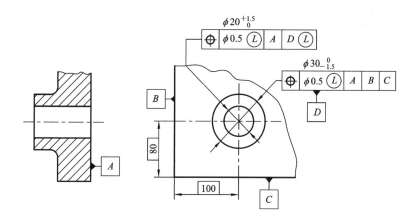

图 4-124　基准采用最小实体要求的标注示例

（3）基准要素本身不采用最小实体要求时，其相应的边界为最小实体边界。图 4-125 为采用独立原则的示例，基准要素 $\phi 30_{-0.05}^0$ 轴的轴线本身遵守独立原则，当它作为其他要素的基准并采用最小实体要求时，所遵守的控制边界为最小实体边界。基准本身不采用最小实体要求时，只有遵守独立原则这一种情况。这是因为基准要素采用最小实体要求时，其本身不可能受最大实体边界的控制，因此不可能遵循包容要求。

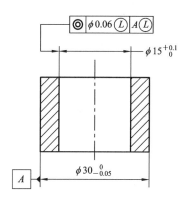

图 4-125　基准采用独立原则的标注示例

（4）零件合格条件。按偏离状态来判断，对于被测要素来说，是偏离最小实体实效边界；对于基准要素来说，是偏离相应的边界尺寸。

$$\begin{cases} d_{\min} \leqslant d_a \leqslant d_{\max} \quad 或 \quad D_{\min} \leqslant D_a \leqslant D_{\max} \\ f_{几何} \leqslant t_{几何} = 给定值 + 被测要素补偿值 + 基准要素补偿值 \end{cases} \quad (4-24)$$

如果基准要素标注有几何公差，且有给定值，式中的给定值也包括基准要素的给定值。被测要素补偿值和基准要素补偿值的意义及计算方法同最小实体要求应用于被测要素。

（5）基准要素按最小实体要求标注的图样解释。

图 4-125 为同轴度公差采用最小实体要求的标注示例。它表示最小实体要求应用于

被测孔 $\phi15^{+0.1}_{0}$ 的轴线对基准轴 $\phi30^{0}_{-0.05}$ 的轴线的同轴度公差，并同时应用于基准要素。当被测要素处于最小实体状态，基准要素也处于最小实体状态时，被测孔轴线对 A 基准的同轴度公差为 $\phi0.06$。当被测孔处于最大实体状态时，其轴线对 A 基准轴线的同轴度误差允许达到最大值，即等于图样给出的同轴度公差（$\phi0.06$）与孔的尺寸公差（0.1）之和 $\phi0.16$。当 A 基准的实际轮廓处于最小实体边界上，即其体内作用尺寸等于最小实体尺寸 $d_L=\phi29.95$ 时，基准轴线不能浮动。当 A 基准的实际轮廓偏离最小实体边界，即其体内作用尺寸偏离最小实体尺寸 $d_L=\phi29.95$ 时，基准轴线可以浮动。当其体内作用尺寸等于最大实体尺寸 $d_M=\phi30$ 时，其浮动范围达到最大值 $\phi0.05(=d_M-d_L=30-29.95)$。现设基准轴的实际尺寸为 $\phi29.98$；被测孔的实际尺寸为 $\phi15.08$。同轴度公差列于表 4-14 中。

表 4-14　图 4-125 同轴度公差

项　　目	最大实体状态	实际尺寸	最小实体状态	遵守的边界
被测孔尺寸	$\phi15$	$\phi15.08$	$\phi15.1$	最小实体实效边界 $D_{LV}=D_L+t_{\odot}=\phi15.16$
基准轴尺寸	$\phi30$	$\phi29.98$	$\phi29.95$	最小实体边界 $d_L=\phi29.95$
轴线同轴度公差值 $t_{\odot}$	给定值＋被测要素最大补偿值＋基准要素最大补偿值 $=\phi0.06+\phi0.1+\phi0.05=\phi0.21$	给定值＋被测要素补偿值＋基准要素补偿值 $=\phi0.06+(\phi15.1-\phi15.08)+(\phi29.98-\phi29.95)=\phi0.11$	$\phi0.06$	

如果测得同轴度误差值为 $\phi0.1$，试根据式（4-24）判断该孔是否合格？

因为

$$\begin{cases} \phi15<\phi15.08<\phi15.1 \\ f_{\odot}=\phi0.1<t_{\odot}=给定值+(D_L-D_a)+(d_a-d_L) \\ \quad=\phi0.06+(\phi15.1-\phi15.08)+(\phi29.98-\phi29.95)=\phi0.11 \end{cases}$$

所以该孔合格。

4. 最小实体要求的主要应用范围

最小实体要求广泛应用于在获得最佳的技术经济效益的前提下，保证最小壁厚和控制表面至中心要素的最大距离等功能要求的场合。主要用于限制要素的位置变动，多用于位置公差，适用于导出（中心）要素。

4.4.6　可逆要求

应用可逆要求时，不仅图样给出的几何公差值是动态公差，而且图样给出的尺寸公差值也不是像传统公差概念那样的固定数值，而是与几何误差有关，随允许误差值的减小而允许图样给出的尺寸公差值增大，即允许局部实际尺寸可以超越最大实体尺寸（或最小实体尺寸），只要被测要素的实际轮廓遵守最大实体实效边界（或最小实体实效边界），成为一种公差数值可以变化的动态公差。由此可见，相关要求将传统的公差概念（公差是固定值）发展成为现代公差概念（公差是动态公差），是科学技术进步和生产发展的必然结果。

所谓可逆要求，是指在不影响零件功能的前提下，当被测轴线或中心平面的几何误差值小于给出的几何公差值时允许相应的尺寸公差增大。它通常与最大实体要求或最小实体要求一起应用。使用在 MMC 下的零形位公差或在 LMC 下的零形位公差也可表达相同的设计意图。

1. 可逆要求的含义和在图样上的标注方法

（1）可逆要求仅适用于导出（中心）要素即轴线和中心平面。

（2）可逆要求是在不影响零件功能的前提下，当被测要素的几何误差值小于给出的几何公差值时，允许其相应的尺寸公差增大的一种相关要求。

（3）可逆要求本身不能独立使用，也没有自己的边界，必须与最大实体要求或最小实体要求一起使用。

（4）可逆要求只应用与被测要素，不能用于基准要素。可逆要求仅允许实际尺寸超越给出的尺寸公差范围，但不能破坏其本应遵守的控制边界，因此，仍保证其装配要求或最小厚度、最小强度的要求。

（5）可逆要求与最大实体要求或最小实体要求一起使用时，其功能要求与零形位公差相同。

（6）采用可逆要求时应标注符号®。与最大实体要求合用时，应将符号®注在最大实体要求符号Ⓜ的后面；与最小实体要求合用时，应将符号®注在最小实体要求符号Ⓛ的后面，见图 4-126。

图 4-126 被测要素采用可逆要求的标注

2. 可逆要求应用于最大实体要求

（1）可逆要求应用于最大实体要求时，表示在被测要素的实际轮廓不超出其最大实体实效边界的条件下，允许被测要素的尺寸公差补偿其几何公差，同时也允许被测要素的几何公差补偿其尺寸公差，当被测要素的几何误差值小于图样上标注几何公差值或等于零时，允许被测要素的实际尺寸超出其最大实际尺寸，甚至可以等于其最大实体实效尺寸。

（2）零件合格条件。

① 从含义上判断：

对于孔

$$\begin{cases} D_{\text{fe}} \geqslant D_{\text{MV}} \\ D_{\text{MV}} \leqslant D_{\text{a}} \leqslant D_{\text{L}} \end{cases}，即 \begin{cases} D_{\text{a}} - f_{\text{几何}} \geqslant D_{\text{min}} - t_{\text{几何}} \\ D_{\text{min}} - t_{\text{几何}} \leqslant D_{\text{a}} \leqslant D_{\text{max}} \end{cases} \tag{4-25}$$

对于轴

$$\begin{cases} d_{fe} \leqslant d_{MV} \\ d_L \leqslant d_a \leqslant d_{MV} \end{cases}, \quad 即 \begin{cases} d_a + f_{几何} \leqslant d_{max} + t_{几何} \\ d_{min} \leqslant d_a \leqslant d_{max} + t_{几何} \end{cases} \tag{4-26}$$

② 从偏离最大实体状态上判断：

$$\begin{cases} d_{min} \leqslant d_a \leqslant d_{MV} \quad 或 \quad D_{MV} \leqslant D_a \leqslant D_{max} \\ f_{几何} \leqslant t_{几何} = 给定值 + 补偿值 \end{cases} \tag{4-27}$$

式中的给定值和补偿值的意义和计算方法同最大实体要求，唯一不同的是，当实际尺寸超过最大实体尺寸时，补偿值就出现负值。

（3）被测要素按可逆要求用于最大实体要求标注的图样解释。

图 4-127 为可逆要求用于最大实体要求的示例。图 4-127(a) 的图样标注表示 $\phi 20^{0}_{-0.1}$ 轴的轴线垂直度公差与尺寸公差二者可以相互补偿。该轴应遵守边界尺寸为 $\phi 20.2$（轴的最大实体实效尺寸 d_{MV}）的最大实体实效边界 MMVB。在遵守该边界条件下，轴的实际尺寸 d_a 在其最大于最小极限尺寸 $20 \sim 19.9$ 范围内变动时，其轴线垂直度误差允许值（即公差 $t_\perp$）应在 $0.2 \sim 0.3$ 之间，此时的要求与最大实体要求一样，见图 4-127(b) 和 (c)。但是，如果轴的轴线垂直度误差值 $f_\perp$ 小于 0.2 甚至为零，则该轴的实际尺寸 d_a 允许大于 20，并可达到最大实体实效尺寸 20.2，见图 4-127(d)，即允许轴线垂直度公差补偿其尺寸公差。图 4-127(e) 给出了表达上述关系的动态公差图。相对于每个实际尺寸的垂直度误差如果落在图中的阴影部分，该轴的垂直度就合格。

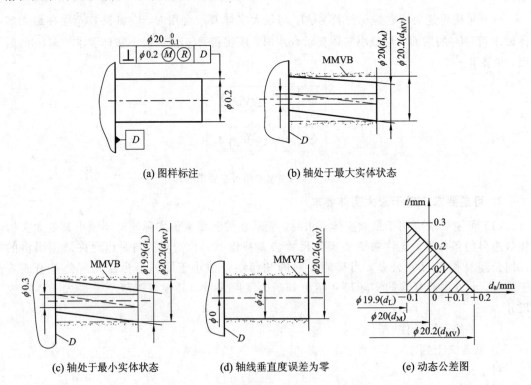

(a) 图样标注　　　　　　　　(b) 轴处于最大实体状态

(c) 轴处于最小实体状态　　(d) 轴线垂直度误差为零　　(e) 动态公差图

图 4-127　可逆要求用于最大实体要求的示例

现设轴的实际尺寸 $d_a = \phi20.1$（大于轴的最大极限尺寸），测得轴线的垂直度误差为 $\phi0.1$，问此时该轴是否合格？

按方程组式(4-26)可得下列关系：

$$\begin{cases} d_a + f_\perp = \phi20.1 + \phi0.1 = \phi20.2 \leqslant d_{MV} = d_{max} + t_\perp = \phi20 + \phi0.2 = \phi20.2 \\ \phi19.9 < \phi20.1 < \phi20.2 \end{cases}$$

所以该轴合格。

3. 可逆要求应用于最小实体要求

（1）可逆要求用于最小实体要求时，表示在被测要素的实际轮廓不超出其最小实体实效边界的条件下，允许被测要素的尺寸公差补偿其几何公差，同时也允许被测要素的几何公差补偿其尺寸公差。当被测要素几何误差值小于图样上标注的几何公差值或等于零时，允许被测要素的实际尺寸超出其最小实体尺寸，甚至可以等于其最小实体实效尺寸。

（2）零件合格条件

① 从含义上判断：

对于孔

$$\begin{cases} D_{fi} \leqslant D_{LV} \\ D_M \leqslant D_a \leqslant D_{LV} \end{cases}, \quad 即 \begin{cases} D_a + f_{几何} \leqslant D_{max} + t_{几何} \\ D_{min} \leqslant D_a \leqslant D_{max} + t_{几何} \end{cases} \quad (4-28)$$

对于轴

$$\begin{cases} d_{fi} \geqslant d_{LV} \\ d_{LV} \leqslant d_a \leqslant d_M \end{cases}, \quad 即 \begin{cases} d_a - f_{几何} \geqslant d_{min} - t_{几何} \\ d_{min} - t_{几何} \leqslant d_a \leqslant d_{max} \end{cases} \quad (4-29)$$

② 从偏离最小实体状态上判断：

$$\begin{cases} d_{LV} \leqslant d_a \leqslant d_{max} \quad 或 \quad D_{min} \leqslant D_a \leqslant D_{LV} \\ f_{几何} \leqslant t_{几何} = 给定值 + 补偿值 \end{cases} \quad (4-30)$$

式中的给定值和补偿值的意义和计算方法同最小实体要求。唯一不同的是当实际尺寸超过最小实体尺寸时，补偿值就出现负值。

（3）被测要素按可逆要求用于最小实体要求标注的图样解释。

图 4-128(a)表示孔 $\phi8_0^{+0.25}$ 的轴线相对于 A 基准的位置度公差为 $\phi0.4$，既采用最小实体要求又同时采用可逆要求。按设计要求，被测孔的实际轮廓的控制边界为最小实体实效边界，直径为 $\phi8.65(\phi8.25+\phi0.4)$ 的理想圆柱面。当孔的实际轮廓直径为 $\phi8.25$ 时，处于最小实体状态，位置度公差为 $\phi0.4$，见图 4-128(b)。孔的实际直径不能超过其最大实体尺寸，即不能小于 $\phi8$。当孔的直径为 $\phi8$ 时，处于最大实体状态，允许位置度误差达 $\phi0.65(\phi0.4+\phi0.25)$，同最小实体要求，见图 4-128(c)。由于采用了可逆要求，如果孔的位置度误差值 $f_{位置}$ 小于 0.4 甚至为零，则该孔的实际尺寸 D_a 允许大于 8.25，孔的最大极限尺寸，并可达到最小实体实效尺寸 8.65(8.25+0.4)，见图 4-128(d)，即允许孔的位置度公差补偿其尺寸公差。位置度误差和孔的实际尺寸无论怎样变化，其实际轮廓均受其最小实体实效边界的控制。图 4-128(e)给出了表达上述关系的动态公差图。相对于每个实际尺寸的位置度误差如果落在图中的阴影部分，该孔的位置度就合格。

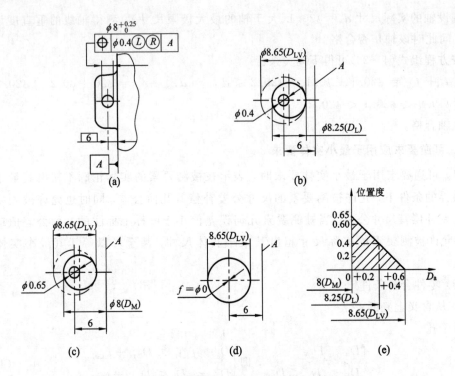

图 4-128 可逆要求用于最小实体要求的示例

现设孔的实际尺寸为 $\phi 8.35$，超过了孔的最大极限尺寸；孔轴线的位置度误差值为 $\phi 0.2$，小于给定的位置度公差值 $\phi 0.4$，按方程组式（4-30）判断该孔是否合格？

$$\begin{cases} 8 < \phi 8.35 < \phi 8.65 \\ f_{位置} = \phi 0.2 < t_{位置} = 给定值 + 补偿值 = \phi 0.4 + (D_L - D_a) \\ \qquad = \phi 0.4 + (\phi 8.25 - \phi 8.35) = \phi 0.3 \end{cases}$$

所以该孔合格。

4. 可逆要求的应用

可逆要求通常与最大实体要求或最小实体要求一起应用。这样可为根据零件功能分配尺寸公差和几何公差提供方便。

4.5　几何公差的选用

构成零件的各个要素尤其是一些关键的要素，其几何精度会直接影响机器、设备的性能和各项精度指标，因此，合理、正确地对零件进行几何精度设计，对保证机器的功能要求，提高经济效益是十分重要的。在图样上是否给出几何公差要求，可按下述原则确定：凡几何公差要求用一般机床加工能保证的，不必注出，其公差值要求应按 GB/T 1184—2018《几何公差　未注公差值》执行；凡几何公差有特殊要求，即高于或低于 GB/T 1184—2018 规定的公差级别，则应按标准注出几何公差。

几何公差的选择包括下列内容：几何公差特征项目的选用，公差原则的选用，对方向和位置公差而言，基准的选用，以及几何公差值的选用。

— 172 —

4.5.1 几何公差特征项目的选用

几何公差特征项目的选择主要是根据被测要素的几何特征，零件本身的加工和装配情况，功能要求，各特征项目的特点和检测方便及经济性等因素来确定。

1. 零件的几何特征

零件要素本身的几何特征限定了可选择的几何公差特征项目，零件要素间的几何方位关系限定了方向和位置公差特征项目。例如构成零件要素的点，可以选点的同心度和点的位置度；而线分直线和曲线，对零件要素为直线（包括轴线）而言，可选直线度、平行度、垂直度、倾斜度、同轴度、对称度、位置度等，对曲线而言、可选线轮廓度；对零件要素为平面来说，可选直线度、平面度、平行度、垂直度、倾斜度、对称度、位置度、端面圆跳动、端面全跳动，对曲面而言，可选面轮廓度等；对零件要素为圆柱来说，可选轴线直线度、素线直线度、圆度、圆柱度、径向圆跳动、径向全跳动等；对零件要素为圆锥来说，可选择素线直线度、圆度、斜向圆跳动等。

按零件的几何特征，一个零件通常有多个可选择的公差项目。事实上，没必要全部选用，而是通过分析零件各部分的功能要求和检测的方便，从中选择适当的特征项目。例如，仅要求顺利装配或避免孔、轴之间相对运动时的磨损，对于圆柱形零件需要提出轴心线直线度公差；又如，为了保证机床工作台或刀架运动轨迹的精度，对导轨的工作面需要提出直线度或平面度的要求等。

2. 零件的加工和装配情况

设计零件时，应该考虑该零件的加工或装配情况，来选择几何公差特征项目。

1) 加工

加工时主要考虑加工时的刀具磨损、受力不均和加工时的跳动。刀具磨损时，圆柱面可能加工成锥形，见图 4-129(a)，因此，可以选择素线直线度或圆柱度来限制；加工细长轴时，由于刚度较差，刀具运行到中间时可能产生较大的变形而加工成鼓形，见图 4-129(b)，所以也可以选择素线直线度或圆柱度来限制；另外，加工中零件不可避免地会产生跳动，使零件表面不光滑，见图 4-129(c)，此时，可以用径向圆跳动来限制等。对于轴较为普遍地选用径向圆跳动，因为径向圆跳动要求不是很高，甚至接近轴的尺寸公差，而且容易测量。

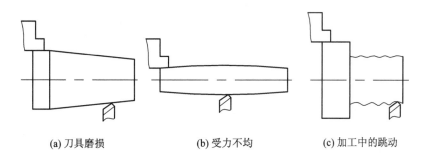

(a) 刀具磨损   (b) 受力不均   (c) 加工中的跳动

图 4-129 零件加工情况

2) 装配

选择几何公差时，不仅要考虑零件的几何形状，还要考虑零件的装配情况，即考虑保证零件间正确的相对关系。例如最简单的孔轴结合就得考虑以下情况：当孔固定不动时，轴可以旋转或不旋转。轴旋转时，对轴颈圆柱面可以用圆柱度来控制，而轴肩的端面可以用端面圆跳动来控制，见图 4-130(a)。轴不旋转时，轴颈仍可选择圆柱度，轴肩的配合端面可选用对轴线的垂直度，见图 4-130(b)。固定的孔的内圆柱面可以选择圆柱度，而孔与轴的配合的端面可以选择对孔中心线的垂直度，见图 4-130(c)。同理，如果轴固定，而孔旋转，孔的配合端面可以选择对孔中心线的端面圆跳动。另外，如果只考虑孔轴装配的自由性，可以选择轴线对轴肩端面的垂直度采用零几何公差，轴颈仍然选用圆柱度。

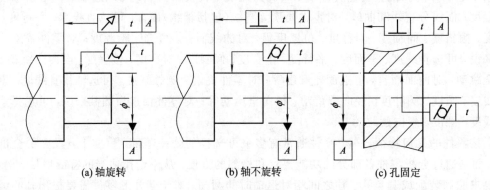

(a) 轴旋转　　　　　　　(b) 轴不旋转　　　　　　　(c) 孔固定

图 4-130　孔轴装配的情况

3. 零件的功能要求

根据零件的功能要求，可以选择几何公差。例如，机床主轴的旋转精度要求很高，因此要求主轴的两个支承点，即两个装滚动轴承的圆柱面同轴，所以对这两个圆柱面选择对公共轴线 $A-B$ 的同轴度来保证该零件的功能，见图 4-131。又例如，为保证齿轮在齿轮箱的装配中获得正确的位置，对齿轮箱体上的两轴承孔规定同轴度公差，这是为了控制在对箱体镗孔加工时容易出现孔的同轴度误差和位置度误差。在轴上要装配键以传递扭矩，为了使键获得正确的位置，要规定该键槽中心面对该轴线的对称度。总之，只要设计者熟悉零件的功能要求，就能合理地选择几何公差。

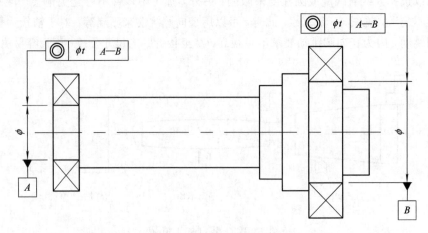

图 4-131　机床主轴功能要求的几何公差示例

4. 几何公差的控制功能

由于对于同一被测要素可以规定多项几何公差，所以确定几何公差时，要考虑各个公差项目的特点。跳动公差可以控制相应的位置公差、方向公差和形状公差；位置公差可以控制相应的方向公差和形状公差；而方向公差控制形状公差；圆柱度公差可以控制圆度误差和素线直线度误差等。规定了跳动公差以后，就不要规定其他几何公差了，同理，规定了位置公差就不要规定相应的方向公差和形状公差，规定了方向公差就不要规定形状公差等。但是，如果对被测要素有进一步的要求，允许对同一要素规定多项几何公差，此时，跳动公差值最大，位置公差值次之，方向公差值再次之，而形状公差值最小。

5. 检测方便性

选择几何公差时，还要考虑零件的检测的方便性、可能性和经济性。例如，考虑到跳动误差的检测方便，对于轴类零件，可以用径向全跳动或者径向圆跳动同时控制同轴度、圆柱度和圆度误差；用端面全跳动或者端面圆跳动代替端面对轴线的垂直度公差等。又例如，零件要素为一圆柱时，圆柱度是理想的特征项目，因为它综合控制了圆柱的各形状误差，由于圆柱度检测不方便，也可以选用圆度、直线度和素线平行度几个分项，或者就选用径向全跳动公差。当圆柱的径向截面轮廓是主要要求时，也可以只规定圆度公差，其他按未注形状公差处理。

总之，合理、恰当地确定零件各个要素几何公差项目的前提是设计者必须充分明确所设计零件的几何特征、装配关系、功能要求等，还要熟悉零件的加工工艺并具有一定的检测经验。

4.5.2 公差原则和公差要求的选用

对同一零件上同一要素，既有尺寸公差要求又有几何公差要求时，还要确定它们之间的关系，即确定选用何种公差原则或公差要求。

1. 独立原则

独立原则是处理几何公差或尺寸公差关系的基本原则，以下情况采用独立原则：

（1）尺寸精度和几何精度均有较严格的要求且需要分别满足。例如，齿轮箱体孔的尺寸精度与两孔轴线的平行度；连杆活塞销孔的尺寸精度与圆柱度；滚动轴承内、外圈滚道的尺寸精度与形状精度。

（2）尺寸精度与几何精度要求相差较大。例如，滚筒类零件尺寸精度要求很低，形状精度要求较高；平板的形状精度要求较高，尺寸精度要求不高；冲模架的下模座尺寸精度要求不高，平行度要求较高；通油孔的尺寸精度有一定要求，形状精度无要求。

（3）尺寸精度与几何精度无联系。例如，齿轮箱体孔的尺寸精度与孔轴线间的位置精度；发动机连杆孔的尺寸精度与孔轴线间的位置精度。

（4）保证运动精度。例如，导轨的形状精度要求较严格，尺寸精度要求次要。

（5）保证密封性。例如，汽缸套的形状精度要求较严，尺寸精度要求次要。

（6）未注公差。凡未注尺寸公差与未注几何公差都采用独立原则。例如，退刀槽倒角、圆角等非功能要素。

2. 包容原则

为了保证零件的配合性质，即保证相配合件的极限间隙或极限过盈满足设计要求，对重要的配合常采用包容要求。由于包容要求对零件的要求很严，选择包容要求时要慎重。

（1）保证规定的配合性质。例如，$\phi 20H7$ Ⓔ孔与 $\phi 20h6$ Ⓔ轴的配合，可以保证配合的最小间隙为零。需严格保证配合性质的齿轮内孔与轴的配合可以采用包容要求。当采用包容要求时，形状误差由尺寸公差来控制，若用尺寸公差控制形状误差仍满足不了要求时，可以在采用包容要求的前提下，对形状公差提出更严格的要求，当然，此时的形状公差值只能占尺寸公差值的一部分。

（2）尺寸公差与几何公差间无严格比例关系要求。对一般孔与轴的配合，只要求作用尺寸不超越最大实体尺寸，局部实际尺寸不超越最小实体尺寸，可采用包容要求。

3. 最大实体要求

对于仅需要保证零件的可装配性，而为了便于零件的加工制造时，可以采用最大实体要求。

（1）被测导出（中心）要素。为了保证自由装配性，如轴承盖上用于穿过螺钉的通孔，法兰盘上用于穿过螺栓的通孔的位置度公差采用最大实体要求。这样，螺钉或螺栓与螺钉孔或螺栓孔之间的间隙可以给孔间的位置度公差以补偿值，从而降低了加工成本，利于装配。

（2）基准导出（中心）要素。例如，同轴度的基准轴线采用最大实体要求时，基准轴线和中心平面相对于理想边界的中心允许偏离，这样，被测要素可以获得更大的同轴度公差，有利于孔轴的装配。

4. 最小实体要求

对于保证最小壁厚不小于某个极限值和某表面至理想中心的最大距离不大于某个极限等功能要求，或者保证零件的对中性时，应该选用最小实体要求来满足要求。

5. 可逆要求

可逆要求只能与最大实体要求或最小实体要求一起连用。当与最大实体要求一起连用时，按最大实体要求选用；当与最小实体要求一起连用时，按最小实体要求选用。

4.5.3 基准要素的选用

确定被测要素的方向、位置的理想要素叫做基准。一般来说，零件上的要素都可以作为基准。但是，选择基准时，则要根据零件的功能要求、设计要求、加工工艺、零件的结构特征和按基准统一的原则来选用基准。基准统一原则是指装配基准、设计基准、工艺基准和测量基准的统一。装配基准是指用于零件安装的基准；设计基准是根据设计制图确定的基准；工艺基准是指加工时，根据工艺要求选定的基准；测量基准是指测量时，根据测量要求选定的基准。通常选择基准可以从以下几个方面来考虑。

1. 从设计方面来考虑

依据零件功能要求及要素间的几何关系来选择基准，即零件在功能上应该是作为工作基准或装配基准的重要表面，这些表面本身的尺寸精度与形状精度均要求较高，正好符合作为基准的条件，如主要配合面、支承表面、导向表面和安装定位面等。例如图4-132中，轴线 A 和轴线 B 是该轴的 Y（宽度）方向和 Z（高度）方向的设计基准，但同时轴线 A 和轴线

B 的两圆柱面是滚动轴承的装配基准，按基准统一的原则，可以选用这两轴线为基准，如图 4-132 所示的公共轴线 $A-B$ 基准。另外，该轴的左端面是 X（长度）方向的设计基准，而轴肩的右端面 C 是 X 方向的辅助设计基准，这个面同时也是齿轮装配时的定位面，所以再按基准统一的原则，可以选择它为基准，如图 4-132 所示，为基准 C。

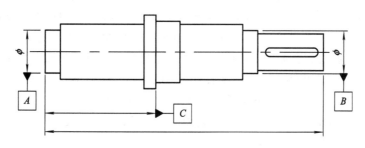

图 4-132　装配基准和设计基准的重合

2. 从加工方面来考虑

应该选择零件加工时在工夹具中定位的相应要素作为基准。例如，轴类零件通常将轴端的中心孔作为加工基准，因此，选用基准时可将这些中心孔选为基准，如作为该轴的公共轴线基准。加工台阶轴时，通常夹住刚度较大的圆柱（变形相对小）作为加工基准，因此，选用基准时可以选用它作为基准，如图 4-133(a)所示，可选用轴线 A 作为基准，同时轴线 A 也是 Y（宽度）方向和 Z（高度）方向的设计基准，加工基准和设计基准重合。又例如，箱体和支架以及一些复杂的零件在装夹中，一般选长度较长，面积较大，刚度较好的面作为加工基准，在这种情况下，可以选择这些加工面作为基准，如图 4-133(b)所示，将箱体的底平面（面积大，重心低）作为基准 B，该底平面同时也是该零件高度即 Z 方向的设计基准，所以也符合基准统一的原则。当然，选择加工基准作为基准时，需要较多的加工知识，实践性较强，但可在一定的程度上增加了零件的可加工性。当基准选好后，如何将零件上的其他要素与基准要素联系起来，并且如何对这些要素规定位置公差，以确定这些要素的正确位置？在图 4-133(b)中，为了保证箱体上的各孔相对于基准 B 的正确位置，可以规定各孔轴线对基准 B 的垂直度公差，这就建立了各孔要素与基准 B 的关系。现在，再以各孔轴线作为辅助基准，如图 4-133(b)中的 C 基准，再选择为了保证装配关系该孔应该规

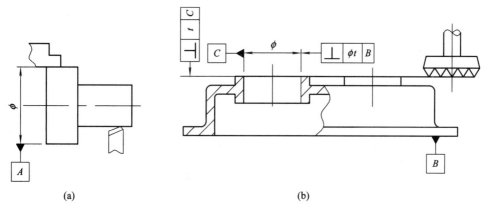

(a)　　　　　　　　　　　(b)

图 4-133　加工基准和设计基准的重合

定的位置公差，按照前述依装配情况选择几何公差，选择该孔的端面对该孔轴线基准 C 的垂直度公差，至此，位置公差选择完成，还可以再选择相应的形状公差。

3. 从测量方面来考虑

应该选择零件在测量、检验时在计量器具中定位的相应要素为基准。图 4 - 134(a) 所示为一根轴放在 V 形块中进行测量，由于测量基准是轴线 A 和轴线 B 的公共轴线 $A-B$，可以选择这个公共基准为基准 $A-B$，这个公共基准同时也是 Y（宽度）方向和 Z（高度）方向的设计基准。选择位置公差时，可以选择对被测要素这个公共轴线的径向圆跳动，或者选择被测要素对这个公共轴线的同轴度公差等。图 4 - 134(b) 中，为在平板上测量一个台阶块的尺寸 L_1 和 L_2，底面 C 为测量基准，因此可以选择该底面为基准 C，同时，基准 C 也是 Z（高度）方向上的设计基准。选择位置公差时，可以选择上表面对基准 C 的平行度公差来满足对被测要素的要求。

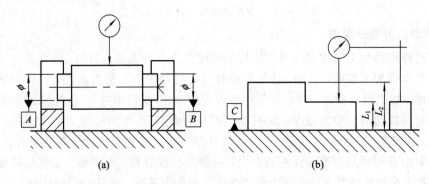

图 4 - 134　测量基准和设计基准的重合

4. 从装配关系方面来考虑

应该选择零件相互配合、互相接触的表面做基准，以保证零件的正确装配。例如，盘类零件的端平面，轴类零件的轴肩端面等。图 4 - 135 中，滑动轴承轴颈与轴瓦装配在一起，轴瓦以轴肩的端面 A 为长度方向的定位基准，可以选用端面 A 作为基准。由于该滑动轴承与轴瓦的配合是间隙配合，选择位置公差时，可以选用轴线对端面 A 的垂直度公差，并采用零几何公差。

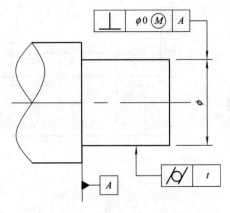

图 4 - 135　滑动轴承轴颈

5. 基准的顺序的安排

方向公差大多只要一个基准，而位置公差则需要一个或多个基准。例如位置度，因为需要确定孔系的位置精度，就可能要用到两个或三个基准要素。当采用两个和两个以上的基准时，还注意根据零件的使用要求影响的程度，确定基准的顺序。通常选择对被测要素使用要求影响最大的表面和定位最稳的表面作为第一基准要素，第二基准要素次之，第三基准要素最次。安排基准顺序时，必须考虑零件的结构特点以及装配和使用要求。所选基准顺序正确与否，将直接影响零件的装配质量和使用性能，还会影响零件的加工工艺及工装的结构设计。例如，在图 4-136 中，要求控制 $\phi 10$ 轴线对基准 A 和 D 的位置度。以哪一个基准为第一基准要素应视需要而定。若要求端面贴合精密，允许轴在孔中歪斜，见图 4-136(b)，可以 A 为第一基准要素；若要求轴与孔配合良好，端面只有一点碰上，见图 4-136(c)，可以 D 为第一基准要素。可见，基准的顺序不同，所表达的设计意图不同。因此，在加工和检测时，不可随意调换基准顺序。

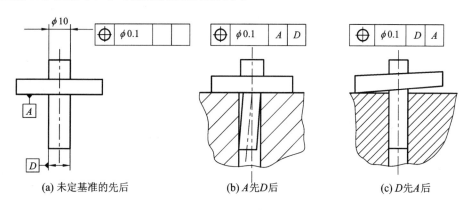

(a) 未定基准的先后   (b) A 先 D 后   (c) D 先 A 后

图 4-136　基准顺序的选择

4.5.4　几何公差值的选用

几何公差值即给定的几何公差带的宽度和直径，是控制零件制造精度的直接指标。合理地给出几何公差值，对于保证产品功能、提高产品质量和降低制造成本是十分重要的。图样中向几何公差值有两种标注形式，一种是在框格内注出公差值；另一种是不在图样中注出，而采用 GB/T 1184 中规定的未注公差值，并在图样的技术要求中说明。在图样上注出公差值的固然是设计要求，不注出公差值的，同样也是设计要求。一般来说，对于零件几何公差要求较高，应该采用注出公差值；或者功能要求允许大于未注公差值，而这个较大的公差值会给工厂带来经济效益时，这个较大的公差值也应该采用注出公差值。不论采用上述哪种方法，均应遵循 GB/T 1184 中规定的基本要求和表示方法。

1. 几何公差未注公差值的规定

（1）对于直线度、平面度、垂直度、对称度和圆跳动的未注公差，标准中规定了 H、K、L 三个公差等级，它们的数值分别见表 4-15～表 4-18，其中 H 级最高，L 级最低。选用时应在技术要求中注出标准号及公差等级代号，如未注几何公差按"GB/T1184—K"

在表 4-15 中,表中的"基本长度"对于直线度是指其被测长度;对平面度是指平面较长一边的长度,是圆平面则指其直径。

表 4-15　直线度、平面度未注公差值(摘自 GB/T 1184—2018)　　　mm

公差等级	基本长度范围					
	～10	>10～30	>30～100	>100～300	>300～1000	>1000～3000
H	0.02	0.05	0.1	0.2	0.3	0.4
K	0.05	0.1	0.2	0.4	0.6	0.8
L	0.1	0.2	0.4	0.8	1.2	1.6

表 4-16　垂直度未注公差值(摘自 GB/T 1184—2018)　　　mm

公差等级	基本长度范围			
	～100	>100～300	>300～1000	>1000～3000
H	0.2	0.3	0.4	0.5
K	0.4	0.6	0.8	1
L	0.6	1	1.5	2

表 4-17　对称度未注公差值(摘自 GB/T 1184—2018)　　　mm

公差等级	基本长度范围			
	～100	>100～300	>300～1000	>1000～3000
H	0.5			
K	0.6		0.8	1
L	0.6	1	1.5	2

表 4-18　圆跳动未注公差值(摘自 GB/T 1184—2018)　　　mm

公差等级	圆跳动公差值
H	0.1
K	0.2
L	0.5

(2) 对于线轮廓度、面轮廓度、倾斜度、位置度和全跳动的未注几何公差,均由各要素的注出或未注线性尺寸公差或角度公差控制,对这些项目的未注公差不必作特殊的标注。

(3) 圆度的未注公差值等于给出的直径公差值,但不能大于径向圆跳动的未注公差值,即表 4-18 中的径向圆跳动值。

(4) 对圆柱度的未注公差值不作规定。圆柱度误差由圆度、直线度和相应线的平行度误差组成,而其中每一项误差均由它们的注出公差或未注公差控制。但这并不意味着圆柱度的误差值可以由这三部分相加得出,因为综合形成的圆柱度误差值是它们三者相互综合

— 180 —

的结果，因此标准中提出可采用包容要求来解决圆柱度未注公差值的问题，因为包容要求必然控制了这三项误差，也就必然控制了圆柱度误差。

（5）平行度的未注公差值等于给出的尺寸公差值，或是直线度和平面度未注公差值中的相应公差值取较大者。

（6）同轴度的未注公差值未作规定。在极限状况下，同轴度的未注公差值可以与规定的径向圆跳动的未注公差值相等。

2. 几何公差注出公差值的规定

（1）除线轮廓度和面轮廓度外，其他项目都规定有公差数值。其中除位置度外，又都规定了公差等级。

（2）圆度和圆柱度的公差等级分别规定了 13 个等级，即 0 级、1 级、2 级、……、12 级，其中 0 级最高，等级依次降低，12 级最低。

（3）其余 9 个特征项目的公差等级分别规定了 12 个等级，即 1 级、2 级、……、12 级，其中 1 级最高，等级依次降低，12 级最低。

（4）规定了位置度公差值数系，见表 4－19。

表 4－19　位置度公差值数系（摘自 GB/T 1184）　　　　　　μm

1	1.2	1.5	2	2.5	3	4	5	6	8
1×10^n	1.2×10^n	1.5×10^n	2×10^n	2.5×10^n	3×10^n	4×10^n	5×10^n	6×10^n	8×10^n

注：n 为正整数。

（5）几何公差数值除和公差等级有关外，还和主参数有关。主参数的意义如图 4－137所示。

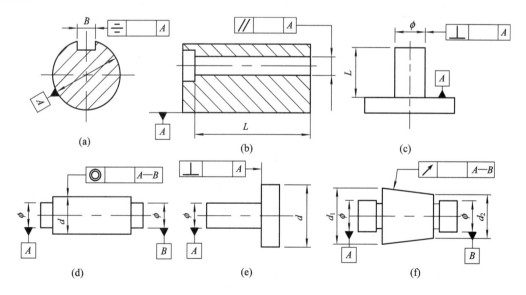

图 4－137　主参数 B、L、d

在图 4－137（a）中，主参数为键槽宽度 B；图 4－137（b）和（c）中，主参数为长度和高度 L；图 4－137（d）和（e）中，主参数是直径 d；在图 4－137（f）中，表示的是一个圆台，它的主

参数应该是 $d = \dfrac{d_1 + d_2}{2}$。式中 d_1 和 d_2 分别是大圆锥直径和小圆锥直径。几何公差值随主参数的增加而增加。

（6）几何公差的注出公差值见表 4 – 20～表 4 – 23。

表 4 – 20　直线度、平面度公差值（摘自 GB/T 1182—2018）　　　$\mu\mathrm{m}$

主参数 L/mm	公差等级											
	1	2	3	4	5	6	7	8	9	10	11	12
≤10	0.2	0.4	0.8	1.2	2	3	5	8	12	20	30	60
>10～16	0.25	0.5	1	1.5	2.5	4	6	10	15	25	40	80
>16～25	0.3	0.6	1.2	2	3	5	8	12	20	30	50	100
>25～40	0.4	0.8	1.5	2.5	4	6	10	15	25	40	60	120
>40～63	0.5	1	2	3	5	8	12	20	30	50	80	150
>63～100	0.6	1.2	2.5	4	6	10	15	25	40	60	100	200
>100～160	0.8	1.5	3	5	8	12	20	30	50	80	120	250
>160～250	1	2	4	6	10	15	25	40	60	100	150	300
>250～400	1.2	2.5	5	8	12	20	30	50	80	120	200	400
>400～630	1.5	3	6	10	15	25	40	60	100	150	250	500

注：主参数 L 为轴、直线、平面的长度。

表 4 – 21　圆度、圆柱度公差值（摘自 GB/T 1182—2018）　　　$\mu\mathrm{m}$

主参数 $d(D)$/mm	公差等级												
	0	1	2	3	4	5	6	7	8	9	10	11	12
≤3	0.1	0.2	0.3	0.5	0.8	1.2	2	3	4	6	10	14	25
>3～6	0.1	0.2	0.4	0.6	1	1.5	2.5	4	5	8	12	13	30
>6～10	0.12	0.25	0.4	0.6	1	1.5	2.5	4	6	9	15	22	36
>10～18	0.15	0.25	0.5	0.8	1.2	2	3	5	8	11	18	27	43
>18～30	0.2	0.3	0.6	1	1.5	2.5	4	6	9	13	21	33	52
>30～50	0.25	0.4	0.6	1	1.5	2.5	4	7	11	16	25	39	62
>50～80	0.3	0.5	0.8	1.2	2	3	5	8	13	19	30	46	74
>80～120	0.4	0.6	1	1.5	2.5	4	6	10	15	22	35	54	87
>120～180	0.6	1	1.2	2	3.5	5	8	12	18	25	40	63	100
>180～250	0.8	1.2	2	3	4.5	7	10	14	20	29	46	72	115
>250～315	1.0	1.6	2.5	4	6	8	12	16	23	32	52	81	130
>315～400	1.2	2	3	5	7	9	13	18	25	36	57	89	140
>400～500	1.5	2.5	4	6	8	10	15	20	27	40	63	97	155

注：主参数 $d(D)$ 为轴（孔）的直径。

表 4 - 22　平行度、垂直度、倾斜度公差值(摘自 GB/T 1182—2018)　μm

主参数 L、$d(D)$/mm	公差等级											
	1	2	3	4	5	6	7	8	9	10	11	12
≤10	0.4	0.8	1.5	3	5	8	12	20	30	50	80	120
>10～16	0.5	1	2	4	6	10	15	25	40	60	100	150
>16～25	0.6	1.2	2.5	5	8	12	20	30	50	80	120	200
>25～40	0.8	1.5	3	6	10	15	25	40	60	100	150	250
>40～63	1	2	4	8	12	20	30	50	80	120	200	300
>63～100	1.2	2.5	5	10	15	25	40	60	100	150	250	400
>100～160	1.5	3	6	12	20	30	50	80	120	200	300	500
>160～250	2	4	8	15	25	40	60	100	150	250	400	600
>250～400	2.5	5	10	20	30	50	80	120	200	300	500	800
>400～630	3	6	12	25	40	60	100	150	250	400	600	1000

注：① 主参数 L 为给定平行度时轴线或平面的长度，或给定垂直度、倾斜度时被测要素的长度。

② 主参数 $d(D)$ 为给定面对线垂直度时，被测要素的轴(孔)直径。

表 4 - 23　同轴度、对称度、圆跳动和全跳动公差值(摘自 GB/T 1182—2018)　μm

主参数 $d(D)$、B、L/mm	公差等级											
	1	2	3	4	5	6	7	8	9	10	11	12
≤1	0.4	0.6	1.0	1.5	2.5	4	6	10	15	25	40	60
>1～3	0.4	0.6	1.0	1.5	2.5	4	6	10	20	40	60	120
>3～6	0.5	0.8	1.2	2	3	5	8	12	25	50	80	150
>6～10	0.6	1	1.5	2.5	4	6	10	15	30	60	100	200
>10～18	0.8	1.2	2	3	5	8	12	20	40	80	120	250
>18～30	1	1.5	2.5	4	6	10	15	25	50	100	150	300
>30～50	1.2	2	3	5	8	12	20	30	60	120	200	400
>50～120	1.5	2.5	4	6	10	15	25	40	80	150	250	500
>120～250	2	3	5	8	12	20	30	50	100	200	300	600
>250～500	2.5	4	6	10	15	25	40	60	120	250	400	800

注：① 主参数 $d(D)$ 为给定同轴度时轴的直径，或给定圆跳动、全跳动时轴(孔)的直径。

② 圆锥体斜向圆跳动公差的主参数为平均直径。

③ 主参数 B 为给定对称度时槽的宽度。

④ 主参数 L 为给定两孔对称度时的孔心距。

3. 几何公差值的选用原则

几何公差值的选用，主要根据零件的功能要求、结构特征、工艺上的可能性等因素综合考虑。

(1) 在满足使用要求的情况下，尽可能使用较大的值。

(2) 除采用相关要求外，一般情况下，对同一要素的形状公差、方向公差、位置公差和尺寸公差应满足以下关系式：

$$T_{尺寸} > T_{位置} > T_{方向} > T_{形状} > 表面粗糙度$$

如要求平行的两个表面，其平面度公差值应小于平行度公差值。但是，有时位置度公差、对称度公差与尺寸公差相当，细长轴的直线度比尺寸公差大等。在常用尺寸公差 IT5～IT8 的范围内，形状公差通常占尺寸公差的 25%～65%，而一般情况下，表面粗糙度的 Ra 值约占形状公差值的 20%～25%。

（3）平行度公差值应小于其相应的距离公差值。

（4）位置公差应大于方向公差。

（5）整个表面的几何公差比其某个截面上的几何公差大。

（6）一般来说，尺寸公差、形状公差、方向公差和位置公差选择同级。

（7）对某些情况，考虑到加工的难易程度和除主参数外其他参数的影响，在满足零件功能的要求下，可适当降低 1 到 2 级选用。

① 孔相对于轴；

② 细长比较大的轴或孔；

③ 距离较大的轴或孔；

④ 宽度较大（一般大于 1/2 长度）的零件表面；

⑤ 线对线和线对面相对于面对面的平行度；

⑥ 线对线和线对面相对于面对面的垂直度。

（8）按有关标准规定的技术要求选用。

一般来说，根据上述原则，几何公差值按表 4-19～表 4-22 选用即可。但位置度公差值应通过计算得出。例如用螺栓作连接件，被连接零件上的孔均为通孔，其孔径大于螺栓的直径，位置度可用下式计算：

$$t = X_{\min}$$

式中，t 为位置度公差；$X_{\min}$ 为通孔与螺栓间的最小间隙。

如用螺钉连接时，被连接零件中有一个零件上的孔是螺纹，而其余零件上的孔都是通孔，且孔径大于螺钉直径，位置度公差可用下式计算：

$$t = 0.5X_{\min}$$

按上式计算确定的公差，经化整并按表 4-18 选择公差值。

下面提供几种加工方法可达到的几何公差等级，供选用公差时参考，如表 4-24 和表 4-25 所示。

表 4-24　几种主要加工方法所能达到的直线度、平面度公差等级

加工方法		公差等级											
		1	2	3	4	5	6	7	8	9	10	11	12
车	粗											―	―
	细									―	―		
	精					―	―	―	―				
铣	粗											―	―
	细									―	―		
	精						―	―	―				

加工方法		公差等级											
		1	2	3	4	5	6	7	8	9	10	11	12
刨	粗											──	
	细									──	──		
	精							──	──				
磨	粗									──	──		
	细							──	──				
	精												
研磨	粗				──	──							
	细		──	──									
	精	──											
刮研	粗					──	──						
	细			──	──								
	精	──	──										

表 4-25　几种主要加工方法所能达到的同轴度公差等级

加工方法		公差等级										
		1	2	3	4	5	6	7	8	9	10	11
车、镗	加工孔				──	──	──	──	──			
	加工轴			──	──	──	──	──	──			
铰						──	──	──				
磨	孔			──	──	──	──					
	轴		──	──	──	──						
珩磨			──	──	──							
研磨		──	──	──								

4.5.5　几何公差的选用和标注实例

【例 4-8】　图 4-138 所示为减速器的齿轮轴，根据减速器对该轴的功能要求及该轴的几何特征、装配要求等，选用图示的几何公差。两个 $\phi40^{+0.011}_{+0.005}$ 的轴颈与滚动轴承的内圈相配合，采用包容要求以保证配合性质；按 GB/T 275 规定，与滚动轴承配合的轴颈，为了保证装配后轴承的几何精度，在采用包容要求的前提下，又进一步提出了圆柱度公差 0.004 的要求；两轴颈上安装滚动轴承后，将分别装配到相对应的箱体孔内，为了保证轴承外圈与箱体孔的配合性质，需限制两轴颈的同轴度误差，故又规定了两轴颈的径向圆跳动公差 0.008。轴颈 $\phi50$ 的两个轴肩都是止推面，起一定的定位作用。GB/T 275 规定，给出两轴肩相对公共基准轴线 $A—B$ 的端面圆跳动公差 0.012，轴颈 $\phi30^{-0.028}_{-0.041}$ 与轴上零件配合，有配合性质要求，因此也采用包容要求。为了保证齿轮的正确啮合，对 $\phi30^{-0.028}_{-0.041}$ 轴颈上

的键槽 $8^{0}_{-0.036}$ 提出了对称度公差 0.015 的要求，基准为键槽所在轴颈的轴线。

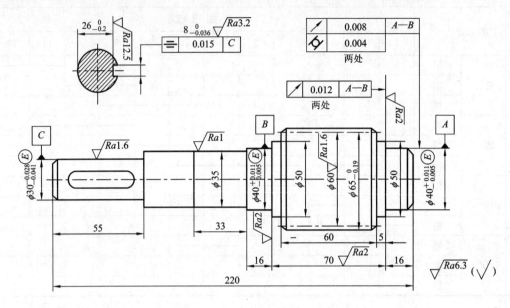

图 4-138　齿轮轴

【例 4-9】　图 4-139 所示为减速器中的大齿轮。齿轮的内孔 $\phi56H7$ 采用包容要求。齿坯的定位端面在切齿时作为轴向定位面，其端面圆跳动公差为 0.018 mm。顶圆作为齿轮加工时的径向找正基准，对它提出径向圆跳动公差 0.022 mm 的要求。为了保证齿轮正确啮合，内孔上键槽的对称中心面对孔的过中心线的中心平面的对称度公差为 0.02 mm。

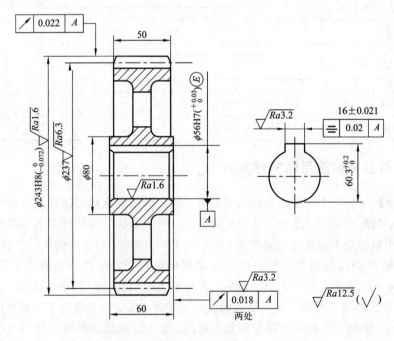

图 4-139　齿轮

4.6 几何误差及其检测

4.6.1 形状误差及其评定

1. 形状误差、最小条件和最小包容区域

1）形状误差

形状误差是指被测要素的提取要素对理想要素的变动量。理想要素的形状由正确理论尺寸或（和）参数化方程定义，理想要素的位置由对被测要素的提取要素进行拟合得到，拟合的方法有最小区域法 C（切比雪夫法）、最小二乘法 G、最小外接法 N 和最大内切法 X 等，参照 4.2.2 节几何公差规范标注。如果工程图样无相应的符号，一般获得理想要素位置的拟合方法是最小区域法。由于理想要素所处位置的不同，得到的最大变动量也会不同。因此，评定实际要素的形状误差时，必须有一个统一的评定准则，这个准则就是最小条件。为了使形状误差测量值具有唯一性和准确性，国家标准规定，按最小条件评定形状误差。形状误差值评估时可用的参数有：峰谷参数（T），峰高参数（P）、谷深参数（V）和均方根参数（Q），其中峰谷参数（T）为缺省的评估参数。

2）最小条件

最小条件是指两理想要素包容被测实际要素且其距离为最小（即最小区域）。以直线度误差为例说明最小条件，如图 4-140 所示。被测要素的理想要素是直线，与被测实际要素接触的直线的位置可有无穷多个。例如，图中直线的位置可处于Ⅰ、Ⅱ、Ⅲ位置，这三个位置在包容被测实际轮廓的两理想直线之间的距离为 f_1、f_2 和 f_3，存在着 $f_3 < f_2 < f_1$，根据上述的最小条件，即包容实际要素的两理想要素所形成的包容区为最小的原则来评定直线度误差，故Ⅲ位置直线为被测要素的理想要素，应取 f_3 作为直线度误差。

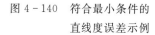

图 4-140　符合最小条件的
直线度误差示例

同理，按最小条件评定平面度误差，用包容实际平面且距离为最小的两个平行平面之间的距离来评定。按最小条件评定圆度误差，是用包容实际圆且半径差为最小的两个同心圆之间的半径差来评定。按最小条件评定圆柱度误差，必须使包容实际圆柱面的两同轴圆柱面间的半径差为最小。

各个形状误差项目的最小区域形状分别与各自的公差带形状相同，但形状误差的大小则由实际被测要素本身决定，它等于形状误差值；形状公差的大小等于公差值，它由设计给定。

3）最小包容区域

形状误差值用最小包容区域的宽度或直径表示。所谓"最小包容区域"是指包容被测实际要素的具有最小宽度或直径的区域，即由最小条件所确定的区域，如图 4-140 中Ⅲ位置的阴影部分。最小包容区域的形状与公差带形状相同，而其大小、方向及位置则随被测要素而定。用最小包容区域评定形状误差的方法，称为最小区域法，它是理想的方法。但在

实际测量时，只要能满足零件功能要求，也允许采用近似的评定方法。但采用不同的评定方法所获得的测量结果有争议时，应以最小区域法作为评定结果的仲裁依据。

2. 直线度误差评定

直线度误差的评定方法分最小条件法、两端点连线法和最小二乘法三种。其中，用最小条件法评定直线度误差最小。

1）最小条件法

按相间原则，由两平行直线（理想要素）包容被测实际要素时，实现至少三点接触且高低相间，即为最小包容区域。如图 4-141 所示，由两条平行直线包容实际被测线时，该实际线上至少有高低相间三个极点分别与这两条直线呈高—低—高或低—高—低接触，此理想要素为符合最小条件的理想要素，该区域的宽度即为符合定义的直线度误差 f。

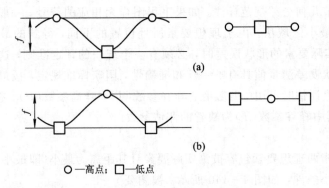

○—高点；□—低点

图 4-141　最小条件法评定直线度误差

2）两端点连线法

以实际被测直线的首尾两端点的连线作为评定基准，作平行于该连线的两平行直线（理想要素），将被测的实际要素包容，此二平行直线间的纵坐标距离即为直线度误差 f'，如图 4-142(a)所示。如果按最小条件法亦可求得直线度误差值 f，显然有 $f' > f$。只有两端点连线在误差图形的一侧时，有 $f' = f$（此时两端点连线法符合最小条件）如图 4-142（b）和（c）所示。

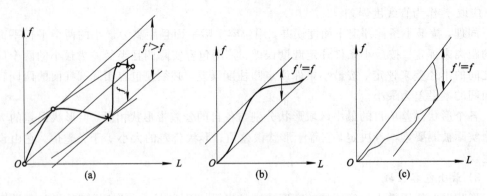

图 4-142　两端连线法评定直线度误差

3）最小二乘法

首先由各点的坐标值求出最小二乘中线，将最小二乘中线作为评定基准，作平行于该中线的两条平行直线（理想要素），包容被测实际要素，这两平行直线间的纵坐标距离即为直线度误差。或者测量被测实际要素上相对于最小二乘中线的最大、最小偏差之差（测点在最小二乘中线上方偏差指为正，反之为负）即为直线度误差。

【例 4 - 10】 用跨距为 200，分度值为 0.02 mm/m 的水平仪测量某导轨的直线度，依次八个测点的示值（水平仪的格子数）为：0、+1、+2、+1、0、−1、−1、+1（水平仪只能显示相对值）。试分别用两端连线法和最小条件法确定其直线度误差值。

解： 如图 4 - 143 所示，水平仪放在导轨上，是以水平面为基准，测量后一点对前一点的相对高度差，各点之间没有必然的联系。图 4 - 143 只是表示 1 点相对于 0 点的高度差，2 点相对于 1 点的高度差等。为建立各点之间的联系进而求出整个误差曲线，必须建立图示的以 0 点为坐标原点的二维坐标系，各点对同一坐标的坐标值应该是该点读数与前一点坐标值的累加。例如图 4 - 143 所示 2 点的坐标值为 1 点相对于 0 点的相对高度差再加上 2 点相对于 1 点的相对高度差，而 3 点的坐标值等于 3 点相对于 2 点的相对高度差再加上 2 点的坐标值，以此类推。现分别用作图法和坐标变换法来解题。

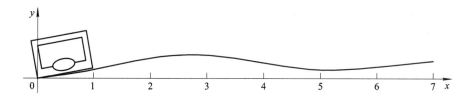

图 4 - 143   水平仪测直线度

（1）作图法。

首先，按测点的序号将相对示值、累积值（测量坐标值）列于表 4 - 26 中，再按表 4 - 26 中的累积值画出在测量坐标系中的误差曲线，如图 4 - 144 所示。

表 4 - 26   直线度误差数据处理

测点序号 i	0	1	2	3	4	5	6	7
相对示值（格数）	0	+1	+2	+1	0	−1	−1	+1
累积值（格数）	0	+1	+3	+4	+4	+3	+2	+3

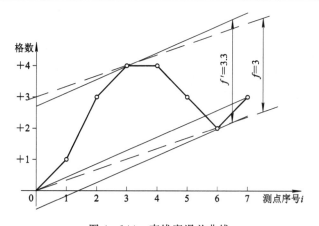

图 4 - 144   直线度误差曲线

① 两端点连线法。

在图 4 - 144 中，连接误差曲线的首尾两点成一连线，这个连线就是评定基准。平行于这个评定基准，作两条直线（理想要素）包容被测误差曲线。平行于纵坐标轴在图上测量这两条直线的距离即纵坐标值 f' 就是直线度误差值。如图 4 - 144 中实线所示。从图中可以看出，$f' = 3.3$ 格。现需要将水平仪的格子数换算成毫米或者微米。由于分度值是 0.02 mm/m，即每 1000 mm 上的一格代表 0.02 mm，而水平仪的桥距为 200 mm，所以水平仪上的一格代表 $0.02 \times 200/1000 = 0.004$ mm，或者是 4 μm。因此该导轨的直线度误差值应该是：

$$f_- = 3.3 \times 4 = 13.2 \ \mu m$$

② 最小条件法。

按最小条件法的定义，要在误差曲线上找到两高一低或者是两低一高的三个点。在图 4 - 144 中的误差曲线上，可以找到两低一高三点，连接这两个低点作一条直线，平行于这条直线，过高点作包容误差曲线的另一条直线，如图 4 - 144 中虚线所示。平行于纵坐标轴在图上测量这两条虚线的距离即纵坐标值 $f = 3$ 格就是直线度误差值。同理这个误差值是水平仪的格子数，要换算为微米：

$$f_- = 3 \times 4 = 12 \ \mu m$$

（2）坐标变换法。

用坐标变换法同样可以用两端点连线法或最小条件法求直线度误差值。这里用最小条件法来求直线度误差值。在测量坐标系中求出误差曲线后，依然不能确定误差曲线上的高点和低点，因而不能用两理想直线去包容被测实际误差曲线。为了求出误差曲线上的高点和低点，固定纵坐标不变，而设想将横坐标轴变换到一个 np（一条直线）的位置，如图 4 - 145 所示，在这个位置上就可以找到误差曲线的最高点和最低点。将原横坐标轴变到 np 位置称做坐标变换。实际上在测量坐标系中，将各坐标值依次加上一个对应的等差数列——0，p，$2p$，$3p$，$4p$，$5p$，$6p$，$7p$……纵坐标保持不变，就可以将横坐标变到 np 位置。这个 np 即为直线度的评定基准，平行于这个评定基准作两条直线包容被测实际曲线就求出了直线度误差。在变换后的新的坐标系中，图 4 - 145 中的误差曲线上可以找到两个低点和一个高点，实际上这两个低点的连线就是该误差曲线的 np。接着用两个平行于评定基准（np）的理想要素（直线）包容实际要素（误差曲线），其数学表达式是：f = 最大值 - 最小值，即求出直线度误差。由于这两个低点就是 np，所以所有的坐标值要相对于这个 np 作一个坐标变换。首先在误差曲线上找到两个最低点，一个是 0 点，另一个是 6 点，所以对这两个最低点来说，它们的坐标值应该相等，于是有下列等式：

$$0 + 0p = (+2) + 6p$$

解方程求出

$$p = -\frac{1}{3}$$

其次，将所有的坐标值作相应的变换，求出其他点的坐标值，如表 4 - 27 所示，表中为坐标变换的全过程。

表 4‐27　坐标变换数据处理

测点序号 i	0	1	2	3	4	5	6	7
相对示值（格数）	0	+1	+2	+1	0	−1	−1	+1
累积值（格数）	0	+1	+3	+4	+4	+3	+2	+3
等差数列	$0p$	p	$2p$	$3p$	$4p$	$5p$	$6p$	$7p$
等差数列值	0	−1/3	−2/3	−1	−4/3	−5/3	−2	−7/3
变换坐标值＝累积值＋等差数列值	0	+2/3	+7/3	+3	+8/3	+4/3	0	+2/3

表中的 $0,p,2p,3p,4p,\cdots,np,\cdots$ 为设想中的等差数列，数列中 n 为测点序数。表中的最后一行是变换后的新坐标值，新坐标值中 0 点和 6 点的坐标是相等的，这表示 0 点和 6 点的连线就是 np 直线，也就是两个低点的连线。如前所述，再用两条直线去包容误差曲线，即最大值与最小值之差就是所要求的直线度误差值。所以直线度误差为

$$f = 3 - 0 = 3$$

同理，这个值是水平仪的格子数，实际直线度误差值应该是

$$f_- = 3 \times 4 = 12 \ \mu m$$

与用作图法的最小条件法求出的结果相同。如果要用两端连线法求直线度误差，只要将首点和尾点连起来，成为 np 线，再相对于这条 np 线作所有其他坐标值的坐标变换，用新坐标的最大值减最小值就可以求出直线度误差值。

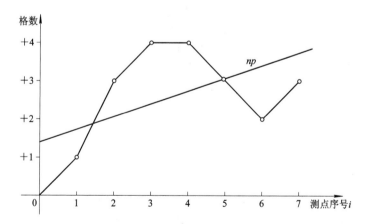

图 4‐145　坐标变换法示意图

【例 4‐11】　参考图 4‐146，在平板上用指示表测量某窄长平面的直线度误差，即用打表法测量直线度误差。现对实际被测直线等距布置 9 个测点，在各测点处指示表的示值列于表 4‐28。根据这些测量数据，按两端点连线法和最小条件法用作图法求解直线度误差值。

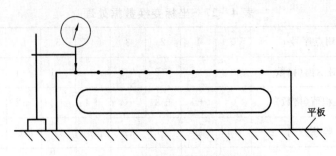

图 4-146 用打表法测量直线度误差

表 4-28 直线度误差测量数据

测点序号 i	0	1	2	3	4	5	6	7	8
指示表示值/μm	0	+4	+6	-2	-4	0	+4	+8	+6

解：这是将平板作为理想要素与被测实际要素进行比较的一种测量方法。可以将指示表对零的点作为测量坐标系的原点，然后，指示表的每个示值就是相对于原点的相对值，也是该点的坐标值，根据这些坐标值求出误差曲线如图 4-147 所示。

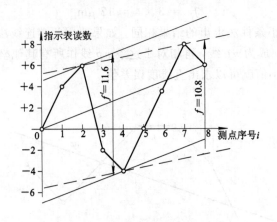

图 4-147 例 4-10 直线度误差曲线

（1）两端点连线法。

在图 4-147 中，连接测点 0 和测点 8，得到两端点连线，以该连线为评定基准，作平行于该评定基准的两条直线（理想要素）包容实际误差曲线（实际要素），平行于纵坐标轴，测量这两直线间的距离即为直线度误差值 $f'=11.6\ \mu m$，如图 4-147 所示。

（2）最小条件法。

同样在图 4-147 中，可以找到两个高点和一个低点，因此可以应用最小条件法。两个高点分别是 2 点和 7 点，作一条连线连接着两个高点，平行于这条连线过低点 4 点，作另一条直线，包容实际误差曲线，平行于纵坐标轴测量这两直线间的距离，就可以求出直线度误差值 $f=10.8\ \mu m$，如图 4-147 所示。

3. 平面度误差评定

1）最小条件法

用两平行平面（理想要素）包容实际被测要素时，实现至少四点或三点接触，这种接触状态符合以下三种情况之一，即为符合最小条件。

（1）三角形准则：两平行平面包容实际被测平面时，一个高（低）点在另一平面的投影位于三个低（高）点形成的三角形内，如图 4 - 148 所示，称做三低夹一高，或者三高夹一低。两平面中的任一平面都可以作为评定基准，两平面之间的最小距离即为平面度误差值。

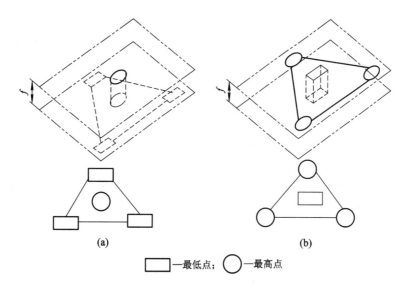

□—最低点；○—最高点

图 4 - 148　三角形准则

（2）交叉准则：两平行平面包容实际被测平面时，两个高点的连线在另一个平面的投影与两个低点的连线相交，如图 4 - 149 所示。两平面中的任一平面都可以作为评定基准，两平面之间的最小距离即为平面度误差值。

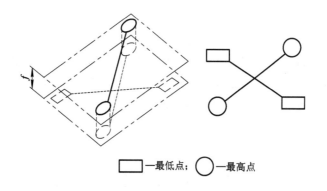

□—最低点；○—最高点

图 4 - 149　交叉准则

（3）直线准则：两平行平面包容实际被测平面时，一个高（低）点在另一个平面上的投影位于低（高）点的连线上，如图 4 - 150 所示。同理，两平面中的任一平面都可以作为评定基准，两平面之间的最小距离即为平面度误差值。

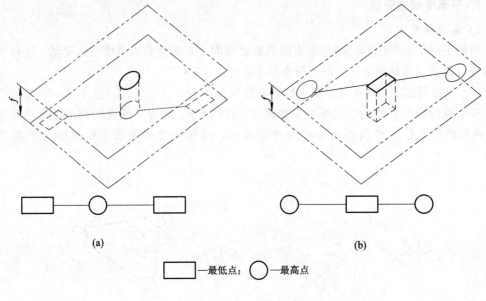

□—最低点； ○—最高点

图 4-150　直线准则

2）三点法

以实际被测平面上任意选定三点（不在同一直线上的相距最远的三个点）所形成的平面作为评定基准，平行于该评定基准作两平行平面（理想要素）包容实际被测平面，该二平行平面的最小距离即为平面度误差值，如图 4-151 所示。

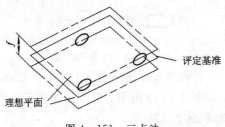

图 4-151　三点法

3）对角线法

在实际被测平面上作一条对角线，再作另一条对角线，平行这条对角线，通过第一条对角线作一平面，并将它作为评定基准，作平行该评定基准的二平行平面（理想要素）包容实际被测平面，这二平行平面的最小距离即为平面度误差值。或者说实际平面上相对于该评定基准最大值和最小值之差为平面度误差值，如图 4-152 所示。

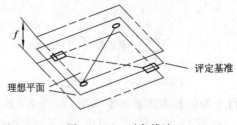

图 4-152　对角线法

三点法和对角线法都不符合最小条件，是一种近似方法，其数值比最小条件法稍大，且不是唯一的，但由于其处理方法简单，在生产中常应用。按最小条件法确定的误差值不超过其公差值可判断该项要求合格，否则为不合格。按三点法和对角线法确定的误差值不超过其公差值即可判断该项要求合格，否则既不能确定该项要求合格，也不能判定其不合格，应以最小条件来仲裁。

测量平面度误差时所得的数据，都必须换算为相对于某一点(坐标原点)的绝对高度差，即需要建立一个测量坐标系。在这个测量坐标系中，经过坐标变换求出一个误差平面(评定基准)，在这个平面上可以找到实际被测平面的最大值和最小值。平行于这个误差平面(评定基准)作两个平行平面包容实际被测平面，即过最大值和最小值作两平行平面，这两个平行平面的最小距离就是平面度误差。在误差平面上，最小条件法的三角形准则中的三点、交叉准则中的两连线的端点、直线准则中连线的两端点，以及三点法的三点或两条对角线两端点的高度应分别相等，平面度误差为经过坐标变换得的最高点读数和最低点读数之差的绝对值。

首先要建立测量坐标系，求出各点在测量坐标系中的坐标值，即求出各点相对于坐标原点的绝对高度差。其次就是要进行坐标变换，进而求出误差平面。现在的问题是如何进行坐标变换。现设想一下，在测量坐标系中，能否建立这样一个误差平面：在这个面上，可以找到实际被测平面上的最大值和最小值。这个面就是在测量坐标系中经过旋转和平移的面，要旋转和平移一个面首先变换一条线，设这条线为坐标值的第一行，即将实际被测平面上所有的坐标值相对于第一行旋转一次，即相当于所有的坐标值都加上一个等差数列 0，p，$2p$，$\cdots$，ip，$\cdots$，$np(i=0,1,\cdots,n)$；由于两条交叉的线确定一个平面，所以，再将实际被测平面上所有的坐标值相对于第一列再旋转一次，也就是将所有的坐标值再加上一个等差数列 0，q，$2q$，$\cdots$，jq，$\cdots$，$mq(j=0,1,\cdots,m)$。如果已知 p 值和 q 值，那么旋转过的平面就是误差平面。在误差平面上，按判断准则可以求得平面度误差值。在转换过程中，只有 p 值和 q 值的过渡平面(不是误差平面)称作旋转平面，旋转平面上的各值为在测量坐标系中，各点坐标值的旋转量。如图 4-153 所示。

0	p	$2p$	$\cdots$	ip	$\cdots$	np
q	$p+q$	$2p+q$	$\cdots$	$ip+q$	$\cdots$	$np+q$
$2q$	$p+2q$	$2p+2q$	$\cdots$	$ip+2q$	$\cdots$	$np+2q$
$\vdots$	$\vdots$	$\vdots$		$\vdots$		$\vdots$
jq	$p+jq$	$2p+jq$	$\cdots$	$ip+jq$	$\cdots$	$np+jq$
$\vdots$	$\vdots$	$\vdots$		$\vdots$		$\vdots$
mq	$p+mq$	$2p+mq$	$\cdots$	$ip+mq$	$\cdots$	$np+mq$

图 4-153　旋转平面

应该指出的是，经过这样的坐标变换后，虽然每个测点的坐标值有所改变，但是它们之间的相互高、低关系并没有改变。另外，当按最小条件法评定平面度误差时，由于有三角形准则、交叉准则和直线准则三种判断准则，当缺乏足够的实践经验时，可能经过一次估计和旋转后达不到目的，这时需重新进行估计和旋转，直到符合判断准则为止。而当按三点法和对角线法评定时，因其评定结果不是唯一的，所以可能得到不同的结果。

【例 4-12】　用跨距为 200 mm、分度值为 0.02 mm/m 的水平仪测量某平面的平面度误差。设用水平仪按图 4-154(a)所示的布线方式(箭头方向为水平仪放置方向)测得 9 点共 8 个读数。试按三点法、对角线法和最小条件法评定其平面度误差值。

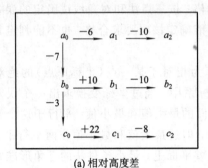

(a) 相对高度差

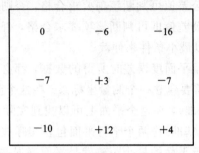

(b) 绝对高度差

图 4-154 平面度误差的测量

解：用水平仪测量平面度误差时，也只能测量后点相对于前点的相对高度差，即获得相对示值。图 4-154(a)所示为 9 个点的相对高度差。为了使这 9 个点联系起来，建立以起始点 a_0 为坐标原点(坐标值为零)的测量坐标系，按测量方向(图中的箭头方向)，从坐标原点起，将测得的读数顺序累积，就得到图 4-154(b)所示的绝对高度差，也就是测量坐标值。

(1) 三点法。

按三点法的原理，在测量坐标系中，选定 $a_1(-6)$，$c_0(-10)$，$c_2(+4)$ 三点所形成的平面作为评定基准，则经坐标变换(即将平面旋转)后，此三点的坐标值(等于等差数列旋转量加上各点的测量坐标值)应该相同，据此列出下列方程组：

$$-6+p = -10+2q = +4+2p+2q$$

解上述方程得

$$p = -7 \qquad q = -1.5$$

按解出的 p 值和 q 值，得到旋转平面如图 4-155(a)所示。旋转平面上的各值为测量坐标系中的各点的旋转量。将这个旋转量与对应的绝对高度差相加，也就是将各点的旋转量与对应的各点测量坐标值相加，就得到了经过坐标变换后的各点坐标值，也就是得到了误差平面，如图 4-155(b)所示，或者说得到了评定基准。

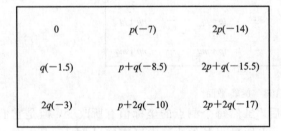

(a) 旋转平面

(b) 误差平面

图 4-155 三点法

在误差平面(评定基准)上，可见这三个点是等高(−13)的，如图 4-155(b)所示。平面上的最大值是＋2，最小值是－30，平行于误差平面，用两个平行平面去包容实际被测平面，即最大值和最小值之差为平面度误差。则有

$$f = (+2) - (-30) = 32 \quad (格)$$

与测量直线度误差一样，由于水平仪的桥距是 200 mm，分度值为 0.02 mm/m，则水平仪上每一格代表 0.004 mm，或者 4 μm。所以平面度误差为

$$f_{\square} = 32 \times 4 = 128 \ \mu m$$

（2）对角线法。

同理，按对角线原理，在测量坐标系中取对角线 $a_0(0)$ 和 $c_2(+4)$ 以及对角线 $a_2(-16)$ 和 $c_0(-10)$。由于坐标变换后，对角线端点的坐标值相等，据此列出以下方程：

$$\begin{cases} +4+2p+2q = 0+0 \\ -10+2q = -16+2p \end{cases}$$

$$\begin{cases} q-p = -3 \\ q+p = -2 \end{cases}$$

解得
$$p = +0.5; \ q = -2.5$$

由此，得到旋转平面如图 4-156(a) 所示。同理，将旋转平面上的各点旋转量与测量坐标系中的各点绝对高度差相加，即图 4-156(a) 与图 4-156(b) 对应各点相加，就得到误差平面（评定基准）如图 4-156(b) 所示。同样，误差平面上的各值就是坐标变换后各点的坐标值。由图可见，a_0 和 c_2 等高(0)，且 a_2 和 c_0 等高(-15)。平行于误差平面作两平行平面包容实际被测平面，即用误差平面上的最大值减去最小值，就求出平面度误差值。

$$f = (+7.5) - (-15) = 22.5（格）$$

所以
$$f_{\square} = 22.5 \times 4 = 90 \ \mu m$$

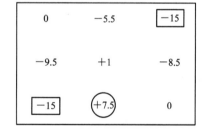

(a) 旋转平面　　　　　　　　　　(b) 误差平面

图 4-156　对角线法

（3）最小条件法。

首先观察在测量坐标系中，各值的分布情况，看其是否符合三角形准则、交叉准则和直线准则。在图 4-154(b) 绝对高度差中，估计该实际平面近似马鞍形，可能实现最小条件法中的交叉准则，试选 $a_0(0)$ 和 $c_1(+12)$ 为最高点，$a_2(-16)$ 和 $c_0(-10)$ 为最低点。同理，坐标变换后，高点的连线端点坐标值和低点的连线端点坐标值应该分别相等，据此列出下列方程组：

$$\begin{cases} 0+0 = +12+p+2q \\ -10+2q = -16+2p \end{cases}$$

$$\begin{cases} p + 2q = -12 \\ p - q = 3 \end{cases}$$

解出
$$p = -2; \quad q = -5$$

　　于是求出最小条件法的旋转平面，旋转平面上的各点为各坐标点的旋转量，如图 4-157(a)所示。同理将旋转平面上各点的旋转量与各点绝对高度差（测量坐标值）相加，即将图 4-154(b)与图 4-157(a)对应点的值相加，就得到经过坐标变换后各点的坐标值，求出了误差平面，如图 4-157(b)所示。平行于误差平面作两平行平面包容实际被测平面，就是用误差平面上的最大值减去最小值，求出平面度误差为

$$f = 0 - (20) = 20 \text{（格）}$$

所以
$$f_{\square} = 20 \times 4 = 80 \ \mu m$$

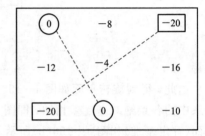

(a) 旋转平面　　　　　　　　　　**(b) 误差平面**

图 4-157　最小条件法

　　上例是用水平仪测量平面度，实际上平面度的常用测量方法是用打表法测量。

　　比较平面度误差的上述三种评定方法，三点法的评定结果受选点的影响，使评定结果不唯一；对角线法因选点是确定的，评定结果有唯一性。但这两种方法的评定结果均大于定义值。最小条件法的评定结果不仅唯一，而且最小，完全符合平面度误差的定义值。但是在实际工作中往往需经多次选点试算，才能获得符合判别法的最小条件。因此，最小条件件法主要用于工艺分析及发生争议时的仲裁。对角线法的评定结果虽然大于定义值，但相差不多，由于此法计算方便，所以应用较广。

4. 圆度误差评定

1）最小条件法

　　两同心包容圆（理想要素）与实际被测圆至少呈四点相间接触（外—内—外—内），如图 4-158 所示，两同心包容圆的半径差即为圆度误差值。当被测轮廓的误差曲线已知时，通常将透明的同心圆模板用试凑的方法，以两同心圆包容误差曲线，直至满足内外交替四点接触为止，两同心圆的半径差即为圆度误差。亦可用计算方法评定圆度误差，先测量实际轮廓，并找出其中心，按一定优化方法将测量中心转换到最小包容区域的中心，求出圆度误差值。

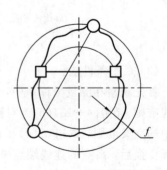

图 4-158　圆度误差最小区域判别准则

2）最小外接圆法

对实际被测圆作一直径为最小的外接圆，再以此圆得圆心为圆心对实际被测圆作一直径为最大的内接圆，则此两同心圆的半径差即为圆度误差值。如图 4-159 所示。最小外接圆的判别条件也可分为两种：一种为两点接触，即误差曲线（实际被测圆）上有两点与外接圆接触，且两点连线即为该圆的直径，如图 4-159(a) 所示；另一种为三点接触，即误差曲线由三点与外接圆接触，且三点连线构成锐角三角形，如图 4-159(b) 所示。最小外接圆法只用于评定外表面的圆度误差。

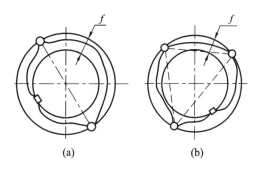

(a)   (b)

图 4-159　最小外接圆判别条件

3）最大内接圆法

对实际被测圆作一直径为最大的内接圆，再以此圆的圆心为圆心对实际被测圆作一直径为最小的外接圆，则此两同心圆的半径差即为圆度误差值，如图 4-160 所示。最大内接圆的判别条件可分为两种：一种为两点接触，即误差曲线上有两点与内接圆接触，且两点连线即为该圆的直径，如图 4-160(a) 所示；另一种为三点接触，即误差曲线有三点与内接圆接触，且三点连线构成锐角三角形，如图 4-160(b) 所示。最大内接圆法只用于评定内表面的圆度误差。

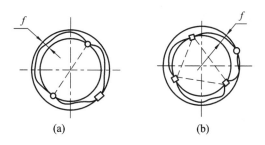

(a)   (b)

图 4-160　最大内接圆判别条件

4）最小二乘圆法

最小二乘圆为实际被测圆上各点至该圆的距离的平方和为最小的圆。以该圆的圆心为圆心，作两个包容实际被测圆的同心圆，该二同心圆的半径差即为圆度误差值。最小二乘圆及其圆心位置的确定如图 4-161 所示。图中 O' 为测量圆心，最小二乘圆心 O 与其偏心量值 a，b 由下式决定：

$$a = \frac{2}{n} \sum_{i=1}^{n} x_i = \frac{2}{n} \sum_{i=1}^{n} r_i \cos\theta_i$$

$$b = \frac{2}{n}\sum_{i=1}^{n}y_i = \frac{2}{n}\sum_{i=1}^{n}r_i \sin\theta_i$$

式中，n 为圆周上测点数，r_i 为各测点的半径测得值，θ_i 为对应的极坐标角度。最小二乘方圆半径 R 为

$$R = \frac{\sum_{i=1}^{n}r_i}{n}$$

误差曲线上各点至最小二乘圆的距离为

$$\Delta R_i = r_i - (R + a \cos\theta_i + b \sin\theta_i)$$

则圆度误差值为

$$f = \Delta R_{\max} - \Delta R_{\min}$$

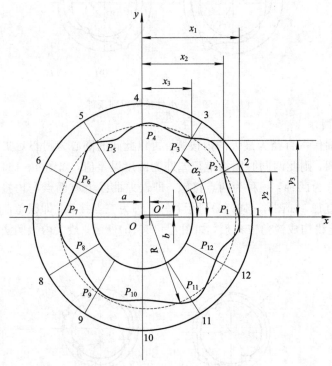

图 4-61　最小二乘圆及圆心的确定

4.6.2　方向和位置误差及其评定

1. 基准

基准是确定被测要素的方向和位置的参考对象。如前所述，在设计图样上标出的基准通常包括单一基准、组合基准和三基面体系，该基准是理想要素，但是，在位置误差的评定中，基准是由实际的基准要素来确定的，它也应该是一个理想要素。即必须由提取实际要素的拟合来建立一个理想要素。

1) 基准建立的原则

由实际基准要素建立基准时，应以提取实际基准要素的拟合来得到理想要素为基准，

而理想要素的位置应符合最小条件。对于轮廓基准要素，规定以其最小包容区域的体外边界作为理想基准要素；对于导出（中心）基准要素，规定以其最小包容区域的中心要素作为理想基准要素。前者称为"体外原则"，后者称为"中心原则"。

（1）实际平面。实际平面是不能作为基准的，必须用该实际平面的理想平面作为基准。例如，以图4-162所示的实际平面建立基准时，基准平面应是该实际轮廓面的最小包容区域的体外平面。

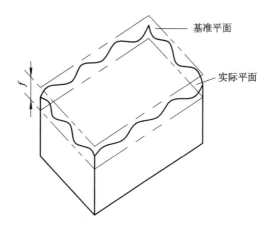

图4-162　实际平面的基准要素

若设计规定以若干间断的平面要素作为组合基准，则应把形成组合基准的所有间断平面要素作为一个整体，作出其最小包容区域，再按体外原则确定基准，如图4-163所示。

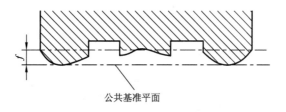

图4-163　公共基准平面

（2）实际轴线。实际轴线是不能作为基准的，必须用实际轴线的理想轴线作为基准。实际轴线的理想轴线就是包容实际轴线且直径最小的圆柱面的轴线。若以图4-164所示的孔的实际轴线 B 建立基准，基准轴线应是该实际轴线的最小包容区域的轴线（基准 B）。

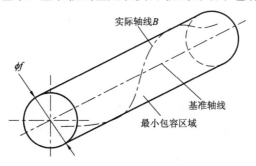

图4-164　实际轴线的基准要素

若规定以若干间断轴线要素作为组合基准，应该把这些间断轴线要素作为一个整体，作出其最小包容区域，按中心原则确定基准，图4-165是以公共轴线作为组合基准。

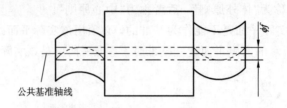

公共基准轴线

图4-165 公共基准轴线

（3）多基准。为了完全确定理想被测要素的方向或位置，往往需要多个要素作为基准，即多基准。这时，第二或第三基准是分别对第一基准或第一和第二基准有方向或位置要求的关联基准要素。因此，由用作第二或第三基准的实际要素建立基准时，应先作该要素的方向或位置最小包容区域，然后根据轮廓要素（例如实际平面）或中心要素（例如实际轴线）的不同，分别按体外原则或中心原则确定理想的关联基准要素的位置。例如，图4-166(a)所示孔的轴线的位置度公差要求以相互垂直的A、B两轮廓平面为基准。若以A为第一基准，B为第二基准，则基准A按最小包容区域及体外原则确定，基准B按方向垂直于基准A的最小包容区域及体外原则确定，如图4-166(b)所示；若以B为第一基准，A为第二基准，则基准B按最小包容区域及体外原则确定，基准A按方向垂直于基准B的最小包容区域及体外原则确定，如图4-166(c)所示。

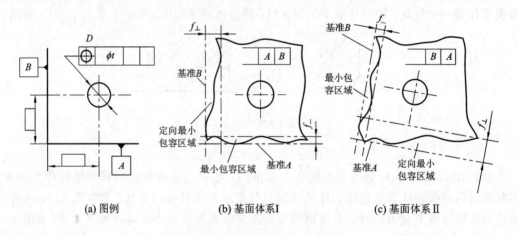

(a) 图例   (b) 基面体系I   (c) 基面体系II

图4-166 多个基准要素的建立原则

2）基准的体现方法

在生产实际中，可以用各种方法体现理想基准要素。标准规定的基准体现方法有：模拟法、直接法、拟合法和目标法。

（1）模拟法。模拟法是以具有足够精度的表面与实际要素相接触来体现基准。如用精密平板的工作平面来模拟基准平面；用V形块体现外圆柱面的基准轴线等。

① 以平台平面为模拟基准，如图4-167所示。用具有足够精确形状的平板、平台工作面模拟基准平面与实际基准平面相接触。

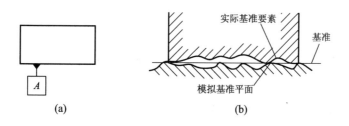

(a)　　　　　　　　　　(b)

图 4-167　以单一平面建立基准平面

② 以中心平面作为模拟基准，如图 4-168 所示。由实际平行平面建立基准中心平面时，对于内表面，可用无间隙配合的平行平面定位块的中心平面来体现。

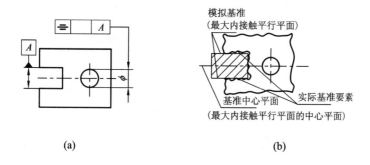

(a)　　　　　　　　　　(b)

图 4-168　以内表面中心平面建立基准中心平面

③ 以两个或多个中心平面组成公共中心平面作模拟基准，如图 4-169 所示。由两个实际平行平面的公共中心平面建立公共基准中心平面时，对于内表面，两组共面的与实际平行平面内接触的，且距离为最大的平行平面所形成的公共中心平面，即为公共基准中心平面。

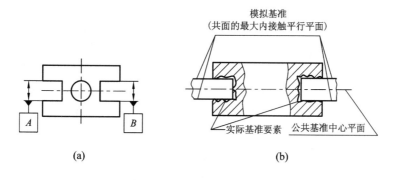

(a)　　　　　　　　　　(b)

图 4-169　以两个或多个内表面中心平面建立基准中心平面

④ 由内圆柱表面建立模拟基准轴线，如图 4-170 所示。对于由内圆柱表面建立的基准轴线，通常用心轴来体现，心轴与内圆柱表面应成无间隙的配合，可采用可胀式心轴或选配心轴，此时心轴的轴线即为基准轴线。

⑤ 由外圆柱表面建立模拟基准轴线，如图 4-171 所示。对于由外圆柱表面建立基准，通常采用定位套来体现。定位套与实际外圆柱面也应成无间隙的配合，定位套的轴线就可作为模拟的基准轴线。

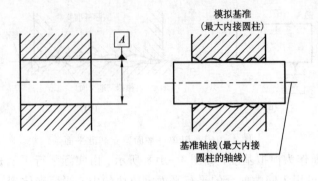

(a)　　　　　　　　　　(b)

图 4 - 170　在内圆柱表面上建立基准轴线

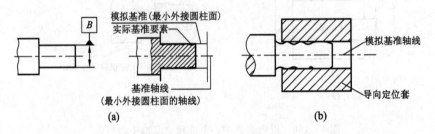

(a)　　　　　　　　(b)

图 4 - 171　以定位套的轴线为模拟基准线

⑥ 公共模拟基准轴线。对于公共基准轴线可用与两个实际外圆柱面紧密配合的同轴的定位套的轴线来模拟,如图 4 - 172 所示。在图样或特定工艺要求的情况下,可由同轴顶尖模拟公共基准轴线,见图 4 - 173。应当注意,由于中心孔的不同轴和歪斜,将会给工件带来较大的加工误差和测量误差。

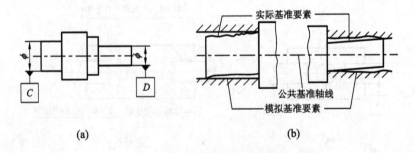

(a)　　　　　　　　　　(b)

图 4 - 172　公共基准轴线的体现

(2) 直接法。直接法直接以具有足够形状精度的实际基准要素作为基准。如图 4 - 174 和图 4 - 175 所示。例如,用两点法测量两轴之间的局部实际尺寸,以其最大差值作为两轴轴线间的平行度误差值。显然,当直接采用实际基准要素作为基准时,实际基准要素的形位误差会被带入测量结果而影响测量精度。

(3) 拟合法。拟合法是通过对实际基准要素进行测量,按一定的拟合方法,对提取的基准要素进行拟合,所获得的拟合组成要素或拟合导出要素来体现基准的方法。例如,对于大型零件,用其他方法建立或体现基准有困难时,可采用拟合法。

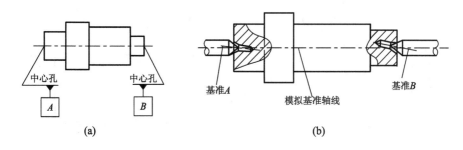

图 4-173 模拟公共基准轴线的建立

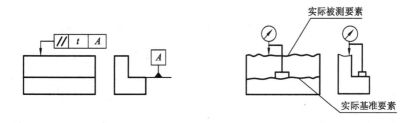

图 4-174 用直接法建立外表面的基准平面

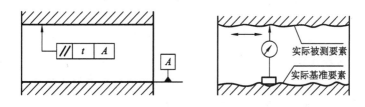

图 4-175 用直接法建立内表面的基准平面

（4）目标法。目标法是以实际基准要素上的若干点、线或面来建立基准。这些点、线或面称为"基准目标"。"点目标"用球支承体现；"线目标"用刃口支承或轴素线体现；"面目标"按图样上规定的目标形状和尺寸用相应的平面支承来体现。各支承的位置应按图样上规定的位置来体现。

2. 方向误差及其评定

方向误差是指被测要素的提取要素对确定方向的理想要素的变动量，理想要素的方向由基准和正确理论尺寸确定。在工程图样中，当方向公差值后面带有最大内切$\textcircled{X}$、最小外接$\textcircled{N}$、最小二乘$\textcircled{G}$、最小区域$\textcircled{C}$、贴切$\textcircled{T}$等符号时，表示对被测要素的拟合要素的方向公差要求，否则，是指被测要素本身的方向公差要求。如图 4-176 中表示在上表面被测长度范围，采用贴切法对被测要素的提取要素进行拟合得到被测要素的拟合要素，对该贴切要素相对于基准 A 的平行度公差值 0.1 mm。

方向误差评定是用定向最小包容区域的直径或宽度来表示，如图 4-177 所示。评定方向误差时，在理想要素相对于基准 A 的方向保持图样上给定的几何关系（平行、垂直或倾斜某一理论正确角度）的前提下，应使被测要素的提取要素对理想要素的最大变动量为最小。定向最小区域的形状与方向公差带的形状一致，但宽度或直径则由被测提取要素本身决定。

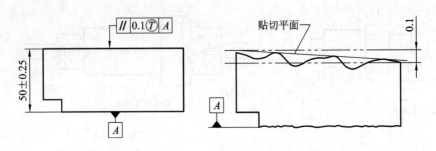

图 4-176　贴切要素的公差要求

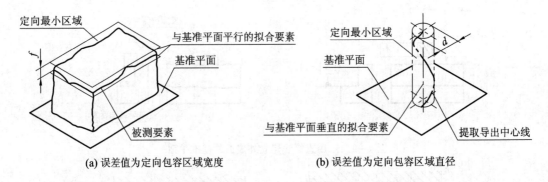

(a) 误差值为定向包容区域宽度　　　(b) 误差值为定向包容区域直径

图 4-177　定向最小包容区域

3. 位置误差及其评定

位置误差是指被测要素的提取要素对确定位置的理想要素的变动量，理想要素的位置由基准和正确理论尺寸确定。在工程图样中，当位置公差值后面带有最大内切$\text{\textcircled{X}}$、最小外接$\text{\textcircled{N}}$、最小二乘$\text{\textcircled{G}}$、最小区域$\text{\textcircled{C}}$、贴切$\text{\textcircled{T}}$等符号时，表示对被测要素的拟合要素的位置公差要求，否则，是指被测要素本身的位置公差要求。

位置误差评定是用定位最小包容区域的宽度或直径来表示。定位最小区域是指以理想要素的位置为中心来包容被测要素的提取要素时具有最小宽度或最小直径的包容区域。因此，被测要素的提取要素与定位最小区域通常只有一个点接触。位置误差值等于这个接触点至理想要素所在位置的距离的两倍。

如图 4-178 所示，当评定某一被测实际平面对某一基准平面的位置度误差时，理想平面 P 的位置由基准平面 A 和理论正确尺寸 l 确定。定位最小包容区域为对称配置于 P 的两个平行平面之间的区域，被测要素的提取要素上有一个测点与最小包容区域接触。位置度误差值 f 为这一点至 P 的距离的两倍。

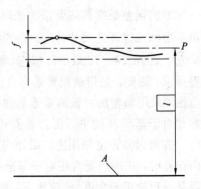

图 4-178　由两个平行平面构成的
定位最小包容区域

【例 4-13】 用水平仪测量图 4-179 所示零件，在一次定位条件下，读得基准要素上各点的相对高度为：-2，$+4$，$+2$，-2，$+1$，0，被测要素上各点相对高度为：$+5$，$+2$，0，$+8$，-2，$+2$，单位已经换算为 μm。设已知被测要素上第 0 点对基准要素上第 0 点的尺寸恰为 100 mm。试求被测要素的平行度误差值 $f_\parallel$ 和位置度误差值 $f_\oplus$，并评定这两项公差要求的合格性。

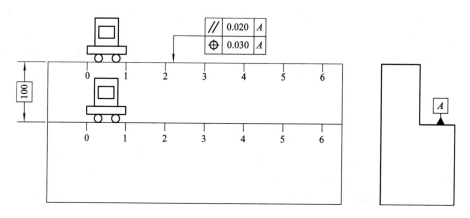

图 4-179　平行度和位置度的测量

　解：因水平仪是以水平面为基准测量后一点对前一点的相对高度差，故将测得各点数据换算为对同一坐标（测量坐标系）的坐标值。取第 0 点的坐标值为 0，其余各点的坐标值（表中的累积值）为表 4-29 所列，根据表中的数据绘出误差图形如图 4-180 所示。

表 4-29　基准要素和被测要素的数据处理　μm

测点序号 i		0	1	2	3	4	5	6
基准要素	相对示值		−2	+4	+2	−2	+1	0
	累积值	0	−2	+2	+4	+2	+3	+3
被测要素	相对示值		+5	+2	0	+8	−2	+2
	累积值	0	+5	+7	+7	+15	+13	+15

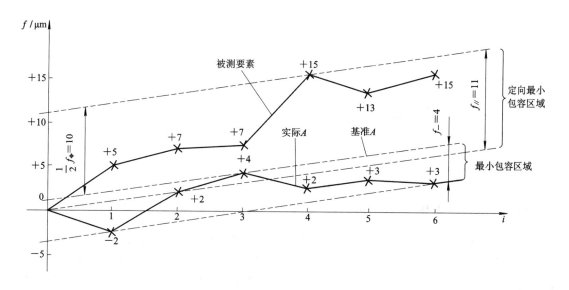

图 4-180　平行度和位置度误差的评定

先对基准要素的误差图形作符合相间准则的最小包容区域，按体外原则确定基准 A，如图 4-180 所示。再对被测要素的误差图形作平行于基准 A 的两平行直线的定向最小包容区域，则此定向最小包容区域的宽度即为平行度误差值 $f_{/\!/}$，由图 4-180 可见 $f_{/\!/}=11\ \mu m$。

对于位置度误差值，由于位置度公差带对称分布在被测要素理想位置的两侧，即被测要素在其理想位置的两侧的允许变动量各为公差值的一半，所以，在确定位置度误差值时，应取被测要素对其理想要素变动量大的一侧作为位置度误差值的一半，如图 4-180 所示，$\frac{1}{2}f_{\oplus}=10\ \mu m$，则 $f_{\oplus}=20\ \mu m$。

由上述可知，图 4-180 所示零件的平行度误差值和位置度误差值分别为 $f_{/\!/}=11\ \mu m$ 和 $f_{\oplus}=20\ \mu m$，而平行度和位置度公差值如图 4-179 所示分别为 20 μm 和 30 μm。可见其误差值分别小于公差值，因而这二项精度均符合设计要求。

对于同轴度和对称度，它们的公差带特点与位置度相同，因此，在确定它们的误差值时，也应按上述方法处理。

4. 跳动误差及其评定

跳动误差是一项综合误差，该误差根据被测要素是线要素或面要素分为圆跳动和全跳动。

1) 圆跳动误差的检测

圆跳动误差是任一被测要素的提取要素围绕基准轴线做无轴向移动地旋转一周时，指示表测得示值的最大变动量，如图 4-181(a)所示。

2) 全跳动误差的检测

全跳动误差是被测要素的提取要素绕基准轴线连续多周回转，同时指示表作平行或垂直于基准轴线的直线运动时，在整个表面上指示表测得示值的最大变动量，如图 4-181(b)所示。

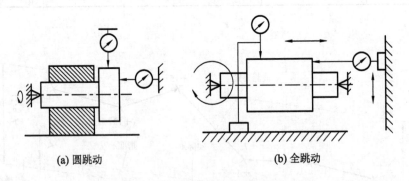

(a) 圆跳动　　　　　　　　　　　　(b) 全跳动

图 4-181　圆跳动和全跳动的检测

4.6.3　几何误差的检测原则

几何公差共有 14 个特征项目，每个特征项目均随被测零件的精度要求、结构形状、尺寸大小和生产批量的不同，其检测方法和设备也不相同，所以检测方法种类繁多。在《几何公差 检测与验证》(GB/T 1958—2017)标准中，把生产实际应用中的行之有效的几何误差检测方法作了概括，归纳为五种检测原则，并列出了 100 余种检测方案，以供参考。我们可以根据被测对象的特点和有关条件,参照这些检测原则和检测方案,设计出最合理的检测方法。现将《几何公差 检测与验证》标准中规定的五种检测原则简述如下。

1. 与理想要素相比较原则

与理想要素相比较原则就是将被测要素的提取要素与其理想要素相比较,从而测出被测要素的提取要素的几何误差值。误差值可以直接或间接测得。在生产实际中,这种方法获得了广泛的应用。运用该检测原则时,必须要求以理想要素作为测量时的标准。理想要素可用不同的方法来体现,例如用实物来体现。刀口尺的刃口、平尺的工作面、一条拉紧的钢丝都可作为理想直线;平台和平板的工作面、样板的轮廓等也都可作为理想要素。图4-182(a)所示是用刀口尺测量直线度误差,就是以刃口作为理想直线与被测要素比较,根据光隙的大小来判断直线度误差。理想要素还可用一束光线及水平面等体现,例如,用自准直仪和水平仪测量直线度误差和平面度误差时,就是应用这样的理想要素。理想要素也可用运动的轨迹来体现,例如纵向及横向导轨的移动构成了一个平面;一个点绕一轴线作等距回转运动构成了一个理想圆,如图4-182(b)所示,由此形成了圆度误差的测量方案。

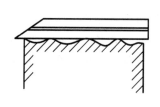 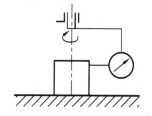

(a) 用刃口作理想要素   (b) 用运动轨迹作理想要素

图4-182 与理想要素相比较的测量

2. 测量坐标值原则

由于几何要素的特征总是可以在坐标系中反映出来,因此测得被测要素上各点的坐标值后,经过数据处理后就可以评定几何误差。测量坐标值原则是几何误差检测中的重要检测原则,可以测量除跳动外的各项误差,尤其在轮廓度和位置度误差测量中的应用更为广泛。根据被测要素的几何特征,可以选用直角坐标系、极坐标系和圆柱坐标系等进行测量。但是,数据处理较为烦琐,随着电算技术的发展,该原则亦将得到广泛的应用。图4-183所示为按测量坐标值原则测量位置度误差的示例。测量时,以零件的下侧面和左侧面分别作为测量基准 A 和 B,测量出各孔实际位置的坐标值 (x_1, y_1), (x_2, y_2), (x_3, y_3) 和 (x_4, y_4),将实际坐标值减去确定孔理想位置的理论正确尺寸可得

$$\begin{cases} \Delta x_i = x_i - \boxed{x_i} \\ \Delta y_i = y_i - \boxed{y_i} \end{cases} (i = 1, 2, 3, 4)$$

于是,各孔的位置度误差可按下式求得:

$$\phi f_i = 2\sqrt{\Delta x_i^2 + \Delta y_i^2}$$

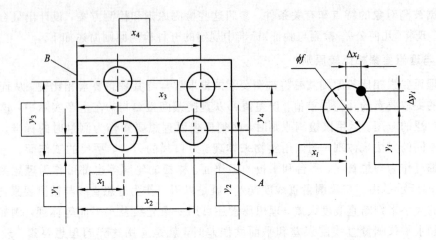

图 4-183　用测量坐标值原则测量位置度误差

3. 测量特征参数原则

所谓特征参数，是指被测实际要素上能反映几何误差的具有代表性的参数。如圆形零件半径的变动量可反映圆度误差，因此，可以用半径作为圆度误差的特征参数。应用测量特征参数原则测得的几何误差，与按定义确定的几何误差相比，只是一个近似值。例如用两点法测量圆度误差，在一个截面内的几个方向上测量直径，取最大的直径差值的一半作为该截面的圆度误差。由于用测量特征参数来表示几何误差值的测量方法容易实现，并不需要烦琐的数据处理，故该原则在生产实际中常常被采用。

4. 测量跳动原则

测量跳动原则是指被测要素的提取要素绕基准轴线回转过程中，沿给定方向测其对某参考点或线的变动量。变动量是指示表最大与最小读数之差。由于跳动公差是按检测方法定义的，所以此原则主要用于跳动误差测量。例如，测量径向圆跳动如图 4-181(a) 所示，被测实际要素绕基准轴线回转一周的过程中，被测要素的提取要素的形状和位置误差使位置固定的指示表的测头移动，指示表最大与最小读数之差，即为该测量截面内的径向圆跳动。

5. 控制实效边界原则

控制实效边界原则适用于采用最大实体要求和包容要求的场合。按最大实体要求或包容要求给出几何公差时，就给定了最大实体实效边界或最大实体边界，要求被测要素的提取要素的轮廓不得超出该边界。例如，按最大实体要求给出几何公差时，意味着给出了一个理想边界——最大实体实效边界，要求最大实体被测实体不得超越该理想边界。控制实效边界原则是用功能量规或光滑极限量规通规的工作表面来模拟体现图样上给定的边界，来检验实际被测要素。若被测要素的实际轮廓能被量规通过，则表示合格，否则表示不合格。例如检验花键的位置度误差，可用花键综合量规；检验同轴度误差，可用同轴度量规，如图 4-184 所示是用综合量规检验同轴度误差的情况。当最大实体要求应用于被测要素对应的基准要素时，可以使用同一功能量规检验该基准要素。

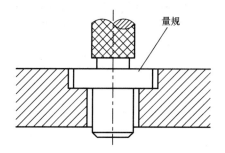

图 4-184 用综合量规检验同轴度误差

习 题 4

◆◦◦◦◆

4-1 说明图 4-185 所示零件中底面 a、端面 b、孔表面 c 和孔的轴线 d 分别是什么要素(被测要素、基准要素、单一要素、关联要素、组成要素、导出(中心)要素)?

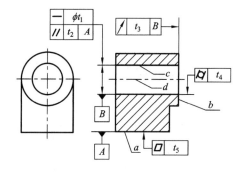

图 4-185 几何要素的判别

4-2 根据图 4-186 中曲轴的形位公差的标注,将图中各项形位公差的含义填于表 4-30 中。各项形位公差的公差带形状可以画在表的外面。

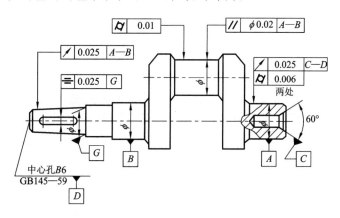

图 4-186 曲轴的几何公差的标注

211

表 4 – 30　曲轴的形位公差的含义

公差框格	特征项目		被测要素	公差值/mm	基准		公差带形状
	符号	名称			有无	基准要素	
≡ 0.025 G							
∕ 0.025 A—B							
∠ 0.01							
∥ φ0.02 A—B							
∕ 0.025 C—D							
∠ 0.006							

4 – 3　试对图 4 – 187 所示轴套上标注的几何公差作出解释，并按表 4 – 31 规定的栏目填写。

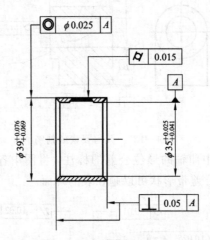

图 4 – 187　轴套的几何公差标注

表 4 – 31　轴套的几何公差内容的填写

公差特征项目符号	公差特征项目名称	被测要素	基准要素	公差带形状	公差带大小	公差带相对于基准的方位关系

4-4 在不改变几何公差特征项目的前提下，改正图 4-188 中的几何公差标注错误（按改正后的答案重新画图，重新标注）。

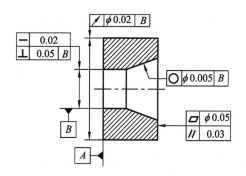

图 4-188 几何公差标注错误

4-5 试指出图 4-189(a)、(b)、(c)、(d) 中几何公差标注的错误，并加以改正（几何公差特征项目不允许变更，正确的几何公差标注不要修改，重新画图并重新标注）。

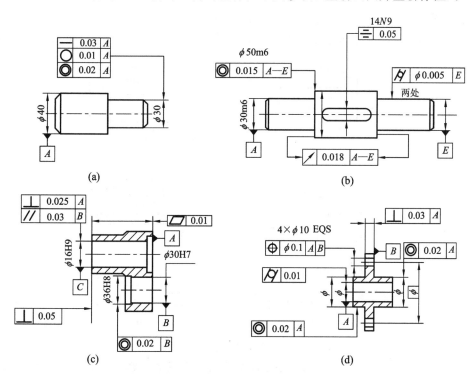

图 4-189 错误的几何公差标注

4-6 图 4-190 中的垂直度公差各遵守什么公差原则和公差要求？它们各遵守什么边界？试分别说明它们的尺寸误差和几何误差的合格条件。设加工后测得零件的实际尺寸为 $\phi 19.985$，轴线对基准 A 的垂直度误差值为 $\phi 0.06$，试分别判断按图样图(a)、(b)、(e) 的标注分别判断该零件是否合格。

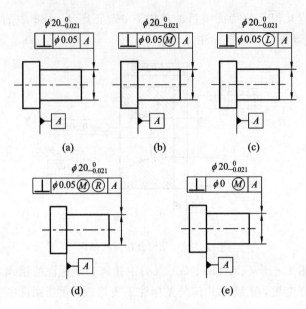

图 4-190　公差原则或公差要求的标注

4-7　按图 4-191 中公差原则或公差要求的标注，试填写表 4-32（重新制表填写）。

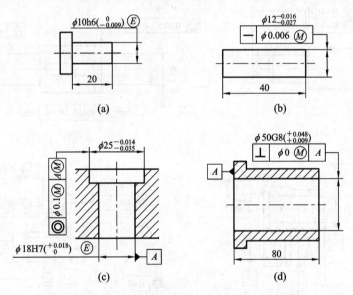

图 4-191　公差原则或公差要求的标注

表 4-32　公差原则或公差要求的内容　　　　　　　　　　　　　mm

零件序号	最大实体尺寸	最小实体尺寸	最大实体状态时的形位公差值	可能补偿的最大形位公差值	边界名称及边界尺寸	对某一实际尺寸形位误差的合格范围
a						
b						
c						
d						

— 214 —

4-8 图 4-192 所示为单列圆锥滚子轴承内圈，将下列几何公差要求标注在零件图上：

(1) 圆锥垂直于轴线的截面圆度公差为 6 级（注意此为几何公差等级）；

(2) 与圆锥表面的面要素垂直的圆度公差 6 级；

(3) 圆锥素线直线度公差为 7 级（$L=50$）；

(4) 圆锥面对孔 $\phi80H7$ 轴线的斜向圆跳动公差为 0.02；

(5) $\phi80H7$ 孔表面的圆柱度公差为 0.005；

(6) 右端面对左端面的平行度公差为 0.004；

(7) $\phi80H7$ 遵守单一要素的包容要求；

(8) 其余几何公差按 GB/T 1184 中的 K 级要求。

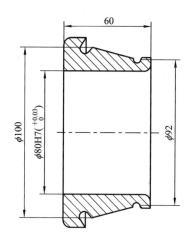

图 4-192 轴承内圈

4-9 将下列各项几何公差要求标注在图 4-193 的图样中（重新画图并标注）：

(1) $2\times d$ 轴线对其公共轴线的同轴度公差为 $\phi0.02$；

(2) ϕD 孔轴线在 X（长度）方向上对 $2\times d$ 公共轴线的垂直度公差为 0.01；

(3) ϕD 孔轴线在 Y（宽度）方向上对 $2\times d$ 公共轴线的对称度公差为 0.03。

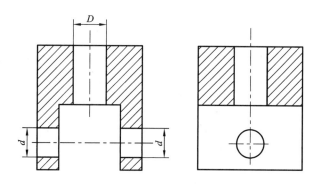

图 4-193 支承座

4-10 将下列各项几何公差要求标注在图 4-194 的图样中（重新画图并标注）：

(1) 法兰盘端面 A 对 $\phi18H8$ 孔的轴线的垂直度公差为 0.015；

(2) $\phi35$ 圆周上均匀分布的 $4\times\phi8H8$ 孔对 $\phi18H8$ 孔的轴线(第一基准)和法兰盘端面 A(第二基准)的位置度公差为 $\phi0.05$;

(3) $4\times\phi8H8$ 孔组中,有一个孔的轴线与 $\phi4H8$ 孔的轴线应在同一平面内,它的偏离量不得大于 $\pm10~\mu m$。

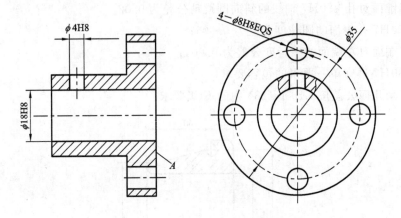

图 4-194 法兰盘

4-11 用水平仪测量一导轨的直线度误差,共测量五个节距,六个测点,测量数据如下(单位为格):0,+1,+4.5,+2.5,-0.5,-1。已知水平仪的分度值为 0.02 mm/m,节距长度为 200 mm。试分别用最小条件法和两端点连线法计算导轨的直线度误差值。任选用作图法或坐标变换法解题。

4-12 用水平仪测量某机床导轨的直线度误差,依次测得各点的相对读数值为(已转换为 μm):+6,+6,0,-1.5,-1.5,+3,+3,+9(注意:起点的值应该为 0,即第一点的读数+6 是相对于起点 0 取得的)。试在坐标纸上按最小条件法和两端点连线法分别求出该机床导轨的直线度误差值。

4-13 某三块平板,用打表法测得数据后,经按最小条件法处理后获得如图 4-195 (a)、(b)、(c)所示的数据(μm),即求出了评定基准或者说误差平面。试根据这些数据确定其平面度误差的评定准则及其误差值。

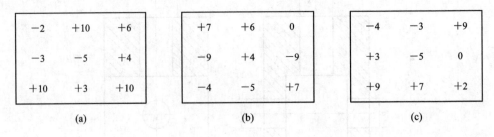

图 4-195 评定平面度误差的误差平面

4-14 图 4-196(a)、(b)所示为对某两块平板用打表法测得平面度误差的原始数据 (μm),即获得了评定平面度误差的绝对高度差(测量坐标值),试求每块平板的平面度误差值(可选用三点法或对角线法)。

0	−5	−15
+20	+5	−10
0	+10	0

(a)

0	+15	+7
−12	+20	+4
+5	−10	+2

(b)

图 4-196 打表法测得的平面度原始数据

4-15 用分度值为 0.02 mm/m 的水平仪测量一工件表面的平面度误差。按网格布线，共测 9 点，如图 4-197(a)所示。在 x 方向和 y 方向测量所用桥板的跨距皆为 200 mm，各测点的读数(格)见如图 4-197(b)。试按最小条件和对角线法分别评定该被测表面的平面度误差值。

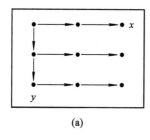

(a)

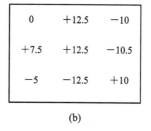

0	+12.5	−10
+7.5	+12.5	−10.5
−5	−12.5	+10

(b)

图 4-197 水平仪测平面度的相对示值读数

第5章 表面粗糙度与检测

5.1 表面粗糙度的基本概念

有关表面粗糙度(Surface Roughness)影响零件功能的文献,最早是 20 世纪 30 年代初出现的,1931 年德国公布了表面粗糙度的第一个标准;1940 年,美国颁布表面粗糙度标准 B46.1—1940;1945 年苏联颁布表面光洁度标准 ГОСТ2789—45;1950 年英国颁布表面粗糙度标准 BS1134—1950;1956 年我国一机部颁布表面光洁度标准 JB50—56。目前我国发布了 GB/T 3505—2009/ISO4287:1997《产品几何技术规范(GPS) 表面结构 轮廓法 术语、定义及表面结构参数》、GB/T 1031—2009《产品几何技术规范(GPS) 表面结构 轮廓法 表面粗糙度参数及其数值》和 GB/T 131—2006/ISO 1302:2002《产品几何技术规范 (GPS)技术产品文件中表面结构的表示方法》等国家标准。

5.1.1 表面粗糙度的定义

表面粗糙度是指加工表面上具有的较小间距和峰谷所组成的微观几何形状特性,亦称微观不平度。表面粗糙度的形成,主要是由于在加工过程中刀具和零件表面之间的摩擦、切屑分离时的塑性变形和金属撕裂,以及在工艺系统中存在高频振动等原因所形成的。零件完工后,它的截面轮廓形状是复杂的,如图 5-1 所示。经过测量滤波器后,它的传输特性曲线如图 5-2 所示。波长大于 λs 的轮廓称为原始实际轮廓(P 轮廓);波长在 $\lambda s \sim \lambda c$ 之间的轮廓称为表面粗糙度(R 轮廓);波长在 $\lambda c \sim \lambda f$ 之间的称为表面波纹度(W 轮廓)。波长大于 λf 就是形状误差。一般表面粗糙度的波长小于 1 mm,波长在 1~10 mm 的属于表面波度;波长大于 10 mm 的属于宏观形状误差。

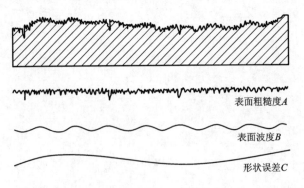

图 5-1 零件表面上的表面粗糙度、波度和形状误差

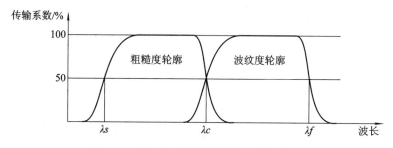

图 5-2 表面粗糙度与波纹度的传输特性

5.1.2 表面粗糙度对机械零件使用性能的影响

表面粗糙度的大小对零件的使用性能和使用寿命有很大影响，尤其对高温、高速、高压条件下工作的机械零件影响更大。为了合理地选用表面粗糙度的参数及允许值，首先要了解它对使用性能的影响。

1. 对零件运动表面的摩擦和磨损的影响

具有微观几何形状误差的两个表面只能在轮廓的峰顶发生接触，实际有效接触面积很小，导致单位压力增大，若表面间有相对运动，则峰顶间的接触作用就会对运动产生摩擦阻力，同时使零件产生磨损。一般来说，表面越粗糙，则摩擦阻力越大，零件的磨损也越快。必须指出，表面越光滑，磨损量不一定越小。磨损量除受表面粗糙不平的影响外，还与磨损下来的金属微粒的刻划作用以及润滑油被挤出和分子间的吸附作用等因素有关。所以，特别光滑的表面其磨损反而会加剧。实验证明，磨损量与表面粗糙度 Ra 之间的关系如图 5-3 所示。例如，汽缸壁最合适的表面粗糙度是 $Ra = 0.63 \sim 0.8$ μm，小型电动机轴颈的表面粗糙度为 $Ra = 0.32 \sim 0.50$ μm。

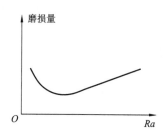

图 5-3 磨损量与 Ra 关系曲线

2. 对配合性质的影响

对于有配合要求的零件表面，无论是哪一类配合，表面粗糙度都影响配合性质的稳定性。对于滑动轴承用的间隙配合，会因表面微观形状的峰尖在工作过程中很快磨损而使间隙增大。如果表面越粗糙所引起的间隙增大过多，就会破坏原有的配合性质。由于表面粗糙度与公称尺寸的大小无关，所以配合的尺寸越小，这种影响越严重。对于过渡配合，表面粗糙也会在使用和装拆的过程中使间隙扩大，从而降低定心程度，改变原来的配合性质。对于过盈配合，由于零件表面凸凹不平，配合零件经过压装后，零件表面的峰顶会被挤平，以致实际过盈小于理论的计算过盈量，从而降低了连接强度。表面粗糙度对配合零件的有效的接触面积影响很大，表 5-1 所示为零件的有效接触面积。因此，为了保证零件的配合性质，通常采用磨削的方法提高零件的表面粗糙度。

表 5-1　零件的有效接触面积

加工方法	车、铣削	磨	精磨
有效接触面积	15%～20%	30%～50%	90%以上

3. 对抗腐蚀性的影响

金属腐蚀往往是由于化学作用或电化学作用造成的，如钢铁生锈、铜生铜绿都是腐蚀作用所致。零件表面越粗糙，其腐蚀作用也就越严重。由于腐蚀性气体或液体容易积存在凹谷底，腐蚀作用便从凹谷深入到金属内部去。表面越粗糙，凹谷越深，腐蚀作用就越严重，如图 5-4 所示。因此提高零件表面粗糙度质量，可以增强其抗腐蚀能力。

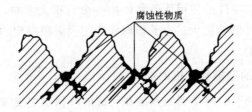

图 5-4　粗糙表面腐蚀示意图

4. 对抗疲劳强度的影响

零件在交变载荷、重载荷及高速工作条件下，其疲劳强度除了与零件材料的物理、力学性能有关外，还与表面粗糙度有很大关系。因为零件表面越粗糙，凹痕越深，其根部曲率半径越小，对应力集中越敏感。特别是在交变负荷作用下，影响更大，零件往往因此会很快产生疲劳裂缝而损坏。所以，对于承受交变载荷的零件，若提高其表面粗糙度质量，则可提高其疲劳强度，从而可以相应减小零件的尺寸和重量。

5. 对结合密封性的影响

粗糙不平的两个结合表面，仅在局部点上接触必然产生缝隙，影响密封性。对于接触表面之间没有相对滑动的静力密封表面，若表面微观不平度谷底过深，密封材料在装配受预压后还不能完全填满这些微观不平度谷底，则将在密封面上留下渗漏间隙。因此，提高零件表面粗糙度质量，可提高其密封性。对于相对滑动的动力密封表面，由于相对运动，表面间需有一定厚度的润滑油膜，所以表面微观不平度应适宜，一般为 $4\sim5~\mu m$。

6. 其他影响

表面粗糙度对零件性能的影响远不止以上五个方面，如对接触刚度的影响，对冲击强度的影响，对流体流动的阻力的影响，对表面高频电流的影响以及对机器、仪器的外观质量及测量精度等的影响。

总之，表面粗糙度是精度设计中的一个重要的参数，为保证机械零件的使用性能，必须合理地提出表面粗糙度要求。

5.2　表面粗糙度的评定

具有表面粗糙度要求的零件表面，加工后需要测量和评定其表面粗糙度的合格性。

5.2.1 基本术语

1. 取样长度(lr)

取样长度是指用于判别被评定轮廓的不规则特征的 X 轴方向上的长度，是测量或评定表面粗糙度时所规定的一段基准线长度，它至少包含 5 个以上轮廓峰和轮廓谷，如图 5-5 所示。评定表面粗糙度的取样是从表面轮廓上取得的，如图 5-6 所示，取样长度 lr 的方向与轮廓走向一致，即 X 轴方向与间距方向一致。

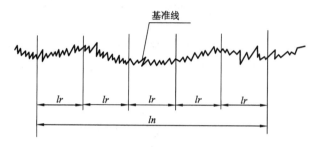

图 5-5 取样长度和评定长度

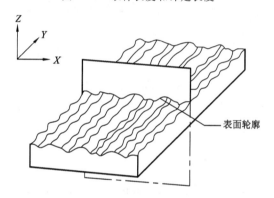

图 5-6 零件表面的表面轮廓

规定取样长度的目的在于限制和减弱其他几何形状误差，特别是表面波度对测量的影响。一般表面越粗糙，取样长度就越大。

2. 评定长度(ln)

评定长度是用于判别被评定轮廓的 X 轴方向上的长度。由于零件表面粗糙度不均匀，为了合理地反映表面粗糙度特征，在测量和评定表面粗糙度时所规定的一段最小长度称为评定长度(ln)。评定长度可包含一个或几个取样长度，如图 5-5 所示。一般情况下，取 $ln=5lr$；若被测表面比较均匀，可选 $ln<5lr$；若均匀性差，可选 $ln>5lr$。

3. 中线

中线是具有几何轮廓形状并划分轮廓的基准线，基准线有下列两种：

1）轮廓最小二乘中线(m)

轮廓最小二乘中线是指在取样长度内，使轮廓线上各点轮廓偏距，也就是纵坐标值 $Z_i(X)$ 的平方和为最小的线，即 $\int_0^{lr} [Z_i(X)]^2 dx$ 为最小，纵坐标 Z 方向如图 5-7 所示。

— 221 —

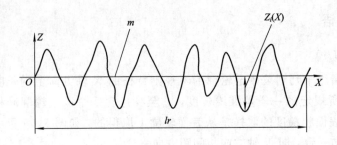

图 5-7　轮廓最小二乘中线

2）轮廓算术平均中线

轮廓算术平均中线是指在取样长度内，划分实际轮廓为上、下两部分，且使上、下两部分面积相等的线，即 $F_1 + F_2 + \cdots + F_n = F_1' + F_2' + \cdots + F_n'$，如图 5-8 所示。

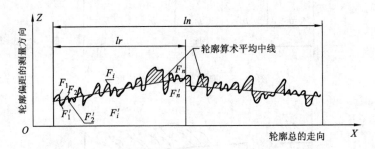

图 5-8　轮廓算术平均中线

在轮廓图形上确定最小二乘中线的位置比较困难，可使用轮廓算术平均中线，通常用目测估计确定算术平均中线。

5.2.2　评定参数

为了满足对零件表面不同的功能要求，国标 GB/T 3505—2009 从表面微观几何形状幅度、间距和形状三个方面，规定了相应的评定参数。

1. 幅度参数(高度参数)

1）轮廓的算术平均偏差 Ra

在一个取样长度内，纵坐标值 $Z_i(X)$ 的绝对值的算术平均值，用 Ra 表示（R 大写，a 小写），如图 5-9 所示，即

$$Ra = \frac{1}{lr} \int_0^{lr} |Z_i(X)| \, \mathrm{d}x \qquad (5-1)$$

或近似为

$$Ra = \frac{1}{n} \sum_{i=1}^{n} |Z_i(X)| \qquad (5-2)$$

Ra 值的大小能客观地反映被测表面微观几何特性，Ra 值越小，说明被测表面微小峰谷的幅度越小，表面越光滑；反之，Ra 越大，说明被测表面越粗糙。Ra 值是用触针式电感轮廓仪测得的，受触针半径和仪器测量原理的限制，不宜用作过于粗糙或太光滑表面的评定参数，仅适用于 Ra 值在 $0.025 \sim 6.3 \ \mu\mathrm{m}$ 的表面。

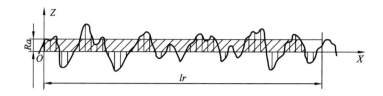

图 5-9　轮廓的算术平均偏差

2）轮廓的最大高度 Rz

在一个取样长度内，最大轮廓峰高 $Zp\max$ 和最大轮廓谷深 $Zv\max$ 之和的高度，如图 5-10 所示，用 Rz 表示（R 大写，z 小写），即

$$Rz = Zp\max + Zv\max \tag{5-3}$$

式中，$Zp\max$ 和 $Zv\max$ 都取正值。

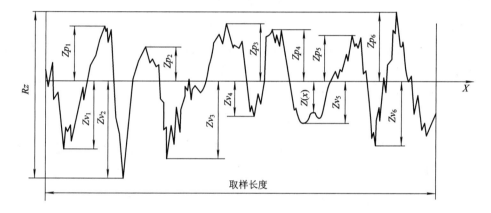

图 5-10　轮廓的最大高度

表面粗糙度轮廓峰是指连接（表面粗糙度轮廓和 X 轴）两相邻交点向外（从材料到周围介质）的表面粗糙度轮廓部分；表面粗糙度轮廓谷是指连接两相邻交点向内（从周围介质到材料）的粗糙度轮廓部分，如图 5-10 所示。

幅度参数（Ra、Rz）是标准规定必须标注的参数，故又称基本参数。

2. 间距参数

间距参数用轮廓单元的平均宽度 RSm 来表示，轮廓单元的平均宽度 RSm 定义为在一个取样长度内轮廓单元宽度 Xs 的平均值，如图 5-11 所示，即

$$RSm = \frac{1}{m} \sum_{i=1}^{m} Xs_i \tag{5-4}$$

GB/T 3505—2009 规定，表面粗糙度轮廓单元的宽度 Xs 是指 X 轴线与表面粗糙度轮廓单元相交线段的长度（见图 5-11）；表面粗糙度轮廓单元是指一个表面粗糙度轮廓峰和一个表面粗糙度轮廓谷的组合（见图 5-11）。

在取样长度始端或末端的评定轮廓的向外部分和向内部分看作是一个表面粗糙度轮廓峰或轮廓谷。当在若干个连续的取样长度上确定若干个表面粗糙度轮廓单元时，在每一个取样长度的始端或末端评定的峰和谷仅在每个取样长度的始端计入一次。

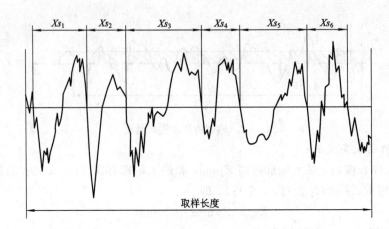

图 5 - 11　轮廓单元宽度

3. 混合参数(形状参数)

混合参数用轮廓的支承长度率 $Rmr(c)$ 来表示，轮廓的支承长度率 $Rmr(c)$ 定义为在给定水平位置 c(c 一般取 Rz 的百分数)上轮廓的实体材料长度 $M_1(c)$ 与评定长度的比率，如图5-12 所示，用 $Rmr(c)$ 表示，即

$$Rmr(c) = \frac{M_1(c)}{ln} \tag{5-5}$$

所谓轮廓的实体材料长度 $Ml(c)$，是指在评定长度内，一平行于 X 轴的直线从峰顶线向下移一水平截距 c 时，与轮廓相截所得的各段截线长度之和，如图 5-12(a)所示。即

$$Ml(c) = b_1 + b_2 + \cdots + b_i + \cdots + b_n = \sum_{i=1}^{n} b_i \tag{5-6}$$

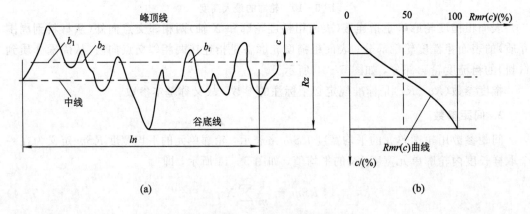

(a)　　　　　　　　　　(b)

图 5 - 12　支承比率曲线

轮廓的水平截距 c 一般用它占轮廓最大高度百分比表示。由图 5-12(a)可以看出，支承长度率是随着水平截距的大小而变化的，其关系曲线称支承长度率曲线，如图 5-12(b)所示。支承长度率曲线对于反映表面耐磨性具有显著的功效，即从中可以明显看出支承长度的变化趋势，且比较直观。

间距参数(RSm)与混合参数 $Rmr(c)$，是相对于基本参数而言，它们被称为附加参数。只有在少数零件的重要表面有特殊使用要求时，才选用这两个附加评定参数，附加参数不能单独在图样上注出,只能作为幅度参数的辅助参数注出。

5.3 表面粗糙度的参数值及其选用

5.3.1 表面粗糙度的参数值

表面粗糙度的参数值已经标准化,设计时应按国家标准 GB/T 1031—2009《表面粗糙度参数及其数值》规定的参数值系列选取。在幅度参数(峰和谷)常用的参数值范围内(Ra 为 $0.025~\mu m \sim 6.3~\mu m$,$Rz$ 为 $0.1~\mu m \sim 25~\mu m$)推荐优先选用 Ra。

幅度参数值列于表 5-2 和表 5-3,间距参数值列于表 5-4,混合参数值列于表 5-5。所有的这些表面粗糙度参数中特别是在表 5-2 中,Ra 的参数值…0.4,0.8,1.6,3.2,6.3,12.5…应熟记于心,以便于在设计中应用。

表 5-2 Ra 的数值(摘自 GB/T 1031—2009) μm

0.012	0.20	3.2	
0.025	0.40	6.3	50
0.050	0.80	12.5	100
0.100	1.60	25	

表 5-3 Rz 的数值(摘自 GB/T 1031—2009) μm

0.025	0.40	6.3	100
0.050	0.80	12.5	200
0.100	1.60	25	400
0.20	3.2	50	800

表 5-4 RSm 的数值(摘自 GB/T 1031—2009) μm

0.006	0.100	1.60
0.0125	0.20	3.2
0.025	0.40	6.3
0.050	0.80	12.5

表 5-5 $Rmr(c)$ (%) 的数值(摘自 GB/T 1031—2009)

10	15	20	25	30	40	50	60	70	80	90

注:选用支承长度率 $Rmr(c)$ 时,必须同时给出轮廓水平截距 C 的数值。C 值多用 Rz 的百分数表示,其系列如下:5%,10%,15%,20%,25%,30%,40%,50%,60%,70%,80%,90%。

表 5-6 lr 和 ln 的数值(摘自 GB/T 1031—2009)

$Ra/\mu m$	$Rz/\mu m$	lr/mm	$ln/mm(ln=5lr)$
$\geqslant 0.008 \sim 0.02$	$\geqslant 0.025 \sim 0.10$	0.08	0.4
$>0.02 \sim 0.10$	$>0.10 \sim 0.50$	0.25	1.25
$>0.1 \sim 2.0$	$>0.50 \sim 10.0$	0.8	4.0
$>2.0 \sim 10.0$	$>10.0 \sim 50.0$	2.5	12.5
$>10.0 \sim 80.0$	$>50.0 \sim 320$	8.0	40.0

在一般情况下，测量 Ra 和 Rz 时，推荐按表 5-6 选用对应的取样长度及评定长度值，此时在图样上可省略标注取样长度值。当有特殊要求不能选用表 5-6 中的数值时，应在图样上标注出取样长度值。

5.3.2 表面粗糙度的选用

1. 评定参数的选用

1）幅度参数的选用

幅度参数是标准规定的基本参数，可以独立选用。对于有表面粗糙度要求的表面，必须选用一个幅度参数。对于幅度方向的表面粗糙度参数值在 $0.025\sim6.3\ \mu m$ 的零件表面，标准推荐优先选用 Ra。这是因为 Ra 能够比较全面地反映被测表面的微小峰谷特征，同时，上述范围内用电动轮廓仪能够很方便地测出被测表面 Ra 的实际值。Rz 通常用光学仪器——双管显微镜或干涉显微镜测量。在表面粗糙度要求特别高或特别低（$Ra<0.025\ \mu m$ 或 $Ra>6.3\ \mu m$）时，选用 Rz。Rz 用于测量部位小、峰谷小或有疲劳强度要求的零件表面的评定。

在图 5-13 中，三种表面的轮廓最大高度参数相同，而使用质量显然不同，由此可见，只用幅度参数不能全面反映零件表面微观几何形状误差。因此，对于有特殊要求的少数零件的重要表面，需要加选附加参数 RSm 或 $Rmr(c)$。

图 5-13　微观形状对质量的影响

2）间距参数的选用

对附加评定参数 RSm 和 $Rmr(c)$，一般不能作为独立参数选用，只有少数零件的重要表面有特殊使用要求时才附加选用。RSm 主要在对涂漆性能（如喷涂均匀、涂层有极好的附着性和光洁性等）有要求时选用。另外要求冲压成形后抗裂纹、抗振、抗腐蚀、减小流体流动摩擦阻力等情况时也可选用。例如，汽车外形薄钢板，除控制幅度参数 Ra（$0.9\sim1.3\ \mu m$）外，还需进一步控制 RSm（$0.13\sim0.23\ \mu m$），主要作用是提高钢板的可漆性。

3）混合参数的选用

轮廓的支承长度率 $Rmr(c)$ 主要在耐磨性、接触刚度要求较高等场合附加选用。

2. 参数值的选用

表面粗糙度参数值选择的合理与否，不仅对产品的使用性能有很大的影响，而且直接关系到产品的质量和制造成本。一般来说，表面粗糙度值（评定参数值）越小，零件的工作性能越好，使用寿命也越长。但绝不能认为表面粗糙度值越小越好。为了获得表面粗糙度值小的表面，零件需经过复杂的工艺过程，这样加工成本可能随之急剧增高。因此选择表面粗糙度参数值既要考虑零件的功能要求，又要考虑其制造成本。表面粗糙度参数值的选用原则是满足零件的功能要求，其次是考虑经济性及工艺的可能性。

一般说来，表面粗糙度的选用原则是在满足功能要求的前提下，参数的允许值应尽可能大些（除 $Rmr(c)$ 外）。可以从以下几方面考虑选择表面粗糙度。

1）从加工角度来看

采用什么样的加工方法，就能获得什么样的零件表面。因此在设计一个零件时就应该明白，任何一个表面粗糙度的参数值都是与加工方法紧紧地联系在一起的，为了了解各种加工方法与表面粗糙度参数值的联系，表5-7列出了各种常用加工方法可能达到的表面粗糙度。

表 5-7　各种常用加工方法可能达到的表面粗糙度

加工方法		表面粗糙度 $Ra/\mu m$													
		0.012	0.025	0.05	0.100	0.20	0.40	0.80	1.60	3.20	6.30	12.5	25	50	100
砂模铸造											━	━	━	━	━
压力铸造							━	━	━	━					
模锻									━	━	━	━	━	━	
挤压							━	━	━	━	━				
刨削	粗										━	━	━		
	半精								━	━	━				
	精						━	━	━						
插削									━	━	━				
钻孔									━	━	━				
金钢镗孔				━	━	━	━	━							
镗孔	粗										━	━	━		
	半精							━	━	━					
	精						━	━	━						
端面铣	粗								━	━	━				
	半精						━	━	━						
	精					━	━	━							
车外圆	粗										━	━	━		
	半精								━	━	━				
	精					━	━	━							
磨平面	粗								━	━					
	半精						━	━	━						
	精			━	━	━	━								
研磨	粗					━	━	━							
	半精			━	━	━	━								
	精	━	━	━	━										

2）从设计角度来看

零件本身的功能要求和零件间的装配关系也与选择该零件表面的表面粗糙度值有关。对有装配要求的配合表面、外观要求美观的表面、承受交变载荷的表面等，应该选用较小的表面粗糙度值，而对某些非配合的表面则可以尽量选用较大的表面粗糙度值。现以某轴为例来说明轴的配合面和非配合面的表面粗糙度的选择（见表 5-8）。

表 5-8　某轴表面的表面粗糙度值的选择

配合情况	加工手段	表面粗糙度值 Ra	应用举例
非配合面	粗加工	12.5	轴端面、倒角、键槽底面、轴肩等
	半精加工	6.3	
配合面	半精加工	3.2	键槽侧面、轴肩
	精加工	1.6	轴颈、轴肩
		0.8	
		0.4	

3）选择参数值时的一般原则

（1）同一零件上，工作表面的 Ra 或 Rz 值比非工作表面小。

（2）摩擦表面 Ra 或 Rz 值比非摩擦表面小；滚动摩擦表面比滑动摩擦表面的粗糙度参数值要小。

（3）运动速度高、单位面积压力大，以及受交变应力作用的重要零件的圆角沟槽的表面粗糙度值都应较小。

（4）配合性质要求高的配合表面（如小间隙配合的配合表面）、以及要求连接可靠、受重载荷作用的过盈配合表面的表面粗糙度值都应较小；间隙配合比过盈配合的表面粗糙度值要小。

（5）配合性质相同，零件尺寸越小则表面粗糙度参数值应越小；同一公差等级，小尺寸比大尺寸、轴比孔的表面粗糙度参数值要小。

（6）在确定表面粗糙度参数值时，应注意它与尺寸公差和形位公差协调。尺寸公差和形位公差值越小，表面粗糙度的 Ra 或 Rz 值应越小。

（7）要求防腐蚀、密封性能好或外表美观的表面粗糙度数值应较小。

（8）凡有关标准已对表面粗糙度要求作出规定（如与滚动轴承配合的轴颈和外壳孔的表面粗糙度），则应按该标准确定表面粗糙度参数值。

表 5-9 列出了表面粗糙度的表面特征、经济加工方法和应用举例供选择表面粗糙度时参考。

表 5-9　表面粗糙度的表面特征、经济加工方法及应用举例

表面微观特性		$Ra/\mu m$	加工方法	应用举例
粗糙表面	微见刀痕	≤20	粗车、粗刨、粗铣、钻、毛锉、锯断	半成品粗加工过的表面，非配合的加工表面，如轴端面、倒角、钻孔、齿轮和皮带轮侧面、键槽底面、垫圈接触面

表面微观特性		$Ra/\mu m$	加工方法	应用举例
半光表面	微见加工痕迹	≤10	车、刨、铣、镗、钻、粗铰	轴上不安装轴承、齿轮处的非配合表面，紧固件的自由装配表面，轴和孔的退刀槽
	微见加工痕迹	≤5	车、刨、铣、镗、磨、拉、粗刮、滚压	半精加工表面，箱体、支架、盖面、套筒等和其他零件结合且无配合要求的表面，需要发蓝的表面等
	看不清加工痕迹	≤2.5	车、刨、铣、镗、磨、拉、刮、压、铣齿	接近于精加工表面，箱体上安装轴承的镗孔表面，齿轮的工作面
光表面	可辨加工痕迹方向	≤1.25	车、镗、磨、拉、刮、精铰、磨齿、滚压	圆柱销、圆锥销，与滚动轴承配合的表面，普通车床导轨面，内、外花键定心表面
	微辨加工痕迹方向	≤0.63	精铰、精镗、磨、刮、滚压	要求配合性质稳定的配合表面，工作时受交变应力的重要零件，较高精度车床的导轨面
	不可辨加工痕迹方向	≤0.32	精磨、珩磨、研磨、超精加工	精密机床主轴锥孔、顶尖圆锥面、发动机曲轴、凸轮轴的工作表面，高精度齿轮齿面
极光表面	暗光泽面	≤0.16	精磨、研磨、普通、抛光	精密机床主轴轴颈表面，一般量规工作表面，汽缸套内表面，活塞销表面
	亮光泽面	≤0.08	超精磨、精抛光、镜面磨削	精密机床主轴轴颈表面，滚动轴承的滚珠，高压油泵中柱塞和柱塞套的配合表面
	镜状光泽面	≤0.04		
	镜面	≤0.01	镜面磨削、超精研	高精度量仪、量块的工作表面，光学仪器中的金属镜面

4) 类比法选用表面粗糙度值

在工程实际中，由于表面粗糙度和功能的关系十分复杂，因而很难准确地确定参数的允许值，在具体设计时，除有特殊要求的表面外，一般多采用经验统计资料，用类比法来选用。根据类比法初步确定表面粗糙度后，再对比工作条件做适当调整。例如，用类比法选择齿轮齿面的表面粗糙度值。机械手册规定，对于平稳性精度为 8 级精度的齿轮，闭式传动，它的齿面的表面粗糙度值 Ra 应该为 $1.6\ \mu m$。从加工角度来看，$Ra=1.6\ \mu m$ 表示齿轮经过滚刀的加工后表面粗糙度可以达到的值。如果设计时，齿轮的平稳性精度为 9 级，开式传动，那么根据齿轮的精度等级和齿轮的工作条件，可以考虑将表面粗糙度降低一级，取 Ra 值为 $3.2\ \mu m$。从加工角度来看，$Ra=3.2\ \mu m$ 表示可以采用仿形法加工齿轮，即使用盘状铣刀或指状铣刀加工齿轮，提高了齿轮加工的经济性。如果设计时，齿轮的平稳性精度为 7 级，同样是闭式传动，即精度等级虽然高一级，但工作条件相同。这时，如果想提高齿轮加工的经济性，可以同样选择齿面表面粗糙度 Ra 为 $1.6\ \mu m$，$Ra=1.6\ \mu m$ 表示该齿轮仍然可以用滚刀来加工；如果想提高齿轮的工作性能，增加齿轮的接触刚度，也可以选择齿轮齿面表面粗糙度 Ra 为 $0.8\ \mu m$，此时，齿轮必须上磨床磨削以达到设计的精度标准。为了便于使用类比法，表 5-10 列出了轴和孔的表面粗糙度参数推荐值，供类比法选用时参考。

表 5-10　轴和孔的表面粗糙度参数推荐值

表 面 特 征			Ra 不大于 /μm		
轻度装卸零件的配合表面（如挂轮、滚刀等）	公差等级	表面	公称尺寸 /mm		
			～50		＞50～500
	5	轴	0.2		0.4
		孔	0.4		0.8
	6	轴	0.4		0.8
		孔	0.4～0.8		0.8～1.6
	7	轴	0.4～0.8		0.8～1.6
		孔	0.8		1.6
	8	轴	0.8		1.6
		孔	0.8～1.6		1.6～3.2
过盈配合的配合表面 ① 装配按机械压入法 ② 装配按热处理法	公差等级	表面	公称尺寸 /mm		
			～50	＞50～120	＞120～500
	5	轴	0.1～0.2	0.4	0.4
		孔	0.2～0.4	0.8	0.8
	6～7	轴	0.4	0.8	1.6
		孔	0.8	1.6	1.6
	8	轴	0.8	0.8～1.6	1.6～3.2
		孔	1.6	1.6～3.2	1.6～3.2
	—	轴	1.6		
		孔	1.6～3.2		

		径向跳动公差 /μm					
精密定心用配合的零件表面	表面	2.5	4	6	10	16	25
		Ra 不大于 /μm					
	轴	0.05	0.1	0.1	0.2	0.4	0.8
	孔	0.1	0.2	0.2	0.4	0.8	1.6

		公差等级		液体湿摩擦条件
滑动轴承的配合表面	表面	6～9	10～12	
		Ra 不大于 /μm		
	轴	0.4～0.8	0.8～3.2	0.1～0.4
	孔	0.8～1.6	1.6～3.2	0.2～0.8

5.4 表面粗糙度的符号和代号及其注法

图样上所标注的表面粗糙度符号和代号是该表面完工后的要求。表面粗糙度的标注应符合国家标准 GB/T 131—2006/ISO 1302:2002《产品几何技术规范(GPS)技术产品文件中表面结构的表示方法》的规定。

5.4.1 表面粗糙度的基本符号

表 5-11 所示为图样上表示零件表面粗糙度的基本符号(有五种)及其说明。若仅需要加工(采用去除材料的方法或不去除材料的方法)但对表面粗糙度的其他规定没有要求时,允许只注表面粗糙度符号。

表 5-11 表面粗糙度的符号(摘自 GB/T 131—2006)

符 号	意 义 及 说 明
 √	基本符号,表示表面可用任何方法获得。当不加注粗糙度参数值或有关说明(如表面处理、局部热处理状况等)时,仅适用于简化代号标注
 ▽	基本符号加一短划线,表示表面是用去除材料的方法获得的,如车、铣、钻、磨、剪切、抛光、腐蚀、电火花加工、气割等
 ▽	基本符号加一小圆,表示表面是用不去除材料的方法获得的,如铸、锻、冲压变形、热轧、冷轧、粉末冶金等。 或者是用于保持原供应状况的表面(包括保持上道工序的状况)
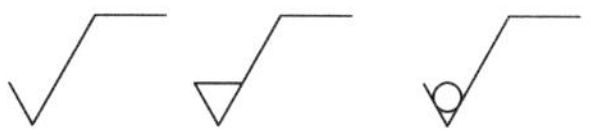 √ ▽ ▽	在上述三个符号的长边上均可加一横线,用于标注有关参数和说明
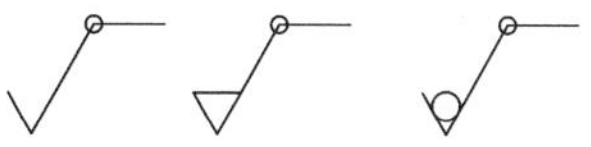 √ ▽ ▽	在上述三个符号上均可加一小圆,表示所有表面具有相同的表面粗糙度要求

5.4.2 表面粗糙度的代号及其注法

1. 表面粗糙度的代号

在表面粗糙度符号周围,要求注写若干数值以及有关规定,这些数值和有关规定注写位置如图 5-14 所示。表面粗糙度符号和这些数值以及各种有关规定共同组成表面粗糙度代号。标准中规定当允许表面粗糙度参数的所有实测值中超过规定值的个数少于总数的16%时,应在图样上标注表面粗糙度参数的上限值或下限值,即 16% 规则。当要求在表面粗糙度参数的所有实测值中不得超过规定值时，应在图样上标注表面粗糙度参数的最大值，即最大规则。

图 5-14 中，a 为第一表面粗糙度要求（单位为 μm）；b 为第二表面粗糙度要求（单位为 μm）；c 为加工方法（车、铣等）；d 为加工纹理方向符号；e 为加工余量（单位为 mm）。

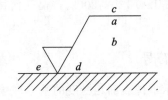

图 5-14 表面粗糙度代号的注法

2. 表面粗糙度幅度参数的标注

表面粗糙度幅度参数标注在代号 a 和 b 位置，完整图形符号如图 5-15 所示。图中包含以下内容：

（1）上限或下限的标注：表示双向极限时应标注上限符号"U"和下限符号"L"。如果同一参数具有双向极限要求，在不引起歧义时，可省略"U"和"L"的标注。若为单向下限值，则必需加注"L"。

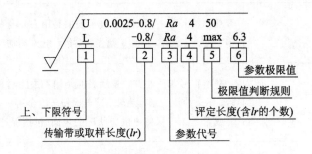

图 5-15 表面粗糙度幅度参数完整图形符号

（2）传输带和取样长度的标注：传输带是指两个滤波器的截止波长值之间的波长范围。长波滤波器的截止波长值就是取样长度 ln。传输带的标注时，短波在前，长波在后，并用连字号"-"隔开，如图中 0.0025-0.8。在某些情况下，传输带的标注中，只标一个滤波器，也应保留连字号"-"，用来区别是短波还是长波。

（3）参数代号的标注：参数代号标注在传输带或取样长度后，它们之间用"/"隔开，并注明 Ra 或 Rz。

（4）评定长度的标注：如果默认的评定长度时，可省略标注。如果不等于 $5lr$ 时，则应注出取样长度 lr 的个数。

（5）极限值判断规则和极限值的标注：极限值判断规则的标注如图 5-15 中所示上限为"16％规则"，下限为"最大规则"。为了避免误解，在参数代号和极限值之间插入一个空格。

表面粗糙度幅度参数的标注方法及意义见表 5-12。

表 5-12 表面粗糙度幅度参数的标注方法及意义(摘自 GB/T131—2006)

序号	代号	意义
1	$\sqrt{\;Rz\;0.4}$	表示不允许去除材料,单向上限值,默认传输带,轮廓的最大高度 0.4 μm,评定长度为 5 个取样长度(默认),"16%规则"(默认)
2	$\sqrt{\;Rzmax\;0.2}$	表示去除材料,单向上限值,默认传输带,轮廓最大高度的最大值 0.2 μm,评定长度为 5 个取样长度(默认),"最大规则"
3	$\sqrt{\begin{array}{l}U\;Ramax\;3.2\\L\;Ra\;0.8\end{array}}$	表示不允许去除材料,双向极限值,两极限值均使用默认传输带,上限值:算术平均偏差 3.2 μm,评定长度为 5 个取样长度(默认),"最大规则";下限值:算术平均偏差 0.8 μm,评定长度为 5 个取样长度(默认),"16%规则"(默认)
4	$\sqrt{\;L\;Ra\;1.6}$	表示任意加工方法,单向下限值,默认传输带,算术平均偏差 1.6 μm,评定长度为 5 个取样长度(默认),"16%规则"(默认)
5	$\sqrt{\;0.008\text{-}0.8/Ra\;3.2}$	表示去除材料,单向上限值,传输带 0.008~0.8 mm,算术平均偏差 3.2 μm,评定长度为 5 个取样长度(默认),"16%规则"(默认)
6	$\sqrt{\;\text{-}0.8/Ra\;3\;3.2}$	表示去除材料,单向上限值,传输带:根据 GB/T 6062,取样长度 0.8 mm,算术平均偏差 3.2 μm,评定长度包含 3 个取样长度(即 $ln=0.8$ mm×3=2.4 mm),"16%规则"(默认)
7	铣 $\sqrt{\begin{array}{l}Ra\;0.8\\\text{-}2.5/Rz\;3.2\end{array}}\perp$	表示去除材料,两个单向上限值:① 默认传输带和评定长度,算术平均偏差 0.8 μm,"16%规则")(默认);② 传输带为-2.5 mm,默认评定长度,轮廓的最大高度 3.2 μm,"16%规则"(默认)。表面纹理垂直于视图所在的投影面。加工方法为铣削
8	$3\sqrt{\begin{array}{l}0.008\text{-}4/Ra\;50\\0.008\text{-}4/Ra\;6.3\end{array}}$	表示去除材料,双向极限值:上限值 Ra=50 μm,下限值 Ra=6.3 μm;上、下极限传输带均为 0.008~4 mm;默认的评定长度为 $ln=4\times5=20$ mm;"16%规则"(默认)。加工余量为 3 mm
9	$\sqrt{\;}$	简化符号:符号及所加字母的含义由图样中的标注说明

3. 表面粗糙度其他项目的标注

(1)表面粗糙度代号的 c 位置是标注加工方法的位置。如果某表面的表面粗糙度要求由指定的加工方法(如抛光、铣削、镀覆等)获得,则可以用文字标注。

(2)表面粗糙度代号的 d 位置是标注加工纹理方向的位置。如果需要控制零件表面的加工纹理方向,则可按图 5-16 加工纹理方向的符号进行标注。

(3)表面粗糙度代号的 e 位置是标注加工余量的位置。加工余量是指获得本表面粗糙度要求前零件表面的总余量。

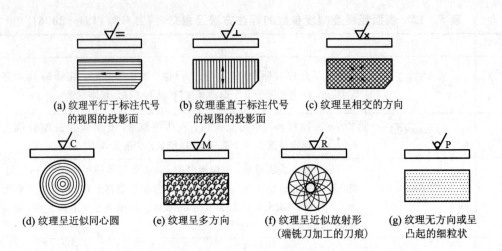

(a) 纹理平行于标注代号
    的视图的投影面

(b) 纹理垂直于标注代号
    的视图的投影面

(c) 纹理呈相交的方向

(d) 纹理呈近似同心圆

(e) 纹理呈多方向

(f) 纹理呈近似放射形
    (端铣刀加工的刀痕)

(g) 纹理无方向或呈
    凸起的细粒状

图 5-16 加工纹理方向符号

5.4.3 表面粗糙度标注示例

在 GB/T 131—2006 中表面粗糙度标注有两种，一种是允许用文字的方式表达表面粗糙度的要求，标准规定在报告和合同的文本中可以用文字"PAP"、"MRR"、和"NMR"分别表示允许用任何工艺获得表面、允许用去除材料的方法获的表面以及允许用不去除材料方法获得表面。另一种方法是在图样上的标注，如表 5-13 所示。

表 5-13 表面粗糙度标注示例

序　号	在文本中	在图样上	注　备
1	MRR $Ra0.8$；$Rz1$ 3.2	$Ra\ 0.8$ $Rz1\ 3.2$	当应用 16％ 规则（默认传输带）时参数的标注
2	MRR Ramax 0.8；$Rz1$max 3.2	Ramax 0.8 $Rz1$max 3.2	当应用最大规则（默认传输带）时参数的标注
3	MRR U $Rz0.8$；L $Ra0.2$	U $Rz\ 0.8$ L $Ra\ 0.2$	双向极限的标注
4	MRR 车 Rz 3.2	车 $Rz\ 3.2$	加工方法和表面粗糙度要求标注
5	NMR Fe/Ep · Ni5pCr0.3；Rz 0.8	Fe/Ep · Ni15pCr0.3 $Rz\ 0.8$	表面镀覆（镍磷铬合金）表面粗糙度要求标注
6		铣 $Ra\ 0.8$ $Rz1\ 3.2$ ⊥	垂直于视图所在投影面的表面纹理方向的标注

5.4.4　表面粗糙度符号的标注位置与方向

表面粗糙度要求对每一表面一般只标注一次，并尽可能注在相应的尺寸及其公差的同一视图上。除另有说明外，所注的表面粗糙度要求是对完工零件表面的要求。

（1）标准规定表面粗糙度的注写和读取方向与尺寸的注写和读取方向一致，如图 5-17 所示。

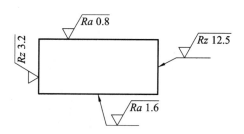

图 5-17　表面粗糙度要求的注写方向

（2）表面粗糙度要求可标注在轮廓线上，其符号应从材料外指向并接触表面。必要时，表面粗糙度符号也可用带有箭头或黑点的指引线引出标注，如图 5-18 和图 5-19 所示。

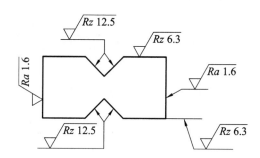

图 5-18　表面粗糙度在轮廓线的标注

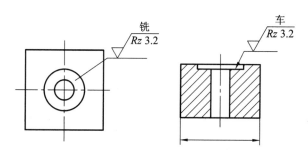

图 5-19　用指引线引出标注表面粗糙度

（3）在不引起误解时，表面粗糙度可以标注在给定的尺寸上，如图 5-20 所示。

（4）表面粗糙度要求可标注在形位公差框格的上方，如图 5-21 所示。

（5）表面粗糙度要求可以直接标注在尺寸线的延长线上，或用带箭头的指引线引出标注，如图 5-18 和图 5-22 所示。对于圆柱和棱柱表面的粗糙度要求只标注一次，如图 5-22 所示。对于每个棱柱表面用不同表面粗糙度要求，则应分别单独标注，如图 5-23 所示。

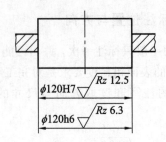

图 5-20 表面粗糙度标注在尺寸线上

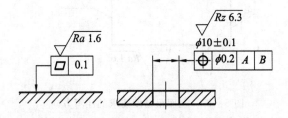

图 5-21 表面粗糙度标注在形位公差框格的上方

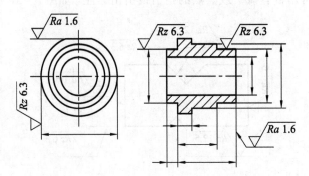

图 5-22 表面粗糙度标注在圆柱特征的延长线上

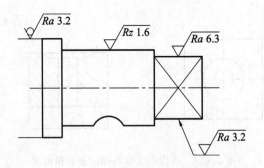

图 5-23 圆柱和棱柱表面粗糙度的注法

(6) 表面粗糙度的简化注法。如果工件多数(全部)表面有相同的表面粗糙度要求,则其表面粗糙度要求可统一标注在图样的标注栏附近,如图 5-24(a)、(b)所示。可用带字母的完整符号,以等式的形式,在图形或标题栏附近,对有相同表面粗糙度要求的表面进行简化注法,如图 5-25 所示。

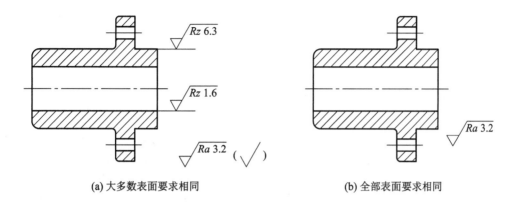

(a) 大多数表面要求相同   (b) 全部表面要求相同

图 5-24　大多数或全部表面有相同的表面粗糙度要求的注法

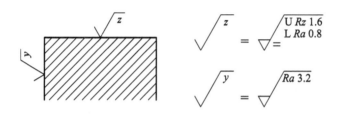

图 5-25　在图纸空间有限时的简化注法

5.5　表面粗糙度的检测

对于表面粗糙度，如未指定测量截面的方向时，则应在幅度参数最大值的方向上进行测量，一般来说也就是在垂直于表面加工纹理方向上测量。测量表面粗糙度所用仪器的结构和操作方法可以参阅实验指导书。表面粗糙度的检测方法主要有：比较法、光切法、干涉法、针描法、印模法、激光反射法、激光全息法和三维几何表面测量法等。

1. 比较法

比较法是用被测表面与已知高度参数值的粗糙度样板相比较来确定表面粗糙度的一种方法。比较时，可用肉眼判断，也可用手摸感觉，还可借助于放大镜和比较显微镜。选择表面粗糙度样板时，应注意被测工件和标准样板的材料、形状（圆、平面）和加工方法（车、铣、刨、磨）等尽可能相同。这样可以减少误差，提高判断的准确性。比较法较为简单，适合在车间使用。其判断的准确性在很大程度上取决于检验人员的经验。当有争议或进行工艺分析时，可用仪器进行测量。

2. 光切法

光切法是利用光切原理来测量表面粗糙度的一种方法。

光切原理如图 5-26(a)所示。若被测表面 P_1，P_2 是阶梯面，其阶梯高度为 h。A 为一束扁平光，当它从 $45°$ 方向投射到阶梯表面时，就被折成 S_1 和 S_2 两段，然后沿 B 方向反射，在显微镜内可看到 S_1 和 S_2 两段光带的放大象 S_1'' 和 S_2''，如图 5-20(b)所示。同样 S_1 和 S_2 之

间的高度 h 也被放大为 h''，用测微目镜测出 h'' 值，就可根据放大关系算出 h 值。由几何关系可知

$$h = \frac{h''}{\beta}\cos45° \qquad (5-7)$$

式中，β 为观察物镜的放大倍数。

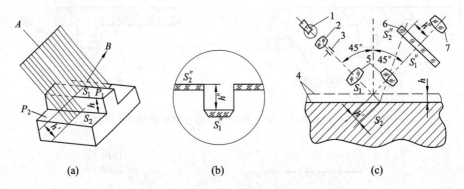

图 5-26 双管显微镜光路原理

  双管显微镜就是根据上述原理制成的，其光路如图 5-26(c)所示。显微镜由照明光管和观察光管组成，两光管互成 90°。在照明光管中，光源 1 通过聚光镜 2、狭缝 3 和物镜 5，以 45° 角的方向投射到工件表面 4 上，形成一窄细光带。光带边缘的形状，即光束与工件表面相交的曲线，也就是工件在 45° 截面上的表面形状，此轮廓曲线的波峰在 S_1 点反射，波谷在 S_2 点反射，通过观察光管的物镜 5，分别成象在分划板 6 上的 S_1'' 和 S_2'' 点，其峰、谷影象高差为 h''。仪器的外形如图 5-27(a)所示，从图中目镜 11 可观察到图 5-27(b)所示的视场图。转动测微目镜鼓轮 13，可使视场中的黑十字线依次对准被测工件表面峰、谷影象，由鼓轮 13 上相应地进行两次读数，其两次读数之差再乘鼓轮每格的分度值 C 则得一组峰、谷高度差。按评定参数的定义进行测量和数据处理即可确定粗糙度的数值。光切显微镜适于测量 Rz，其测量范围为 $0.8\sim80\ \mu m$。

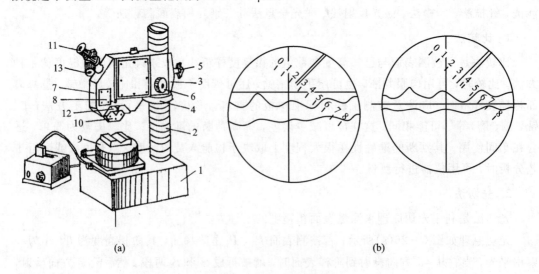

图 5-27 双管显微镜

3. 干涉法

干涉法是用光波干涉原理来测量表面粗糙度。常用的仪器是干涉显微镜。这种仪器适宜于用 Rz 值来评定表面粗糙度，通常用于测量 $0.025 \sim 0.8$ μm 范围内的 Rz 值。

图 5-28 所示为干涉显微镜及其光路图。图中，1 为白炽灯光源，它发出的光通过聚光镜 2、4、8(3 是滤色片)，经分光镜 9 分成两束，一束经补偿板 10、物镜 11 至被测表面 18，再经原路返回至分光镜 9，反射至目镜 19；另一光束由分光镜 9 反射后通过物镜 12 至参考镜 13(20 是遮光板)，再由原路返回到分光镜 9，再到达目镜 19。两路光束叠加产生干涉，通过目镜 19 可以看到在被测表面上的干涉条纹，如图 5-29 所示。其中，图 5-29(a) 是工件表面在仪器视场中的干涉条纹图。由于被测表面有微观的峰、谷存在，峰、谷处的光程就不一样，于是造成干涉条纹弯曲，弯曲的大小，与相应部位峰、谷高度差 h 有确定的数量关系，即

$$h = \frac{a}{b} \times \frac{\lambda}{2} \tag{5-8}$$

式中，a 为干涉条纹弯曲量；b 为干涉条纹宽度；λ 为光波波长($\lambda_{白光} \approx 0.54$ μm)。

由干涉显微镜测微目镜测出干涉条纹弯曲量 a 和干涉条纹宽度 b(如图 5-29(b))以后，即可算出 h。按评定参数的定义测出数据，并经数据处理后可得粗糙度值。

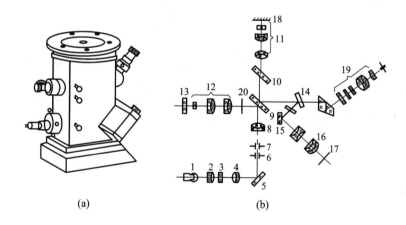

(a)　　　　　　　　　　(b)

图 5-28　干涉显微镜原理图

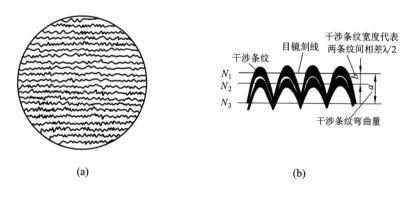

(a)　　　　　　　　　(b)

图 5-29　干涉显微镜目镜视场图

4. 针描法

针描法是利用触针直接在被测表面上移动，从而测出表面粗糙度的参数值。电动轮廓仪就是利用针描法测量表面粗糙度的仪器，其结构如图 5-30 所示。它由传感器、驱动箱、指示表、记录仪和工作台等主要部件所组成。传感器端部装有金刚石触针，如图 5-31 所示。测量时，将触针搭在工件上，与被测表面垂直接触，驱动箱以一定的速度拖动传感器。由于被测表面轮廓的峰、谷起伏，触针的移动，通过杠杆使铁芯在线圈中上、下移动，引起线圈中电感量的变化。此电信号经处理后，由记录仪绘出被测截面轮廓的放大图，或由表指示粗糙度的参数值。电动轮廓仪适合于测量 $0.02\sim6.3~\mu m$ 范围内的 Ra 值，$0.1\sim25~\mu m$ 范围内的 Rz 值。通过数值处理机或记录图形，还可获得 RSm 和 $Rmr(c)$ 值。随着电子技术的发展，也可将电动轮廓仪用于粗糙度的三维测量，即在相互平行的多个截面上测量，并将模拟量转变成数字量，送入计算机进行数据处理，由屏幕显示出表面的三维立体图形。除上述电动轮廓仪外，还有光学触针轮廓仪，它适用于非接触测量，以防止划伤零件表面，这种仪器通常直接显示 Ra 值，其测量范围为 $0.02\sim5~\mu m$。

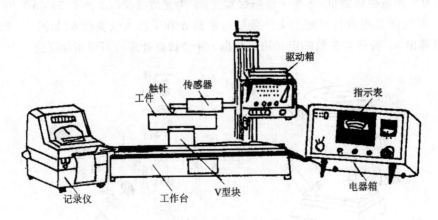

图 5-30 电动轮廓仪

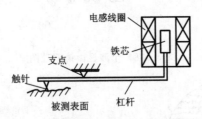

图 5-31 针描法原理

5. 印模法

对于一些不便用表面粗糙度仪器直接测量的零件表面，如深孔、盲孔、凹槽以及大型零件的内表面等，可用印模法来评定其表面粗糙度。印模法是指用塑性材料将被测表面印下来，然后对印模表面进行测量的方法。常用的印模材料有川蜡、石蜡和低熔点合金等。这些材料的强度和硬度都不高，故一般不用针描法测量它。由于印模材料不能完全填满谷底以及印模材料的收缩效应，所以测得印模的粗糙度与零件实际表面的粗糙度之间有一定差别。因此，对测量结果一般应根据实验进行修正。

6. 激光反射法

激光反射法的基本原理是激光束以一定的角度照射到被测表面，除了一部分光被吸收以外，大部分被反射和散射。反射光与散射光的强度及其分布与被照射表面的微观不平度状况有关。通常，反射光较为集中形成明亮的光斑，散射光则分布在光斑周围形成较弱的光带。较为光洁的表面，光斑较强、光带较弱且宽度较小，较为粗糙的表面则光斑较弱，光带较强且宽度较大。

7. 激光全息法

激光全息法的基本原理是以激光照射被测表面，利用相干辐射，拍摄被测表面的全息照片，即一组表面轮廓的干涉图形，然后用硅光电池测量黑白条纹的强度分布，测出黑白条纹的反差比，从而评定被测表面的粗糙程度。当激光波长 $\lambda = 632.8$ nm 时，其测量范围为 $0.05 \sim 0.8$ μm。

8. 三维几何表面测量法

表面粗糙度的一维和二维测量只能反映表面不平度的某些几何特征，把它作为表征整个表面的统计特征是很不充分的，只有用三维评定参数才能真实地反映被测表面的实际特征。为此国内外都在致力于研究开发三维几何表面测量技术，现已将光纤法、微波法和电子显微镜等测量方法成功地应用于三维几何表面的测量。

习　题　5

5-1　比较下列每组中两孔的表面粗糙度幅度参数值的大小(何孔的参数值较小)，并说明原因。

(1) ϕ70H7 与 ϕ30H7 孔；

(2) ϕ40H7/p6 与 ϕ40H7/g6 中的两个 H7 孔；

(3) 圆柱度公差分别为 0.01 mm 和 0.02 mm 的两个 ϕ30H7 孔。

5-2　用类比法(查表 5-10 和根据表面粗糙度选用原则)分别确定 ϕ50t5 轴和 ϕ50T6 孔的配合表面粗糙度 Ra 的上限值或最大值。

5-3　在一般情况下，ϕ40H7 和 ϕ6H7 相比，ϕ40 $\dfrac{H6}{f5}$ 和 ϕ40 $\dfrac{H6}{s6}$ 相比，其表面何者选用较小的表面粗糙度的上限值或最大值。

5-4　试将下列的表面粗糙度要求标注在图 5-32 圆锥齿轮坯上。

(1) 圆锥面 a 的表面粗糙度参数 Ra 的上限值为 3.2 μm；

(2) 端面 c 和端面 b 的表面粗糙度参数 Ra 的最大值为 3.2 μm；

(3) ϕ30 孔采用拉削加工，表面粗糙度参数 Ra 的最大值为 1.6 μm，并标注加工纹理方向；

(4) 8±0.018 mm 键槽两侧面的表面粗糙度参数 Ra 的上限值为 3.2 μm；

(5) 其余表面的表面粗糙度参数 Ra 的上限值为 12.5 μm。

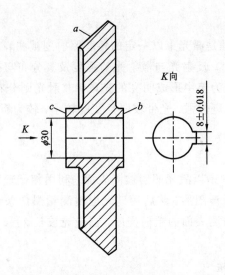

图 5-32　圆锥齿轮坯

5-5　用双管显微镜测量表面粗糙度，在各取样长度 ln 内测量微观不平度幅度数值如表 5-14 所示，若目镜测微计的分度值 $I = 0.6\ \mu m$，试计算 Rz 值。

表 5-14　Rz 值的测量数据

ln	lr_1	lr_2	lr_3	lr_4
最高点（格）	438	453	516	541
	458	461	518	540
	452	451	518	538
	449	448	520	536
	467	460	521	537
高低点（格）	461	468	534	546
	460	474	533	546
	477	472	530	550
	477	471	526	558
	478	458	526	552

第6章 滚动轴承与孔、轴配合的互换性

6.1 滚动轴承的组成、分类及代号

滚动轴承是由专业化的滚动轴承制造厂生产的高精度标准部件，是机器上广泛使用的支承部件。使用滚动轴承可以减小运动副的摩擦、磨损，提高机械效率。本章将主要介绍两个方面的内容：第一，滚动轴承的结构以及滚动轴承的公差与配合；第二，根据滚动轴承的使用情况和精度要求，合理确定滚动轴承外圈与相配外壳孔的尺寸精度，内圈与相配轴颈的尺寸精度，以及滚动轴承与外壳孔和轴颈配合表面的几何精度和表面粗糙度参数值，保证滚动轴承的工作性能和使用寿命。

1. 滚动轴承的组成

滚动轴承的基本结构由套圈(分内圈和外圈)、滚动体(钢球或滚柱、圆锥滚子、螺旋滚子、滚针等)和保持架组成。轴承的外圈和内圈分别与壳体孔及轴颈相配合。图6-1所示为滚动轴承以及与其配合的轴颈和外壳。一般来说，为了便于在机器上安装轴承和从机器上更换新轴承，轴承内圈内孔和外圈外圆柱面应具有完全互换性。除此之外，基于技术经济上的考虑，对于轴承的装配，组成轴承的某些零件，可以不具有完全互换性。滚动轴承安装在机器上工作时应保证轴承的工作性能，因此必须满足两项要求：其一，必要的旋转精度，轴承工作时轴承的内、外圈和端面的跳动应控制在允许的范围内，以保证传动零件的回转精度；其二，合适的游隙，指滚动轴承与内、外圈之间的游隙和轴向游隙。轴承工作时这两种游隙的大小皆应保持在合适的范围内，以保证轴承正常运转及其使用寿命。

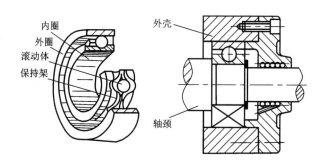

图6-1 滚动轴承以及与其配合的轴和外壳

2. 滚动轴承的分类

滚动轴承的种类很多，一般来说，可以按照下列几个方面进行分类。

(1) 按所承受负荷方向的不同，滚动轴承可分为向心类和推力类，如表6-1所示。

表 6-1 滚动轴承的分类

分类名称	主要简图	承受载荷方向，接触角α值	常用轴承类型	分类名称	主要简图	承受载荷方向，接触角α值	常用轴承类型
向心轴承		接触角 $\alpha = 0°$。主要承受径向载荷，有的可承受较小的单向轴向载荷（如内圈或外圈单挡边的圆柱滚子轴承）或承受较小的双向轴向载荷（如深沟球轴承、调心球轴承、调心滚子轴承）	深沟球轴承 调心球轴承 圆柱滚子轴承 调心滚子轴承 滚针轴承	向心角接触轴承		接触角 $0° < \alpha \leqslant 45°$。能同时承受径向载荷及轴向载荷，一般以径向载荷为主	角接触球轴承 圆锥滚子轴承
推力轴承		接触角 $\alpha = 90°$。只能承受单向或双向轴向载荷	推力球轴承 双向推力球轴承 推力滚子轴承	推力角接触轴承		接触角 $45° < \alpha \leqslant 90°$。主要承受轴向载荷，也可以承受较小的径向载荷	推力调心滚子轴承 推力圆锥滚子轴承

（2）按滚动体形状的不同，滚动轴承可分为球轴承和滚子轴承。其中，滚子轴承包括圆锥滚子轴承和滚针轴承等。

（3）按列数的不同，滚动轴承可分为单列、双列、三列、四列和多列轴承。

（4）按工作中能否自动调整轴和孔的角度偏差，滚动轴承可分为调心轴承、非调心轴承。

（5）按内外径尺寸大小的不同，滚动轴承可分为特大型轴承，外径＞800 mm；大型轴承，180 mm＜外径≤800 mm；中型轴承，80 mm＜外径≤180 mm；小型轴承，内径＞10 mm，外径≤80 mm；微型轴承，外径＜9 mm。

按上述分类，轴承类型可以描述为单列向心球轴承、圆锥滚子轴承、双列角接触球轴承、推力调心滚子轴承、推力球轴承、双列圆柱滚子轴承等。

3. 滚动轴承的代号（GB/T 272—93）

滚动轴承的代号用来明确反映轴承的结构类型、尺寸、公差、游隙、材料、工艺等方面的重要特性。轴承代号由前置代号、基本代号和后置代号构成，如表 6-2 所示。

表 6-2 滚动轴承代号的构成

轴 承 代 号											
前置代号	基本代号			后置代号							
	1	2 3	4 5	1	2	3	4	5	6	7	8
成套轴承部件	类型	尺寸系列	轴承内径	内部结构	密封与防尘	保持架及其材料	特殊轴承材料	公差等级	游隙	配置	其他

1）滚动轴承的基本代号（滚针轴承除外）

基本代号用来表明轴承类型、宽度系列、直径系列和内径，一般为 5 位数，如表 6-2 所示。

（1）类型代号：基本代号中从左至右的第一位数，占一位数位。滚动轴承类型代号用数字或大写拉丁字母表示，见表 6-3。

表 6-3 滚动轴承类型代号

代号	轴承类型	代号	轴承类型
0	双列角接触球轴承	N NU NJ NF NUP	圆柱滚子轴承
1	调心球轴承		
2	调心滚子轴承，推力调心滚子轴承		
3	圆锥滚子轴承		
4	双列深沟球轴承		
5	推力球轴承	NN NNU	双列圆柱滚子轴承
6	深沟球轴承		
7	角接触球轴承	UC UEL UR	外球面球轴承
8	推力圆柱滚子轴承		
		QJ	四点接触球轴承

（2）尺寸系列代号：基本代号的第二、三位数，占两位数位。轴承尺寸系列代号由宽度（用于向心轴承）或高度（用于推力轴承）和直径系列代号组成，如表 6-4 所示。

表 6-4 向心轴承、推力轴承尺寸系列代号

直径系列代号	向心轴承								推力轴承			
	宽度系列代号								高度系列代号			
	8	0	1	2	3	4	5	6	7	9	1	2
	尺 寸 系 列 代 号											
7	—	—	17	—	37	—	—	—				
8	—	08	18	28	38	48	58	68	—	—	—	—
9	—	09	19	29	39	49	59	69	—	—	—	—
0	—	00	10	20	30	40	50	60	70	90	10	—
1	—	01	11	21	31	41	51	61	71	91	11	—
2	82	02	12	22	32	42	52	62	72	92	12	22
3	83	03	13	23	33	—	—	—	73	93	13	23
4	—	04	—	24	—	—	—	—	74	94	14	24
5	—	—	—	—	—	—	—	—	—	95	—	—

（3）轴承内径代号：基本代号的第四、五位数，占两位数位。轴承内径代号表示轴承的轴承内径，如表 6-5 所示。

表 6-5　轴承内径代号

轴承公称内径/mm	内 径 代 号	示 例
0，6～10（非整数）	用公称内径毫米数直接表示，与尺寸系列代号之间用"/"分开	深沟球轴承 618/1.5，内径 $d=1.5$ mm
1～9（整数）	用公称内径毫米数直接表示，对深沟球轴承 7、8、9 直径系列，与尺寸系列之间用"/"分开	深沟球轴承 618/5，内径 $d=5$ mm
10～17	10　　00 12　　01 15　　02 17　　03	深沟球轴承 6200，内径 $d=10$ mm
20～480（22，28，32 除外）	公称内径除以 5 的商数，商数为个位数时需在商数左边加 0，如 08	调心滚子轴承 23209，内径 $d=45$ mm
≥500，以及 22，28，32	用公称毫米数直接表示，但在与尺寸系列之间用"/"分开	调心滚子轴承 230/500，内径 $d=500$ mm 深沟球轴承 62/22，内径 $d=22$ mm

例如，有调心滚子轴承基本代号 23224，各位的含义从左向右依次为：2 代表轴承类型，为调心滚子轴承；32 代表尺寸系列，宽度系列是 3，而直径系列是 2；24 代表内径代号 $d=120$ mm。

2）滚动轴承的前置代号和后置代号

（1）前置代号。前置代号用字母表示，代号及其含义如表 6-6 所示。

表 6-6　滚动轴承前置代号及其含义

代号	含 义	示例	代号	含 义	示例
L	可分离轴承的内圈或外圈	LNU207 LN207	K	滚子和保持架组件	K81107
R	不带可分离内圈或外圈的轴承（滚针轴承仅适用于NA 型）	RNU207 RNA6904	WS	推力圆柱滚子轴承轴圈	WS81107
			GS	推力圆柱滚子轴承座圈	GS81107

（2）后置代号。后置代号用大写拉丁字母和大写拉丁字母加数字表示。其中包括内部结构代号，密封、防尘与外部形状变化的代号，保持架结构、材料改变的代号，以及游隙代号。这里主要介绍公差等级代号及其含义，如表 6-7 所示，其他代号可以查阅《机械设计手册》。

表 6-7　滚动轴承公差等级代号及其含义

代号	示例	含 义	旧代号	示例	代号	示例	含 义	旧代号	示例
/P0	6205	公差等级为 0 级，代号中省略不表示	G	205	/P5	6205/P5	公差等级为 5 级	D	D205
					/P4	6205/P4	公差等级为 4 级	C	C205
/P6 /P6X	6205/P6 30210/ P6X	公差等级为 6 级 公差等级为 6X 级（适用于圆锥滚子轴承）	E EX	E205 EX7210	/P2	6205/P2	公差等级为 2 级	B	B205

3）滚动轴承代号示例

【例 6 - 1】 6209（从左向右）：6—深沟球轴承；2—尺寸系列是 02，宽度系列为 0，省略，直径系列为 2；09—内径 $d=45$ mm。

【例 6 - 2】 7310C/P4（从左向右）：7—角接触球轴承；3—尺寸系列是 03，宽度系列为 0，省略，直径系列为 3；10—内径 $d=50$ mm；C—接触角 $\alpha=15°$；/P4—公差等级为 4 级。

【例 6 - 3】 N2206/P43（从左向右）：N—圆柱滚子轴承；22—尺寸系列，宽度系列和直径系列均为 2；06—内径 $d=30$ mm；/P4—公差等级为 4 级；3—游隙 3 组。

6.2 滚动轴承的公差等级及其应用

6.2.1 滚动轴承的公差等级

国家标准 GB/T 307.3—2017 规定，轴承按其外形尺寸精度和旋转精度可分为五个公差等级，分别用 0、6、5、4、2 表示。0 级公差轴承精度最低，2 级公差轴承精度最高，如表 6-8 所示。圆锥滚子轴承的公差等级分为 4、5、6x、0 四个等级。6x 级轴承与 6 级轴承的内径公差、外径公差和径向跳动公差均分别相同，仅前者装配宽度要求较为严格。推力轴承分为 0、6、5、4 四级。2 级和 0 级轴承内圈内径公差数值分别与 GB/T 1800.3—1998 中 IT3 和 IT5 的公差数值相近，而外圈外径公差数值分别与 IT2 和 IT5 的公差数值相近。

表 6 - 8 滚动轴承的公差等级

公差等级名称	普通级	高级	精密级	超精级
GB/T 307.3—1996	0 级	6，6x 级	5，4 级	2 级
公差等级代号（旧）	G	E，Ex	D，C	B

滚动轴承外形尺寸精度是指轴承内径 d、外径 D、宽度尺寸 B，或对圆锥滚子轴承而言，内圈宽度 B、外圈宽度 C 以及装配高度 T 的精度等级。为了有利于制造和装配，国标对滚动轴承规定了加工时的尺寸精度和制造时的尺寸精度，关于这些尺寸将在后面进行介绍。滚动轴承的旋转精度包括成套轴承内圈的径向跳动 Kia，适用于所有公差等级；内圈基准端面对内孔的跳动 Sd，仅适用于公差等级 5、4、2 级；成套轴承内圈端面对滚道的跳动 Sia，适用于公差等级 5、4、2 级；成套轴承外圈的径向跳动 Kea，适用于所有公差等级；外径表面母线对基准端面的倾斜度变动量 S_D，适用于公差等级 5、4、2 级；外径表面母线对凸缘背面的倾斜度变动量 S_{D1}；成套轴承外圈端面对滚道的跳动 Sea，适用于公差等级 5、4、2 级；成套轴承凸缘背面对滚道的跳动 $Sea1$。对于 6 级和 0 级向心球轴承，标准仅规定了成套轴承内圈和外圈的径向跳动 Kia 和 Kea。

2、4、5、6、0 级轴承的内圈公差和外圈公差如表 6-9 和表 6-10 所示。

表 6-9　向心轴承内圈公差（摘自 GB/T 307.1—2017）

μm

d/mm	公差等级	单一平面平均内径偏差 Δdmp		单一内孔直径偏差 Δds①		单一径向平面内径变动量 V_{dp} 直径系列			平均内径变动量 V_{dmp}	成套轴承内圈的径向跳动 K_{ia}	内圈基准端面对内孔的跳动 S_d	成套轴承内圈端面对滚道的跳动 S_{ia}②	内圈单一宽度偏差 ΔB_s			内圈宽度变动量 V_{Bs}
						9	0,1	2,3,4					全部	正常	修正③	
		U	L	U	L	最大	最大	最大	最大	最大	最大	最大	U	L	L	最大
>18~30	0	0	−10	—	—	13	10	8	8	13	—	—	0	−120	−250	20
	6	0	−8	—	—	10	8	6	6	8	—	—	0	−120	−250	20
	5	0	−6	—	—	6	5	5	3	4	8	8	0	−120	−250	5
	4	0	−5	0	−5	5	4	4	2.5	3	4	4	0	−120	−250	2.5
	2	0	−2.5	0	−2.5	—	2.5	2.5	1.5	2.5	1.5	2.5	0	−120	−250	1.5
>30~50	0	0	−12	—	—	15	12	9	9	15	—	—	0	−120	−250	20
	6	0	−10	—	—	13	10	8	8	10	—	—	0	−120	−250	20
	5	0	−8	—	—	8	6	6	4	5	8	8	0	−120	−250	5
	4	0	−6	0	−6	6	5	5	3	4	4	4	0	−120	−250	3
	2	0	−2.5	0	−2.5	—	2.5	2.5	1.5	2.5	1.5	2.5	0	−120	−250	1.5

注：① 仅适用于 4 级轴承直径系列 0、1、2、3、4 和 2 级轴承；
② 仅适用于钩型球轴承；
③ 指用于成对或成组安装时单个轴承的内圈。
④ U—上限值，L—下限值。

表 6 – 10　向心轴承外圈公差（摘自 GB/T 307.1—2017）　　μm

D/mm	公差等级	单一平面平均外径偏差 ΔD_{mp} U	L	单一外径偏差 ΔD_s[①] U	L	V_{Dp}[②] 开型轴承 直径系列 9	开型 0,1,2,3,4	闭[③]型轴承 直径系列 2,3,4	闭型 0,1	平均外径变动量 V_{Dmp} 最大	成套轴承外圈径向跳动 K_{ea} 最大	外径表面母线对基准面的倾斜度变动量 S_D 最大	成套轴承外圈端面对滚道的跳动 S_{ea} 最大	外圈单一宽度偏差 ΔC_s U	L	外圈宽度变动量 V_{Cs}[④] 最大
>50～80	0	0	-13	—	—	16	13	10	20	10	25	—	—	与同一轴承内圈的 ΔB_s 相同		与同一轴承内圈的 V_{Bs} 相同
	6	0	-11	—	—	14	11	8	16	8	13	—	—			与同一轴承内圈的 V_{Bs} 相同
	5	0	-9	0	-7	9	7	7	—	5	8	8	10			6
	4	0	-7	0	-4	7	5	5	—	3.5	5	4	5			3
	2	0	-4	0	—	—	4	—	—	2	4	1.5	4			1.5
>80～120	0	0	-15	—	—	19	19	11	26	11	35	—	—	与同一轴承内圈的 ΔB_s 相同		与同一轴承内圈的 V_{Bs} 相同
	6	0	-13	—	—	16	16	10	20	10	18	—	—			与同一轴承内圈的 V_{Bs} 相同
	5	0	-10	0	-8	10	8	8	—	5	10	9	11			8
	4	0	-8	0	—	8	6	6	—	4	6	5	6			4
	2	0	-5	0	—	5	5	—	—	2.5	5	2.5	5			2.5

注：① 仅适用于 4、2 级轴承直径系列 0、1、2、3 及 4；

② 对 0、6 级轴承，适用于内、外止动环安装前或拆卸后；

③ 0 级直径系列 0、1、7、8、9 和 6 级直径系列 7、8、9 以及 5、4 级各直径系列的闭型轴承，均未规定 V_{Dp} 值；

④ 仅适用于沟型球轴承。

⑤ U—上限值，L—下限值。

6.2.2 滚动轴承的应用

轴承精度等级的选择主要依据以下两点：一是对轴承部件提出的旋转精度要求，如径向跳动和轴向跳动值，例如，当机床主轴径向跳动要求为 0.01 mm 时，可选用 5 级轴承，当径向跳动为 0.001~0.005 mm 时，可选用 4 级轴承；二是转速的高低，转速高时，由于与轴承结合的旋转轴（或外壳孔）可能随轴承的跳动而跳动，势必造成旋转不平稳，产生振动和噪音，因此，转速高的应选用精度等级高的滚动轴承。此外，为保证主轴部件有较高的精度，还可以采用不同等级的搭配方式。例如，机床主轴的后支承比前支承用的滚动轴承低一级，即后轴内圈的径向跳动值要比前轴承的稍大些。

滚动轴承各级精度的应用如下所述。

0（普通级）级轴承用在中等精度、中等转速和旋转精度要求不高的一般机构中，它在机械产品中应用十分广泛，如减速器的旋转机构，汽车、拖拉机的变速机构，普通机床的变速机构、进给机构，水泵、压缩机等一般通用机器中所用的轴承。

6（高级）级轴承应用于旋转精度和转速较高的旋转机构中，如普通机床的主轴轴承（前轴承多采用 5 级，后轴承多采用 6 级）、精密机床传动轴使用的轴承。

5、4（精密级）级轴承应用于旋转精度和转速高的旋转机构中。5 级轴承多用于比较精密的机床和机器中，而 4 级轴承多用于转速很高或旋转精度要求很高的机床和机器的旋转机构中，如精密机床的主轴轴承、精密仪器和机械使用的轴承。

2（超精级）级轴承应用于旋转精度和转速很高的旋转机构中，如精密坐标镗床的主轴轴承、高精度齿轮磨床以及数控机床的主轴轴承、高精度仪器和高转速机构中使用的轴承。

6.3 滚动轴承内径与外径的公差带及其特点

6.3.1 滚动轴承内径和外径公差的规定（GB/T 307.1—2017）

滚动轴承的内圈和外圈都是薄壁零件，在制造和保管过程中极易变形。若变形量不大，相配零件的形状较正确，则轴承在装进机构以后容易使这种变形得到矫正；若变形量较大，则不易矫正，这样将影响轴承工作时的性能。因此，滚动轴承内圈与轴，外圈与轴承孔之间起配合作用的是平均直径。根据这个特点，滚动轴承标准对轴承内径和外径均分别规定了两种公差带：其一，限定轴承内径或外径实际尺寸变动的公差带；其二，限定同一轴承内圈孔或轴承外圆柱面最大与最小实际直径的算术平均值 d_{mp} 或 D_{mp} 变动的公差带，以控制轴承装配后配合尺寸的误差。前者在加工过程中控制实际直径，即单一内径 d_s 和单一外径 D_s 的相应公差带；后者控制装配时的轴承平均直径，即平均直径内径 d_{mp} 和平均直径外径 D_{mp} 的相应公差带。下面介绍滚动轴承的各项尺寸及其公差的基本术语与符号。

d 是指轴承公称内径。

D 是指轴承公称外径。

ds 是指单一内径，它是在同一轴承的单一径向平面内用两点测量法测得的内径，如图 6-2(a)所示。

Ds 是指单一外径，它是在同一轴承的单一径向平面内用两点测量法测得的外径。

Δds 是指单一内径偏差，其定义为 $\Delta ds = ds - d$，主要用来控制制造时的尺寸误差。

ΔDs 是指单一外径偏差，其定义为 $\Delta Ds = Ds - D$，用来控制制造时的尺寸误差。

Vdp 是指单一径向平面内的内径变动量，$Vdp = ds\max - ds\min$，$ds\max$、$ds\min$ 如图 6-2(b)所示，Vdp 用来限制制造时单一径向平面内的圆度误差。

VDp 是指单一径向平面内的外径变动量，$VDp = Ds\max - Ds\min$，用来限制制造时单一径向平面内的圆度误差。

dmp 是指单一平面平均内径，定义为 $dmp = (ds\max + ds\min)/2$，如图 6-2(b)所示。

Dmp 是指单一平面平均外径，定义为 $Dmp = (Ds\max + Ds\min)/2$。

Δdmp 是指单一平面平均内径偏差，$\Delta dmp = dmp - d$，用来控制轴承内圈与轴装配后在单一平面内配合尺寸的误差。

ΔDmp 是指单一平面平均外径偏差，$\Delta Dmp = Dmp - D$，用来控制轴承外圈与轴承座孔装配后在单一平面内配合尺寸的误差。

$Vdmp$ 是指平均内径变动量，定义为 $Vdmp = dmp\max - dmp\min$。它是在整个轴承宽度上，用来控制轴承内圈与轴装配后在整圈配合面上的圆柱度误差。

$VDmp$ 是指平均外径变动量，定义为 $VDmp = Dmp\max - Dmp\min$，用来控制轴承外圈与轴承座孔装配后在整圈配合面上的圆柱度误差。

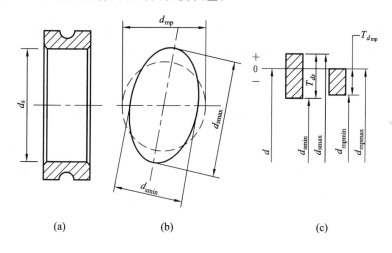

图 6-2　滚动轴承单一内径和单一平面平均内径及其公差带

各级轴承的上述公差数值如表 6-9 和表 6-10 所示。轴承的内、外径单一尺寸偏差及其变动量和内、外径平均尺寸偏差及其变动量必须都在规定的公差范围内。

【例 6-4】　有深沟球轴承 6208/P4，它是一个 4 级精度的 02 尺寸系列向心轴承，公称内径 $d = 40$ mm，试根据检测结果确定轴承内径尺寸是否合格。

解：可从表 6-9 中查得内径的尺寸公差及形状公差。

（1）尺寸公差。

① 单一内孔直径偏差：上极限偏差 $= 0$，下极限偏差 $= -6$，即 $ds\max = 40$ mm，$ds\min = 39.994$ mm。

② 单一平面平均内径偏差：上极限偏差 $= 0$，下极限偏差 $= -6$，即 $dmp\max = 40$ mm，$dmp\min = 39.994$ mm。

（2）形状公差。

① 制造时的圆度公差：$Vdp=0.005$ mm。

② 装配时的圆柱度公差：$Vdmp=0.003$ mm。

测得轴承的内径尺寸和计算结果如表 6-11 所示。

表 6-11 轴承的内径尺寸和计算结果

测量平面		I	II	
量得的单一内径尺寸（d_s）		$ds\max=40.000$ $ds\min=39.998$	$ds\max=39.997$ $ds\min=39.995$	合格
计算结果	dmp	$dmp\,I=\dfrac{40+39.998}{2}=39.999$	$dmp\,II=\dfrac{39.997+39.995}{2}=39.996$	合格
Vdp		$Vdp=40-39.998=0.002<0.005$	$Vdp=39.997-39.995=0.002<0.005$	合格
$Vdmp$		$Vdmp=dmp\,I-dmp\,II=39.999-39.996=0.003$		合格
结论		内径尺寸合格		

6.3.2 滚动轴承平均直径公差带的特点

1. 特点

滚动轴承是标准部件，在轴承与轴和外壳孔的配合中，轴承为基准零件，即内圈的单一平面平均内径为配合中的基准孔，外圈的单一平面平均外径为配合中的基准轴。它们的公差带分布如图 6-3 所示。

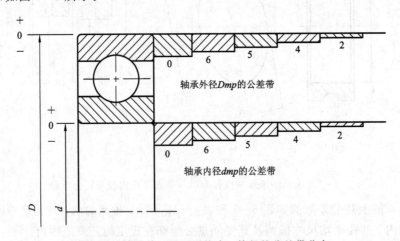

图 6-3 轴承单一平面平均内、外径的公差带分布

由图 6-3 可见，轴承内圈与轴的配合采用基孔制；轴承外圈与轴承座孔的配合采用基轴制。此外，还规定轴承内圈基准孔的公差带 $Tdmp$ 分布于公称内径以下，单一平面平均内径 dmp 的公差带的上偏差为零。这样就使轴承内圈与轴 g5、g6、h5、h6 的配合比基孔制的同名配合要紧一些。这些配合实际上已变为过渡配合，而内圈与 k5、k6、m5、m6 的配合实际上变为过盈配合。这样的安排既满足了轴承内孔与轴的配合要求，又可按标准偏差来选用轴的公差带。由于轴承外圈安装在轴承座中，通常不旋转，因此可把外圈与轴承座孔的配合选得松一点，使之能补偿轴的热变形，否则轴会弯曲，轴承内部有可能被卡死。

所以，标准规定轴承外圈基准公差带 T_{Dmp} 分布于公称外径零线以下，单一平面平均外径 Dmp 的公差带的上偏差为零，这样轴承外圈与轴承座的配合与基轴制的同名配合基本上保持相似的配合性质。在多数情况下，内圈随轴一起旋转，而外圈则固定在轴承孔中。所以，一要保证轴与内圈结合牢固，不能松动，以保证力由轴、内圈、滚动体传至外圈，再传至壳体；二要保证外圈滚道磨损均匀，同时外圈能补偿热变形，因此，外圈应能在一定程度上移动。轴承的周向移动可保证外圈滚道磨损均匀，而轴承的轴向移动可补偿热变形。

2. 与滚动轴承配合的孔、轴公差带

1）适用范围

标准规定，外壳孔和轴颈的公差带适用范围如下：

（1）对轴承的旋转精度和运转平稳性无特殊要求。

（2）轴为实体或厚壁空心。

（3）轴与外壳的材料为钢或铸铁。

（4）轴承的工作温度不超过 100℃。

2）公差带

由于滚动轴承内圈内径和外圈外径的公差带在生产轴承时已经确定，因此轴承在使用时，与轴径和外壳孔的配合面间所需要的配合性质由轴颈和外壳孔的公差带确定。为了实现各种松紧程度的配合性质要求，GB/T 275—2017《滚动轴承与轴和外壳的配合》规定了 0 级和 6 级轴承与轴颈和外壳孔配合时轴颈和外壳孔的常用公差带。该标准对轴颈规定了 17 种公差带，对外壳孔规定了 16 种公差带，如图 6-4 所示。这些公差带分别采用 GB/T 1800.4—2108 中的轴公差带和孔公差带。

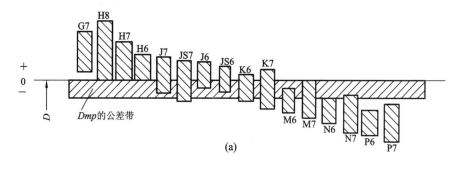

(a)

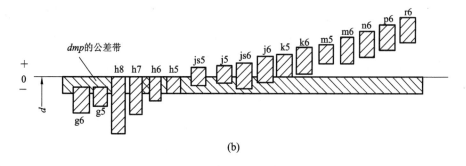

(b)

图 6-4　轴承与孔、轴配合的常用尺寸公差带

另外，轴颈和外壳孔的标准公差等级与轴承本身的公差等级密切相关，与 0、6 级轴承配合的轴一般取 IT6，外壳孔一般取 IT7。对旋转精度和运转平稳有较高要求的场合，轴取 IT5，外壳孔取 IT6。与 5 级轴承配合的轴和外壳孔均取 IT6，要求高的场合取 IT5；与 4 级轴承配合的轴取 IT5，外壳孔取 IT6，要求更高的场合轴取 IT4，外壳孔取 IT5。

6.4　滚动轴承与孔、轴结合时配合的选用

滚动轴承与孔、轴结合时精度设计的内容为：确定与孔、轴配合的依据；确定孔、轴的尺寸公差等级和基本偏差（公差带）；确定孔、轴的几何公差和表面粗糙度参数值。

6.4.1　滚动轴承与轴颈、外壳孔配合的选用依据

滚动轴承配合的选用是否得当对机器的运转质量和轴承的使用寿命影响很大。通常应根据轴承套圈承受的负荷类型与负荷大小、轴承所用类型、工作条件、配合尺寸、与轴承相配件的结构和材料等因素进行选用。然后，按国标选用适当的孔、轴配合代号和其他技术要求（如几何公差和表面粗糙度），最后将其标注在图上。

1. 负荷的类型

首先分析轴承的受力情况。滚动轴承是一种将轴支承在壳体上的标准部件，机械构件中的轴一般都承受力或力矩，因此滚动轴承的内圈和外圈都要受到力的作用。对工程中轴承所受的合成径向负荷进行分析可知，轴承所受的合成径向负荷有下列四种受力情况：第一，作用在轴承上的合成径向负荷为一定值向量 P_0，该向量与该轴承的外圈或内圈相对静止，其示意图如图 6-5(a)所示；第二，作用在轴承上的是离心力向量 P_1，该向量与轴承的内圈或外圈一起旋转，也可保持相对静止，如图 6-5(b)所示；第三，一个与轴承某套圈相对静止的定值向量 P_0 和一个较小的相对旋转的定值向量 P_1 合成，如图 6-5(c)所示；第四，定值向量 P_0 和一个较大的相对旋转的定值向量 P_1 合成，即 $P_0 < P_1$。由于第四种受力状况与第三种受力状况相近，因此只考虑前三种受力情况，如图 6-5 所示。

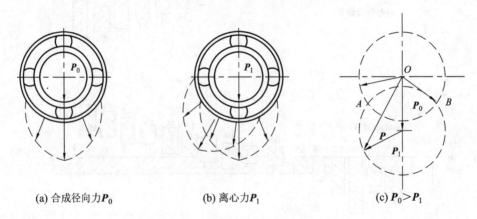

(a) 合成径向力 P_0　　　　(b) 离心力 P_1　　　　(c) $P_0 > P_1$

图 6-5　滚动轴承的受力情况

根据前述轴承的受力状况，作用在轴承上的径向负荷可以是定向负荷（如带轮的拉力或齿轮的作用力）、旋转负荷（如机件的转动离心力），或者两者的合成负荷。根据作用方向

与轴承套圈(内圈或外圈)的不同,负荷可以分为以下三种类型。

1)局部负荷(也称为定向负荷)

这种情况下套圈相对于负荷方向静止(这里套圈一定要区别出内、外圈)。当径向负荷的作用线相对于轴承套圈不旋转,或者套圈相对于径向负荷的作用线不旋转时,该径向负荷始终作用在套圈滚道的某一局部区域上,这表示该套圈相对于负荷方向静止。内圈相对于负荷方向固定的运转状态称为定向负荷。外圈相对于负荷方向固定的运转状态也称为定向负荷。如减速器转轴两端的滚动轴承的外圈,汽车、拖拉机车轮轮毂中滚动轴承的内圈等都是套圈相对于负荷方向静止的实例。

2)循环负荷(也称为旋转负荷)

这种情况下套圈相对于负荷方向旋转。当径向负荷的作用线相对于轴承套圈旋转,或者套圈相对于径向负荷的作用线旋转时,该径向负荷依次作用在套圈整个滚道的各个部位上,这表示该套圈相对于负荷方向旋转。内圈相对于负荷旋转的运转状态称为旋转负荷。外圈相对于负荷旋转的运转状态也称为旋转负荷。如减速器转轴两端的滚动轴承的内圈,汽车、拖拉机车轮轮毂中滚动轴承的外圈等都是套圈相对于负荷方向旋转的实例。

有时为了保证套圈滚道的磨损均匀,相对于负荷方向固定的套圈与轴颈或外壳孔的配合应稍松一些,以便在摩擦力矩的带动下,它们可以作非常缓慢的相对滑动,从而避免套圈滚道局部磨损;相对于负荷方向旋转的套圈与轴颈或外壳孔的配合应配合紧一些,以保证它们能固定成一体,避免产生相对滑动,从而实现套圈滚道均匀磨损。这样选择配合可提高轴承的使用寿命。

3)摆动负荷

这种情况下套圈相对于负荷方向摆动。当大小和方向按一定规律变化的径向负荷依次往复地作用在套圈滚道的一段区域上时,表示该套圈相对于负荷方向摆动。现在对图 6-5(c)所示的轴承外圈和轴承内圈进行受力分析:由于被研究对象同时受一个定向负荷 P_0 和一个旋转负荷 P_1 的作用,因此可以 O 为力的作用点,画出以上两负荷的向量,如图 6-5(c)的 P_0 和 P_1 所示。利用力的平行四边形公理,将旋转到各种位置的向量 P_0 和 P_1 合成,可以证明合成径向负荷向量 P 的箭头端点的轨迹为一个圆,该圆的圆心为定向负荷向量 P_0 的箭头端点,半径为旋转负荷向量 P_1 的长度,过 O 作该圆的两条切线,分别与该圆相切于 A、B 点,如图 6-4(c)所示。由此可见,轴承外圈和轴承内圈所承受的合成径向负荷在其 AB 弧上一段局部滚道内相对摆动,此时它们所承受的负荷称为摆动负荷。

根据前述滚动轴承受力的三种情况,以及滚动轴承或内圈固定,外圈旋转,或外圈固定,内圈旋转,套圈的负荷类型如表 6-12 所示。

一般来说,套圈受局部负荷(定向负荷)时,配合一般应选得松一些,甚至可有不大的间隙,以便在滚动体摩擦力矩的作用下,使套圈产生少许转动,从而改变受力状态使滚道磨损均匀,延长轴承的使用寿命。因此,这种情况下应选过渡配合或极小间隙配合。

当套圈受旋转负荷时,配合一般应选得紧一些,以防止套圈在轴颈和外壳孔的配合表面上打滑,引起配合表面发热、磨损。因此,这种情况下应选用过盈量较小的过盈配合,或过盈可能性较大的过渡配合。

当套圈受摆动负荷时,套圈配合的松紧程度应介于局部负荷和循环负荷的配合之间,即与受旋转负荷的配合相同或比它稍松一些。

表 6 - 12　套圈的负荷类型

外圈固定	套圈	合成径向力 P_0	离心力 P_1	$P_0 > P_1$
	内圈	循环负荷 （旋转负荷）	局部负荷 （定向负荷）	循环负荷 （旋转负荷）
	外圈	局部负荷 （定向负荷）	循环负荷 （旋转负荷）	摆动负荷
内圈固定	内圈	局部负荷 （定向负荷）	循环负荷 （旋转负荷）	摆动负荷
	外圈	循环负荷 （旋转负荷）	局部负荷 （定向负荷）	循环负荷 （旋转负荷）

2. 负荷大小

轴承套圈与轴或轴承座孔配合的过盈量取决于套圈受负荷的大小。对于向心轴承，GB/T 275—2017 按其径向当量动负荷 P 与径向额定动负荷 Cr 的比值，将负荷状态分为轻负荷、正常负荷和重负荷三类，如表 6 - 13 所示。

表 6 - 13　向心轴承负荷状态的分类

负荷状态	P/Cr
轻负荷	$\leqslant 0.07$
正常负荷	$> 0.07 \sim 0.15$
重负荷	> 0.15

径向当量动负荷 P 是在轴承支承的组合设计中，按合成径向力作用在轴承上计算出来的，如图 6 - 6 所示。一般来说，把轴承的实际载荷转换为与确定基本额定动载荷条件相一致的动载荷（即径向当量动负荷 P）后，在这一载荷作用下，轴承的寿命与实际载荷作用下的寿命相等。

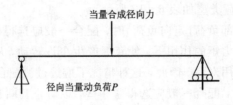

图 6 - 6　轴承支承的受力状况

向心轴承的径向额定动负荷 Cr 是指基本额定寿命为 100 000 转时所能承受的载荷值，该值可从机械手册中查出。

轴承在重负荷作用下时，套圈容易产生变形，这样会使该套圈与轴颈或外壳孔配合的实际过盈减小而可能引起松动，影响轴承的工作性能。因此，承受轻负荷、正常负荷、重负荷的轴承与轴颈或外壳孔的配合应依次越来越紧。

3．轴承的工作条件

轴承工作时，主要应考虑轴承的工作温度以及旋转精度和旋转速度对配合的影响。

1）工作温度的影响

轴承运转时，由于摩擦发热和其他热源影响，轴承套圈的温度经常高于与其相结合的零件的温度，因此轴承内圈因热膨胀而与轴的配合可能松动，外圈因热膨胀而与壳体孔的配合可能变紧。所以在选择配合时，必须考虑温度的影响，并加以修正。温度升高，内圈选紧，外圈选松。这里所说的紧和松是相对于国家标准规定的推荐公差带而言的。

2）旋转精度和旋转速度的影响

由于机器要求有较高的旋转精度时，相应地要选用较高精度等级的轴承，因此，与轴承相配合的轴和壳体孔也要选择较高精度的标准公差等级。对于承受负荷较大且要求旋转精度较高的轴承，为了消除弹性变形和振动的影响，应该避免采用间隙配合。而对一些精密机床的轻负荷轴承，为了避免孔和轴的形状误差对轴承精度的影响，常采用有间隙的配合。

当轴承旋转精度要求较高时，为了消除弹性变形和振动的影响，不仅受旋转负荷的套圈与互配件的配合应选得紧一些，就是受定向负荷的套圈也应紧一些。

此外，关于轴承的旋转速度对配合的影响，一般认为，轴承的旋转速度愈高，配合应该愈紧。

4．轴和外壳孔的结构与材料

（1）剖分式外壳结构应比整体式结构选用较松的配合；

（2）薄壁外壳、轻合金外壳或空心轴应选用更紧的配合；

（3）重型机械的轴承宜用较松的配合；

（4）滚子轴承的配合应比球轴承紧一些；

（5）长轴结构，希望轴承的一个套圈在运转中能沿轴向游动时，应选较松的配合。

5．安装和拆卸轴承的条件

考虑轴承安装与拆卸方便，宜采用较松的配合，对重型机械用的大型和特大型轴承，这一点尤为重要。当要求装卸方便，而又需紧配时，可采用分离型轴承，或内圈带锥孔、带紧定套和退卸套的轴承。

除上述条件外，还应考虑当要求轴承的内圈或外圈能沿轴向移动时，该内圈与轴或外圈与外壳孔的配合应选较松的配合。滚动轴承的尺寸愈大，选取的配合应愈紧。

6.4.2　轴颈和外壳孔几何精度的确定

1．孔、轴尺寸公差带的选用

当对轴承的旋转精度和运动平稳性无特殊要求，轴承游隙为 0 组游隙，轴为实心或厚壁空心的钢制轴，外壳（箱体）为铸钢件或铸铁件，轴承的工作温度不超过 100℃时，确定轴颈和外壳孔的公差带可参考表 6-14～表 6-17，按照表中条件进行选择。

表 6-14　向心轴承和轴配合时轴公差带代号(摘自 GB/T 275—2017)

圆柱孔轴承					
运转状态		负荷状态	深沟球轴承、调心球轴承和角接触球轴承	圆柱滚子轴承和圆锥滚子轴承	调心滚子轴承	公差带
说明	举例		轴承公称内径/mm			
旋转的内圈负荷及摆动负荷	一般通用机械、电动机、机床主轴、泵、内燃机、直齿轮传动装置、铁路机车车辆轴箱、破碎机等	轻负荷	≤18	—	—	h5
			>18~100	≤40	≤40	j6①
			>100~200	>40~140	>40~100	k6①
			—	>140~200	>100~200	m6①
		正常负荷	≤18	—	—	j5js5
			>18~100	≤40	≤40	k5②
			>100~140	>40~100	>40~65	m5②
			>140~200	>100~140	>65~100	m6
			>200~280	>140~200	>100~140	n6
			—	>200~400	>140~280	p6
			—	—	>280~500	r6
		重负荷		>50~140	>50~100	n6
				>140~200	>100~140	p6③
				>200	>140~200	r6
				—	>200	r7
固定的内圈负荷	静止轴上的各种轮子,如张紧轮、绳轮、振动筛、惯性振动器	所有负荷	所有尺寸			f6 g6① h6 j6
仅有轴向负荷			所有尺寸			j6、js6
圆锥孔轴承						
所有负荷	铁路机车车辆轴箱		装在退卸套上的所有尺寸			h8(IT6)④⑤
	一般机械传动		装在紧定套上的所有尺寸			H9(IT7)④⑤

注:①　凡对精度有较高要求的场合,应用 j5,k5,…代替 j6,k6,…。
　　②　圆锥滚子轴承、角接触球轴承配合对游隙影响不大,可用 k6、m6 代替 k5、m5。
　　③　重负荷下轴承游隙应选大于 0 组的游隙。
　　④　凡有较高精度或转速要求的场合,应选用 h7(IT5)代替 h8(IT6)。
　　⑤　IT6、IT7 表示圆柱度公差数值。

表 6 - 15　向心轴承和外壳孔配合时孔公差带代号(摘自 GB/T 275—2017)

运转状态		负荷状态	其他状态	公差带[①]	
说明	举例			球轴承	滚子轴承
固定的外圈负荷	一般机械、铁路机车车辆轴承、电动机、泵、曲轴主轴承	轻、正常、重	轴向易移动,可采用剖分式外壳	H7, G7[②]	
摆动负荷		冲击	轴向能移动,可采用整体或剖分式外壳	J7, JS7	
		轻、正常			
		正常、重	轴向不移动,采用整体式外壳	K7	
		冲击		M7	
旋转的外圈负荷	张紧滑轮、轮毂轴承	轻		J7	K7
		正常		K7, M7	M7, N7
		重		—	N7, P7

注:① 并列公差带随尺寸的增大从左至右选择,当对旋转精度有较高要求时,可相应提高一个公差等级。

　　② 不适用于剖分式外壳。

表 6 - 16　推力轴承和轴配合时轴公差带代号(摘自 GB/T 275—2017)

运转状态	负荷状态	推力球和推力滚子轴承	推力调心滚子轴承[②]	公差带
		轴承公称内径/mm		
仅有轴向负荷		所有尺寸		j6、js6
固定的轴圈负荷	径向和轴向联合负荷	—	≤250	j6
		—	>250	js6
旋转的轴圈负荷或摆动负荷		—	≤200	k6[①]
		—	>200~400	m6
		—	>400	n6

注:① 当要求较小过盈时,可分别用 j6、k6、m6 代替 k6、m6、n6。

　　② 也包括推力圆锥滚子轴承和推力角接触球轴承。

表 6 - 17　推力轴承和外壳配合时孔公差带代号(摘自 GB/T 275—2017)

运转状态	负荷状态	轴承类型	公差带	备　　注
仅有轴向负荷		推力球轴承	H8	
		推力圆柱、圆锥滚子轴承	H7	
		推力调心滚子轴承		外壳孔与座圈间间隙为 0.001D(D 为轴承公称外径)
固定的座圈负荷	径向和轴向联合负荷	推力角接触球轴承、推力调心滚子轴承、推力圆锥滚子轴承	H7	
旋转的座圈负荷或摆动负荷			K7	普通使用条件
			M7	有较大径向负荷时

2. 孔、轴形位公差和表面粗糙度的选用

为了保证轴承正常运转，除了正确选择轴承与轴颈和外壳孔的尺寸公差带以外，还应对轴颈和外壳孔的配合表面形位公差及表面粗糙度提出要求。

之所以提出形状公差要求，是因为轴承套圈为薄壁件，易变形，但其形状误差在装配后靠轴颈和外壳孔的正确形状可得到矫正。为保证轴承安装正确，转动平稳，轴颈和外壳孔应分别采用包容要求，并对轴颈和外壳孔表面提出圆柱度要求，其公差值如表 6-18 所示。

提出位置公差要求是为了保证轴承工作时有较高的旋转精度，应限制与套圈端面接触的轴肩及外壳孔肩的倾斜，从而避免轴承装配后滚道位置不正确，旋转不平稳，因此，应规定轴肩和外壳孔肩的端面对基准轴线的端面圆跳动公差，其公差值如表 6-18 所示。

轴颈及外壳孔的形位公差的标注如图 6-7 所示。

表 6-18　轴和外壳孔的形位公差(摘自 GB/T 275—2017)

公称尺寸 /mm		圆柱度 t				端面圆跳动 t_1			
		轴颈		外壳孔		轴肩		外壳孔肩	
		轴承公差等级							
		0	6(6x)	0	6(6x)	0	6(6x)	0	6(6x)
大于	至	公差值/μm							
	6	2.5	1.5	4	2.5	5	3	8	5
6	10	2.5	1.5	4	2.5	6	4	10	6
10	18	3.0	2.0	5	3.0	8	5	12	8
18	30	4.0	2.5	6	4.0	10	6	15	10
30	50	4.0	2.5	7	4.0	12	8	20	12
50	80	5.0	3.0	8	5.0	15	10	25	15
80	120	6.0	4.0	10	6.0	15	10	25	15
120	180	8.0	5.0	12	8.0	20	12	30	20
180	250	10.0	7.0	14	10.0	20	12	30	20

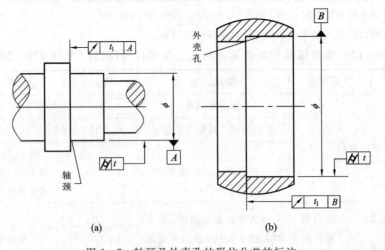

(a)　　　　　　(b)

图 6-7　轴颈及外壳孔的形位公差的标注

孔、轴表面存在表面粗糙度，这会使有效过盈量减小，使接触刚度下降，从而导致支承不良，因此，孔、轴的配合表面还应规定严格的表面粗糙度，其参数值根据表 6-19 所示的条件选用。一般来说，轴颈或外壳孔的表面粗糙度的最低要求为：圆柱表面 0.8～1.6，轴肩 1.6～3.2。

表 6-19　配合表面的表面粗糙度(摘自 GB/T 275—2017)　　　μm

轴或轴承座直径 /mm		轴或外壳配合表面直径公差等级								
		IT7			IT6			IT5		
		表面粗糙度/μm								
大于	至	Rz	Ra		Rz	Ra		Rz	Ra	
			磨	车		磨	车		磨	车
	80	10	1.6	3.2	6.3	0.8	1.6	4	0.4	0.8
80	500	16	1.6	3.2	10	1.6	3.2	6.3	0.8	1.6
端面		25	3.2	6.3	25	3.2	6.3	10	1.6	3.2

3. 滚动轴承与孔、轴结合的精度设计举例

【例 6-5】 一台轻型车床的主轴后支承采用单列向心球轴承 6208，内径 $d=40$ mm，外径 $D=80$ mm，轴承宽度 $B=18$ mm，圆角半径 $r=2$ mm，额定动负荷 $Cr=25\ 600$ N。承受径向当量动负荷 $P=1800$ N，工作温度低于 60℃，主轴和箱体均为小批量生产。试确定轴颈和外壳孔的公差代号，画出公差带图，并确定孔、轴的形位公差值和表面粗糙度参数值，将它们分别标注在装配图和零件图上。

解：(1)确定滚动轴承精度等级。车床主轴要求旋转精度高，转速也高，按类比法，后支承选用 6 级轴承。

(2)确定轴颈和外壳孔的公差代号。

① 负荷类型。首先进行受力分析：机床的主轴后支承主要承受齿轮传动力、重力和切削力，即相当于固定的径向当量动负荷 P，机床也有切削偏心零件的时候(即 $P_0>P_1$)，但是，机会较少，主要是径向当量动负荷 P。

分析套圈相对负荷的方向：主要考虑径向当量动负荷 P 固定作用在套圈上。对内圈来说，内圈相对于负荷方向旋转，所以是循环负荷或旋转负荷；对外圈来说，外圈相对于负荷方向固定，所以是局部负荷或定向负荷。

② 负荷大小。确定负荷的大小只要确定 P/Cr 的比值即可。依照题意可得 $P/Cr=1800/25\ 600≈0.07$，按表 6-13，$P/Cr≤0.07$ 属于轻型负荷。

③ 工作温度。温度低于 60℃，不考虑温度补偿。

④ 旋转精度和旋转速度。考虑到轴承的旋转精度较高，所以与其相配的轴颈和轴承孔的精度可能要提高一级。为了求得轴颈的公差带代号，查表 6-14，在表中的尺寸段">18～100"后，可以查到轴颈的公差带为 j6，但这个公差带是对 0 级轴承而言的，对旋转精度较高的轴承，需要将轴颈公差带提高一级，即取 j5。

⑤ 结构和材料。要求轴承座孔的公差带，可查表 6-15 得公差带为 H7，但这是对剖分式外壳而言的，对整体式外壳，公差带应该紧一些，取 J7，另外，轴承的旋转精度较高，

如前所述，应该提高一级，最后取 J6。

（3）公差带图。查表 6 - 9，公差等级为 6 级，尺寸段＞30～50，可查得平均内径偏差 Δd_{mp} 的上限值为 0，下限值为－0.010，所以内径为 $\phi40^{\ 0}_{-0.010}$。

查表 6 - 10，公差等级为 6 级，尺寸段＞50～80，平均外径偏差 ΔD_{mp} 的上限值为 0，下限值为－0.011，所以外径为 $\phi80^{\ 0}_{-0.011}$。

查得轴颈和轴承孔的公差分别为 $\phi40j5＝\phi40^{+0.006}_{-0.005}$ 和 $\phi80J6＝\phi80^{+0.013}_{-0.006}$。

滚动轴承的尺寸偏差可按正态分布。对轴颈或外壳孔来说，零件单件小批生产，工人害怕超差，所以尺寸都偏向最大实体尺寸。因此，可以通过偏向最大实体尺寸方向分析滚动轴承最容易取得间隙或者是过盈，进行分析轴颈或外壳孔的公差带选得是否合理。轴承与孔、轴配合的公差带图如图 6 - 8 所示。经过分析可知，轴颈 j5 的配合容易取得小的过盈，而外壳孔 J6 的配合容易取得小的间隙，这正是我们所需要的。

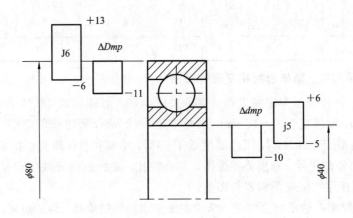

图 6 - 8　轴承与孔、轴配合的公差带图

（4）几何公差及表面粗糙度值。查表 6 - 18 和表 6 - 19 取得的形位公差及表面粗糙度值如表 6 - 20 所示。取值时应该按照经济原则，尽量取大一点的值，即取下限值。

表 6 - 20　轴颈和外壳孔的几何公差和表面粗糙度值

项目	轴	孔	轴肩
圆柱度	2.5	5	
端面圆跳动	8		
表面粗糙度	0.4	1.6	1.6

（5）标注。轴颈和外壳孔的公差带选好后，应该在装配图上和零件图上进行标注。滚动轴承的公差带是不用在装配图上进行标注的，但是，轴颈和外壳孔的公差带要在装配图上进行标注，如图 6 - 9(a)所示。零件图的标注如图 6 - 9(b)所示。为了保证轴颈的配合性质，可以采用包容要求。另外需注意的是，轴颈处的圆角大小一定要比轴承的圆角小，否则轴承装不进去。如果外壳孔有圆角，同样也要注意。

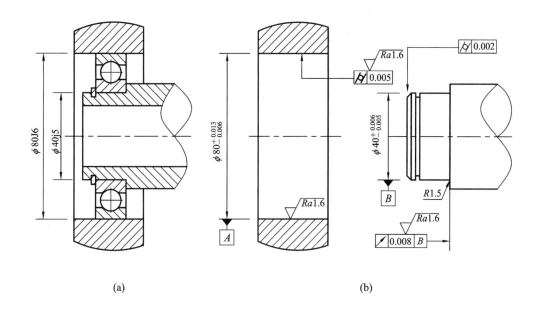

(a)   (b)

图 6-9　轴承配合、轴颈和外壳孔的公差标注

习　题　6

6-1　有滚动轴承 6 级公差，公称内径 $d=40$，公称外径 $D=90$，内、外圈的单一内、外径尺寸如表 6-21 所示，试判定该轴承是否合格。

表 6-21　内、外圈的单一内、外径尺寸　　　　　　　mm

测量平面	Ⅰ	Ⅱ
测得的单一内径尺寸	$ds\max=40$ $ds\min=39.992$	$ds\max=40.003$ $ds\min=39.997$
测量平面	Ⅰ	Ⅱ
测得的单一外径尺寸	$Ds\max=90$ $Ds\min=89.996$	$Ds\max=89.987$ $Ds\min=89.985$

6-2　有滚动轴承 6309/P6，内径为 $45^{0}_{-0.010}$，外径为 $100^{0}_{-0.013}$。内圈与轴颈的配合为 j5，外圈与外壳孔的配合为 H6。试画出配合的尺寸公差带图，并计算它们的极限过盈和极限间隙。

6-3　皮带轮与轴配合为 $\phi40H7/js6$，滚动轴承内圈与轴配合为 $\phi40js6$。试画出上述两种配合的公差带图，并根据平均过盈量比较配合的松紧（轴承公差等级为 0 级）。

6-4　如图 6-10 所示，应用在减速器中的 0 级 6207 滚动轴承（$d=35$，$D=72$，额定动负荷 $Cr=19\ 700\ N$）的工作情况为：外壳固定，轴旋转，转速为 980 r/min，承受的定向合成径向载荷为 1300 N。试确定轴颈和外壳孔的公差带代号、形位公差和表面粗糙度数值，并将它们分别标注在装配图和零件图上。

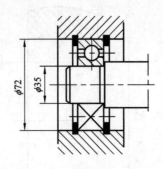

图 6-10　滚动轴承装配图

6-5　某一圆柱齿轮减速器的小齿轮轴如图 6-11 所示。要求齿轮轴的旋转精度比较高，两端装有 6 级单列向心球轴承，代号为 6308/P6，轴承的尺寸为 $40 \times 90 \times 23$，额定动负荷 Cr 为 32 000 N，轴承承受的径向当量动负荷 $P = 4000$ N。试用查表法确定轴颈和外壳孔的公差带代号，画出公差带图，并确定孔、轴的形位公差值和表面粗糙度参数值，将它们分别标注在装配图和零件图上。

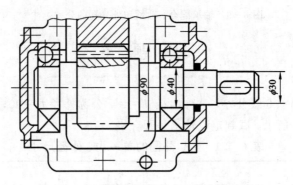

图 6-11　圆柱齿轮减速器的小齿轮轴

第7章 螺纹结合的互换性与检测

7.1 螺纹结合的基本概念

要实现螺纹结合的互换性，必须统一螺纹的尺寸系列、牙型、几何参数以及螺纹的公差与配合，并采用统一的检测方法。本章将以普通螺纹的公差（GB/T 197—2003）为基础，讨论螺纹互换性的基本特点。

7.1.1 螺纹的种类

螺纹在机电设备和仪器仪表中应用极为广泛。螺纹的种类很多，按其用途可分为紧固螺纹、传动螺纹、密封螺纹以及特殊用途的螺纹；按螺纹所在表面的形状可分为圆柱螺纹和圆锥螺纹；按螺纹牙型可分为三角形、梯形、矩形、锯齿形、圆弧形和双圆弧形；此外，螺纹还有左旋与右旋、单线与多线、粗牙与细牙以及米制和英制之分。

7.1.2 螺纹结合的使用要求

1. 普通螺纹的使用要求

普通螺纹主要用作紧固件和联结件，通常也称为紧固螺纹。这种螺纹的使用要求是具有可旋合性和足够的联结强度。旋合性是指用不大的力即可将内、外螺纹自由旋合，这就要求螺纹结合具有间隙；联结强度是指内、外螺纹旋合后承受载荷（横向或轴向载荷，静载荷或动载荷）的能力。

普通螺纹是各种螺纹中使用最普遍的一种，采用的大多是三角形牙型的圆柱螺纹，有粗牙和细牙之分。细牙螺纹的联结强度高，自锁性好，一般用于薄壁零件或受交变载荷、冲击及振动作用的联结中，也用于精密机构的调整件上。例如，作为紧固件可用于汽车轮缘与轮毂之间的紧固；作为联结件可用于管道之间的联结。

2. 传动螺纹的使用要求

传动螺纹用于传递动力或位移，其牙型有梯形、矩形、锯齿形、双圆弧形，以及三角形。传递位移的螺纹（如机床进给机构中的丝杠和千分尺的测微丝杆）主要用来传递精确位移，其使用要求是传递位移的精度高，传动灵活。所以螺纹结合应能够保证间隙，用以储存润滑油，但间隙又不能过大，以免螺纹在反转时产生晃动和回程误差。传递动力螺纹（如千斤顶、压力机和轧钢机等的螺旋机构）主要用来传递载荷，因此，其使用要求是具有足够大的强度和一定的间隙，而对位移的准确性没有严格的要求。

3. 紧密螺纹的使用要求

紧密螺纹用于使两个零件紧密连接而无泄漏的结合，主要有管螺纹和锥螺纹两种，如在各种机械设备的液压、气动、润滑和冷却等管路系统中，管子与接头以及管子与机体联结所用的螺纹。其使用要求是保证密封性，使内、外螺纹配合后在一定的压力下，管道内的流体不从螺牙间流出，即达到不漏液、不漏气的作用。

7.1.3 普通螺纹的基本牙型及主要参数

世界各国用于紧固联接的圆柱螺纹标准有三种体系：第一种是英国惠氏 Whitworth，牙型角为 55°（牙型角是在螺纹牙形上，相邻两牙侧之间的夹角），称为英制螺纹；第二种是美国塞氏 Sellers，牙型角为 60°，也称为英制螺纹；第三种是法国米制螺纹，牙型角为 60°，称为米制螺纹。美国、英国、加拿大将这三种螺纹称为统一螺纹（Unified Screw Thread），而德国、法国、瑞士则称为国际米制螺纹（International Metric Thread System）。上述三种螺纹不能互换。ISO 米制螺纹是在国际米制螺纹的基础上制定的，已被世界上大多数国家所接受，我国采用的是米制螺纹。

1. 基本牙型

螺纹的牙型是轴剖面内螺纹轮廓的形状。基本牙型是以标准规定的削平高度，削去原始三角形的顶部和底部后得到的牙型。基本牙型具有螺纹的公称尺寸。图 7-1 所示的粗实线代表 GB/T 192—2003 所规定的基本牙型。其中，代号大写字母为内螺纹；小写字母为外螺纹。

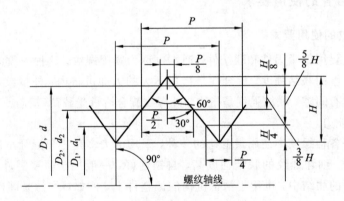

图 7-1 普通螺纹的基本牙型

2. 几何参数

1）基本大径（D，d）

基本大径是指与外螺纹牙顶或内螺纹牙底相重合的假想圆柱的直径。国标规定，普通螺纹大径的公称尺寸为螺纹的公称直径尺寸。公称直径与螺距标准组合系列如表 7-1 所示。

表 7-1 公称直径与螺距标准组合系列(摘自 GB/T 193—2003)

公称直径 D、d			螺距 P						
第1系列	第2系列	第3系列	粗牙	细牙					
				3	2	1.5	1.25	1	0.75
	7		1						0.75
8			1.25					1	0.75
		9	1.25					1	0.75
10			1.5				1.25	1	0.75
		11	1.5			1.5		1	0.75
12			1.75				1.25	1	
	14		2			1.5	1.25ᵃ	1	
		15				1.5		1	
16			2			1.5		1	
		17				1.5		1	
	18		2.5		2	1.5		1	
20			2.5		2	1.5		1	
	22		2.5		2	1.5		1	
24			3		2	1.5		1	
		25			2	1.5		1	
		26				1.5			
	27		3		2	1.5		1	
		28			2	1.5		1	
30			3.5	(3)	2	1.5		1	
	32				2	1.5			
		33	3.5	(3)	2	1.5			

注:① a 仅用于发动机的火花塞;

② 在表内,应选择与直径处于同一行的螺距;

③ 优先选用第 1 系列直径,其次选用第 2 系列直径,最后选用第 3 系列直径;

④ 尽可能避免选用括号内的螺距。

2)基本小径(d_1,D_1)

基本小径是指与外螺纹牙底或内螺纹牙顶相重合的假想圆柱体的直径。内螺纹的小径(D_1)和外螺纹的大径(d)又称为顶径;内螺纹的大径(D)和外螺纹的小径(d_1)又称为底径。它们有下列关系:

$$D_1 = d_1 = D - 2 \times \frac{5}{8} H = D - 1.0825P$$

式中:H 为原始三角形的高度,$H = \frac{\sqrt{3}}{2}P$;P 为螺距。

3)基本中径(d_2,D_2)

基本中径是一个假想圆柱的直径,该圆柱的母线通过牙型上沟槽和凸起宽度相等的地方,此直径称为中径,且 $D_2 = d_2$。中径有下列关系:

$$D_2 = d_2 = D - 2 \times \frac{3}{8} H$$

4）单一中径（d_{2a}，D_{2a}）

单一中径是一个假想圆柱的直径，该圆柱的母线通过牙型上沟槽宽度等于螺距公称尺寸一半的地方，如图 7-2 所示。单一中径是按三针法测量中径定义的，在测量中常用来代替实际中径。

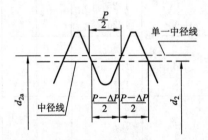

图 7-2 普通螺纹中径与单一中径

5）螺距与导程（P，Ph）

螺距是指相邻两牙在中径线上对应两点间的轴向距离。导程是指同一条螺旋线上相邻两牙在中径线上对应两点间的轴向距离。对于单线螺纹，导程等于螺距；对于多线螺纹，导程等于螺距与螺纹线数的乘积 $Ph = nP$，n 为线数。

6）牙型角与牙侧角（α，$\alpha/2$）

牙型角是指在螺纹牙型上相邻两牙侧之间的夹角。普通螺纹的理论牙型角为 60°。牙侧角是指某一牙侧与螺纹轴线的垂线之间的夹角。普通螺纹的牙侧角为 30°。实际螺纹的牙型角正确并不一定说明牙侧角正确。

7）螺纹升角（ϕ）

螺纹升角指在中径圆柱上，螺旋线的切线与垂直于螺纹轴线的平面之间的夹角。螺纹升角与螺距 P 和中径 d_2 之间的关系为

$$\tan\phi = \frac{nP}{\pi d_2}$$

8）螺纹旋合长度

螺纹旋合长度是指两个互相配合的螺纹，沿螺纹轴线方向上相互旋合部分的长度，如图 7-3 所示。

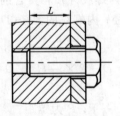

图 7-3 旋合长度 L

为了应用方便，表 7-2 给出了普通螺纹的公称尺寸。

表 7 - 2　普通螺纹的公称尺寸(摘自 GB/T 196—2003)　　mm

公称直径(大径)	螺距	中径	小径
D、d	P	D_2、d_2	D_1、d_1
8	1.25	7.188	6.647
	1	7.350	6.917
	0.75	7.513	7.188
9	1.28	8.188	7.647
	1	8.350	7.917
	0.75	8.513	8.188
10	1.5	9.026	8.376
	1.25	9.188	8.647
	1	9.350	8.917
	0.75	9.513	9.188
11	1.5	10.026	9.376
	1	10.350	9.917
	0.75	10.513	10.188
12	1.75	10.863	10.106
	1.5	11.026	10.376
	1.25	11.188	10.647
	1	11.350	10.917
14	2	12.701	11.835
	1.5	13.026	12.376
	1.25	13.188	12.647
	1	13.350	12.917
15	1.5	14.0266	13.376
	1	14.350	13.917
16	2	14.701	13.835
	1.5	15.026	14.376
	1	15.350	14.917
17	1.5	16.026	15.376
	1	16.350	15.917
18	2.5	16.376	15.294
	2	16.701	15.835
	1.5	17.026	16.376
	1	17.350	16.917
20	2.5	18.376	17.294
	2	18.701	17.835
	1.5	19.026	18.376
	1	19.350	18.917

公称直径(大径) D、d	螺距 P	中径 D_2、d_2	小径 D_1、d_1
22	2.5	20.376	19.294
	2	20.701	19.835
	1.5	21.026	20.376
	1	21.350	20.917
24	3	22.051	20.752
	2	22.701	21.835
	1.5	23.026	22.376
	1	23.350	22.917
25	2	23.701	22.835
	1.5	24.026	23.376
	1	24.350	23.917
26	1.5	25.026	24.376
27	3	25.051	23.752
	2	25.701	24.835
	1.5	26.026	25.376
	1	26.350	25.917
28	2	26.701	25.835
	1.5	27.026	26.376
	1	27.350	26.917

7.2 影响螺纹互换性的因素

要实现普通螺纹的互换性，必须满足对这类螺纹使用性能的要求，即保证良好的旋合性和足够的连接强度。旋合性是指公称直径和螺距基本值分别相等的内、外螺纹能够自由旋合并获得所需要的配合性质。足够的连接强度是指内、外螺纹的牙侧能够均匀接触，具有足够的承载能力。螺纹顶径影响剪切面积，螺纹中径影响抗拉强度，螺纹底径则主要影响疲劳强度。螺纹连接强度的失效形式常表现为螺纹联结的自动松动、螺纹弯曲、螺牙剪断和螺牙表面牙碎(滑丝)及螺纹在底径处断裂。

决定螺纹连接强度的主要因素是结构设计、材质及热处理条件。除结构设计、材质等因素外，螺纹几何参数对螺纹联结强度也有重要影响。因此，影响螺纹旋合性和连接强度的主要因素有中径偏差、螺距偏差和牙侧角偏差。

7.2.1 中径偏差的影响

螺纹实际直径的大小直接影响螺纹结合的松紧。要保证螺纹结合的旋合性，就必须使内螺纹的实际直径大于或等于外螺纹的实际直径。由于相配合的内、外螺纹的公称尺寸相等，因此，使内螺纹的实际直径大于或等于其公称尺寸(即内螺纹直径的实际偏差为正值)，而外螺纹的实际直径小于或等于其公称尺寸(即外螺纹直径的实际偏差为负值)，就能保证内、外螺纹结合的旋合性。但是，内螺纹实际小径不能过大，外螺纹实际大径不能过小，否则会使螺纹的接触高度减小，导致螺纹的连接强度不足。内螺纹实际中径也不能过大，外螺纹实际中径也不能过小，否则将削弱螺纹的连接强度。所以，必须限制螺纹直径的实际尺寸，使之不过大，也不过小。

在螺纹三个直径参数中，中径的实际尺寸的影响是主要的，它直接决定了螺纹结合的配合性质。中径偏差是指实际中径与其公称中径之差，即：

$$\Delta D_2 = D_{2a} - D_2$$
$$\Delta d_2 = d_{2a} - d_2$$

除特殊螺纹外，内、外螺纹仅在螺牙侧面接触，而在顶径和底径处留有间隙。因顶径与底径都是限制性尺寸，故决定螺纹旋合性的直径为中径。中径也是决定螺纹配合性质的主要参数，因此，对中径偏差必须加以限制。为保证旋合性，对于普通螺纹，内螺纹最小中径应大于或等于外螺纹的最大中径。

7.2.2 螺距偏差的影响

螺距偏差可分为局部偏差（单个螺距偏差 ΔP）和螺距累积偏差 ΔP_Σ 两种。螺距的局部偏差 ΔP 是在螺纹的全长上，任意单个实际螺距对公称螺距的最大值。螺距累积偏差 ΔP_Σ 是在规定长度内，任意个实际螺距对其公称值的最大差值。前者与旋合长度无关，后者与旋合长度有关，而且后者对螺纹的旋合性影响最大，因此必须加以限制。

现假设内螺纹有理想的中径、半角和螺距，而外螺纹有正螺距误差。如图 7-4 所示，当外螺纹有累积误差 ΔP_Σ 时，会造成理想内螺纹在牙侧部位发生干涉，螺纹不能旋合。为保证旋合性，可将外螺纹的中径减小 f_p，或将内螺纹增大一个数值 f_p，这个 f_p 就是补偿螺距偏差折算到中径上的数值，称为螺距偏差的中径当量。

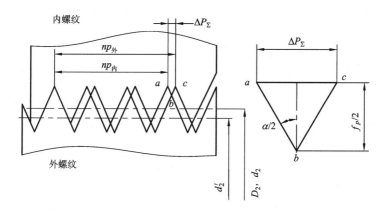

图 7-4 螺距偏差的中径当量

在图 7-4 中，由 $\triangle abc$ 可知：

$$f_p = | \Delta P_\Sigma | \cot \frac{\alpha}{2} \qquad (7-1)$$

当 $\alpha = 60°$ 时，有：

$$f_p = 1.732 | \Delta P_\Sigma | \qquad (7-2)$$

式中，ΔP_Σ 为螺距累积误差，之所以取绝对值，是因为 ΔP_Σ 不论是正值或负值，都不会影响旋合性，只是改变牙侧干涉的位置。

7.2.3 牙侧角偏差的影响

根据前述牙侧角的定义可知，螺纹的牙型角正确，牙侧角不一定正确，而牙侧角偏差会直接影响螺纹的旋合性和牙侧接触面积，因此，对其也应加以限制。假如内、外螺纹的实际中径相等，但牙侧角不相等，内、外螺纹的牙侧发生干涉，它们也不能自由旋合。为讨论方便，设内螺纹具有理想牙性，外螺纹的中径和螺距与内螺纹相同，仅有牙侧角偏差，如图 7-5 所示，图中阴影部分就是干涉部分。

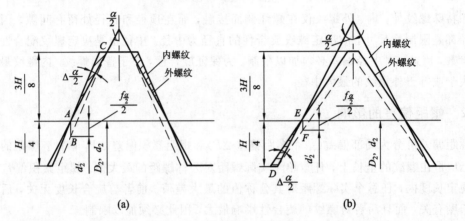

图 7-5　牙侧角偏差的中径当量

图 7-5 中，牙侧角偏差 $\Delta\frac{\alpha}{2}$ 是指实际牙侧角 $\frac{\alpha'}{2}$ 与公称牙侧角 $\frac{\alpha}{2}$ 之差，即 $\Delta\frac{\alpha}{2}=\frac{\alpha'}{2}-\frac{\alpha}{2}$。

当 $\Delta\frac{\alpha}{2}<0$ 时，如图 7-5(a) 所示，干涉发生在外螺纹的螺牙顶部；当 $\Delta\frac{\alpha}{2}>0$ 时，如图 7-5(b) 所示，干涉发生在外螺纹的螺牙根部。下面分两种情况来讨论。

1. $\Delta\frac{\alpha}{2}<0$ 时牙侧角偏差的中径补偿值 $(f_{\frac{\alpha}{2}})$

如图 7-5(a) 所示，$\Delta\frac{\alpha}{2}<0$ 时，图中的剖线部分将产生干涉，螺纹不能旋合。为了保证旋合性，可把内螺纹的中径增大 $f_{\frac{\alpha}{2}}$，或把外螺纹的中径减小 $f_{\frac{\alpha}{2}}$，$f_{\frac{\alpha}{2}}$ 为牙侧角偏差的中径补偿值。由图 7-5(a) 中的 $\triangle ABC$，按正弦定理可得：

$$\frac{\frac{f_{\frac{\alpha}{2}}}{2}}{\sin\left(\Delta\frac{\alpha}{2}\right)}=\frac{AC}{\sin\left(\frac{\alpha}{2}-\Delta\frac{\alpha}{2}\right)}，\quad AC=\frac{\frac{3}{8}H}{\cos\frac{\alpha}{2}}$$

因 $\Delta\frac{\alpha}{2}$ 很小，故有：

$$\sin\left(\Delta\frac{\alpha}{2}\right)\approx\Delta\frac{\alpha}{2}，\quad \sin\left(\frac{\alpha}{2}-\Delta\frac{\alpha}{2}\right)\approx\sin\frac{\alpha}{2}$$

将各式代入后可得：

$$f_{\frac{\alpha}{2}}=\frac{2\times\frac{3}{8}H\times\Delta\frac{\alpha}{2}}{\sin\frac{\alpha}{2}\cos\frac{\alpha}{2}}=\frac{1.5H\Delta\frac{\alpha}{2}}{\sin\alpha}$$

如 $\Delta\frac{\alpha}{2}$ 以"分"计(1 分＝0.291×10^{-3} 弧度)，H 以毫米计，则得：

$$f_{\frac{\alpha}{2}} = \frac{1.5\times0.291\times10^{-3}\times10^{3}\times H}{\sin\alpha}\Delta\frac{\alpha}{2} = \frac{0.44H}{\sin\alpha}\Delta\frac{\alpha}{2} \quad (\mu m)$$

当 $\alpha=60°$，$H=0.866P$ 时，有：

$$f_{\frac{\alpha}{2}} = 0.44P\Delta\frac{\alpha}{2} \quad (\mu m)$$

此时 $\Delta\frac{\alpha}{2}<0$。

2. $\Delta\frac{\alpha}{2}>0$ 时牙侧角偏差的中径补偿值($f_{\frac{\alpha}{2}}$)

如图 7-5(b)所示，同理可推，在三角形△DEF 中：

$$f_{\frac{\alpha}{2}} = \frac{0.291H}{\sin\alpha}\Delta\frac{\alpha}{2}$$

当 $\alpha=60°$，$H=0.866P$ 时，有：

$$f_{\frac{\alpha}{2}} = 0.291P\,\Delta\frac{\alpha}{2} \quad (\mu m)$$

此时 $\Delta\frac{\alpha}{2}>0$。

3. 螺牙左、右牙侧角不同时的中径补偿值($f_{\frac{\alpha}{2}}$)

(1) 当 $\Delta\left(\frac{\alpha}{2}\right)_{左}>0$ 及 $\Delta\left(\frac{\alpha}{2}\right)_{右}>0$ 时，有

$$f_{\frac{\alpha}{2}} = 0.291P\left[\frac{\left|\Delta\left(\frac{\alpha}{2}\right)_{左}\right|+\left|\Delta\left(\frac{\alpha}{2}\right)_{右}\right|}{2}\right]$$

(2) 当 $\Delta\left(\frac{\alpha}{2}\right)_{左}<0$，$\Delta\left(\frac{\alpha}{2}\right)_{右}<0$ 时，有

$$f_{\frac{\alpha}{2}} = 0.44P\left[\frac{\left|\Delta\left(\frac{\alpha}{2}\right)_{左}\right|+\left|\Delta\left(\frac{\alpha}{2}\right)_{右}\right|}{2}\right]$$

(3) 当 $\Delta\left(\frac{\alpha}{2}\right)_{左}>0$，$\Delta\left(\frac{\alpha}{2}\right)_{右}<0$ 时，有

$$f_{\frac{\alpha}{2}} = \frac{1}{2}P\left(0.291\left|\Delta\left(\frac{\alpha}{2}\right)_{左}\right|+0.44\left|\Delta\left(\frac{\alpha}{2}\right)_{右}\right|\right)$$

(4) 当 $\Delta\left(\frac{\alpha}{2}\right)_{左}<0$，$\Delta\left(\frac{\alpha}{2}\right)_{右}>0$ 时，有

$$f_{\frac{\alpha}{2}} = \frac{1}{2}P\left(0.44\left|\Delta\left(\frac{\alpha}{2}\right)_{左}\right|+0.291\left|\Delta\left(\frac{\alpha}{2}\right)_{右}\right|\right)$$

以上四式中，$\Delta\left(\frac{\alpha}{2}\right)_{左}$ 和 $\Delta\left(\frac{\alpha}{2}\right)_{右}$ 都以"分"计，P 按毫米计，$f_{\frac{\alpha}{2}}$ 按微米计值。

上面四个式子可以简化为

$$f_{\frac{\alpha}{2}} = \frac{1}{2}P\left(K_1\left|\Delta\left(\frac{\alpha}{2}\right)_{\text{左}}\right| + K_2\left|\Delta\left(\frac{\alpha}{2}\right)_{\text{右}}\right|\right) \tag{7-3}$$

其中，K_1 和 K_2 值，当 $\Delta\frac{\alpha}{2}>0$ 时取值 0.291，当 $\Delta\frac{\alpha}{2}<0$ 时取值 0.44。

7.2.4 螺纹作用中径和螺纹中径合格性的判断原则

1. 螺纹中径(综合)公差

螺纹中径公差综合了螺纹中径加工误差、牙侧角偏差的中径补偿值和螺距误差的中径补偿值三项因素。对于普通螺纹，不再给定螺距和牙侧角偏差的公差值。据统计，在螺纹的中径公差中，实际中径的加工误差、螺距误差的中径当量及牙侧角偏差中径当量的比例大约为 2∶1∶1，如图 7-6 所示。这个中径公差应该同时控制中径、螺距及牙侧角三项参数的偏差，即

外螺纹：

$$T_{d_2} \geqslant f_{d_2} + f_{\text{p}} + f_{\frac{\alpha}{2}} \tag{7-4}$$

内螺纹：

$$T_{D_2} \geqslant f_{D_2} + f_{\text{p}} + f_{\frac{\alpha}{2}} \tag{7-5}$$

式(7-4)和式(7-5)中：T_{d_2}、T_{D_2} 为外、内螺纹中径综合公差；f_{d_2}、f_{D_2} 为外、内螺纹中径偏差。

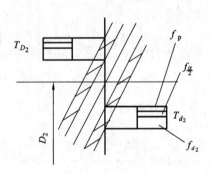

图 7-6 螺纹中径公差

2. 作用中径($D_{2\text{fe}}$, $d_{2\text{fe}}$)

实际螺纹同时存在螺纹中径、螺距和牙侧角偏差，因而判别实际螺纹是否符合旋合性要求，不仅要看螺纹的实际中径，还要考虑螺距误差和牙侧角偏差的影响。假设外螺纹有螺距误差和牙侧角偏差，这时就不能与同样中径大小的理想内螺纹旋合，而只能与一个中径较大的理想内螺纹旋合。这就像外螺纹的中径被增大了一样。这个假想增大的外螺纹中径称做外螺纹的作用中径 $d_{2\text{fe}}$，如图 7-7 所示。同理，实际内螺纹存在螺距偏差和牙侧角偏差，也相当于实际内螺纹的中径减小了 f_{p} 和 $f_{\frac{\alpha}{2}}$。在规定的旋合长度内，具有基本牙型且包容实际内螺纹的假想外螺纹的中径就称为内螺纹的作用中径代号为 $D_{2\text{fe}}$。所谓作用中径，是指在规定的旋合长度内，正好包容实际轮廓的一个理想螺纹的中径。

作用中径可按下式进行计算。

外螺纹：

$$d_{2fe} = d_{2a} + (f_p + f_{\frac{a}{2}}) \qquad (7-6)$$

内螺纹：

$$D_{2fe} = D_{2a} - (f_p + f_{\frac{a}{2}}) \qquad (7-7)$$

式中，d_{2a}、D_{2a} 为外、内螺纹的单一中径（代替实际中径）。

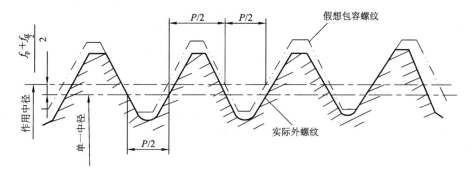

图 7-7　螺纹作用中径与单一中径

3. 中径合格性的判断原则

1905 年，英国威廉·泰勒取得了"螺纹量改进措施"的专利（No.6900）。他提出了量规的设计原则：通规要具有完整的形状，以便同时检查最大实体状态中的全部参数；止规用于检查最小实体状态中螺纹的各个参数。这个原则就是著名的泰勒原则，该原则不仅用于螺纹极限量规，也用于一般极限量规。对螺纹来说，要保证螺纹的旋合性就必须控制作用中径，而为了保证螺纹的强度就必须控制单一中径。也就是说，实际螺纹作用中径的应不超越最大实体中径，实际螺纹的单一中径不超越最小实体中径，用公式表示普通螺纹中径的合格条件为

对外螺纹：

$$\begin{cases} d_{2fe} \leqslant d_{2max} \\ d_{2a} \geqslant d_{2min} \end{cases} \qquad (7-8)$$

即外螺纹中径最大极限尺寸控制作用中径，外螺纹中径最小极限尺寸控制实际中径。

对内螺纹：

$$\begin{cases} D_{2fe} \geqslant D_{2min} \\ D_{2a} \leqslant D_{2max} \end{cases} \qquad (7-9)$$

即内螺纹中径最小极限尺寸控制作用中径，内螺纹中径最大极限尺寸控制实际中径。

7.3　普通螺纹公差

在螺纹中，普通螺纹是应用最为广泛的一种。由普通螺纹构成的构件品类多，数量大，因此，为了满足客观需要，世界各国对普通螺纹都在不断进行研究，逐步完善其标准。我国在 GB/T 197—2003《普通螺纹公差》标准中，只对中径和顶径规定了公差，而对底径（内螺纹大径和外螺纹小径）没有给出公差，要求由加工的刀具控制。在螺纹加工过程中，由于旋合长度不同，因此加工的难易程度也不同。通常短旋合长度容易加工和装配；长旋合长

度加工较难保证精度，在装配时由于弯曲和螺距偏差的影响，也较难保证配合性质。因此，螺纹公差精度由公差带（公差大小和位置）及旋合长度构成。

7.3.1 普通螺纹公差带

普通螺纹公差带是在通过螺纹轴线平面上沿基本牙型的牙侧、牙顶和牙底分布的牙型公差带，由公差（公差带大小）和基本偏差（公差带位置）两个要素构成，可在垂直于螺纹轴线的方向上计量其基本大径、中径、小径的极限偏差和公差。标准规定：公差带的代号为 T；内螺纹上、下偏差的代号为 ES、EI；外螺纹上、下偏差的代号为 es、ei。

1. 普通螺纹的公差

普通螺纹公差带的大小由公差值确定，而公差值的大小取决于公差等级和公称直径。内、外螺纹的中径和顶径的公差等级如表 7-3 所示。3 级公差值最小，精度最高；9 级公差值最大，精度最低；6 级为基本级。各级中径公差和顶径公差的数值如表 7-4 和表 7-5 所示。

表 7-3　螺纹的公差等级（摘自 GB/T 197—2003）

种　　别	螺纹直径		公差等级
内螺纹	中径	D_2	4，5，6，7，8
	小径（顶径）	D_1	
外螺纹	中径	d_2	3，4，5，6，7，8，9
	大径（顶径）	d	4，6，8

表 7-4　内、外螺纹的中径公差（摘自 GB/T 197—2003）　　　　μm

公称直径/mm		螺距	内螺纹中径公差 T_{D_2}				外螺纹中径公差 T_{d_2}			
>	≤	P/mm	公　差　等　级							
			5	6	7	8	5	6	7	8
5.6	11.2	1	118	150	190	236	90	112	140	180
		1.25	125	160	200	250	95	118	150	190
		1.5	140	180	224	280	106	132	170	212
11.2	22.4	1	125	160	200	250	95	118	150	190
		1.25	140	180	224	280	106	132	170	212
		1.5	150	190	236	300	112	140	180	224
		1.75	160	200	250	315	118	150	190	236
		2	170	212	265	335	125	160	200	250
		2.5	180	224	280	355	132	170	212	265
22.4	45	1	132	170	212	—	100	125	160	200
		1.5	160	200	250	315	118	150	190	236
		2	180	224	280	355	132	170	212	265
		3	212	265	335	425	160	200	250	315
		3.5	224	280	355	450	170	212	265	335

表 7-5　内、外螺纹的顶径公差（摘自 GB/T 197—2003）　　　μm

公差项目	内螺纹顶径(小径)公差 T_{D_1}				外螺纹顶径(大径)公差 T_d		
公差等级 螺距 P/mm	5	6	7	8	4	6	8
0.75	150	190	236	—	90	140	—
0.8	160	200	250	315	95	150	236
1	190	236	300	375	112	180	280
1.25	212	265	335	425	132	212	335
1.5	236	300	375	475	150	236	375
1.75	265	335	425	530	170	265	425
2	300	375	475	600	180	280	450
2.5	355	450	560	710	212	335	530
3	400	500	630	800	236	375	600

2. 普通螺纹的基本偏差

普通螺纹公差带的位置由其基本偏差确定。基本偏差为公差带两极限偏差中靠近零线的那个极限偏差，它确定了公差带相对于基本牙型的位置。国标规定，内螺纹的基本偏差是下偏差 EI，有 H、G 两种基本偏差，如图 7-8 所示；而外螺纹的基本偏差是上偏差 es，规定有 h、g、f 和 e 四种基本偏差，如图 7-9 所示。内、外螺纹的中径、顶径和底径基本偏差如表 7-6 所示。

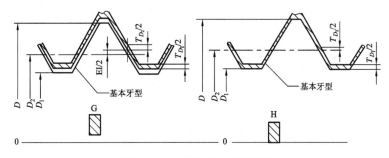

图 7-8　内螺纹的公差带位置

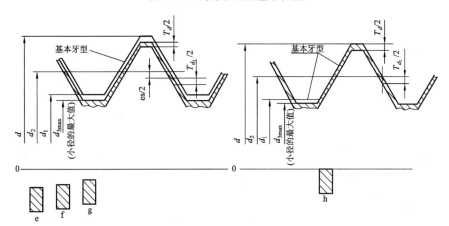

图 7-9　外螺纹的公差带位置

表 7-6 内、外螺纹的基本偏差(摘自 GB/T 197—2003)　　　μm

螺纹螺距 P/mm	内螺纹		外　螺　纹			
	G	H	e	f	g	h
	EI		es			
0.75	+22	0	−56	−38	−22	0
0.8	+24	0	−60	−38	−24	0
1	+26	0	−60	−40	−26	0
1.25	+28	0	−63	−42	−28	0
1.5	+32	0	−67	−45	−32	0
1.75	+34	0	−71	−48	−34	0
2	+38	0	−71	−52	−38	0
2.5	+42	0	−80	−58	−42	0
3	+48	0	−85	−63	−48	0

7.3.2　螺纹的旋合长度与公差精度等级

国标中对螺纹旋合长度规定了短旋合长度(S)、中等旋合长度(N)和长旋合长度(L)三组。设计时一般采用中等旋合长度(N)。螺纹的精度与螺纹直径公差等级和螺纹旋合长度有关。当公差等级一定时,旋合长度越长,则加工时产生的螺距累积误差和牙侧角误差就可能越大,加工就越困难。因此,公差等级相同而旋合长度不同的螺纹的精度不相同。国标按螺纹公差带和旋合长度规定了三种公差精度等级,从高到低分别为精密级、中等级和粗糙级。精密级用于精密螺纹以及要求配合性质稳定和保证定位精度的螺纹;中等级广泛用于一般的螺纹;粗糙级用于不重要的螺纹以及制造困难的螺纹,如较深的盲孔中的螺纹。为了减少螺纹刀具和螺纹量规的规格和数量,必须对螺纹公差等级和基本偏差组合的种类加以限制。国标规定了内、外螺纹的推荐公差带,如表 7-7 所示。表 7-8 为从标准中摘出的三个尺寸段的旋合长度值。

表 7-7　内、外螺纹的推荐公差带(摘自 GB/T 197—2003)

内螺纹	公差精度	G			H		
		S	N	L	S	N	L
	精密	—	—	—	4H	5H	6H
	中等	(5G)	**6G**	(7G)	**5H**	6H	7H
	粗糙		(7G)	(8G)		7H	8H

外螺纹	公差精度	e			f			g			h		
		S	N	L	S	N	L	S	N	L	S	N	L
	精密	—	—	—	—	—	—	(4g)	(5g4g)	(3h4h)	**4h**	(5h4h)	
	中等	—	**6e**	(7e6e)	—	6f	(5g6g)	**6g**	(7g6g)	(5h6h)	6h	(7h6h)	
	粗糙	—	(8e)	(9e8e)	—	—	—	8g	(9g8g)	—	—	—	

注:① 优先选用粗字体公差带,其次选用一般字体公差带,最后选用括号内公差带;

　　② 带方框的粗字体公差带用于大量生产的紧固件螺纹。

表 7 - 8 螺纹的旋合长度(摘自 GB/T 197－2003) mm

公称直径 D,d		螺距 P	旋 合 长 度			
			S		N	L
>	≤		≤	>	≤	>
5.6	11.2	0.75	2.4	2.4	7.1	7.1
		1	3	3	9	9
		1.25	4	4	12	12
		1.5	5	5	15	15
11.2	22.4	1	3.8	3.8	11	11
		1.25	4.5	4.5	13	13
		1.5	5.6	5.6	16	16
		1.75	6	6	18	18
		2	8	8	24	24
		2.5	10	10	30	30
22.4	45	1	4	4	12	12
		1.5	6.3	6.3	19	19
		2	8.5	8.5	25	25
		3	12	12	36	36
		3.5	15	15	45	45

7.3.3 保证配合性质的其他技术要求

对于普通螺纹,一般不规定形位公差,其形位误差不得超出螺纹轮廓公差带所限定的极限区域;仅对高精度螺纹规定了在旋合长度内的圆柱度、同轴度和垂直度等形位公差,它们的公差值一般不大于中径公差的 50%,并按包容要求控制。

螺纹牙侧的表面粗糙度主要按用途和公差等级来确定,可参考表 7 - 9。

表 7 - 9 螺纹牙侧的表面粗糙度 *Ra* 的上限值 μm

螺纹工作表面 \ 螺纹公差等级	4,5	6,7	8,9
螺栓、螺钉、螺母	1.6	3.2	3.2～6.3
轴及套上的螺纹	0.8～1.6	1.6	3.2

7.3.4 螺纹公差与配合的选用

1. 螺纹公差精度与旋合长度的选用

螺纹公差精度的选用主要取决于螺纹的用途。精密级用于精密的螺纹连接,即要求配合性质稳定,配合间隙小,需保证一定的定心精度的螺纹连接。中等级用于一般用途的螺纹连接。粗糙级用于不重要的螺纹连接,以及制造比较困难(如长盲孔的攻丝)或热轧棒上和深盲孔加工的螺纹。

通常选用中等旋合长度(N)。对于调整用的螺纹,可根据调整行程的长短选取旋合长度;对于铝合金等强度较低的零件上的螺纹,为了保证螺牙的强度,可选用长旋合长度(L);对于受力不大且受空间位置限制的螺纹，如锁紧用的特薄螺母的螺纹，可选用短旋合长度(S)。

2. 螺纹公差带与配合的选用

在设计螺纹零件时，为了减少螺纹刀具和螺纹量规的品种、规格，提高技术经济效益，应从表7-7中选取螺纹公差带。对于大量生产的精制紧固螺纹，推荐采用带方框的粗体字公差带，例如内螺纹选用6H，外螺纹选用6g。表7-7中，粗体字公差带应优先选用，其次选用一般字体公差带，加括号的公差带尽量不用。表7-7中只有一个公差带代号(6H、6g)表示中径和顶径公差带相同；有两个公差带代号(如5H6H、5g6g)表示中径公差带和顶径公差带不相同。

从保证足够的接触高度出发，完工后的螺纹最好组成 H/g、H/h、G/h 配合。对于公称直径小于或等于 1.4 mm 的螺纹，应选用 5H/6h、4H/6h 或更精密的配合。对于需要涂镀的外螺纹，当镀层厚度为 10 μm 时，可选用 g；当镀层厚度为 20 μm 时，可选用 f；当镀层厚度为 30 μm 时，可选用 e。当内、外螺纹均需涂镀时，可选用 G/e 或 G/f 配合。

7.3.5 螺纹的标记

普通螺纹的完整标记由螺纹特征代号、尺寸代号、公差带代号、旋合长度代号和旋向代号组成，例如：

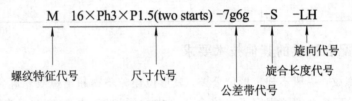

1. 特征代号

普通螺纹的特征代号用字母"M"表示。

2. 尺寸代号

尺寸代号包括公称直径(D、d)、导程(Ph)和螺距(P)的代号，对粗牙螺纹可省略标注其螺距项，其数值单位均为 mm。

(1) 单线螺纹的尺寸代号为"公称直径×螺距"。

(2) 多线螺纹尺寸代号为"公称直径×Ph 导程×P 螺距"。如需要说明螺纹线数，可在 P 的数值后加括号用英语说明，如双线 two starts，三线为 three starts，四线为 four starts。

3. 公差带代号

公差带代号是指中径和顶径公差带代号。中径公差带代号在前，顶径公差带代号在后。如果中径和顶径公差带代号相同，则只标一个公差带代号。螺纹尺寸代号与公差带代号间用半字线"-"分开。

(1) 标准规定，在下列情况下，最常用的中等公差精度的螺纹不标注公差带代号：

① 公称直径 $D \leqslant 1.4$ mm 的 5H，$D \geqslant 1.6$ mm 的 6H 和螺距 $P = 0.2$ mm，公差等级为 4 级的内螺纹；

② 公称直径 $d \leqslant 1.4$ mm 的 6h 和 $d \geqslant 1.6$ mm 的 6g 的外螺纹。

(2) 内外螺纹配合时，它们的公差带中间用斜线分开，左边为内螺纹公差带，右边为外螺纹公差带。例如，M20×6H/5g6g 表示内螺纹的中径和顶径公差带均为 6H，外螺纹的中径公差带为 5g，顶径公差带为 6g。

4. 旋合长度代号

对于短旋合和长旋合，要求在公差带代号后分别标注"S"和"L"，与公差带代号间用半字线"–"分开。中等旋合长度不标注"N"。

5. 旋向代号

对于左旋螺纹，要在旋合长度代号后标注"LH"代号，与旋合长度代号间用半字线"–"分开。右旋螺纹省略旋向代号。

6. 完整的螺纹标注示例

（1）M6×0.75–5h6h–S–LH：表示公称直径为 6 mm，螺距为 0.75 mm，中径公差带为 5h，顶径公差带为 6h，短旋合长度，左旋单线细牙普通外螺纹。

（2）M14×Ph6P2–7H–L–LH 或 M14×Ph6P2(three starts)–7H–L–LH：表示公称直径为 14 mm，导程为 6 mm，螺距为 2 mm，中径和顶径公差带为 7H，长旋合，左旋三线普通内螺纹。

（3）M6 表示公称直径为 6 mm，粗牙，中等公差精度(省略 6H 或 6g)，中等旋合长度，右旋单线普通螺纹。

【例 7–1】 用工具显微镜测量 M24–6h 外螺纹。实际中径为 $d_{2a}=21.91$ mm，螺距累积偏差 $\Delta P_{\Sigma}=-62\ \mu$m，牙侧角偏差 $\Delta\left(\dfrac{\alpha}{2}\right)_{左}=+76'$，$\Delta\left(\dfrac{\alpha}{2}\right)_{右}=-63'$，试确定该外螺纹中径是否合格。

解：查表 7–2 得中径 $d_2=22.051$，螺距 $P=3$。查表 7–4 得中径公差 $T_{d_2}=200\ \mu$m。查表 7–6 得 es=0。

所以，$d_{2\max}=22.051$，$d_{2\min}=22.051-0.2=21.851$。

由式(7–2)得：
$$f_{p}=1.732\,|\,\Delta P_{\Sigma}\,|=1.732\times|-62\,|=107.384\approx107\ \mu\text{m}$$

由式(7–3)得：
$$f_{\frac{\alpha}{2}}=\frac{1}{2}P\left(K_1\left|\Delta\left(\frac{\alpha}{2}\right)_{左}\right|+K_2\left|\Delta\left(\frac{\alpha}{2}\right)_{右}\right|\right)$$
$$=\frac{1}{2}\times3(0.291\times|+76|+0.44\times|-63|)=74.754\approx75\ \mu\text{m}$$

由式(7–6)得：
$$d_{2fe}=d_{2a}+(f_{p}+f_{\frac{\alpha}{2}})=21.91+(0.107+0.075)=22.092\ \mu\text{m}$$

由中径合格条件可得：$d_{2fe}\leqslant d_{2\max}$，$d_{2a}\geqslant d_{2\min}$。因 $d_{2a}=21.91>21.851=d_{2\min}$，满足中径合格条件，$d_{2fe}=22.092>22.051=d_{2\max}$，不满足中径合格条件，所以，该螺纹中径不合格。

【例 7–2】 已知某一外螺纹的公差要求为 M24×2–6g(6g 可省略标注)，加工后测得：实际大径 $d_{a}=23.850$ mm，实际中径 $d_{2a}=22.521$ mm，螺距累积偏差 $\Delta P_{\Sigma}=+0.05$ mm，牙侧角偏差为 $\Delta\left(\dfrac{\alpha}{2}\right)_{左}=+20'$，$\Delta\left(\dfrac{\alpha}{2}\right)_{右}=-25'$。试判断该螺纹中径和顶径是否合格，查出所需旋合长度的范围。

解：(1) 由表7-2查得 $d_2 = 22.701$ mm。由表7-4～表7-6可查得中径：es $= -38$ μm，$T_{d_2} = 170$ μm。大径：es $= -38$ μm，$T_d = 280$ μm。

(2) 判断中径的合格性。

$$d_{2\max} = d_2 + es = 22.701 + (-0.038) = 22.663 \text{ mm}$$

$$d_{2\min} = d_{2\max} - T_{d_2} = 22.663 - 0.17 = 22.493 \text{ mm}$$

由式(7-2)得：

$$f_p = 1.732 \mid \Delta P_\Sigma \mid = 1.732 \times 0.05 = 0.087 \text{ mm}$$

由式(7-3)得：

$$f_{\frac{\alpha}{2}} = \frac{1}{2} P \left(K_1 \left| \Delta \left(\frac{\alpha}{2} \right)_{\text{左}} \right| + K_2 \left| \Delta \left(\frac{\alpha}{2} \right)_{\text{右}} \right| \right)$$

$$= \frac{1}{2} \times 2 (0.291 \times | + 20 | + 0.44 \times | - 25 |)$$

$$= 16.82 \text{ } \mu\text{m} \approx 0.017 \text{ mm}$$

由式(7-6)得：

$$d_{2fe} = d_{2a} + (f_p + f_{\frac{\alpha}{2}}) = 22.521 + (0.087 + 0.017) = 22.625 \text{ mm}$$

因中径合格条件为 $d_{2fe} \leqslant d_{2\max}$，$d_{2a} \geqslant d_{2\min}$，而

$$d_{2fe} = 22.625 < 22.663 = d_{2\max}$$

$$d_{2a} = 22.521 > 22.493 = d_{2\min}$$

故该螺纹中径合格。

(3) 判断大径的合格性。

$$d_{\max} = d + es = 24 + (-0.038) = 23.962 \text{ mm}$$

$$d_{\min} = d_{\max} - T_d = 23.962 - 0.28 = 23.682 \text{ mm}$$

因 $d_{\max} > d_a = 23.850 > d_{\min}$，故大径合格。

(4) 该螺纹为中等旋合长度，由表7-8可查得，其旋合长度范围为 8.5～25 mm。

7.4　普通螺纹精度的检测

对普通螺纹精度的检测可以采用单项测量或综合检测两大类方法。

7.4.1　单项测量

螺纹单项测量是指分别测量螺纹的各个几何参数，一般用于螺纹工件的工艺分析、螺纹量规、螺纹刀具以及精密螺纹的检测。

对于外螺纹，可以用大型工具显微镜或万能工具显微镜通过影像法测量其基本大径、小径、中径偏差、螺距偏差以及牙侧角偏差。

用三针法可以精确地测出外螺纹的单一中径 d_{2a}，如图7-10所示。

利用三根直径相同的量针，将其中一根放在被测螺纹的牙槽中，另外两根放在对边相邻的两个牙槽中，然后用指示量仪测出针距 M 值，并根据已知被测螺纹的螺距公称尺寸 P、牙侧角基本值 $\alpha/2$ 和量针直径 d_m 的数值即可计算出被测螺纹的单一中径 d_{2a}：

$$d_{2a} = M - d_m\left(1 + \frac{1}{\sin\alpha/2}\right) + \frac{P}{2}\cot\frac{\alpha}{2} \qquad (7-10)$$

对于普通螺纹，$\alpha/2 = 30°$，式(7-10)可简化为

$$d_{2a} = M - 3d_m + 0.866P \qquad (7-11)$$

为了避免牙侧角偏差对测量结果的影响，可使量针与牙侧的接触点落在中径上，此时最佳量针直径应为

$$d_m = \frac{P}{2\cos\frac{\alpha}{2}} \qquad (7-12)$$

对于内螺纹，单项测量可用卧式测长仪或三座标测量机来测量。

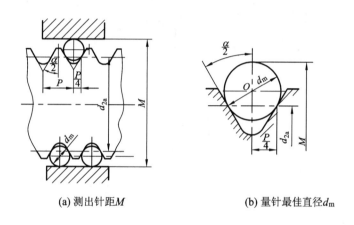

(a) 测出针距M (b) 量针最佳直径d_m

图 7-10 三针法测量外螺纹的单一中径

7.4.2 综合检验

普通螺纹的综合检验是指使用螺纹量规检验被测螺纹某些几何参数偏差的综合结果。检查内螺纹的量规叫做螺纹塞规，如图 7-11 所示。检查外螺纹的量规叫做螺纹环规，如图 7-12 所示。螺纹量规有通规和止规之分，它们都是按泰勒原则设计的，通规用来检验被测螺纹的作用中径，合格的工件应该能旋合通过。因此通规是模拟被测螺纹的最大实体牙型，并具有完全牙型，其长度等于被测螺纹的旋合长度，此外，通规还可用来检验被测螺纹的底径。螺纹止规用来检验被测螺纹的单一中径，并具有截短牙型，其螺纹圈数很少，

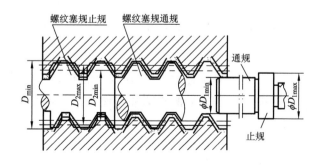

图 7-11 用螺纹塞规和光滑极限塞规检验内螺纹

以尽量避免被测螺纹的螺距偏差和牙侧角偏差的影响。止规只允许与被测螺纹两端旋合，旋合量一般不超过两个螺距。

被测内螺纹的小径可用光滑极限塞规检验，如图 7-11 所示。被测外螺纹的大径可用光滑极限卡规检验，如图 7-12 所示。

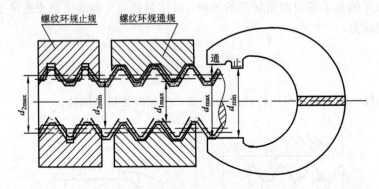

图 7-12　用螺纹环规和光滑极限卡规检验外螺纹

习 题 7

7-1　一对螺纹配合代号为 M20×2-6H/5g6g，试查表确定外螺纹中径、大径和内螺纹中径、小径的极限偏差。

7-2　在大量生产中应用的紧固螺纹连接件，标准推荐采用 6H/6g，当确定该螺纹尺寸为 M20×2 时，其内、外螺纹的中径尺寸变化范围如何？结合后中径最小保证间隙等于多少？

7-3　有一螺纹件的尺寸要求为 M12×1-6h，现测得实际中径 $d_{2a}=11.304$ mm，实际顶径 $d_a=11.815$ mm，螺距累积偏差 $\Delta P_{\Sigma}=-0.02$ mm，牙侧角偏差分别为 $\Delta\left(\dfrac{\alpha}{2}\right)_{左}=+25'$，$\Delta\left(\dfrac{\alpha}{2}\right)_{右}=-20'$。试判断该螺纹零件尺寸是否合格，并说明原因。

7-4　有一内螺纹 M20-7H（公称螺距 $P=2.5$，公称中径 $D_2=18.376$ mm），加工后测得 $D_{2a}=18.61$ mm，螺距累积偏差 $\Delta P_{\Sigma}=+0.04$ mm，牙侧角偏差分别为 $\Delta\left(\dfrac{\alpha}{2}\right)_{左}=+30'$，$\Delta\left(\dfrac{\alpha}{2}\right)_{右}=-50'$，问此螺母中径是否合格？

7-5　有一外螺纹 M10-6h，现为改进工艺，提高产品质量要涂镀保护层，其镀层厚度要求在 5～8 μm 之间，问该螺纹基本偏差为何值时，才能满足镀后螺纹的互换性要求？

7-6　有一螺纹 M20-5h6h，加工后测得实际大径 $d_a=19.980$ mm，实际中径 $d_{2a}=18.255$ mm，螺距累积偏差 $\Delta P_{\Sigma}=+0.04$ mm，牙侧角偏差分别为 $\Delta\left(\dfrac{\alpha}{2}\right)_{左}=-35'$，$\Delta\left(\dfrac{\alpha}{2}\right)_{右}=-40'$，试判断该件是否合格。

第8章 渐开线圆柱齿轮传动的互换性与检测

8.1 齿轮传动的使用要求

公元前400年到公元前200年，人类就开始使用齿轮。我国在两千多年前的汉代就使用直线齿廓的齿轮，主要应用于翻水车。直线齿廓影响传动的平稳性，且轮齿的抗破坏能力很差。1674年，丹麦天文学家Olaf Roemer提出用外摆线作为齿廓，至今钟表齿轮都以外摆线作为齿廓。1754年，瑞士数学家Leonhard Euler提出用渐开线作为齿廓，但由于制造工艺上的原因，一直没有实现。渐开线齿廓的切制是19世纪末、20世纪初，随着毛纺工业、造船工业、汽车工业而发展起来的。现在，齿轮传动是机械及仪表中最常用的传动形式之一，主要用于按给定角速比传递回转运动及转矩的场合。

各类机械的齿轮按其使用功能可分为以下三类：

（1）动力齿轮，如轧钢机以及某些工程机械上的传动齿轮。它们可传递较大的动力，一般是低速的。这类齿轮对强度要求较高，在精度方面，主要强调齿轮啮合时齿面的良好接触。

（2）高速齿轮，这类齿轮传递的动力有大有小，但均有较高的回转速度。这就要求在高速运转中工作平稳，且噪声和振动较小。有的高速齿轮还要传递较大的动力，如汽轮机减速器中的初级齿轮，就是高速动力齿轮的典型实例，它要同时兼顾动力齿轮的功能要求。

（3）读数齿轮，如各种仪表、钟表中的传动齿轮及精密分度机构中的分度齿轮。这类齿轮一般传递动力极小，传动速度也低，但要求在齿轮传动中的转角误差较小，传递运动准确。

齿轮传动的使用要求取决于齿轮传动在不同机器中的作用及工作条件。分度齿轮和读数齿轮要求齿轮有较高的传递运动的准确性；高速动力齿轮（如汽轮机、航空发动机等）要求转速高，传动功率大，齿轮有较高的平稳性，振动、冲击和噪声尽量小一些；低速动力齿轮（如轧钢机等）要求传动功率大，速度低，且要求齿轮齿面接触均匀，承载能力高。不同用途和工作条件下的齿轮传动，其使用要求可分为以下四个方面。

1. 传递运动的准确性

传递运动的准确性要求齿轮在一转范围内，转速比变化不超过一定的限度，即 $i_{转} = C$，可用一转过程中产生的最大转角误差 $\Delta\varphi_\Sigma$ 来表示，它表现为转角误差曲线的低频成分。若齿轮没有误差，则转角误差曲线是一条直线，但由于齿轮存在齿距不均匀，因此齿轮在旋转一转的过程中就形成了转角误差，如图8-1所示。对齿轮的此项精度要求称为运动精度。

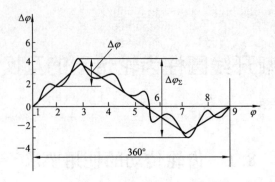

图 8-1 齿轮转角误差曲线

2. 传动的平稳性

传动的平稳性要求齿轮在一转的范围内，瞬时传动比的变动不超过一定的限度，即 $i_{瞬} = C$。瞬时传动比的突变将导致齿轮传动产生冲击、振动和噪声。这主要由于若理想的主动齿轮与具有每转一齿出现误差的从动轮啮合，则当主动轮匀速回转时，从动轮会或快或慢地不均匀旋转，在从动轮一个齿距角范围内的传动比会多次变化，因而传动不平稳，易产生振动和噪声。传动的平稳性表现为转角误差曲线中的高频成分，如图 8-1 所示的 $\Delta\varphi$。对齿轮的此项精度要求称为平稳性精度。

应当指出，传递运动不准确和传动不平稳都是由于齿轮传动比变化而引起的，实际上在齿轮回转过程中，两者是同时存在的，如图 8-1 所示。

引起传递运动不准确的传动比的最大变化量以齿轮一转为周期，波幅大；而瞬时传动比的变化是由齿轮每个齿距角内的单齿误差引起的，在齿轮一转内，单齿误差频繁出现，波幅小，它会影响齿轮传动的平稳性。

3. 载荷分布的均匀性

载荷分布的均匀性要求一对齿轮啮合时，工作齿面要保证一定的接触面积，以避免应力集中，减少齿面磨损，提高齿面强度，从而保证齿轮传动有较大的承载能力和较长的使用寿命。这一项要求可用沿轮齿齿长和齿高方向上保证一定的接触区域来表示，如图8-2 所示，图中，h 为齿高，b 为齿宽。对齿轮的此项精度要求称为接触精度。

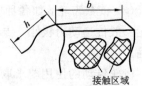

图 8-2 接触精度

4. 齿轮副侧隙

侧隙即齿侧间隙，是指要求齿轮副啮合时非工作齿面间具有适当的间隙，如图 8-3 所示的法向侧隙 j_{bn}，在圆周方向测得的圆周侧隙 j_{wt}。侧隙是在齿轮、轴、箱体和其他零部件装配成减速器、变速箱或其他传动装置后自然形成的，适当的齿侧间隙可用来储存润滑油，补偿热变形和弹性变形，防止齿轮在工作中发生齿面烧蚀或卡死，以使齿轮副能够正常工作。侧隙的作用如下：

（1）使转动灵活，防止卡死；

（2）储存润滑油；

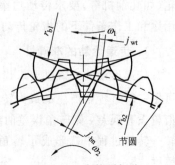

图 8-3 齿轮副侧隙

（3）补偿制造与安装误差；

（4）补偿热变形及弹性变形等。

上述四项要求中，前三项是对齿轮传动的精度要求。不同用途的齿轮及齿轮副，对每项精度要求的侧重点是不同的。例如，钟表控制系统或随动系统中的计数齿轮传动、分度齿轮传动的侧重点是传递运动的准确性，以保证主、从动齿轮的运动协调一致；机床和汽车变速箱中的变速齿轮传动的侧重点是传动平稳性和载荷分布均匀性，以降低振动和噪声并保证承载能力；重型机械（如轧钢机）中传递动力的低速重载齿轮传动的侧重点是载荷分布均匀性，以保证承载能力；涡轮机中的高速重载齿轮传动，由于传递功率大，圆周速度高，因此对三项精度都有较高的要求；卷扬机中的齿轮传动露天工作，对三项精度要求都不高。因此对不同用途的齿轮和所侧重的使用要求，应规定不同的精度等级，以适应不同的要求，获得最佳的技术经济效益。

侧隙与前三项要求有所不同，是独立于精度要求的另一类要求。齿轮副所要求的侧隙大小主要取决于齿轮副的工作条件。对重载、高速齿轮传动，由于受力、受热变形较大，侧隙也应大一些，以补偿较大的变形和使润滑油通过；而对于经常正转、逆转的齿轮，为了减小回程误差，应适当减小侧隙。

齿轮传动是齿轮、轴、轴承和箱体等零、部件的总和，这些零、部件的制造和安装误差都将影响上述对齿轮传动的四项使用要求，其中，齿轮加工误差和齿轮副安装误差的影响极大。

本章主要阐述直齿圆柱齿轮影响上述四项使用要求的齿轮误差、精度和侧隙的评定指标，按 GB/T 10095.1—2008 和 GB/T 10095.2—2008 国家标准给出评定齿轮精度的偏差项目及允许值。

8.2 影响渐开线圆柱齿轮传动质量的因素

齿轮传动机构由齿轮及辅助零件（如齿轮箱、齿轮轴、轴承等）组成。其中，对齿轮传动质量起决定作用的是齿轮本身的精度及齿轮副的安装精度。它们的误差将破坏齿轮啮合的正常状态，影响齿轮的使用功能。影响渐开线圆柱齿轮传动质量的因素可以分为齿轮同侧齿面偏差（切向偏差、齿距偏差、齿廓总偏差和螺旋线总偏差）、径向偏差和径向跳动。各种偏差由于各自的特性不同，对齿轮传动的影响也不同。

8.2.1 影响传递运动准确性的因素

影响传递运动准确性的因素主要是同侧齿面间的各类长周期偏差。造成此类偏差的主要原因是几何偏心和运动偏心。

1. 几何偏心

几何偏心是齿坯在机床上安装时，由于齿坯基准轴线与工作台回转轴线不重合而形成的偏心，如图 8-4 滚齿加工示意图所示。加工时，滚刀轴线与 OO 的距离 A 保持不变，但由于存在 OO 与 O_1O_1 的偏心 e_1，因此其轮齿就形成了图 8-5 所示的各齿齿深呈半边深半边浅的情况。这是因为切除齿轮的基圆圆心与机床工作台的回转中心一致，而安装齿轮时，以齿轮孔轴线为基准，此时齿轮的基圆对齿轮工作轴线就存在基圆偏心。如果从图8-4上来看，齿

距在以 OO 为中心的圆周上均匀分布,而在以齿轮基准中心 O_1O_1 为中心的圆周上,齿距呈不均匀分布(由小到大再由大到小变化)。这时基圆中心为 O,而齿轮基准中心为 O_1,从而形成基圆偏心。这种基圆偏心会使齿轮传动产生转角误差。转角误差呈正弦规律变化,以 2π 为周期重复出现,常称为长周期误差,亦称低频误差。该误差使传动比不断改变,不恒定。

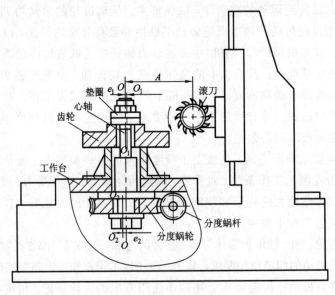

图 8-4　滚齿加工示意图

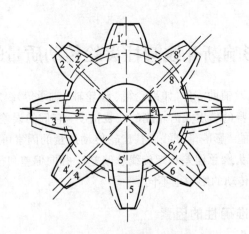

图 8-5　齿轮的几何偏心

　　几何偏心使齿面位置相对于齿轮基准中心在径向发生了变化,加工出来的齿轮一边齿长,另一边齿短,使齿轮在一转内产生了径向跳动误差,该误差亦属径向偏差。

2. 运动偏心

　　在滚齿机上加工齿轮时,机床分度蜗轮的安装偏心会影响到被加工齿轮,使齿轮产生运动偏心 e_2,如图 8-4 所示。O_2O_2 为机床分度蜗轮的轴线,它与机床主轴的轴线 OO 不重合,从而形成了偏心。此时,蜗杆与蜗轮啮合节点的线速度相同,由于蜗轮上啮合节点的半径不断改变,因而使蜗轮和齿坯产生不均匀回转,角速度以一转为变化周期不断变化。齿坯的不均匀回转使齿廓沿切向位移和变形（如图 8-6 所示，图中虚线为理论齿廓，实线为实际齿廓），使齿距分布不均匀；同时齿坯的不均匀回转引起齿坯与滚刀啮合节点半径的不断变化，使基圆半径和渐开线形状随之变化。当齿坯转速增高时，节点半径减小，因而基圆半径减小，渐开线曲率增大，相当于基圆有了偏心。这种由齿坯角速度变化引起的基圆偏心称为运动偏心，其数值为基圆半径最大值与最小值之差的一半。

当分度蜗轮轴线与工作台回转轴线不重合时，蜗轮旋转中心由 O 变为 O_1，如图 8-7 所示，AB 弧和 CD 弧是分度蜗轮的一个齿距，它们是相等的。当蜗杆转过一转时，分度蜗轮转过一个齿距，即转过 AB 弧和 CD 弧。但由于 β 大于 γ，因此在 β 范围内，齿坯转得快，角速度为 $\omega+\Delta\omega$，而在 γ 范围内，齿坯转得慢，角速度为 $\omega-\Delta\omega$。

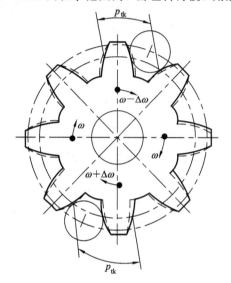

图 8-6　具有运动偏心的齿轮

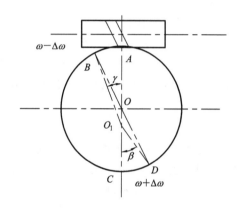

图 8-7　偏心的分度蜗轮

在理想状态下，有

$$r_{\mathrm{b}} = \frac{v_{刀}\cos\alpha}{\omega}$$

式中：r_{b} 为基圆半径；α 为压力角。

当分度蜗轮有角速度 $\omega+\Delta\omega$ 时，节点下降：

$$r_{\mathrm{bmin}} = r_{\mathrm{b}} - \Delta r_{\mathrm{b}} = \frac{v_{刀}\cos\alpha}{\omega+\Delta\omega}$$

当分度蜗轮有角速度 $\omega-\Delta\omega$ 时，节点上升：

$$r_{\mathrm{bmax}} = r_{\mathrm{b}} + \Delta r_{\mathrm{b}} = \frac{v_{刀}\cos\alpha}{\omega-\Delta\omega}$$

所以，此时齿轮基圆为一半径连续变化的非圆曲线。从广义来讲，切齿机床分齿滚切运动链的所有长周期误差反映在被切齿轮上就是齿轮的长周期切向误差。这是由于当仅有运动偏心时，滚刀与齿坯的径向位置并未改变，当用球形或锥形测头在齿槽内测量齿圈径向跳动时，测头径向位置并不改变，如图 8-6 所示，因而运动偏心并不产生径向偏差，而是使齿轮产生切向偏差。这个偏心量应为

$$e_2 = \frac{1}{2}(r_{bmax} - r_{bmin})$$

几何偏心影响齿廓位置沿径向方向的变动，称为径向误差；运动偏心使齿廓位置沿圆周切线方向的变动，称为切向误差。前者与被加工齿轮直径无关，仅取决于安装误差的大小；对于后者，当齿轮加工机床精度一定时，将随齿坯直径的增大而增大。总的偏心应为

$$\boldsymbol{e_{\text{总}}} = \boldsymbol{e_1} + \boldsymbol{e_2}$$

8.2.2 影响齿轮传动平稳性的因素

影响齿轮传递平稳性的主要因素是同侧齿面间的各类短周期偏差。造成这类偏差的主要原因是齿轮加工过程中的刀具误差（包括滚刀基节齿距偏差、滚刀的齿廓总偏差、滚刀的径向跳动与轴向窜动）、机床传动链误差（包括机床分度蜗杆引起的误差等）、磨齿时磨床分度盘的分度误差、基圆半径调整误差以及砂轮角度误差。

1. 基节齿距偏差

齿轮传动正确的啮合条件是两个齿轮的基圆齿距（基节）相等且等于公称值，否则将使齿轮在啮合过程中，特别是在每个齿进入和退出啮合时产生传动比的变化。如图 8-8 所示，设齿轮 1 为主动轮，其基圆齿距 P_{b1} 为没有误差的公称基圆齿距，齿轮 2 为从动轮。若 $P_{b1} > P_{b2}$，即从动轮具有负的基节齿距偏差，则当第一对齿 A_1、A_2 啮合终了时，第二对齿 B_1、B_2 尚未进入啮合。此时，A_1 的齿顶将沿着 A_2 的齿根"刮行"（称顶刃啮合），发生啮合线外的非正常啮合，使从动轮 2 突然降速，直至 B_1 和 B_2 进入啮合为止，这时，从动轮又突然加速（恢复正常啮合）。同理，当 $P_{b1} < P_{b2}$，即从动轮具有正

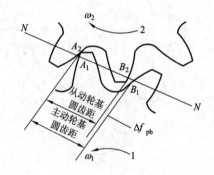

图 8-8　基圆齿距的影响

的基节齿距偏差时，主、从动轮的一对齿 A_1、A_2 尚在正常啮合，后一对齿 B_1、B_2 就开始接触，主动轮齿面便提前于啮合线之外撞上被动轮的齿顶，因而使从动轮的转速突然加快，A_1、A_2 两齿提前脱离啮合，此后，A_1 齿的齿面和 A_2 齿的齿顶边接触，从动轮降速，直至这两齿的接触点进入啮合线，主、从动轮的转速才恢复到正常，主、从动轮进行渐开线啮合。因此，在一对齿过渡到下一对齿的换齿啮合过程中，会引起附加的冲击。

造成基节齿距偏差的主要原因如下：

（1）滚刀基节齿距偏差。由于齿轮基节是由滚刀相邻同名刀刃在齿坯上同时切出的，因此若滚刀基节有偏差，则将直接反映在被切齿轮上。齿轮上相邻的基节又由相同的两个刀刃在滚刀转过一周后切出，因而其基节偏差必然相同。在滚切齿轮上不会出现各基节不均匀的现象。

（2）由机床分度蜗杆引起的误差。分度蜗杆位于传动链的末端，其误差对齿轮加工误差的影响也较大。滚齿加工中，滚刀上某个刀刃在节点位置上切削齿轮的某一个齿面上的一点，当滚刀回转一周后，齿坯转过一个齿距角，仍由滚刀上的该刀刃在节点位置上切出下一个相邻齿面上对应的一点，这样就形成了一个齿距。如果机床分度蜗杆存在径向跳动或轴向窜动，则分度蜗轮乃至齿坯的回转角速度将不均匀。当滚刀转过一周时，齿坯因出现转角误差而不

是正好转过一个齿距角,于是切出的齿距就产生了误差。

（3）磨床基圆半径调整误差。磨齿机在磨齿前必须按被加工齿轮的基圆半径来调整机床,其调整误差将使工件基圆半径出现误差。基圆半径误差会造成齿轮的基节齿距偏差,并使齿轮每转一齿发生一次冲击。此外,基圆半径误差还将引起齿廓总偏差。在转角误差中,此类误差属于短周期误差中的齿频误差。

（4）磨床砂轮角度误差。磨齿时,砂轮工作面与齿轮轴线的交角应等于齿形角 α,如图 8-9 所示。因为 $r_b = r \cdot \cos\alpha = mz/2 \cos\alpha$,所以当模数 m 和齿数 z 为常数时,α 的变动相当于基圆半径发生变动,即 $\Delta r_b = -(mz/2)(\sin\alpha)(\Delta\alpha)$ 也将造成齿廓总偏差和基节齿距偏差。磨床砂轮角度误差属于短周期误差中的齿频误差。

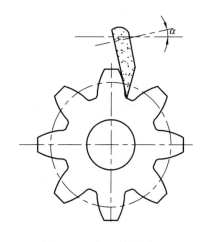

图 8-9　平面砂轮磨齿

2. 齿廓总偏差

刀具成形面的近似造型、制造、刃磨或机床传动链等都有误差（如分度蜗杆有安装误差）,这些误差会引起被切齿轮齿面产生波纹,造成齿廓总偏差。

由齿轮啮合的基本规律可知,渐开线齿轮之所以能平稳传动,是因为传动的瞬时啮合节点保持不变。如图 8-10 所示,主动轮齿 A_1 为正确的渐开线齿形,而从动轮齿 A_2 的实际齿廓形状与标准的渐开线齿廓形状有差异,即存在齿廓总偏差,理论上两齿面应在 a 点接触,而实际上在 a' 点接触,这样会使啮合线发生变动,使齿轮瞬时啮合节点发生变化,导致齿轮在一齿啮合范围内的瞬时传动比不断改变,进而引起振动、噪音,影响齿轮的传动平稳性。

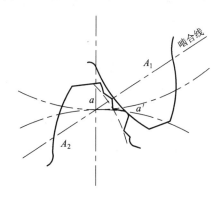

图 8-10　齿廓总偏差

造成齿廓总偏差的主要原因如下:

（1）滚刀的齿廓总偏差。滚刀的齿廓总偏差直接映射在被加工齿轮上,使其齿廓具有同样的误差。滚刀每转一周,齿轮转过一齿,故各齿面由此产生的齿廓总偏差的形状、大小均相同。在转角误差中,该误差也属于短周期误差中的齿频误差。

(2) 滚刀的径向跳动与轴向窜动。滚刀的径向跳动与轴向窜动同样会引起被加工齿轮的齿廓总偏差。与滚刀的齿廓总偏差的影响一样，由滚刀径向跳动和轴向跳动造成的转角误差同属于短周期误差中的齿频误差。

(3) 磨床基圆半径调整误差。

(4) 磨床砂轮角度误差。

8.2.3 影响载荷分布均匀性的因素

齿轮轮齿载荷分布是否均匀，与一对啮合齿面沿齿高和齿宽方向的接触状态有关。按照啮合原理，一对轮齿在啮合过程中，由齿顶到齿根或由齿根到齿顶在全齿宽上依次接触。对直齿轮，接触线为直线。该接触直线应在基圆柱切平面内且与齿轮轴线平行；对斜齿轮，该接触直线应在基圆柱切平面内且与齿轮轴线成 β_b 角。沿齿高方向，该接触直线应按渐开面（直齿轮）或螺旋渐开面（斜齿轮）轨迹扫过整个齿廓的工作部分。

滚齿机刀架导轨相对于工作台回转轴线有平行度误差，加工时齿坯定位端面与基准孔的中心线不垂直等会导致形成齿廓总偏差和螺旋线总偏差。齿廓总偏差实质上是分度圆柱面与齿面的交线（即齿廓线）的形状和方向偏差。

1. 齿轮本身的误差

该误差主要包括齿廓总偏差和螺旋线总偏差。齿廓总偏差影响齿高方向接触的百分比；螺旋线总偏差影响齿长方向接触的百分比。因为齿廓总偏差在影响齿轮传动平稳性的因素中已经考虑，所以这里主要考虑的是螺旋线总偏差。螺旋线总偏差主要是由齿轮定位端面的端面跳动造成的，如图 8-11(a) 所示。另外，刀架导轨与心轴不平衡也会造成齿的偏斜。

2. 安装轴线的平行度误差

一对齿轮啮合面积的大小，不仅与齿轮本身的误差有关，而且还与安装轴线的正确与否有关。若一对齿轮轴线彼此不平行，则尽管齿轮做得很准确，也不能保证全长接触。所以还必须控制安装轴线的平行度误差，如图 8-11(b) 所示。

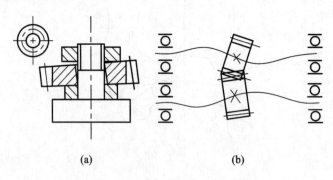

(a)   (b)

图 8-11 影响载荷分布均匀性的因素

经上述三方面影响因素分析，可知：

(1) 同侧齿面间的长周期偏差主要是由齿轮加工过程中的几何偏心和运动偏心引起的。一般这两种偏心同时存在，可能抵消，也可能叠加。这类偏差包括切向综合总偏差、齿距累计偏差、径向综合总偏差和径向跳动等，其结果会影响齿轮传递运动的准确性。

（2）同侧齿面间的短周期偏差主要是由齿轮加工过程中的刀具误差、机床传动链误差等引起的。这类偏差包括一齿切向综合偏差、一齿径向综合偏差、单个齿距偏差、单个基节偏差、齿廓总偏差等，其结果会影响齿轮传动的平稳性。

（3）同侧齿面间的轴向偏差主要是由齿坯轴线的歪斜和机床刀架导轨的不精确造成的，这个偏差称为螺旋线总偏差，其结果影响齿轮载荷分布的均匀性。

8.2.4　影响齿轮副侧隙的因素

齿轮副侧隙是指一对齿轮啮合时在非工作齿间的间隙。适当的侧隙是齿轮副正常工作的必要条件之一。适当的侧隙可通过改变齿轮副中心距的大小和把齿轮轮齿切薄来获得。因此，影响齿轮副侧隙的因素主要是齿厚偏差和安装轴线的中心距偏差，除此之外，齿廓总偏差、齿距偏差及径向跳动也会影响侧隙的大小。

1. 齿厚偏差

齿厚偏差是一个主要影响因素。不同侧隙的形成就是用不同的齿厚极限偏差来体现的。

2. 安装轴线的中心距偏差

中心距偏差将直接影响侧隙的变动。因此，保证一定的侧隙也同载荷分布均匀性一样，必须从齿轮和安装两方面提出要求。

8.3　评定齿轮精度的偏差项目及齿轮侧隙参数

齿轮在加工过程中会存在一些误差，这些误差主要包括机床传动链误差、刀具几何参数误差、齿坯的尺寸和几何误差、齿坯在加工机床上的安装误差等。另外，加工中还会产生受力变形、受热变形等，也会使得制造出的齿轮的几何精度存在误差。在 GB/T 10095.1～2—2008 齿轮精度标准中，对旧标准的部分术语作了修改，将"极限偏差"均改为"偏差"，如"单个齿轮极限偏差 $\pm f_{pt}$"改为"单个齿距偏差 $\pm f_{pt}$"；将"齿轮总公差"均改为"齿轮总偏差"，如"齿距累积总公差"改为"齿距累积总偏差"，"齿廓总公差"改为"齿廓总偏差"等。同时，标准中给出每一项偏差的允许值。单项要素测量所用的偏差符号用小写字母（如 f）加上相应的下标表示；而由若干单项要素偏差组成的"累积"或"总"偏差所用的符号，采用大写字母（如 F）加上相应的下标表示。

为了能从符号上区分实际偏差与其允许值，在其符号前加注"Δ"表示实际偏差，如 ΔF_α 表示实际轮齿齿廓总偏差，F_α 表示齿廓总偏差及其允许值。

8.3.1　评定齿轮精度的必检偏差项目及齿轮侧隙参数

为了评定齿轮的三项精度要求，GB/T 10095.1—2008 规定了必检的偏差项目：齿距偏差（单个齿距偏差、齿距累积偏差、齿距累积总偏差）、齿廓总偏差和螺旋线总偏差。为了评定齿轮侧隙的大小，通常检测齿厚偏差或公法线长度偏差。

1. 传递运动准确性的必检参数

1）齿距累积总偏差 ΔF_p（F_p）

齿距累积总偏差（ΔF_p）是指齿轮同侧齿面任意弧段（$k=1$ 至 $k=z$）内的最大齿距累积

偏差。它表现为齿距累积偏差曲线的总幅值，如图 8-12(b)所示。

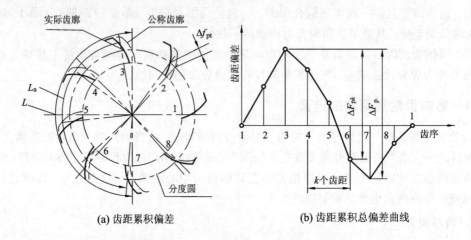

(a) 齿距累积偏差   (b) 齿距累积总偏差曲线

图 8-12   齿距累积偏差与齿距累积总偏差

齿距累积总偏差（ΔF_p）可反映齿轮转一转过程中传动比的变化，因此它影响齿轮传递运动的准确性。

评定齿距累积总偏差的合格条件是：$\Delta F_p \leqslant F_p$。

测量时使用万能测齿仪或齿距仪。齿距偏差的测量可分为绝对测量法和相对测量法两类。齿距的绝对测量法是直接测出齿轮各齿的齿距角偏差，再换算成线值。而相对测量法是以任一齿距作为基准齿距并将指示表对零，然后测出各齿相对于基准齿距的偏差，经过运算以后，可以求出齿距累积偏差，如图 8-13 所示。齿距累积总偏差 ΔF_p 反映几何偏心和运动偏心的综合结果，它是齿轮转一转过程中偏心误差引起的转角误差。

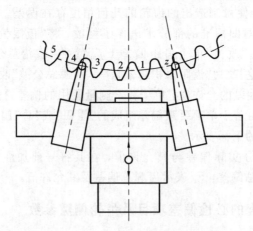

图 8-13   齿距累积偏差的测量

2）齿距累积偏差 $\Delta F_{pk}(\pm F_{pk})$

对于齿数较多且精度要求很高的齿轮、非整圆齿轮（如扇形齿轮）和高速齿轮，在评定传递运动准确性精度时，有时还要增加一段齿数内（k 个齿距范围）的齿距累积偏差 ΔF_{pk}。

齿距累积偏差 ΔF_{pk} 是指任意 k 个齿距的实际弧长与理论弧长的代数差，如图 8-14 所示，虚线代表理论轮廓，实线代表实际轮廓，或如图 8-12(a)所示，L 为理论弧长，L_a 为实际弧长。理论上，齿距累积偏差等于 k 个齿距偏差的代数和。标准规定(除另有规定)，一般 ΔF_{pk} 适用于齿距数 $k=2 \sim z/8$ 的范围，通常 $k=z/8$ 即可。

评定 ΔF_{pk} 的合格条件是：ΔF_{pk} 在齿距累积偏差 $\pm F_{pk}$ 范围内($-F_{pk} \leqslant \Delta F_{pk} \leqslant +F_{pk}$)。

齿距累积偏差与齿距累积总偏差的测量方法相同，如图 8-13 所示。齿距累积偏差 ΔF_{pk} 反映几何偏心和运动偏心的综合结果。

2. 传动平稳性的必检参数

1) 单个齿距偏差 $\Delta f_{pt}(\pm f_{pt})$

单个齿距偏差 Δf_{pt} 是指在端平面的接近齿高中部的一个与齿轮轴线同心的圆上，实际齿距与理论齿距的代数差。如图 8-14 所示，虚线代表理论轮廓，实线代表实际轮廓。在图 8-12 中，Δf_{pt} 为第 2 个齿距偏差。

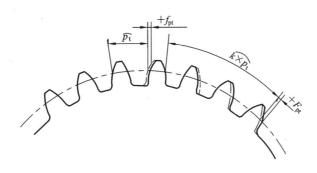

图 8-14　齿距偏差与齿距累积偏差

若齿轮存在齿距偏差，则无论是正值还是负值都会在一对齿啮合完毕而另一对齿进入啮合时，主动齿与被动齿发生冲撞，影响齿轮传动的平稳性精度。

该参数的合格条件是：$-f_{pt} \leqslant \Delta f_{pt} \leqslant +f_{pt}$。

测量时使用齿距仪直接测量。在滚齿中，单个齿距偏差 Δf_{pt} 是由机床传动链误差(主要是分度蜗杆跳动)引起的。

2) 齿廓总偏差 $\Delta F_{\alpha}(F_{\alpha})$

现利用图 8-15 说明齿廓总偏差 ΔF_{α} 的含义。图 8-15 所示为渐开线齿形偏差展开图。

假设只研究由点画线表示的左齿面，用虚线画出的轮齿与基圆的交点 Q 为渐开线齿形滚动的起点，滚动终点为 R，也是啮合的终点。AQ 直线为两共轭齿轮基圆的公切线，即啮合线。检查齿廓偏差实际上就是检查齿面上各点的展开长度是否等于理论展开长度，理论展开长度等于基圆半径 r_b 与展开角度 ξ_c(弧度值)的乘积。例如，齿面中分度圆上的 C 点若无齿形偏差，则应有 $\overline{CQ}=r_b\xi_c$。如果 $\overline{CQ}>r_b\xi_b$，则产生正的齿廓偏差；若 $\overline{CQ}<r_b\xi_c$，则产生负的齿廓偏差。图 8-15 中 1 为设计齿廓(理论渐开线)，2 为实际齿廓。在图 8-15 的上方画出一条与啮合线 AQ 平行的直线 OO，以此作为直角坐标的横坐标 x，表示展开长度，与其垂直的纵坐标 y 表示齿廓偏差值，向上为正，向下为负。OO 线上的 1a 段叫做设计齿廓迹线，理论上应是直线。对渐开线齿轮来说，若齿形上各点均无齿廓偏差，则齿廓偏差曲线是一条直线，且与设计齿廓迹线重合。无论是用逐点展开法测量渐开线齿形，还是用渐开线仪器测量齿形，都是测齿形上各点实际展开长度与理论展开长度的差值，并可在图

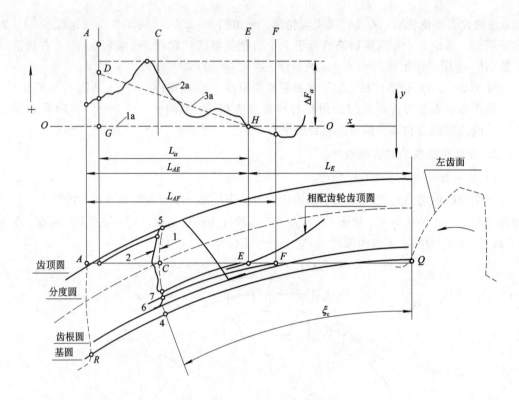

图 8-15　渐开线齿形偏差展开图

8-15 中画出齿廓偏差曲线 2a，该曲线也叫实际齿廓迹线（图中曲线 y 方向放大若干倍）。图 8-15 中的 F 点为齿根圆角线或挖根的起始点与啮合线的交点（相应于齿形上的点 6），E 点为相配齿轮齿顶圆与啮合线的交点（齿形上为点 7），A 点为齿顶圆（或倒角）与啮合线的交点（齿形上为点 5），该点为滚动啮合终止点。

　　图 8-15 中，沿啮合线方向 AF 长度称为可用长度（因为只有这一段是渐开线），用 L_{AF} 表示。AE 长度叫有效长度，用 L_{AE} 表示，因为齿轮只可能在 AE 段啮合，所以这一段才有效。从 E 点开始延伸的有效长度 L_{AE} 的 92% 叫做齿廓计值范围 L_α。

　　在计值范围（L_α）内，定义了轮廓总偏差、被测齿面的平均齿廓、齿廓形状偏差和齿廓倾斜偏差。

　　（1）被测齿面的平均齿廓。在计值范围（L_α）内用最小二乘法确定的实际齿廓迹线偏离某一迹线为最小的一条迹线，如图 8-15 的 3a 线。

　　（2）轮廓总偏差（ΔF_α）。在计值范围（L_α）内包容实际齿廓迹线的两条设计齿廓迹线间的距离，如图 8-16(a) 所示。即在图 8-15 中过齿廓迹线最高、最低点作设计齿廓迹线的两条平行直线之间距离为 ΔF_α。轮廓总偏差（ΔF_α）包含了下面两个偏差。

　　① 齿廓形状偏差（$\Delta f_{f\alpha}$）。在计值范围（L_α）内包容实际齿廓迹线的，与平均迹线完全相同的两条迹线之间的距离，如图 8-16(b) 所示。

　　② 齿廓倾斜偏差（$\Delta f_{H\alpha}$）。在计值范围（L_α）内两端与平均迹线相交的两个设计齿廓迹线之间的距离，如图 8-16(c) 所示。

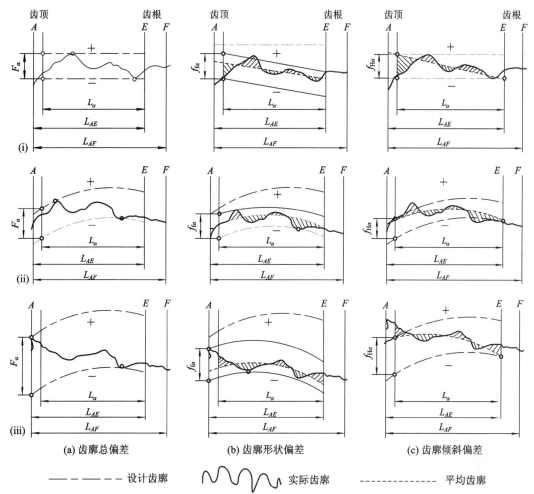

(a) 齿廓总偏差   (b) 齿廓形状偏差   (c) 齿廓倾斜偏差

———— ——— 设计齿廓 〰〰〰 实际齿廓 ------------- 平均齿廓

(i) 设计齿廓：未修形的渐开线； 实际齿廓：在减薄区偏向体内；
(ii) 设计齿廓：修形的渐开线(举例)； 实际齿廓：在减薄区偏向体内；
(iii) 设计齿廓：修形的渐开线(举例)； 实际齿廓：在减薄区偏向体外。

图 8 - 16 齿廓总偏差

在标准中规定齿廓总偏差是评定齿轮平稳性的必检参数，齿廓形状偏差和齿廓倾斜偏差是可选参数。

评定 ΔF_α 时，其合格条件是：轮齿左、右齿面的齿廓总偏差 ΔF_α 不大于齿廓总公差 F_α ($\Delta F_\alpha \leqslant F_\alpha$)。

可以使用万能渐开线检查仪或单盘式渐开线检查仪来测量齿廓总偏差。该渐开线检查仪是用比较法来进行测量的，即将被测齿形与理论渐开线进行比较，从而得出齿廓总偏差。对于精度较低的齿轮还可以采用投影法来测量齿形。齿廓总偏差 ΔF_α 是由于刀具制造误差和安装误差、刀具的轴向窜动、机床传动链以及工艺系统的振动引起的。

3. 载荷分布均匀性的必检参数

在标准中螺旋线的计值范围(L_β)是指在齿轮两端(从基准面 I 到非基准面 II，即齿宽)处各减去两个数值(5%齿宽或齿轮的模数)中较小的一段长度，如图 8 - 17 所示。

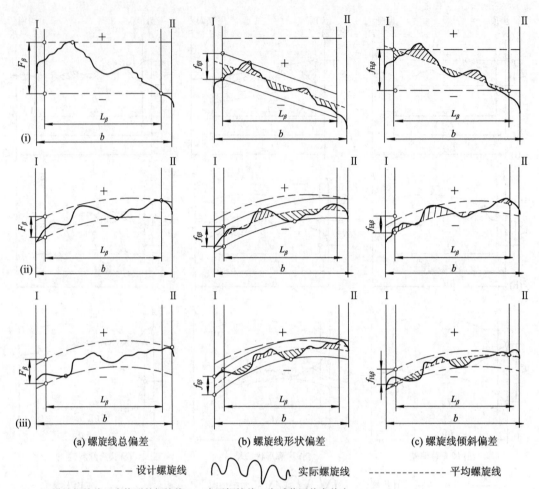

(a) 螺旋线总偏差　　　　　(b) 螺旋线形状偏差　　　　　(c) 螺旋线倾斜偏差

————————设计螺旋线　　〜〜〜〜实际螺旋线　　--------------平均螺旋线

(i) 设计螺旋线：未修形的螺旋线；　　实际螺旋线：在减薄区偏向体内；
(ii) 设计螺旋线：修形的螺旋线(举例)；　实际螺旋线：在减薄区偏向体内；
(iii) 设计螺旋线：修形的螺旋线(举例)；　实际螺旋线：在减薄区偏向体外。

图 8-17　螺旋线总偏差

在计值范围(L_a)内，定义了被测齿面的平均迹线、螺旋线总偏差、螺旋线形状偏差和螺旋线倾斜偏差。

(1) 被测齿面的平均迹线。在计值范围(L_β)内用最小二乘法确定的实际螺旋线迹线偏离某一迹线为最小的一条迹线。

(2) 螺旋线总偏差(ΔF_β)。在计值范围(L_β)内，包容实际螺旋线迹线的两条设计螺旋线迹线间的距离，如图 8-17(a)所示。该项偏差主要影响齿面接触精度。螺旋线总偏差(ΔF_β)包含了下面两个偏差。

① 螺旋线形状偏差($\Delta f_{f\beta}$)。在计值范围(L_β)内包容实际螺旋线迹线的，与平均迹线完全相同的两条迹线之间的距离，如图 8-17(b)所示。

② 螺旋线倾斜偏差($\Delta f_{H\beta}$)。在计值范围(L_β)内两端与平均迹线相交的两个设计螺旋线迹线之间的距离，如图 8-17(c)所示。

在标准中规定齿廓总偏差是评定载荷分布均匀性的必检参数，螺旋线形状偏差和螺旋线倾斜偏差是可选参数。

在螺旋线检查仪上测量非修形螺旋线的斜齿轮螺旋线偏差，其原理是将被测齿的实际螺旋线与标准的理论螺旋线逐点进行比较，并将所得的差值在记录纸上画出偏差曲线图，如图 8-17(i)所示。没有螺旋线偏差的螺旋线展开后应该是一条直线(设计螺旋线迹线)。如果无 ΔF_β 偏差，仪器的记录笔应该走出一条直线，而当存在 ΔF_β 偏差时，则走出一条实际螺旋线迹线。过实际螺旋线迹线最高点和最低点作与设计螺旋线迹线平行的两条直线的距离即为 ΔF_β。

评定 ΔF_β 时，合格条件是：轮齿左、右齿面的螺旋线总偏差 ΔF_β 不大于螺旋线总偏差允许值 F_β，即 $\Delta F_\beta \leqslant F_\beta$。

对于直齿轮，可以使用测量棒测量 ΔF_β；而对于斜齿轮的螺旋线偏差，则可在导程仪或螺旋角测量仪上测量。引起螺旋线总偏差 ΔF_β 的主要原因是机床刀架导轨方向相对于工作台回转中心线有倾斜误差，齿坯安装时内孔与心轴不同轴，或齿坯端面跳动量大；对斜齿轮，除以上原因外，还受机床差动传动链的调整误差的影响。

4. 齿轮侧隙的必检参数

1) 齿厚偏差 $\Delta E_{sn}(E_{sns}、E_{sni})$

对于直齿轮，齿厚偏差 ΔE_{sn} 是指在分度圆柱面上，实际齿厚与公称齿厚(齿厚理论值)之差。对于斜齿轮，齿厚偏差指法向实际齿厚与公称齿厚之差，如图 8-18 所示。

评定齿厚偏差 ΔE_{sn} 时，合格条件是：ΔE_{sn} 在齿厚上、下偏差的范围内($E_{sni} \leqslant \Delta E_{sn} \leqslant E_{sns}$)。

测量方法：按照定义，齿厚以分度圆弧长计值(弧齿厚)，而在测量齿厚时，通常用齿厚游标卡尺或光学齿轮卡尺，以齿顶圆为测量基准来测量分度圆弦齿厚。分度圆弦齿厚 $\overline{S}$ 和弦齿高 $\overline{h}_a$ 的公称值可按式(8-1)和式(8-2)计算：

$$\overline{S} = mz\,\sin\delta \qquad (8-1)$$

$$\overline{h}_a = r_a - \frac{mz}{2}\cos\delta \qquad (8-2)$$

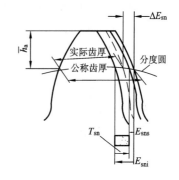

图 8-18　齿厚偏差

式中：m 为被测齿轮的模数；z 为被测齿轮的齿数；δ 为分度圆弦齿厚一半的对应角，$\delta = \dfrac{\pi}{2z} + \dfrac{2x}{z}\tan\alpha$；$\alpha$ 为标准压力角；r_a 为齿轮顶圆半径；x 为变位系数。

在图样上应标注公称弦齿高 $\overline{h}_a$ 和弦齿厚 $\overline{S}$ 及其上偏差 E_{sns} 和下偏差 E_{sni}。

2) 公法线长度偏差 $\Delta E_{bn}(E_{bns}、E_{bni})$

对于中、小模数齿轮，为测量方便，通常用公法线长度偏差代替齿厚偏差。

公法线长度是指齿轮上几个轮齿的两端异向齿廓间所包含的一段基圆圆弧，即这两端的异向齿廓间基圆切线线段的长度。

齿轮公法线长度的公称值可用式(8-3)计算：

$$W_k = m\cos\alpha[\pi(k-0.5) + z\,\mathrm{inv}\alpha] + 2xm\,\sin\alpha \qquad (8-3)$$

式中：x 为变位系数；$\mathrm{inv}\alpha$ 为渐开线函数，$\mathrm{inv}20° = 0.014\,904$；$k$ 为测量时的跨齿数，且

$$k = \frac{z}{9} + 0.5 \qquad (8-4)$$

k 在圆整时应该取小值。因为取小值可以使公法线靠近轮齿的根部测量，以避免公法线长出齿轮顶圆之外。

对于 $\alpha=20°$ 的标准直齿圆柱齿轮，公法线长度的公称值为

$$W_k = m[1.476(2k-1)+0.014z] \tag{8-5}$$

公法线长度偏差 ΔE_{bn} 是指实际公法线长度与公称公法线长度之差。这里的实际公法线长度是指一周范围内，公法线长度的平均值 $\overline{W}$，即

$$\Delta E_{bn} = \overline{W} - W_k \tag{8-6}$$

合格条件是：ΔE_{bn} 在公法线长度上、下偏差的范围内（$E_{bni} \leqslant \Delta E_{bn} \leqslant E_{bns}$）。

测量方法：使用公法线千分尺测量。

由上可知，齿轮精度标准规定的必检偏差项目为齿距偏差、齿廓偏差、螺旋线偏差和齿厚偏差四项。

8.3.2　评定齿轮精度的可选用偏差项目

用某种切齿方法生产第一批齿轮时，为了掌握该齿轮加工后的精度是否达到设计要求，需要按上述必检的偏差项目进行检测。检测合格后，在工艺条件不变的情况下继续生产同样的齿轮或用作误差进行分析研究时，GB/T 10095.1~2—2008 规定也可采用下列参数来评定齿轮传递运动准确性和传动平稳性的精度。

1. 传递运动准确性的可选用参数

1）切向综合总偏差 $\Delta F'_i (F'_i)$

切向综合总偏差 $\Delta F'_i$ 是指被测齿轮与测量齿轮（基准）单面啮合检验时，被测齿轮转一转，齿轮分度圆上实际圆周位移与理论圆周位移的最大差值。

图 8-19 所示为在单面啮合测量仪上画出的切向综合偏差曲线图，横坐标表示被测齿轮的转角，纵坐标表示偏差。如果齿轮没有偏差，则偏差曲线应是与横坐标重合的直线。在齿轮转一转的范围内，过曲线最高、最低点作与横坐标平行的两条直线，则此平行线间的距离即为 $\Delta F'_i$ 值。

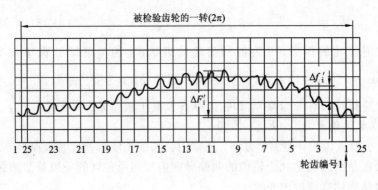

图 8-19　切向综合偏差曲线图

评定切向综合总偏差 $\Delta F'_i$ 时，合格条件是：$\Delta F'_i$ 不大于切向综合总偏差的允许值 F'_i（$\Delta F'_i \leqslant F'_i$）。

测量方法：使用单面啮合综合测量仪（单啮仪）测量。图 8-20 所示为单啮仪测量的基

本原理。被测齿轮 1 与测量齿轮 2 在公称中心距 a 下形成单面啮合齿轮副，圆盘 3、4 是两个直径分别为齿轮副公称节圆直径的精密加工的摩擦盘，由它提供一个同步的标准传动。若被测齿轮没有误差，则轴 5 和盘 4 的角位移相等。转动过程中的相位差由传感器 6 拾取，经放大器 7 由记录器 8 记录下的误差曲线如图 8-19 所示。切向综合总偏差 $\Delta F_i'$ 是齿轮几何偏心与运动偏心以及单齿误差的综合结果，因而它是评定齿轮传递运动准确性的最精确的指标。

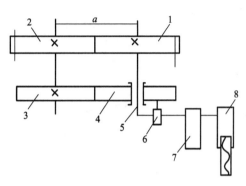

图 8-20　单啮仪测量的基本原理

2）径向综合总偏差 $\Delta F_i''(F_i'')$

径向综合总偏差 $\Delta F_i''$ 是指在径向（双面）综合检验时，被测齿轮的左、右齿面同时与测量齿轮（基准）接触，并转过一整圈时出现的中心距的最大值和最小值之差。

图 8-21 所示为在双啮仪上测量画出的 $\Delta F_i''$ 偏差曲线，横坐标表示齿轮转角，纵坐标表示偏差，过曲线最高、最低点作平行于横轴的两条直线，这两条平行线间的距离即为 $\Delta F_i''$ 值。

径向综合总偏差 $\Delta F_i''$ 的合格条件是：$\Delta F_i''$ 不大于径向综合总偏差的允许值 $F_i''(\Delta F_i'' \leqslant F_i'')$。

测量方法：径向综合总偏差 $\Delta F_i''$ 是在双面啮合综合检查仪（双啮仪）上测得的。如图 8-22 所示，被测齿轮空套在固定心轴上，理想精确的测量齿轮空套在径向滑座的心轴上。径向滑座可在两心轴轴线的公共平面内作径向浮动，并借助弹簧的作用使被测齿轮与测量齿轮实现无侧隙的双面啮合。被测齿轮转动时，各种误差的存在会使测量齿轮及滑座左右移动，从而使双啮中心距 a'' 产生变动。a'' 的变动由指示表读出或由记录器记录，如图 8-21 所示。$\Delta F_i''$ 除了反映几何偏心之外，对基节齿距偏差和齿廓总偏差也有所反映。

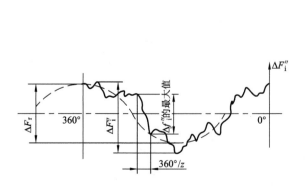

图 8-21　径向综合偏差曲线

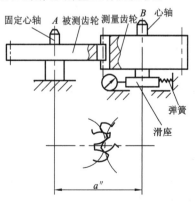

图 8-22　双啮仪原理图

3）径向跳动 $\Delta F_r(F_r)$

径向跳动 ΔF_r 是指测头（球形、圆柱形、砧形）相继置于每个齿槽内，从测头到齿轮基准轴线的最大和最小径向距离之差，如图 8-23 所示。检查时，测头在近似齿高中部与左右齿面接触，根据测量数值可画出如图 8-24 所示的径向跳动曲线图。

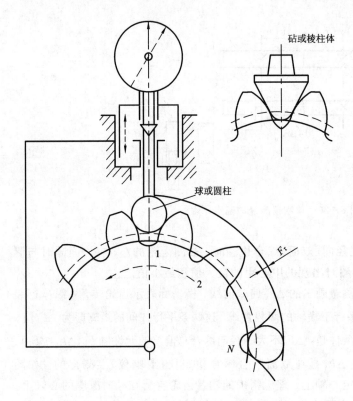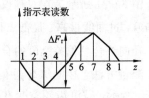

砧或棱柱体

球或圆柱

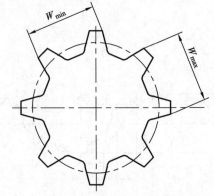

指示表读数

图 8-23　径向跳动的测量　　　　　　　　　图 8-24　径向跳动曲线

径向跳动 ΔF_r 与径向综合总偏差 $\Delta F_i''$ 间的关系如图 8-21 所示。

合格条件：评定径向跳动 ΔF_r 时，ΔF_r 不大于径向跳动偏差的允许值 $F_r(\Delta F_r \leqslant F_r)$。

测量方法：径向跳动 ΔF_r 通常在摆差测定仪上进行测量，如图 8-23 所示。径向跳动是由于齿轮的轴线和基准孔的中心线存在几何偏心引起的。当几何偏心为 e 时，$\Delta F_r = 2e$。

4）公法线长度变动 $\Delta F_w(F_w)$

公法线长度变动 ΔF_w 是指在齿轮一周内，跨 k 个齿的公法线长度的最大值与最小值之差，如图 8-25 所示，即

$$\Delta F_w = W_{max} - W_{min} \qquad (8-7)$$

在齿轮新标准中没有此项参数，但从我国的齿轮实际生产情况来看，经常用 ΔF_r 和 ΔF_w 组合来代替 ΔF_p 或 $\Delta F_i''$，而且这是一种检验成本不

图 8-25　公法线长度最大值与最小值

高且行之有效的手段，故在此提出，仅供参考。

评定公法线长度变动 ΔF_w 时，其合格条件是：ΔF_w 不大于公法线长度变动的允许值 F_w（$\Delta F_w \leqslant F_w$）。

测量时使用公法线千分尺。齿轮有运动偏心时，所切齿形沿分度圆切线方向相对于其理论位置有位移，使得公法线长度有变动，因此，ΔF_w 反映由于齿轮运动偏心引起的切向误差。但因测量公法线长度是测量基圆的弧长，与齿轮轴线无关，故 ΔF_w 与几何偏心无关，不能反映齿轮的径向误差。

2. 传动平稳性的可选用参数

1）一齿切向综合偏差 $\Delta f_i'（f_i'）$

一齿切向综合偏差 $\Delta f_i'$ 是指被测齿轮一转中对应的一个齿距角（$360°/z$）内实际圆周位移与理论圆周位移的最大差值，过图 8-19 所示的偏差曲线的最高、最低点作与横坐标平行的两条直线，此平行线间的距离即为 $\Delta f_i'$（取所有齿的最大值）。

该参数的合格条件是：$\Delta f_i'$ 不大于一齿切向综合偏差的允许值 f_i'（$\Delta f_i' \leqslant f_i'$）。

测量时使用单啮仪。用单啮仪测量切向综合总偏差 $\Delta F_i'$ 的同时，可以测出 $\Delta f_i'$，如图 8-19 所示，该图反映了基节齿距偏差和齿廓总偏差的综合结果。

2）一齿径向综合偏差 $\Delta f_i''（f_i''）$

一齿径向综合偏差 $\Delta f_i''$ 是指在被测齿轮一转中对应的一个齿距角（$360°/z$）内的径向综合偏差值（取其中最大值），如图 8-21 所示。

评定一齿径向综合偏差 $\Delta f_i''$ 时，合格条件是：$\Delta f_i''$ 不大于一齿径向综合偏差的允许值 f_i''（$\Delta f_i'' \leqslant f_i''$）。

测量时使用双啮仪。用双啮仪测量径向综合总偏差 $\Delta F_i''$ 的同时，可以测量出 $\Delta f_i''$。$\Delta f_i''$ 主要反映刀具制造和安装误差引起的径向误差，而不能反映出机床传动链短周期误差引起的周期切向误差。$\Delta f_i''$ 还反映基节齿距偏差和齿廓总偏差的综合结果，可代替 $\Delta f_i'$ 来评定齿轮传动平稳性。但 $\Delta f_i''$ 受左、右齿面误差的共同影响，因此，用 $\Delta f_i''$ 评定齿轮传动的平稳性不如用 $\Delta f_i'$ 评定齿轮传动平稳性精确。

3）基圆齿距偏差 $\Delta f_{pb}（f_{pb}）$

基圆齿距偏差 Δf_{pb} 是指实际基节与公称基节的代数差，如图 8-26 所示。实际基节是指基圆柱切平面所截的两相邻同侧齿面交线之间的法向距离。

GB/T 10095.1—2008 中没有给出基圆齿距偏差这个评定参数，而 GB/T 18620.1—2002 中给出了这个检验参数，基圆齿距偏差与单个齿距偏差之间有如下关系：

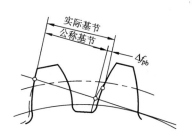

图 8-26　基圆齿距偏差

$$\Delta f_{pb} = \Delta f_{pt} \cdot \cos\alpha - p_t \cdot \Delta\alpha \cdot \sin\alpha \tag{8-8}$$

式中：Δf_{pb}、Δf_{pt} 分别是基圆齿距偏差、单个齿距偏差；p_t 是单个齿距的理论值；$\Delta\alpha$ 是压力角误差。

评定基圆齿距偏差 Δf_{pb} 的合格条件是：Δf_{pb} 不大于基圆齿距公差 f_{pb}（$\Delta f_{pb} \leqslant f_{pb}$）。

测量方法：基圆齿距偏差可用基节仪、万能测齿仪等进行测量。参见图 8-27，用手持式基节仪测量时，先要按被测齿轮 1 的公称基节的数值，用量仪零位器和量块把基节仪的活动量爪 2 与固定量爪 3 之间的位置调整好，并使指示表的示值对准零位。然后将支脚 4 靠在轮齿上，令两个量爪沿基圆切线分别与该切线和两相邻同侧齿面的两个交点接触，测量这两点之间的距离。测量时，应逐齿且分别对左、右齿面进行测量，基节偏差的数值由指示表的示值读出。

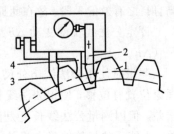

图 8-27　手持式基节仪

Δf_{pb} 主要是由刀具的制造误差，包括刀具本身的基节误差和齿形角误差造成的。

8.4　渐开线圆柱齿轮的精度标准

8.4.1　精度等级

1. 轮齿同侧齿面偏差的精度等级

对于分度圆直径为 5～10 000 mm、模数（法向模数）为 0.5～70 mm、齿宽为 4～1000 mm 的渐开线圆柱齿轮的 11 项同侧齿面偏差，GB/T 10095.1—2008 规定了 0，1，2，…，12 共 13 个精度等级。其中，0 级最高，12 级最低。

2. 径向综合偏差的精度等级

对于分度圆直径为 5～1000 mm、模数（法向模数）为 0.2～10 mm 的渐开线圆柱齿轮的径向综合总偏差 F_i'' 和一齿径向综合偏差 f_i''，GB/T 10095.2—2008 规定了 4，5，…，12 共 9 个精度等级。其中，4 级最高，12 级最低。

3. 径向跳动的精度等级

对于分度圆直径为 5～10 000 mm、模数（法向模数）为 0.5～70 mm 的渐开线圆柱齿轮的径向跳动，GB/T 10095.2—2008 在附录 B 中推荐了 0，1，…，12 共 13 个精度等级。其中，0 级最高，12 级最低。

在这些精度等级中，0～2 级对齿轮的要求非常高，目前几乎没有制造和测量的手段，因此属于有待发展的展望级；3～5 级为高精度等级；6～8 级为中等精度等级（用得最多）；9 级为较低精度等级；10～12 级为低精度等级，如表 8-1 所示。其中，7 级是基础级，用一般的切齿加工便能达到要求，在设计中用得最广，即在设计齿轮精度时，尽量选用 7 级。

表 8-1　齿轮精度等级的加工及传动效率

精度等级		加　　工	传动效率
0～2	展望级	供将来发展用	
3～5	高精度	精密齿轮机床上范成加工，然后精密磨齿	0.99
6～8	中等精度	高精度齿轮机床上范成加工，可磨齿，剃齿	0.98
9	较低精度	可用任意方法加工	0.96
10～12	低精度	可用任意方法加工	0.95

8.4.2 齿轮各项偏差的计算公式及允许值

齿轮的精度等级是通过实测的偏差值与标准规定的允许值进行比较后确定的。GB/T 10095.1—2008 和 GB/T 10095.2—2008 规定：5 级精度为基本等级，它是计算其他等级偏差允许值的基础，即两相邻精度等级的级间公比等于 $\sqrt{2}$，本级数值除以（或乘以）$\sqrt{2}$ 即可得到相邻较高（或较低）等级的数值，5 级精度未圆整的计算值乘以 $\sqrt{2}^{(Q-5)}$ 即可得任一精度等级的待求值，式中 Q 是待求值的精度等级数。

5 级精度齿轮各种偏差允许值（单位为 μm）的计算公式如下所述。

（1）单个齿距偏差：

$$\pm f_{pt} = 0.3(m_n + 0.4\sqrt{d}) + 4$$

（2）齿距累积偏差：

$$\pm F_{pk} = f_{pt} + 1.6\sqrt{(k-1)m_n}$$

（3）齿距累积总偏差：

$$F_p = 0.3m_n + 1.25\sqrt{d} + 7$$

（4）齿廓总偏差：

$$F_a = 3.2\sqrt{m_n} + 0.22\sqrt{d} + 0.7$$

（5）螺旋线总偏差：

$$F_\beta = 0.1\sqrt{d} + 0.63\sqrt{b} + 4.2$$

（6）一齿切向综合偏差：

$$f_i' = k(9 + 0.3m_n + 3.2\sqrt{m_n} + 0.34\sqrt{d})$$

式中，$\varepsilon_\gamma < 4$ 时，$K = 0.2\left(\dfrac{\varepsilon_\gamma + 4}{\varepsilon_\gamma}\right)$；$\varepsilon_\gamma \geq 4$ 时，$K = 0.4$。

（7）切向综合总偏差：

$$F_i' = F_p + f_i'$$

（8）径向综合总偏差：

$$F_i'' = 3.2m_n + 1.01\sqrt{d} + 6.4$$

（9）一齿径向综合偏差：

$$f_i'' = 2.96m_n + 0.01\sqrt{d} + 0.8$$

（10）径向跳动偏差：

$$F_r = 0.24m_n + 1.0\sqrt{d} + 5.6$$

各计算式中，m_n（法向模数）、d（分度圆直径）、b（齿宽）均应取该参数分段界限值的几何平均值（单位为 mm）。标准中各偏差允许值表列出的数值都是利用上述公式计算并圆整后得到的。

齿面偏差允许值的圆整规则：如果计算值大于 10 μm，则圆整到最接近的整数；如果计算值小于 10 μm，则圆整到最接近的尾数为 0.5 μm 的小数或整数；如果计算值小于 5 μm，则圆整到最接近的 0.1 μm 的一位小数或整数。

径向综合偏差和径向跳动偏差的允许值圆整规则：如果计算值大于 10 μm，则圆整到最接近的整数；如果计算值小于 10 μm，则圆整到最接近的尾数为 0.5 μm 的小数或整数。

表 8-2～表 8-4 分别给出了以上各项偏差的允许值。

表 8-2 $\pm f_{pt}$、F_p、$\pm F_{pk}$、F_α、f_i'、F_i'、F_r、F_w 偏差允许值(摘自 GB/T 10095.1~2—2008)　　μm

分度圆直径 d/mm	模数 m_n/mm	单个齿距极限偏差 $\pm f_{pt}$				齿距累积总偏差 F_p				齿廓总偏差 F_α				径向跳动偏差 F_r				f_i'/K 值				公法线长度变动偏差 F_w			
精度等级		5	6	7	8	5	6	7	8	5	6	7	8	5	6	7	8	5	6	7	8	5	6	7	8
≥5~20	≥0.5~2	4.7	6.5	9.5	13	11	16	23	32	4.6	6.5	9.0	13	9.0	13	18	25	14	19	27	28	10	14	20	29
	>2~3.5	5.0	7.5	10	15	12	17	23	33	6.5	9.5	13	19	9.5	13	19	27	16	23	32	45				
>20~50	≥0.5~2	5.0	7.0	10	14	14	20	29	41	5.0	7.5	10	15	11	16	23	32	14	20	29	41	12	16	23	32
	>2~3.5	5.5	7.5	11	15	15	21	30	42	7.0	10	14	20	12	17	24	34	17	24	34	48				
	>3.5~6	6.0	8.5	12	17	15	22	31	44	9.0	12	18	25	12	17	25	35	19	27	38	54				
>50~125	≥0.5~2	5.5	7.5	11	15	18	26	37	52	6.0	8.5	12	17	15	21	29	42	16	22	31	44	14	19	28	37
	>2~3.5	6.0	8.5	12	17	19	27	38	53	8.0	11	16	22	15	21	30	43	18	25	36	51				
	>3.5~6	6.5	9.0	13	18	19	28	39	55	9.5	13	19	27	16	22	31	44	20	29	40	57				
>125~280	≥0.5~2	6.0	8.5	12	17	24	35	49	69	7.0	10	14	20	20	28	39	55	17	24	34	49	16	22	31	44
	>2~3.5	6.5	9.0	13	18	25	35	50	70	9.0	13	18	25	20	28	40	56	20	28	39	56				
	>3.5~6	7.0	10	14	20	25	36	51	72	11	15	21	30	20	29	41	58	22	31	44	62				
>280~560	≥0.5~2	6.5	9.5	13	19	32	46	64	91	8.5	12	17	23	26	36	51	73	19	27	39	54	19	26	37	53
	>2~3.5	7.0	10	14	20	33	46	65	92	10	15	21	29	26	37	52	74	22	31	44	62				
	>3.5~6	8.0	11	16	22	33	47	66	94	12	17	24	34	27	38	53	75	24	34	48	68				

注：① 表中 F_w 为根据我国的生产实践提出的，供参考。

② 将 f_i'/K 乘以 K 即得到 f_i'。当 $\varepsilon_\gamma<4$ 时，$K=0.2\left(\dfrac{\varepsilon_\gamma+4}{\varepsilon_\gamma}\right)$；当 $\varepsilon_\gamma\geq4$ 时，$K=0.4$。

③ $F_i'=F_p+f_i'$。

④ $\pm F_{pk}=f_{pt}+1.6\sqrt{(k-1)m_n}$（5 级精度），通常取 $k=z/8$。按相邻两级的公比为 $\sqrt{2}$，可求得其他级 $\pm F_{pk}$ 值。

表 8 - 3 F_β 偏差的允许值(摘自 GB/T 10095.1—2008) μm

分度圆直径 d/mm	偏差项目 / 精度等级 / 齿宽 b/mm	螺旋线总偏差 F_β			
		5	6	7	8
≥5~20	≥4~10	6.0	8.5	12	17
	>10~20	7.0	9.5	14	19
>20~50	≥4~10	6.5	9.0	13	18
	>10~20	7.0	10	14	20
	>20~40	8.0	11	16	23
>50~125	≥4~10	6.5	9.5	13	19
	>10~20	7.5	11	15	21
	>20~40	8.5	12	17	24
	>40~80	10	14	20	28
>125~280	≥4~10	7.0	10	14	20
	>10~20	8.0	11	16	22
	>20~40	9.0	13	18	25
	>40~80	10	15	21	29
	>80~160	12	17	25	35
>280~560	≥10~20	8.5	12	17	24
	>20~40	9.5	13	19	27
	>40~80	11	15	22	31
	>80~160	13	18	26	36
	>160~250	15	21	30	43

表 8 - 4 F_i''、f_i'' 偏差的允许值(摘自 GB/T 10095.2—2008) μm

分度圆直径 d/mm	偏差项目 / 精度等级 / 模数 m_n/mm	径向综合总偏差 F_i''				一齿径向综合偏差 f_i''			
		5	6	7	8	5	6	7	8
≥5~20	≥0.2~0.5	11	15	21	30	2.0	2.5	3.5	5.0
	>0.5~0.8	12	16	23	33	2.5	4.0	5.5	7.5
	>0.8~1.0	12	18	25	35	3.5	5.0	7.0	10
	>1.0~1.5	14	19	27	38	4.5	6.5	9.0	13

分度圆直径 d/mm	偏差项目 精度等级 模数 m_n/mm	径向综合总偏差 F_i''				一齿径向综合偏差 f_i''			
		5	6	7	8	5	6	7	8
>20~50	≥0.2~0.5	13	19	26	37	2.0	2.5	3.5	5.0
	>0.5~0.8	14	20	28	40	2.5	4.0	5.5	7.5
	>0.8~1.0	15	21	30	42	3.5	5.0	7.0	10
	>1.0~1.5	16	23	32	45	4.5	6.5	9.0	13
	>1.5~2.5	18	26	37	52	6.5	9.5	13	19
>50~125	≥1.0~1.5	19	27	39	55	4.5	6.5	9.0	13
	>1.5~2.5	22	31	43	61	6.5	9.5	13	19
	>2.5~4.0	25	36	51	72	10	14	20	29
	>4.0~6.0	31	44	62	88	15	22	31	44
	>6.0~10	40	57	80	114	24	34	48	67
>125~280	≥1.0~1.5	24	34	48	68	4.5	6.5	9.0	13
	>1.5~2.5	26	37	53	75	6.5	9.5	13	19
	>2.5~4.0	30	43	61	86	10	15	21	29
	>4.0~6.0	36	51	72	102	15	22	31	44
	>6.0~10	45	64	90	127	24	34	48	67
>280~560	≥1.0~1.5	30	43	61	86	4.5	6.5	9.0	13
	>1.5~2.5	33	46	65	92	6.5	9.5	13	19
	>2.5~4.0	37	52	73	104	10	15	21	29
	>4.0~6.0	42	60	84	119	15	22	31	44
	>6.0~10	51	73	103	145	24	34	48	68

8.4.3 齿轮精度等级在图样上的标注

新标准规定：在文件需要叙述齿轮精度要求时，应注明 GB/T 10095.1—2008 或 GB/T 10095.2—2008。

关于齿轮精度等级和齿厚偏差的标注建议如下所述。

1. 齿轮精度等级的标注

当齿轮所有偏差项目的允许值同为某一精度等级时，图样上可标注精度等级和标准号。例如同为 7 级时，可标注为

7 GB/T 10095.1—2008 或 7 GB/T 10095.2—2008

当齿轮所有偏差项目允许值的精度等级不同时，图样上可按齿轮传递运动准确性、传

动平稳性和载荷分布均匀性的顺序分别标注它们的精度等级及带括号的对应允许值符号和标准号。例如，齿距累积总偏差 F_p、单个齿距极限偏差 f_{pt}、齿廓总偏差 F_α 皆为 7 级，而螺旋线总偏差 F_β 为 6 级时，可标注为

7(F_p、f_{pt}、F_α)、6(F_β) GB/T 10095.1—2008

2. 齿厚偏差的标注

齿厚偏差（或公法线长度偏差）应在图样右上角的参数表中注出其极限偏差数值。当齿轮的公称齿厚为 S_n、齿厚上极限偏差为 E_{sns}、齿厚下极限偏差为 E_{sni} 时，可标注为 $S_{n E_{sni}}^{E_{sns}}$，例如 $5.03_{-0.176}^{-0.088}$。

当齿轮的公称公法线长度为 W_k、公法线长度上极限偏差为 E_{bns}、公法线长度下极限偏差为 E_{bni} 时，可标注为 $W_{k E_{bni}}^{E_{bns}}$，同时注出跨齿数 k，例如，$21.30_{-0.094}^{-0.064}$，$k=3$。

8.5 圆柱齿轮偏差的选用

为了保证齿轮传动的使用要求，齿轮的精度设计主要包括选择齿轮精度等级，确定最小侧隙和齿厚偏差，确定齿轮偏差项目，确定齿轮副和齿轮坯精度。

8.5.1 齿轮精度等级的选用

选择精度等级的主要依据是齿轮的用途、使用要求、传动功率和圆周速度以及工作条件等；选择的方法主要有计算法和类比法两种，目前大多采用类比法。

1. 计算法

计算法是根据机构最终达到的精度要求，应用传动尺寸链的方法计算和分配各级齿轮副的传动精度，确定齿轮的精度等级的一种方法。计算法主要用于精密传动链的设计，可按传动链的精度要求（例如，传递运动准确性要求）计算出允许的回转角误差大小，以便选择适宜的精度等级。但是，影响齿轮精度的因素既有齿轮自身的因素，也有安装误差的影响，很难计算出准确的精度等级，计算结果只能作为参考，所以此方法仅适用于特殊精度机构使用的齿轮。

2. 类比法

类比法是查阅类似机构的设计方案，根据经过实际验证的已有经验结果来确定齿轮精度（也就是参考同类产品的齿轮精度），结合所设计齿轮的具体要求来确定精度等级的一种方法。表 8-5 所示为从生产实践中搜集到的各种用途齿轮的大致精度等级，供设计者参考。

表 8-5　精度等级的应用(供参考)

齿轮用途	精度等级	齿轮用途	精度等级	齿轮用途	精度等级
测量齿轮	3～5	轻型汽车	5～8	拖拉机、轧钢机	6～10
汽轮机减速器	3～6	载重汽车	6～9	起重机	7～10
金属切削机床	3～8	一般减速器	6～9	矿山绞车	8～10
航空发动机	3～7	机车	6～7	企业机械	8～11

设计时，径向综合偏差和径向跳动不一定与 GB/T 10095.1—2008 中的要素偏差(如齿距、齿廓、螺旋线等)选用相同的等级。当文件需叙述齿轮精度要求时，应注明 GB/T 10095.1 或 GB/T 10095.2—2008。

在机械传动中应用得最多的齿轮既传递运动又传递动力，其精度等级与圆周速度密切相关，因此一般先计算出齿轮的最高圆周速度，参考表 8-6 来确定齿轮传动平稳性精度等级，然后根据实际情况再确定传递运动准确性和载荷分布均匀性的精度等级。

表 8-6 齿轮传动平稳性精度等级的选用(供参考)

精度等级	圆周速度 /(m·s^{-1})		面的终加工	工 作 条 件
	直齿	斜齿		
3 级 (极精密)	~40	~75	特精密的磨削和研齿；用精密滚刀或单边剃齿后的大多数不经淬火的齿轮	要求特别精密的或在最平稳且无噪声的特别高速下工作的齿轮传动，特别精密机构中的齿轮，特别高速传动(透平齿轮)，检测 5~6 级齿轮用的测量齿轮
4 级 (特别精密)	~35	~70	精密磨齿，用精密滚刀和挤齿或单边剃齿后的大多数齿轮	特别精密分度机构中或在最平稳且无噪声的极高速下工作的齿轮传动，特别精密的分度机构中的齿轮，高速透平传动，检测 7 级齿轮用的测量齿轮
5 级 (高精密)	~20	~40	精密磨齿，大多数用精密滚刀加工，进而挤齿或剃齿的齿轮	精密分度机构中或要求极平稳且无噪声的高速下工作的齿轮传动，精密机构用齿轮，透平齿轮，检测 8 级和 9 级齿轮用的测量齿轮
6 级 (高精密)	~16	~30	精密磨齿或剃齿	要求最高效率且在无噪声的高速下平稳工作的齿轮传动或分度机构的齿轮传动，特别重要的航空、汽车齿轮，读数装置用特别精密的传动齿轮
7 级 (精密)	~10	~15	无需热处理，仅用精确刀具加工的齿轮；至于淬火齿轮，必须精整加工(磨齿、挤齿、珩齿等)	增速和减速用齿轮传动，金属切削机床送刀机构用齿轮，高速减速器用齿轮，航空、汽车用齿轮，读数装置用齿轮
8 级 (中等精密)	~6	~10	不磨齿，必要时光整加工或对研	无需特别精密的、一般机械制造用齿轮，包括在分度链中的机床传动齿轮，飞机、汽车制造业中的不重要齿轮，起重机构用齿轮，农业机械中的重要齿轮，通用减速器齿轮
9 级 (较低精度)	~2	~4	无需特殊光整工作	用于粗糙工作的齿轮

【例 8 - 1】 已知某减速器中的一对直齿轮，小齿轮 $z_1=20$，大齿轮 $z_2=100$，模数 $m=5$，压力角 $\alpha=20°$，小齿轮与电机相连，工作转速 $n_1=1450$ r/min，试确定小齿轮的精度等级。

解：（1）计算圆周速度 v。因该齿轮与电机相连，属于高速动力齿轮，故应按圆周速度确定传动平稳性的精度等级。

$$v=\frac{\pi d n_1}{60\times1000}=\frac{3.14\times5\times20\times1450}{60\ 000}=7.6\ \text{m/s}$$

（2）按计算出的速度查表确定传动平稳性精度。由表 8 - 6 可得出传动平稳性的精度为 7 级。传递运动准确性和载荷分布均匀性无特殊要求，都可选为 7 级，由此可确定三个方面的精度等级都为 7 级，所以标注为 7 GB/T 10095.1—2008。

8.5.2 最小侧隙和齿厚偏差的确定

齿轮副的侧隙是为保证齿轮转动灵活，齿轮润滑以及补偿齿轮的制造误差、安装误差和热变形等造成的误差，必须在非工作面上留有的侧隙。为满足不同的侧隙要求，可以只规定一种中心距偏差，而通过规定多种齿厚偏差来得到多种相应的齿轮副侧隙。反之，也可以只规定一种齿厚偏差，而规定多种中心距偏差来得到多种齿轮副侧隙。如同孔、轴配合的基准制一样，前者称为基中心距制，后者称为基齿厚制。由于切齿中削薄齿厚较方便，因此，标准采用基中心距制。在基中心距制中，齿厚就相当于基孔制中间隙配合的轴，所以齿厚上偏差多为负值。

1. 齿轮副侧隙的表示法

通常有两种表示法来表示齿轮副侧隙：法向侧隙 j_{bn} 和圆周侧隙 j_{wt}（参见图 8 - 3）。法向侧隙 j_{bn} 是当两个齿轮的工作齿面互相接触时，其非工作面之间的最短距离，如图 8 - 28 所示；圆周侧隙 j_{wt} 是当固定两啮合齿轮中的一个时，另一个齿轮所能转过的节圆弧长的最大值。理论上，j_{bn} 与 j_{wt} 存在以下关系：

$$j_{bn}=j_{wt}\cos\alpha_{wt}\cdot\cos\beta_b \tag{8-9}$$

式中，α_{wt} 为端面工作压力角，β_b 为基圆螺旋角。

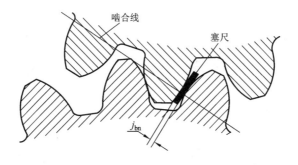

图 8 - 28　法向平面的侧隙

2. 最小法向侧隙 j_{bnmin} 的确定

在设计齿轮传动时，必须保证有足够的最小法向侧隙 j_{bnmin}，以保证齿轮机构正常工作。决定配合侧隙大小的齿轮副尺寸要素有：小齿轮的齿厚 s_1、大齿轮的齿厚 s_2 和箱体孔

的中心距 a。另外，齿轮的配合也受到齿轮的形状和位置偏差以及轴线平行度的影响。

所有相啮合的齿轮必定都有这些侧隙，必须保证非工作齿面不会相互接触。在一个已定的啮合中，在齿轮传动中侧隙会随着速度、温度、负载等的变化而变化。在静态可测量的条件下，必须有足够的侧隙，才能保证在带负载运行于最不利的工作条件下仍有足够的侧隙。需要的侧隙量与齿轮的大小、精度、安装和应用情况有关。

最大齿厚即假定齿轮在最小中心距时与一个理想的相配齿轮啮合，这种情况下存在的所需的最小侧隙。常常以减小齿厚来实现侧隙。齿厚偏差将齿厚最大值减小，从而增大了侧隙。

最小法向侧隙 j_{bnmin} 是当一个齿轮的齿以最大允许实效齿厚与一个也具有最大允许实效齿厚的相配齿在最紧的允许中心距相啮合时，在静态条件下存在的最小允许侧隙。这是设计者所提供的传统"允许间隙"，以补偿下列情况。

（1）箱体、轴和轴承的偏斜；

（2）由于箱体的偏差和轴承的间隙而导致齿轮轴线的不对准；

（3）由于箱体的偏差和轴承的间隙而导致齿轮轴线的歪斜；

（4）安装误差，例如轴的偏心；

（5）轴承径向跳动；

（6）温度影响（箱体与齿轮零件的温度差、中心距和材料差异所致）；

（7）旋转零件的离心胀大；

（8）其他因素，例如润滑剂的允许污染以及非金属齿轮材料的溶胀。

如果上述因素均能得到很好地控制，则最小侧隙值可以很小，每一个因素均可通过分析其公差来进行估计，然后计算出最小的要求量。在估计最小期望要求值时，也需要用判断和经验，因为在最坏情况时的公差不大可能都叠加起来。

对于任何检测方法，所规定的最大齿厚必须减小，以确保径向跳动及其他切齿时的变化对检测结果的影响不致增加最大实效齿厚；规定的最小齿厚也必须减小，以使所选择的齿厚偏差能实现经济的齿轮制造，且不会被来源于精度等级的其他公差所耗尽。

确定齿轮副最小侧隙 j_{bnmin} 的主要根据是工作条件，一般有以下三种方法。

1）经验法

这种方法是参考国内外同类产品中齿轮副的侧隙值来确定最小侧隙。

2）计算法

该法是根据齿轮副的工作条件，如工作速度、温度、负载、润滑等条件来设计计算齿轮副最小侧隙。

（1）温度因素。为补偿由温度变化引起的齿轮及箱体热变形所必需的最小侧隙 j_{bnmin1}，按式（8-10）计算：

$$j_{bnmin1} = 1000a(\alpha_1 \Delta t_1 - \alpha_2 \Delta t_2)2 \sin\alpha_n \qquad (8-10)$$

式中：a 为齿轮副中心距，单位为 mm；α_1、α_2 为齿轮及箱体材料的线胀系数；Δt_1、Δt_2 为齿轮温度 t_1、箱体温度 t_2 与标准温度（20℃）之差；α_n 为法向压力角。

（3）润滑需要。为保证正常润滑所必需的 j_{bnmin2}，其值取决于润滑方式及工作速度，如表 8-7 所示。

表 8 - 7　最小侧隙 j_{bnmin2}

润滑方式	齿轮圆周速度/$(\text{m} \cdot \text{s}^{-1})$			
	$\leqslant 10$	$>10 \sim 25$	$>25 \sim 60$	>60
喷油	$10 m_n$	$20 m_n$	$30 m_n$	$30 \sim 50 m_n$
油池润滑	$5 \sim 10 m_n$			

由设计计算得到的 j_{bnmin} 为

$$j_{bnmin} = j_{bnmin1} + j_{bnmin2}$$

3）查表法

对于由黑色金属材料齿轮和黑色金属材料箱体组成，工作时齿轮节圆线速度小于 15 m/s，其箱体、轴和轴承都采用常用商业制造公差的齿轮传动，j_{bnmin} 可按式（8-11）计算：

$$j_{bnmin} = \frac{2}{3}(0.06 + 0.0005a + 0.03m_n) \quad (\text{mm}) \tag{8-11}$$

由式（8-11）可计算出如表 8-8 所示的推荐数据。

表 8 - 8　中、大模数齿轮 j_{bnmin} 的推荐值(摘自 GB/Z 18620.2—2002)　　mm

模数 m_n	最小中心距 a					
	50	100	200	400	800	1600
1.5	0.09	0.11				
2	0.10	0.12	0.15			
3	0.12	0.14	0.17	0.24		
5		0.18	0.21	0.28		
8		0.24	0.27	0.34	0.47	
12			0.35	0.42	0.55	
18				0.54	0.67	0.94

3. 齿厚上、下极限偏差的计算

1）齿厚上极限偏差 E_{sns} 的计算

齿厚上极限偏差 E_{sns} 即齿厚的最小减薄量，如图 8-18 所示。它除了要保证齿轮副所需的最小法向侧隙 j_{bnmin} 外，还要补偿齿轮和齿轮副的加工和安装误差所引起的侧隙减小量 J_{bn}。齿厚上偏差包括两个相互啮合齿轮的基圆齿距偏差 Δf_{pb}、螺旋线总偏差 ΔF_β、轴线平行度偏差 $\Delta f_{\Sigma\delta}$ 和 $\Delta f_{\Sigma\beta}$ 等。计算 J_{bn} 时，应考虑要将偏差都换算到法向侧隙的方向，再按独立随机量合成的方法合成，可得如下计算式：

$$J_{bn} = \sqrt{f_{pb1}^2 + f_{pb2}^2 + 2(F_\beta \cos\alpha_n)^2 + (f_{\Sigma\delta} \sin\alpha_n)^2 + (f_{\Sigma\beta} \cos\alpha_n)^2} \tag{8-12}$$

式中，$f_{pb1} = f_{pt1} \cos\alpha_n$，$f_{pb2} = f_{pt2} \cos\alpha_n$（$f_{pt1}$、$f_{pt2}$ 分别为大、小齿轮的单个齿距偏差），$f_{\Sigma\delta} = \dfrac{L}{b}F_\beta$，$f_{\Sigma\beta} = 0.5\dfrac{L}{b}F_\beta$（$L$ 为齿轮副轴承孔距，b 为齿宽），$\alpha_n = 20°$，将它们代入式（8-12），则得

$$J_{bn} = \sqrt{0.88(f_{pt1}^2 + f_{pt2}^2) + \left[1.77 + 0.34\left(\frac{L}{b}\right)^2\right]F_\beta^2} \qquad (8-13)$$

考虑到实际中心距为最小极限尺寸，即中心距的实际偏差为下极限偏差$(-f_a)$时，法向侧隙会减少$2f_a \sin\alpha_n$，同时将齿厚偏差换算到法向（乘以$\cos\alpha_n$），则可得齿厚上极限偏差(E_{sns1}, E_{sns2})与j_{nmin}、J_{bn}和中心距下偏差$(-f_a)$的关系如下：

$$(E_{sns1} + E_{sns2})\cos\alpha_n = -(j_{bnmin} + J_{bn} + 2f_a \sin\alpha_n)$$

通常为了方便设计与计算，令$E_{sns1} = E_{sns2} = E_{sns}$，于是可得齿厚上极限偏差为

$$E_{sns} = -\left(\frac{j_{bnmin} + J_{bn}}{2\cos\alpha_n} + |f_a| \tan\alpha_n\right) \qquad (8-14)$$

2）齿厚下极限偏差E_{sni}的计算

齿厚下极限偏差E_{sni}可由齿厚上极限偏差E_{sns}和法向齿厚公差T_{sn}求得：

$$E_{sni} = E_{sns} - T_{sn} \qquad (8-15)$$

法向齿厚公差的选择基本上与齿轮精度无关。除非十分必要，不应该采用很紧的齿厚公差，这对制造成本有很大的影响。在很多情况下，允许用较宽的齿厚公差或工作间隙，这样做不会影响齿轮的性能和承载能力，却可以获得较经济的制造成本。法向齿厚公差T_{sn}的大小取决于切齿时的径向进刀公差b_r和齿轮径向跳动公差F_r，b_r和F_r可按独立随机变量合成的方法合成，然后再换算到齿厚偏差方向，则得：

$$T_{sn} = \sqrt{b_r^2 + F_r^2} \cdot 2\tan\alpha_n \qquad (8-16)$$

式中，b_r可按表8-9选取，F_r可从表8-2中查取。

表 8 - 9 切齿径向进刀公差 b_r 值

齿轮精度等级	4	5	6	7	8	9
b_r 值	1.26IT7	IT8	1.26IT8	IT9	1.26IT9	IT10

注：IT 值按分度圆的直径尺寸从标准公差数值表中查取。

3）公法线长度上、下极限偏差的计算

公法线长度上、下极限偏差(E_{bns}, E_{bni})分别由齿厚上、下极限偏差(E_{sns}, E_{sni})换算得到。它们的换算关系为

$$E_{bns} = E_{sns}\cos\alpha_n - 0.72F_r \sin\alpha_n \qquad (8-17)$$

$$E_{bni} = E_{sni}\cos\alpha_n + 0.72F_r \sin\alpha_n \qquad (8-18)$$

8.5.3　齿轮偏差项目的确定

在齿轮检验中，测量全部齿轮偏差项目既不经济也没有必要，因为其中有些齿轮偏差项目对于特定齿轮的功能并没有明显的影响。另外，有些测量齿轮偏差项目可以代替其他一些齿轮偏差项目。例如，切向综合偏差检验能代替齿距偏差检验，径向综合偏差检验能代替径向跳动检验等。考虑到这种情况，ISO/TR 10063 按齿轮工作性能推荐检验组和公差组。然而，必须强调的是，对于质量控制测量齿轮偏差项目的减少须由采购方和供货方协商确定。

GB/T 10095.1—2008 规定：切向综合偏差$(\Delta F_i', \Delta f_i')$是该标准的检验项目，但不是必检项目。齿廓和螺旋线的形状偏差和倾斜极限偏差$(\Delta f_{f\alpha}, \Delta f_{H\alpha}, \Delta f_{f\beta}, \Delta f_{H\beta})$，有时作为

有用的参数和评定值，但不是必检项目。

为评定单个齿轮的加工精度，必须检验的齿轮偏差项目是齿距偏差(包括齿距累积总偏差、齿距累积偏差和单个齿距偏差)、齿廓总偏差、螺旋线总偏差。关于齿厚偏差，GB/T 10095.1—2008、GB/T 10095.2—2008 均未作规定，GB/Z 18620.2—2002 也未推荐齿厚偏差。齿厚偏差则由设计者按齿轮副侧隙计算确定。

齿轮偏差项目的检验可以分为单项检验和综合检验两种。

1. 单项检验

齿轮必检的偏差项目有：齿距偏差(Δf_{pt}、ΔF_{pk}、ΔF_p)、齿廓总偏差 ΔF_α、螺旋线总偏差 ΔF_β 和齿厚偏差 ΔE_{sn}(由设计者确定其偏差允许值)或公法线长度偏差 ΔE_{bn}。

结合企业贯彻旧标准的经验和我国齿轮生产的现状，建议在单项检验中增加径向跳动 ΔF_r 的检验。

2. 综合检验

单面啮合的综合检验项目有：切向综合总偏差 $\Delta F_i'$ 和一齿切向综合偏差 $\Delta f_i'$。

双面啮合的综合检验项目有：径向综合总偏差 $\Delta F_i''$ 和一齿径向综合偏差 $\Delta f_i''$。

8.5.4　齿轮副和齿轮坯公差的确定

1. 齿轮副的偏差项目

1) 中心距偏差 $\Delta f_a(\pm f_a)$

Δf_a 是指齿轮副的实际中心距与公称中心距之差(见图 8 - 29)，其大小不但影响齿轮侧隙，而且对齿轮的重合度也有影响，因此必须加以控制。中心距偏差允许值 $\pm f_a$ 如表 8 - 10 所示。

中心距偏差 Δf_a 的合格条件是它在其偏差允许值 $\pm f_a$ 范围内($-f_a \leqslant \Delta f_a \leqslant +f_a$)。

表 8 - 10　中心距偏差允许值 $\pm f_a$(摘自 GB/T 10095—1988)

中心距极限偏差 $\pm f_a/\mu m$　　齿轮精度等级　　中心距 a/mm	5，6	7，8
≥6～10	7.5	11
>10～18	9	13.5
>18～30	10.5	16.5
>30～50	12.5	19.5
>50～80	15	23
>80～120	17.5	27
>120～180	20	31.5
>180～250	23	36
>250～315	26	40.5
>315～400	28.5	44.5
>400～500	31.5	48.5

中心距公差是指设计者规定的允许偏差。公称中心距是在考虑了最小侧隙及两齿轮的齿顶及其相啮的非渐开线齿廓齿根部分的干涉后确定的。

在齿轮只单向承载运转而不经常反转的情况下，最大侧隙的控制不是一个重要的考虑因素，此时中心距偏差主要取决于重合度的考虑。

2）轴线平行度偏差 $\Delta f_{\Sigma\delta}$ 和 $\Delta f_{\Sigma\beta}(f_{\Sigma\delta}$ 和 $f_{\Sigma\beta})$

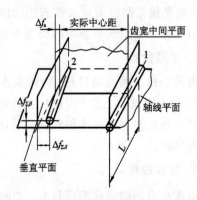

测量齿轮副两条轴线之间的平行度偏差时，应选取两对轴承孔的跨距较大的那条轴线作为基准轴线。如果两对轴承孔的跨距相等，则可取其中任何一条轴线作为基准轴线。如图 8 - 29 所示，轴线平行度偏差应在相互垂直的轴线平面和垂直平面上测量。轴线平面是指包含基准轴线 1，通过被测轴线 2 与一个轴承孔中间平面的交点所确定的平面。垂直平面是指通过上述交点确定的垂直于轴线平面且平行于基准轴线的平面。

图 8 - 29　中心距偏差和轴线平行度偏差

轴线平面上的 $\Delta f_{\Sigma\delta}$ 是指实际被测轴线 2 在轴线平面上的投影对基准曲线 1 的平行度偏差。垂直平面上的 $\Delta f_{\Sigma\beta}$ 是指实际被测轴线 2 在垂直平面上的投影对基准轴线的平行度偏差。

$\Delta f_{\Sigma\delta}$ 的公差 $f_{\Sigma\delta}$ 和 $\Delta f_{\Sigma\beta}$ 的公差 $f_{\Sigma\beta}$ 推荐用下列两个公式来确定：

$$f_{\Sigma\delta} = \frac{L}{b}F_{\beta} \qquad (8-19)$$

$$f_{\Sigma\beta} = 0.5\ \frac{L}{b}F_{\beta} = 0.5 f_{\Sigma\delta} \qquad (8-20)$$

轴线平行度偏差的合格条件是：$\Delta f_{\Sigma\delta} \leqslant f_{\Sigma\delta}$，$\Delta f_{\Sigma\beta} \leqslant f_{\Sigma\beta}$。

3）接触斑点

在齿轮箱体上安装好的配对齿轮所产生的接触斑点大小，可用于评估齿轮副的齿面接触精度。也可以将被测齿轮安装于机架上与测量齿轮（基准）在轻载下测量接触斑点，用来评估装配后的齿轮螺旋线精度和齿廓精度。图 8 - 30 所示为接触斑点分布示意图。表 8 - 11 给出了装配后齿轮副接触斑点的最低要求。

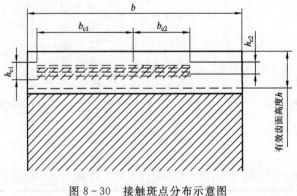

图 8 - 30　接触斑点分布示意图

表 8 - 11　装配后齿轮副接触斑点的最低要求（摘自 GB/Z 18620.4—2002）

精度等级 按 GB/T 10095—2008	b_{c1} 占齿宽的百分比	h_{c1} 占有效齿面 高度的百分比	b_{c2} 占齿宽的百分比	h_{c2} 占有效齿面 高度的百分比
4 级及更高	50%	70%	40%	50%
5 和 6	45%	50%	35%	30%
7 和 8	35%	50%	35%	30%
9 至 12	25%	50%	25%	30%

注：b_{c1} 为接触斑点的较大长度，单位为%；b_{c2} 为接触斑点的较小长度，单位为%；h_{c1} 为接触斑点的较大高度，单位为%；h_{c2} 为接触斑点的较小高度，单位为%。

2. 齿轮坯公差

齿轮坯的尺寸偏差和齿轮箱体的尺寸偏差对于齿轮副的接触条件和运行状况有着极大的影响。由于在加工齿轮坯和箱体时保持较紧的公差，比加工高精度的轮齿要经济得多，因此应首先根据拥有的制造设备条件，尽量使齿轮坯和箱体的制造公差保持最小值。这样可使加工的齿轮有较松的公差，从而获得更为经济的整体设计。

所谓齿轮坯，即通常所说的齿坯，它是指在轮齿加工前供制造齿轮用的工件。如前所述，齿坯的精度对齿轮的加工、检验和安装精度影响很大。因此，在一定的加工条件下，通过控制齿坯的质量来保证和提高轮齿的加工精度是一项有效的措施。

齿坯精度是指在齿坯上，影响齿轮加工和齿轮传动质量的基准表面上的误差，它包括尺寸误差、形状误差、基准面的跳动以及表面粗糙度。

1）齿轮坯尺寸公差

齿轮坯的尺寸公差主要是指基准孔或轴、齿轮齿顶圆的尺寸公差。国家标准已经规定了相应的尺寸公差，如表 8-12 所示。

表 8 - 12　齿坯尺寸公差（摘自 GB/T 10095—2008）

齿轮精度等级	5	6	7	8	9	10	11	12
孔尺寸公差	IT5	IT6	IT7		IT8		IT9	
轴尺寸公差	IT5		IT6		IT7		IT8	
顶圆直径公差	IT7	IT8			IT9		IT11	

注：① 齿轮的三项精度等级不同时，齿轮的孔、轴尺寸公差按最高精度等级确定；

② 齿顶圆柱面不作基准时，齿顶圆的直径公差按 IT11 给定，但不得大于 $0.1m_n$；

③ 齿顶圆的尺寸公差带通常采用 h11 或 h8。

2）齿轮坯的几何公差

表 8-13 和表 8-14 所示为国家标准推荐的基准面的几何公差要求。

表 8-13　基准面的几何公差(摘自 GB/Z 18620.3—2002)

确定轴线的基准面	公差项目		
	圆度	圆柱度	平面度
用两个"短"的圆柱或圆锥形基准面上设定的两个圆的圆心来确定轴线上的两个点	$0.04(L/b)F_\beta$ 或 $0.1F_p$，取两者中的小值		
用一个"长"的圆柱或圆锥形的面来同时确定轴线的位置和方向。孔的轴线可以用与之相匹配的正确装配的工作芯轴的轴线来代表		$0.04(L/b)F_\beta$ 或 $0.1F_p$，取两者中的小值	
轴线位置用一个"短"的圆柱形基准面上的一个圆的圆心来确定，其方向则用垂直于此轴线的一个基准端面来确定	$0.06F_p$		$0.06(D_d/b)F_\beta$

表 8-14　安装面的跳动公差(摘自 GB/Z 18620.3—2002)

确定轴线的基准面	跳动量(总的指示幅度)	
	径 向	轴 向
仅指圆柱或圆锥形基准面	$0.15(L/b)F_\beta$ 或 $0.3F_p$，取两者中的大值	
一个圆柱基准面和一个端面基准	$0.3F_p$	$0.2(D_d/b)F_\beta$

注：齿轮坯的公差减至能经济地制造的最小值。

　　用来确定基准轴线的面称为基准面。基准轴线是由基准面中心确定的。齿轮依此轴线来确定齿轮的细节，特别是确定齿距、齿廓和螺旋线的偏差的允许值。在制造或检测齿轮时用来安装齿轮的面为制造安装面。用来安装齿轮的面称为工作安装面。齿轮在工作时绕其旋转的轴线称为工作轴线，工作轴线是由工作安装面的中心确定的。工作轴线只有在考虑整个齿轮组件时才有意义。

　　在生产实验中，齿轮坯的形状是各种各样的，但是基本上有两种常用到的齿轮坯结构形式：一种是带孔齿轮的齿坯；另一种是齿轮轴的齿坯。

　　(1)带孔齿轮的齿坯几何公差。图 8-31 为带孔齿轮的常用结构形式，其基准表面为齿轮安装在轴上的基准孔，即用一个"长"的基准面来确定基准轴线。内孔的尺寸精度可按表 8-12 选取，可以根据是否有配合性质要求来确定是否采用包容要求。内孔圆柱度公差 t_1 可由表 8-13 查出，齿轮基准面的端面圆跳动 t_2、齿轮顶圆基准面的径向圆跳动 t_3

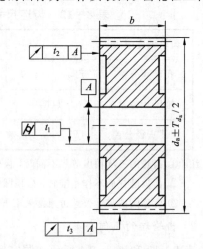

图 8-31　用一个"长"的基准面来确定基准轴线

可由表 8‑14 查出：

$$t_1 = 0.04(L/b)F_\beta \text{ 或 } 0.1F_p \qquad (8-21)$$

取两者中的较小值可得：

$$t_2 = 0.2(D_d/b)F_\beta \qquad (8-22)$$

$$t_3 = 0.3\,F_p \qquad (8-23)$$

式中：L 为箱体轴承孔跨距；b 为齿轮宽度；D_d 为基准端面的直径；F_β 为螺旋线总偏差；F_p 为齿距累积总偏差。

（2）齿轮轴的齿坯几何公差。图 8‑32 所示为用两个"短"的基准面确定基准轴线的例子。左、右两个短圆柱面为与轴承配合的配合面。图 8‑32 中的 t_1 和 t_3 分别按式(8‑21)和式(8‑23)给定。

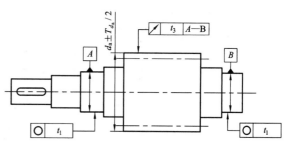

图 8‑32　用两个"短"的基准面确定基准轴线

3）齿轮表面和齿轮坯基准面的表面粗糙度

国家标准规定了轮齿表面和齿轮坯的表面粗糙度，因此齿轮表面和齿轮坯基准面的表面粗糙度可从表 8‑15 和表 8‑16 中查取。

表 8‑15　齿轮表面粗糙度推荐极限值(摘自 GB/Z 18620.4—2002)

齿轮精度等级	$Ra/\mu m$		$Rz/\mu m$	
	$m_n < 6$	$m_n \leqslant 25$	$m_n < 6$	$6 \leqslant m_n \leqslant 25$
3		0.16		1.0
4		0.32		2.0
5	0.5	0.63	3.2	4.0
6	0.8	1.00	5.0	6.3
7	1.25	1.60	8.0	10
8	2.0	2.5	12.5	16
9	3.2	4.0	20	25
10	5.0	6.3	32	40

表 8‑16　齿轮坯各基准面的表面粗糙度推荐值

齿轮精度等级 / 齿面加工方法 / 各基准面	5	6	7		8	9	
	磨齿	磨或珩齿	剃或珩齿	精插精铣	插齿或滚齿	滚齿	铣齿
齿轮基准孔	0.32~0.63	1.25	1.25~2.5			5	
齿轮轴基准轴颈	0.32	0.63	1.25		2.5		
齿轮基准端面	2.5~1.25	2.5~5			3.2~5		
齿轮顶圆	1.25~2.5	3.2~5					

8.5.5　齿轮偏差选用示例

【例 8‑2】　今有某机床主轴箱传动轴上的一对直齿圆柱齿轮，小齿轮和大齿轮的齿数

分别为 $z_1=26$，$z_2=56$，模数为 $m=2.75$，齿宽分别为 $b_1=28$ 和 $b_2=24$，小齿轮基准孔的公称尺寸为 $\phi30$，转速 $n_1=1650$ r/min，箱体上两对轴承孔的跨距 L 相等，皆为 90。齿轮材料为钢，箱体材料为铸铁，单件小批生产。试设计小齿轮的精度，并画出齿轮工作图。

解：（1）确定齿轮的精度等级。因该齿轮为机床主轴箱传动齿轮，故由表 8-5 可以大致得出，齿轮精度在 3～8 级之间。进一步分析，该齿轮既传递运动又传递动力，属于高速动力齿轮，因此可根据线速度确定其传动平稳性的精度等级。该齿轮的线速度为

$$v = \frac{\pi d n_1}{60 \times 1000} = \frac{3.14 \times 2.75 \times 26 \times 1650}{60\ 000} = 6.2 \text{ m/s}$$

参考表 8-6 可确定该齿轮传动的平稳性精度为 7 级，由于该齿轮传递运动准确性要求不高，传递动力也不是很大，因此传递运动准确性和载荷分布均匀性也可都取 7 级，则齿轮精度在图样上标注为 7GB/T 10095.1—2008。

（2）确定齿轮精度的必检偏差项目及其允许值。齿轮传递运动准确性精度的必检参数为 ΔF_p（因本机床传动轴上的齿轮属于普通齿轮，故不需要规定齿距累积偏差 ΔF_{pk}）；传动平稳性精度的必检参数为 Δf_{pt} 和 ΔF_α；载荷分布均匀性精度的必检参数为 ΔF_β。由表 8-2 可查得，齿距累积总偏差 $F_p=0.038$，单个齿距偏差 $\pm f_{pt}=\pm0.012$，齿廓总偏差 $F_\alpha=0.016$。由表 8-3 查得，螺旋线总偏差 $F_\beta=0.017$。

（3）确定最小法向侧隙和齿厚偏差。公称中心距为

$$a = \frac{m}{2}(z_1+z_2) = \frac{2.75}{2} \times (26+56) = 112.75$$

最小法向侧隙 j_{bnmin} 由中心距 a 和法向模数 m_n 按式（8-11）或查表 8-8 确定：

$$j_{bnmin} = \frac{2}{3}(0.06 + 0.0005a + 0.03m_n)$$

$$= \frac{2}{3}(0.06 + 0.0005 \times 112.75 + 0.03 \times 2.75) = 0.133$$

确定齿厚极限偏差时，首先要确定补偿齿轮和齿轮箱体的制造、安装误差所引起的侧隙减少量 J_{bn}。由表 8-2 和表 8-3 查得 $f_{pt1}=12\ \mu m$，$f_{pt2}=13\ \mu m$，$F_\beta=17\ \mu m$，$L=90$，$b=28$，将这些值代入式（8-13）中可得

$$J_{bn} = \sqrt{0.88(f_{pt1}^2 + f_{pt2}^2) + \left[1.77 + 0.34\left(\frac{L}{b}\right)^2\right]F_\beta^2}$$

$$= \sqrt{0.88(12^2 + 13^2) + \left[1.77 + 0.34\left(\frac{90}{28}\right)^2\right] \times 17^2} = 42.5\ \mu m$$

由表 8-10 查得 $f_a=27\ \mu m$，将其代入式（8-14）可得齿厚上极限偏差为

$$E_{sns} = -\left(\frac{j_{bnmin} + J_{bn}}{2\cos\alpha_n} + |f_a|\tan\alpha_n\right)$$

$$= -\left(\frac{0.133 + 0.0425}{2\cos20°} + 0.027 \times \tan20°\right) = -0.103$$

由表 8-2 查得 $F_r=30\ \mu m$，由表 8-9 查得 $b_r=IT9=74\ \mu m$，将其代入式（8-16）可得齿厚公差为

$$T_{sn} = \sqrt{b_r^2 + F_r^2} \cdot 2\tan\alpha_n = \sqrt{30^2 + 74^2} \cdot 2\tan20° = 58\ \mu m$$

最后，可得齿厚下极限偏差为

$$E_{sni} = E_{sns} - T_{sn} = -0.103 - 0.058 = -0.161$$

通常对于中等模数和小模数齿轮，用检查公法线长度偏差来代替齿厚偏差。

由表 8-2 查得 $F_r = 30~\mu m$，按式(8-17)和式(8-18)可得公法线长度上、下极限偏差分别为

$$E_{bns} = E_{sns} \cos\alpha_n - 0.72 F_r \sin\alpha_n$$
$$= (-0.103 \cos20°) - 0.72 \times 0.030 \times \sin20° = -0.104$$
$$E_{bni} = E_{sni} \cos\alpha_n + 0.72 F_r \sin\alpha_n$$
$$= (-0.161 \cos20°) + 0.72 \times 0.030 \times \sin20° = -0.144$$

按式(8-4)和式(8-5)可得跨齿数 k 和公称公法线长度 W_k 分别为

$$k = \frac{z}{9} + 0.5 = \frac{26}{9} + 0.5 = 3.39$$

此处取 $k=3$。

$$W_k = m[1.476(2k-1) + 0.014z] = 2.75[1.476 \times (2 \times 3 - 1) + 0.014 \times 26] = 21.296$$

则公法线长度及偏差为

$$W_k = 21.296_{-0.144}^{-0.104}$$

（4）齿坯公差。

① 基准孔的尺寸公差和几何公差。

按表 8-12，基准孔尺寸公差为 IT7，并采用包容要求，即 $\phi30H7$ Ⓔ $= \phi31_0^{+0.021}$ Ⓔ。

按式(8-21)计算，将所得值中较小者作为基准孔的圆柱度公差：

$$t_1 = 0.04(L/b)F_\beta = 0.04(90/28) \times 0.017 = 0.002$$

或

$$t_1 = 0.1F_p = 0.1 \times 0.038 = 0.0038$$

取 $t_1 = 0.002$。

② 齿顶圆的尺寸公差和几何公差。

按表 8-12，齿顶圆的尺寸公差为 IT8，即 $\phi77h8 = \phi77_{-0.046}^0$。

按式(8-21)计算，将所得值中较小者作为齿顶圆柱面的圆柱度公差 $t_1 = 0.002$（同基准孔）。

按式(8-23)得齿顶圆对基准孔轴线的径向圆跳动公差：

$$t_3 = 0.3F_p = 0.3 \times 0.038 = 0.011$$

如果齿顶圆柱面不作基准，则图样上不必给出 t_1 和 t_3。

③ 基准端面的圆跳动公差。按式(8-22)确定基准端面对基准孔的端面圆跳动公差：

$$t_2 = 0.2(D_d/b)F_\beta = 0.2(65/28) \times 0.017 = 0.008$$

④ 径向基准面的圆跳动公差。由于齿顶圆柱面作测量和加工基准，因此，不必另选径向圆跳动公差。

⑤ 齿坯表面粗糙度。

由表 8-15 查得齿面粗糙度 Ra 的极限值为 $1.25~\mu m$。

由表 8-16 查得齿坯内孔 Ra 的上限值为 $1.25~\mu m$，端面 Ra 的上限值为 $2.5~\mu m$，顶圆 Ra 的上限值为 $3.2~\mu m$，其余表面的表面粗糙度 Ra 的上限值为 $12.5~\mu m$。

（5）确定齿轮副偏差项目。

① 齿轮副中心距偏差 $\pm f_a$。由表 8-10 查得 $\pm f_a = \pm 27~\mu m$，则在图上标注

$a = 112.75 \pm 0.027$。

② 轴线平行度公差 $f_{\Sigma\delta}$ 和 $f_{\Sigma\beta}$。轴线平面上的轴线平行度公差和垂直平面上的轴线平行度公差分别按式(8-19)和式(8-20)确定：

$$f_{\Sigma\delta} = \frac{L}{b}F_\beta = \frac{90}{28} \times 0.017 = 0.055$$

$$f_{\Sigma\beta} = 0.5\frac{L}{b}F_\beta = 0.028$$

③ 轮齿接触斑点。由表8-11查得轮齿接触斑点要求：在齿长方向上的 $b_{c1}/b \geqslant 35\%$ 和 $b_{c2}/b \geqslant 35\%$；在齿高方向上的 $h_{c1}/h \geqslant 50\%$ 和 $h_{c2}/h \geqslant 30\%$。

将中心距偏差 $\pm f_a$ 和轴线平行度公差 $f_{\Sigma\delta}$、$f_{\Sigma\beta}$ 在箱体图上注出。

图 8-33 所示为该齿轮的工作图。

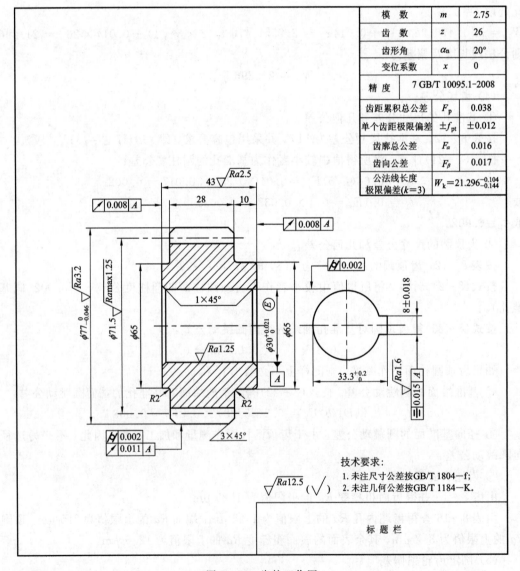

模　数	m	2.75
齿　数	z	26
齿形角	α_n	20°
变位系数	x	0
精　度	7 GB/T 10095.1-2008	
齿距累积总公差	F_p	0.038
单个齿距极限偏差	$\pm f_{pt}$	± 0.012
齿廓总公差	F_α	0.016
齿向公差	F_β	0.017
公法线长度极限偏差$(k=3)$	$W_k = 21.296^{-0.104}_{-0.144}$	

技术要求：
1. 未注尺寸公差按GB/T 1804-f；
2. 未注几何公差按GB/T 1184-K。

标　题　栏

图 8-33　齿轮工作图

8.6 齿轮精度检测

齿轮精度的检测包括齿轮副的检测和单个齿轮的检测。下面主要介绍单个齿轮主要检验项目的检测方法。

8.6.1 齿轮径向跳动的测量

齿轮径向跳动通常在摆差测定仪上进行，如图 8-34 所示，将被测齿轮装在测量心轴上并顶在仪器前后顶尖间，由带有测头的指示表依次测量各齿间的示值。测头的形状可以是球形的，也可以是锥角为 $2\alpha_n$ 的锥形测头。为了使测头尽可能地在齿轮的分度圆附近接触，球形测头的直径可近似地取 $d_m = 1.68 m_n$。将测量一圈后指示表读数的最大值与最小值相减就可得到径向跳动偏差 ΔF_r。有时为了进行工艺分析，可以画出偏差 ΔF_r 曲线，并从中分析出齿轮的偏心量，如图 8-24 所示。

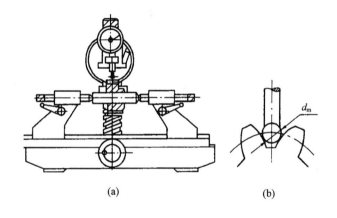

(a)   (b)

图 8-34　齿轮径向跳动的测量

8.6.2 齿距的测量

齿距偏差的测量分为绝对测量法和相对测量法两类。

1. 齿距偏差的绝对测量法

齿距偏差的绝对测量法是直接测出齿轮各齿的齿距角偏差，再换算成线值，其测量原理如图 8-35 所示。被测齿轮 1 同心地装在分度盘 2 上，其每次转角可由显微镜 3 读出，被测齿轮的分度定位由测量杆 4 和指示表 5 完成。测头在分度圆附近与齿面接触，每次转角都由指示表指零位，依次读出各齿距的转角。测量示例及数据处理如表 8-17 所示。

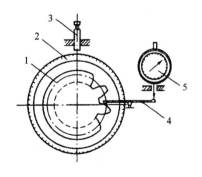

图 8-35　用绝对测量法测量齿距偏差

表 8-17　用绝对测量法测量齿距偏差的数据处理示例($m=2$, $z=8$, $k=3$)

齿距序号 i	理论转角 φ	实际转角 φ_{ai}	角齿距累积偏差 $\Delta\varphi_{\Sigma}=\varphi_{ai}-\varphi$	角齿距偏差 $\Delta\varphi_i=\varphi_{a(i+1)}-\varphi_{ai}$	k 个角齿距累积偏差 $\Delta\varphi_{\Sigma k}=\sum\limits_{i-k+1}^{i}\Delta\varphi_i$
1	45°	45°2′	+2′	+2′	+6′(7~1)
2	90°	90°5′	(+5′)	+3′	+6′(8~2)
3	135°	135°4′	+4′	−1′	+4′(1~3)
4	180°	180°1′	+1′	+3′	−1′(2~4)
5	225°	224°57′	−3′	(−4′)	(−8′)(3~5)
6	270°	269°56′	(−4′)	−1′	−8′(4~6)
7	315°	314°59′	−1′	+3′	−2′(5~7)
8	360°	360°0′	0′	+1′	+3′(6~8)

注：括号中的数字表示齿距序号。

由表 8-17 可得出相应于齿距累积偏差最大值的最大角齿距累积总偏差为

$$\Delta\varphi_{\Sigma max} = (+5') - (-4') = 9'$$

发生在第 6 与第 2 齿距之间。角齿距偏差的最大值 $\Delta\varphi_{max}=-4'$，发生在第 5 齿距。跨 k 个角齿距($k=3$)累积偏差的最大值差为 $-8'$(发生在第 3~5 或第 4~6 齿距上)。

将上述结果换算成线值：

$$F_p = \frac{mz\cdot\Delta\varphi_{\Sigma max}\times 60}{2\times 206.3} = \frac{2\times 8\times 9\times 60}{2\times 206.3} \approx 21\ \mu m$$

$$f_{pt} = \frac{mz\cdot\Delta\varphi_{max}\times 60}{2\times 206.3} = \frac{2\times 8\times (-4)\times 60}{2\times 206.3} \approx -9\ \mu m$$

$$F_{pk} = \frac{mz\cdot\Delta\varphi_{kmax}\times 60}{2\times 206.3} = \frac{2\times 8\times (-8)\times 60}{2\times 206.3} \approx -19\ \mu m$$

2. 齿距偏差的相对测量法

齿距偏差的相对测量法一般是在万能测齿仪或齿距仪上进行测量的，如图 8-36 所示。齿距仪的测头 3 为固定测头，活动测头 2 与指示表 7 相连，测量时将齿距仪与被测齿轮平放在检验平板上，用两个定位杆 4 顶在齿轮顶圆上，调整测头 2 和 3 使其大致在分度圆附近接触，以任一齿距作为基准齿距并将指示表对零，然后对齿距进行逐个测量，得到各齿距相对于基准齿距的偏差 $\Delta P_{相}$，如表 8-18 所示。然后求出平均齿距偏差 $\Delta P_{平}$，

$$\Delta P_{平} = \sum_{i=1}^{z}\frac{\Delta P_{i相}}{z} = \frac{1}{8}[0+3+(-2)+3+5+(-2)+3+(-2)] = \frac{+8}{8} = +1$$，再求

出 $\Delta P_{i绝} = \Delta P_{i相} - \Delta P_{平}$ 各值，将 $\Delta P_{i绝}$ 值累积后得到齿距累积偏差 ΔF_{pi}，从 ΔF_{pi} 中找出最大值、最小值，其差值即为齿距总偏差 ΔF_p，发生在第 3 和第 5 齿距间。

$$\Delta F_p = \Delta F_{pimax} - \Delta F_{pimin} = (+4) - (-2) = 6\ \mu m$$

在 $\Delta P_{i绝}$ 中找出绝对值最大的那个值即为单个齿距偏差，发生在第 5 齿距，该值为

$$\Delta f_{pt} = +4\ \mu m$$

将 ΔF_{pi} 值每相邻 3 个数字相加即得出 $k=3$ 时的 ΔF_{pk} 值，取其齿距累积偏差，此例中绝对值最大值为 $|-4|\mu m$，发生在第 6~8 齿距间，即 $\Delta F_{pk}=4\ \mu m$。

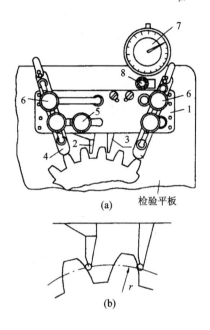

(b)

图 8-36　用齿距仪测量齿距偏差

表 8-18　相对测量法测量齿距偏差的数据处理示例

齿距序号 i	齿距仪读数 $\Delta P_{i相}$	$\Delta P_{i绝} = \Delta P_{i相} - \Delta P_{平}$	$\Delta F_{pi} = \sum_{i=1}^{z} \Delta P_{i绝}$	$\Delta F_{pk} = \sum_{i-k+1=1}^{i} \Delta P_{i绝}$
1	0	−1	−1	−2 (7~1)
2	+3	+2	+1	−2 (8~2)
3	−2	−3	(−2)	−2 (1~3)
4	+3	+2	0	+1 (2~4)
5	+5	(+4)	(+4)	+3 (3~5)
6	−2	−3	+1	+3 (4~6)
7	+3	+2	+3	+3 (5~7)
8	−2	−3	0	−4 (6~8)

8.6.3　齿廓偏差的测量

齿廓偏差测量也叫齿形测量，通常是在渐开线检查仪上进行的。渐开线检查仪分为万能渐开线检查仪和单盘式渐开线检查仪两类。图 8-37 所示为单盘式渐开线检查仪示意图。该仪器是用比较法进行齿形偏差测量的，即将被测齿形与理论渐开线进行比较，从而得出齿廓偏差。被测齿轮 1 与可更换的基圆盘 2 装在同一轴上，基圆盘直径等于被测齿轮的理论基圆直径，并与装在滑板 4 上的直尺 3 相切，具有一定的接触力。当转动丝杠 5 使滑板 4 移动时，直尺 3 便与基圆盘 2 作纯滚动，此时齿轮也同步转动。在滑板 4 上装有测量杠杆 6，它的一端为测量头，与被测齿面接触，其接触点刚好在直尺 3 与基圆盘 2 相切的平面上，它走出的轨迹应为理论渐开线，但由于齿面存在齿廓偏差，因此在测量过程中测头就产生了附加位移并通过指示表 7 指示出来，或由记录器画出齿廓偏差曲线。如图 8-15 所示，按 ΔF_a 的定义可以从记录曲线上求出 ΔF_a 数值。

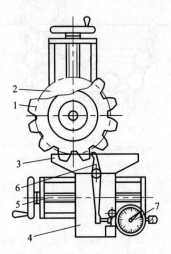

图 8-37　单盘式渐开线检查仪

8.6.4　齿向和螺旋线偏差的测量

直齿圆柱齿轮的齿向偏差 ΔF_β 可用如图 8-38 所示的方法测量。齿轮连同测量心轴安装在具有前后顶尖的仪器上，将直径大致等于 $1.68m_n$ 的测量棒分别放入齿轮相隔 90°的 1、2 位置的齿槽间，在测量棒两端打表，测得的两次示值差就可近似地作为齿向偏差 ΔF_β。

斜齿轮的螺旋线偏差可在导程仪或螺旋角测量仪上测量，如图 8-39 所示。当滑板 1 沿齿轮轴线方向移动时，其上的正弦尺 2 带动滑板 5 作径向运动，滑板 5 又带动与被测齿轮 4 同轴的圆盘 6 转动，从而使齿轮与圆盘同步转动，此时装在滑板 1 上的测头 7 相对于齿轮 4 来说，其运动轨迹为理论螺旋线，将该螺旋线与齿轮齿面实际螺旋线进行比较即可测出螺旋线或导程偏差，并由指示表 3 指示出来或由记录器画出偏差曲线。如图 8-17 所示，可照按 ΔF_β 的定义从偏差曲线上求出 ΔF_β 值。

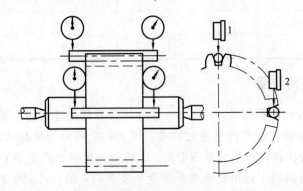

图 8-38　测量直齿圆柱齿轮齿向偏差

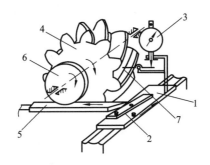

图 8 - 39　导程仪示意图

8.6.5　公法线长度的测量

测量公法线可以得出公法线长度变动量 $\Delta F_{\rm w}$ 和公法线长度偏差 $\Delta E_{\rm bn}$。

图 8 - 40(a) 所示为用千分尺测量公法线。将公法线千分尺的两个互相平行的测头按事先算好的卡量齿数插入相应的齿间,并与两异名齿面相接触,从千分尺上读出公法线长度值,沿齿轮一周所得的测量值中最大、最小值之差即为 $\Delta F_{\rm w}$,而测得的实际公法线长度值与公法线理论值之差即为公法线长度偏差 $\Delta E_{\rm bn}$。理论上应测出沿齿轮一周的所有公法线值,但为简便起见,可只测圆周均匀分布的 6 个公法线值进行计算。

图 8 - 40(b) 所示为公法线指示卡规,在卡规本体圆柱 5 上有两个平面测头 7 与 8,其中,测头 8 是活动的,且通过片弹簧 9 及杠杆 10 与测微表 1 相连,固定测头可在本体圆柱 5 上调整轴向位置并固紧,3 为固定框架,2 为拨销,6 为调节手柄,把它从圆柱 5 上压下,插入套筒 4 的开口中,拧动后可调节测头 7 的轴向位置。测量时首先用等于公法线理论长度的量块调整卡规的零位,然后按预定的卡量齿数将两测头插入相应的齿槽内并与两异名齿面相接触,然后摆动卡规从测微表上找到转折点,即可测得该测点上的 $\Delta E_{\rm bn}$,取沿齿轮圆周各点即可测得其偏差值。各测点的最大与最小值之差即为 $\Delta F_{\rm w}$。

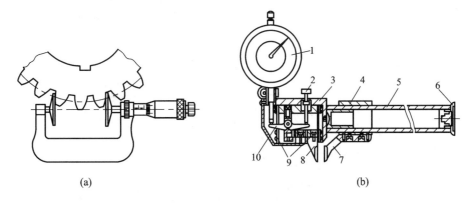

(a)　　　　　　　　　　　　　　　　　　(b)

图 8 - 40　公法线测量器具

8.6.6　齿厚的测量

齿厚测量可用齿厚游标卡尺(见图 8 - 41),也可用精度更高一些的光学测齿仪。

用齿厚游标卡尺测量齿厚时,首先将齿厚游标卡尺的高度游标卡尺调至相应于分度圆弦齿高$\overline{h_a}$的位置，然后用宽度游标卡尺测出分度圆弦齿厚$\overline{S}$值，将其与理论值比较即可得到齿厚偏差ΔE_{sn}。

对于斜齿轮，应测量其法向齿厚，其计算公式与直齿轮相同，只是应将法向参数m_n、α_n、x_n和当量齿数z'代入相应公式计算。

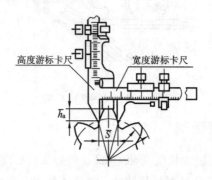

图 8-41 齿厚测量

8.6.7 单面啮合综合测量

在齿轮单啮仪上可测得切向综合偏差$\Delta F_i'$和一齿切向综合偏差$\Delta f_i'$。图 8-42(a)所示为光栅式单啮仪示意图，它由两个光栅盘建立标准传动，将被测齿轮与标准蜗杆单面啮合组成实际传动。电动机通过传动系统带动标准蜗杆和圆光栅盘Ⅰ转动，标准蜗杆带动被测齿轮及其同轴上的光栅盘Ⅱ转动。高频光栅盘Ⅰ和低频光栅盘Ⅱ分别通过信号发生器Ⅰ和Ⅱ将标准蜗杆和被测齿轮的角位移转变成电信号，根据标准蜗杆头数K及被测齿轮的齿数z通过分频器可将高频电信号(f_1)作z分频，将低频电信号(f_2)作K分频，于是将光栅Ⅰ和Ⅱ发出的脉冲信号变成同频信号。

被测齿轮的偏差可以回转角误差的形式反映出来，此回转角的微小角位移误差变为两电信号的相位差，两电信号输入比相器进行比相后输入到电子记录器中记录，便得出被测齿轮的偏差曲线图(见图 8-42(b))，此误差曲线是画在圆记录纸上的(有的单啮仪可在长记录纸上画出误差曲线，如图 8-19 所示)，以记录纸中心O为圆心，画出误差曲线的最大内切圆和最小外接圆，则此两圆的半径差为$\Delta F_i'$，相邻两齿的曲线最大波动为$\Delta f_i'$。

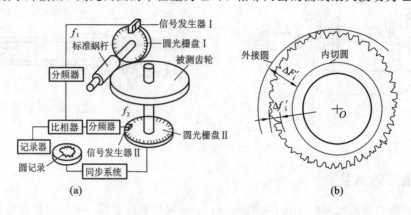

图 8-42 光栅式单啮仪示意图

8.6.8 双面啮合综合测量

在齿轮双啮仪上可以测得径向综合偏差 $\Delta F_i''$ 和一齿径向综合偏差 $\Delta f_i''$。

图 8-43(a)所示为齿轮双啮合测量图。被测齿轮安装在固定拖板 1 的心轴上,理想精确的测量齿轮安装在浮动拖板 2 的心轴上,在弹簧力的作用下,两者达到紧密无间隙的双面啮合,此时的中心距为度量中心距 a'。当二者转动时由于被测齿轮存在加工误差,使得度量中心距发生变化,此变化通过测量台架的移动传到指示表或由记录装置画出偏差曲线,如图 8-43(b)所示。从偏差曲线上可读得 F_i'' 与 f_i''。径向综合偏差包括左、右齿面啮合偏差的成分,它不可能得到同侧齿面的单向偏差。该方法可用于大量生产的中等精度齿轮及小模数齿轮的检测。

双啮测量中的标准齿轮,不但其精度要比被测齿轮高 2～3 级,而且其啮合参数也要精心设计,以保证它能与被测齿轮充分、全面地啮合,达到全面检查的目的,详见国家标准。

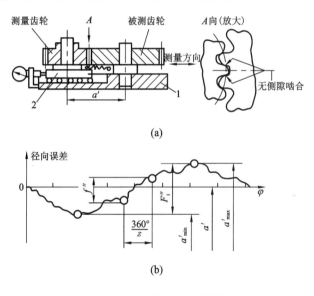

图 8-43 齿轮双啮合测量图

习 题 8

8-1 某直齿轮 $m=3$,$z=30$,$\alpha=20°$,$x=0$,齿轮精度为 8 级,经测量(按圆周均布测量)公法线长度分别为:32.130,32.124,32.095,32.133,32.106 和 32.120,若公法线要求为 $32.256_{-0.198}^{-0.120}$,试判断该齿轮公法线长度偏差 ΔE_{bn} 与公法线长度变动量 ΔF_w 是否合格?(公差可查表 8-2)

8-2 已知某通用减速器的一对齿轮,$z_1=25$,$z_2=100$,$m=3.5$,$\alpha=20°$。小齿轮为主动齿轮,转速为 1400 r/min。试确定小齿轮的精度等级。

8-3 某减速器中一对圆柱直齿轮,$m=5$,$z_1=20$,$z_2=60$,$\alpha=20°$,$x=0$,$b_1=50$,$b_2=46$,$n_1=960$ r/min,箱体上两对轴承孔的跨距相等,$L=100$,齿轮为钢制,箱体为铸

铁制造，单件小批生产。试确定：

(1) 小齿轮的精度等级；

(2) 小齿轮必检参数及其允许值(查表)；

(3) 齿厚上、下偏差和公法线长度偏差允许值；

(4) 齿轮箱体精度要求及允许值；

(5) 齿坯精度要求及允许值；

(6) 齿轮工作图。

8-4 某直齿圆柱齿轮，$m=4$，$\alpha=20°$，$x=0$，$z=10$，加工后用齿距仪通过齿距相对测量法可测得如下数据：0，$+3$，-7，0，$+6$，$+10$，$+2$，-7，$+1$，$+2$ μm，齿轮精度为 7(GB/T 10095.1—2008)，试判断该齿轮 ΔF_p、Δf_{pt}、$\Delta F_{pk}(k=3)$ 是否合格？

8-5 某圆柱直齿齿轮，其模数 $m=3$，齿数 $z=8$，齿形角 $\alpha=20°$，按绝对法测量齿距偏差，测得各齿距累积角分别为：$0°$，$45°0'12''$，$90°0'20''$，$135°0'18''$，$180°0'6''$，$224°59'38''$，$269°59'34''$，$314°59'54''$。试求 ΔF_p、Δf_{pt} 和 $\Delta F_{pk}(k=3)$ 的偏差值。

第9章 尺寸链基础

9.1 尺寸链的基本概念

9.1.1 尺寸链的定义

在设计各类机器及其零、部件时，除了对其进行运动、刚度、强度等分析与计算以外，还要进行几何精度的分析与计算。所谓几何精度的分析与计算，是指决定机器零件最终或工序间的合理的几何参数公差与极限偏差，使机器零件能顺利地加工和正确地进行装配，并保证在工作时满足精度方面的要求。本章将集中讨论几何精度的分析与计算，其根据是机械产品的技术规范(也称技术条件)，并由此合理地规定各零件最终或工序间的尺寸公差、几何公差。这对于保证产品质量，使产品获得最佳技术经济效益具有重要意义。

几何精度的分析与计算可以运用尺寸链的理论与方法。

在设计机器和零、部件时，设计图上形成的封闭尺寸的组合叫设计尺寸链。设计尺寸链可分为零件尺寸链、部件尺寸链和总体尺寸链。

在加工工艺过程中，各工序的加工尺寸构成封闭的尺寸组合，或在某工序中工件、夹具、刀具、机床的有关尺寸形成了封闭的尺寸组合，这两种尺寸组合统称为加工工艺尺寸链。

在机器或零、部件装配的过程中，零件和部件间有关尺寸构成的互相有联系的封闭尺寸组合称为装配尺寸链。装配尺寸链有时和结构尺寸链一致，但有时因装配工艺方法不同，装配工艺尺寸链和总体结构尺寸链不一致，有时还由于采用不同的测量工具，使测量基准不一致，形成测量尺寸链，亦称检验尺寸链。

一般来说，在机器装配或零件加工过程中，由相互连接的尺寸形成封闭的尺寸组，称为尺寸链。在图9-1中，孔和轴的装配形成尺寸链；台阶轴的加工也形成尺寸链；设计弯臂图样时形成尺寸链；标注支架的形位公差时形成角度尺寸链；另外，复杂的零件也形成平面或空间尺寸链。

9.1.2 尺寸链的构成

1. 尺寸链由环组成

列入尺寸链中的每一个尺寸称为环。例如，将台阶轴的加工尺寸抽象出来，如图9-2所示，就形成了尺寸链。其中，A_0、A_1、A_2 称做环。在图9-1所示的封闭尺寸组中，每一个尺寸都可称做环。环按几何特征可分为长度环和角度环，也称为线环和角环。如孔和轴的装配、台阶轴的加工，都属于线环；支架形位公差的标注形成角度环。按环的变动性质又可分为标量环和矢量环。标量环只有大小的变动，矢量环兼有大小与方向的变动。

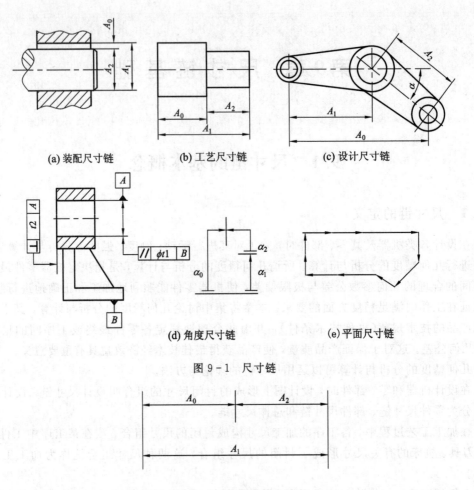

(a) 装配尺寸链　　(b) 工艺尺寸链　　(c) 设计尺寸链

(d) 角度尺寸链　　(e) 平面尺寸链

图 9-1　尺寸链

图 9-2　抽象的尺寸链

在尺寸链理论中，一般将尺寸链的环分为封闭环和组成环。尺寸链的解算就是围绕封闭环和组成环来进行的。深刻理解封闭环和组成环，特别是在尺寸链中正确区分封闭环，这在尺寸链的解算中是非常重要的。

2. 封闭环

在装配和加工过程中，最后自然形成的环称为封闭环，亦称终结环。在零、部件的装配中，封闭环通常是对有关要素间的联系所提出的技术要求，如间隙、过盈、位置精度等。在图 9-1 中，孔、轴装配后，形成的间隙 A_0 即为封闭环。在加工或设计过程中，封闭环通常是零件设计图样上未标注的尺寸或加工中最后形成的尺寸，即最不重要的尺寸。如在图 9-1 中，台阶轴 A_0 的尺寸是最后自然形成的，是封闭环，加工者只需测量和保证 A_1、A_2 尺寸；弯臂 A_0 在图样上不需要进行标注，是封闭环。在尺寸链的解算中，一定要正确确定封闭环，它是正确解算的第一步。

3. 组成环

对封闭环有影响的全部环称为组成环。组成环中任一环的变动必然引起封闭环的变动。组成环是尺寸链中除封闭环以外的所有的环。图 9-1 中所有 A_1 和 A_2 尺寸，α_1 和 α_2

均为组成环。依据组成环对封闭环的影响不同，可以进一步把组成环分为增环和减环。事实上，组成环的概念正是通过增环和减环来表示的。正确确定增环和减环也是解算尺寸链的关键步骤。

（1）增环：亦称正环，该环的变动引起的封闭环同向变动称为正变，这是确定增环的准则。在图 9-2 中，A_1 是增环。若其他环保持不变，A_1 增加，则封闭环亦增加；A_1 减少，则封闭环亦减少。这里规定，增环用 $\vec{A}_z$ 来表示。

（2）减环：亦称负环，该环的变动引起的封闭环反向变动称为反变，这是确定减环的准则。同理，在图 9-2 中，A_2 是减环。若其他环保持不变，A_2 增加，则封闭环减少；A_2 减少，则封闭环增加。这里规定，减环用 $\overleftarrow{A}_j$ 来表示。

在尺寸链的解算中，为了得出正确的解算关系，往往选出某一组成环作为可调整的环，这个可调整的环称为补偿环，亦称协调环。补偿环可以是增环也可以是减环。

（3）补偿环：预先选定的某一组成环，通过改变它的大小或位置，可使封闭环达到规定的要求。

在尺寸链中，封闭环与组成环的关系表现为函数关系。封闭环是所有组成环的函数，用式子来表示，即

$$A_0 = f(A_1, A_2, \cdots, A_m) \tag{9-1}$$

式中：A_0 为封闭环；A_1，A_2，$\cdots$，A_m 为组成环；m 为组成环数。

所有组成环的变动都将在封闭环上显示其影响。一般来说，各组成环彼此之间是互相独立的，即这一组成环的变动与其余组成环无关。显然，封闭环与组成环的性质是不同的，事实上，它们构成了尺寸链中的两个对立面。分析尺寸链就是分析所有组成环的变动对封闭环的影响，以及分析组成环的公差或极限偏差与封闭环的公差或极限偏差的关系。进一步地说，组成环变动对封闭环的影响可用传递系数来表示。

（4）传递系数 ξ_i：第 i 个组成环对封闭环的影响大小的系数。

传递系数是组成环在封闭环上引起的变动量与该组成环本身变动量之比，即

$$\xi_i = \frac{\partial f}{\partial A_i} \tag{9-2}$$

式中，$1 \leqslant i \leqslant m$，$m$ 为组成环环数。

例如，在图 9-2 中，有函数关系 $A_0 = A_1 - A_2$，依据式（9-2），则有 $\xi_1 = 1$，$\xi_2 = -1$。在弯臂尺寸链中，也有函数关系 $A_0 = A_1 + A_2 \cos\alpha$，同理，依据式（9-2），又有 $\xi_1 = 1$，$\xi_2 = \cos\alpha$。其中，ξ_i 为正值是增环；ξ_i 为负值是减环。

9.1.3　尺寸链的特征

尺寸链具有以下四个特征。

（1）封闭性：各环必须依次连接封闭，不封闭不成为尺寸链，如图 9-1 所示的各尺寸链。

（2）关联性（函数性）：任一组成环尺寸或公差的变化都必然引起封闭环尺寸或公差的变化。例如，增环或减环的变动都将引起封闭环的相应的变动。

（3）唯一性：一个尺寸链只有一个封闭环，不能没有也不能出现两个或两个以上的封闭环。例如，在图 9-3 中，同一个零件的加工顺序不同，不能增加或减少封闭环数，只能

改变封闭环 A_0 的位置。

（4）最少三环：一个尺寸链最少有三环，少于三环的尺寸链不存在。

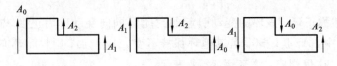

图 9-3　加工顺序不同

9.1.4　尺寸链的种类

1. 按功能要求分类

尺寸链有各种不同的形式，按功能要求可分为设计尺寸链、装配尺寸链和工艺尺寸链。

（1）设计尺寸链：全部组成环为同一零件设计尺寸所形成的尺寸链，如图 9-1(c)所示的弯臂尺寸链。

（2）装配尺寸链：全部组成环为不同零件设计尺寸所形成的尺寸链，如图 9-1(a)所示的孔、轴装配尺寸链。

（3）工艺尺寸链：全部组成环为同一零件工艺尺寸所形成的尺寸链，如图 9-4 所示。

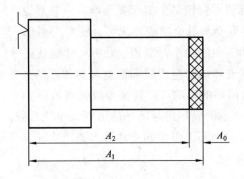

图 9-4　工艺尺寸链

2. 按相互位置分类

尺寸链按相互位置可分为直线尺寸链、平面尺寸链和空间尺寸链。

（1）直线尺寸链：全部组成环平行于封闭环的尺寸链，如图 9-1(a)所示的装配和加工工艺尺寸链。

（2）平面尺寸链：全部组成环位于一个或几个平行平面内，如图 9-1(e)所示的弯臂尺寸链。

（3）空间尺寸链：组成环位于几个不平行平面内的尺寸链，如用于飞机起落架中的空间连杆机构，建筑业中的金属结构桁架等。

实际上，当在尺寸链解算中遇到平面尺寸链和空间尺寸链时，都要将它们的尺寸投影到某一方向上，变成直线尺寸链后再进行解算。因此直线尺寸链的解算是最基本的。

3. 按几何特征分类

尺寸链按几何特征可分为长度尺寸链、角度尺寸链。

（1）长度尺寸链：全部环为长度尺寸的尺寸链，如图 9-4 所示的工艺尺寸链。

（2）角度尺寸链：全部环为角度尺寸的尺寸链，如图 9-1 所示的支架尺寸链。

4. 按环的变动性质分类

尺寸链按环的变动性质可分为标量尺寸链、矢量尺寸链。

（1）标量尺寸链：全部组成环为标量尺寸所形成的尺寸链，如图 9-4 所示的尺寸链。

（2）矢量尺寸链：全部组成环为矢量尺寸所形成的尺寸链，如图 9-5 所示的偏心机构。偏心机构用矢量尺寸链来表示最容易解算。

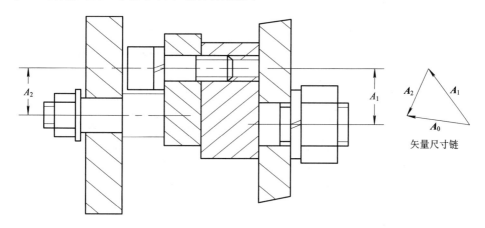

图 9-5　偏心机构

5. 按链与链间的包容关系分类

尺寸链按链与链间的包容关系可分为公称尺寸链和派生尺寸链。

（1）公称尺寸链：全部组成环（即直接影响封闭环）的尺寸，如图 9-6 所示的公称尺寸链 A。

（2）派生尺寸链：一个尺寸链的封闭环为另一个尺寸链组成环的尺寸，如图 9-6 所示的派生尺寸链 L。

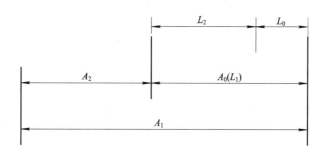

图 9-6　派生尺寸链

9.1.5　尺寸链图

要进行尺寸链的解算，首先必须画出尺寸链图。所谓尺寸链图，就是从具体的零件或部件装配关系中，抽象出由封闭环和组成环构成的一个封闭回路。具体可分以下两步：

（1）绘制尺寸链图。从加工（装配）某一基准出发，按加工（装配）顺序，依次画出各环，环与环之间不得间断，最后用封闭环构成一个封闭回路，如图 9-7 所示。

（2）判断增、减环。用尺寸链图很容易确定封闭环并断定组成环中的增环或减环。首先，可按定义判断，对组成环逐个分析其尺寸的增减对封闭环尺寸的影响，以判断其为增环还是减环。此法比较麻烦，在环数较多，链的结构较为复杂时，容易出错。但这是一种基本方法。其次，按箭头方向来判断。生产实践中常用此法。先在封闭环上，按任意指向画一箭头，如图 9-7 所示的 A_0 箭头，然后沿 A_0 箭头的相反方向依次在各组成环上画一箭头，使所画各箭头彼此头尾相连，与封闭环形成一封闭回路。同向变动者，为增环；反向变动者，为减环。图 9-7 所示为尺寸链图。

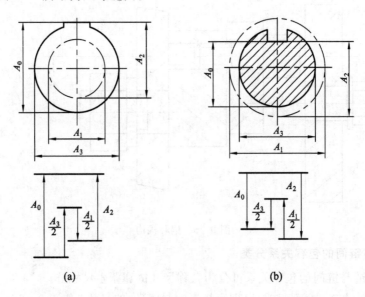

(a)　　　　　　　　　　(b)

图 9-7　尺寸链图

【例 9-1】 加工一带键槽的内孔，其加工顺序为：镗内孔得尺寸 A_1，插键槽得尺寸 A_2，磨内孔得尺寸 A_3。画出尺寸链图，并确定增减环。

解： 首先确定封闭环。因为键槽尺寸 A_0 是加工后自然形成的，所以 A_0 为封闭环。镗内孔和磨外圆时，圆心位置不变，故取它为基准。从基准开始，按加工顺序分别画出 $A_1/2$、A_2 和 $A_3/2$，把它们与 A_0 连接成封闭回路，形成尺寸链图，如图 9-7 所示。然后再画箭头。先按任意方向画封闭环的箭头，再从相反的方向出发，依次画完各环所有的箭头，所有与封闭环同向者，皆为增环，反向者，为减环。从而得出，A_2 和 $A_3/2$ 为增环，而 $A_1/2$ 为减环。依据同样的道理，可以画出在轴上铣一键槽的尺寸链图。加工顺序为：车外圆 A_1，铣键槽深 A_2，磨外圆 A_3，得键槽深 A_0。同理，A_2 和 $A_3/2$ 为增环，而 $A_1/2$ 为减环。

9.1.6　尺寸链的作用

在机械设计制造中，通过尺寸链的分析计算可以解决以下问题。

（1）合理地分配公差。按封闭环的公差与极限偏差，可合理地分配各组成环的公差与极限偏差。

（2）分析结构设计的合理性。在机器、机构和部件设计中，通过对各种方案的装配尺寸链的分析比较，可确定较合理的结构。

（3）检校图样。在生产实践中，常用尺寸链来检查、校核零件图上的尺寸、公差与极限偏差是否合理。

（4）合理地标注尺寸。装配图上的尺寸标注反映零、部件的装配关系及要求，应按装配尺寸链分析标注封闭环公差及各组成环的公称尺寸（封闭环公差通常为装配技术要求）。零件图上的尺寸标注反映零件的加工要求，应按零件尺寸链分析。一般按最短尺寸链的原则，选用最不重要的环作为封闭环，且不需注出其公差与极限偏差。而对零件上属于装配尺寸链组成环的尺寸，原则上应规定公差与极限偏差。

（5）基面换算。当按零件图上的尺寸和公差标注不便于加工和测量时，应按零件尺寸链进行基面换算。在机械加工中，当定位基准与设计基准不重合时，为达到零件原设计的精度，也可进行尺寸的换算。

（6）工序尺寸计算。若零件的某一表面需要经过几道工序加工才能完成，则在工艺规程设计中，每道工序都需要规定相应的工序尺寸和公差。这些工序尺寸和公差的计算称做工序尺寸的计算。

尺寸链的分析计算在机器的精度设计中有重要的作用，我国已颁布了国家标准 GB 5847—86《尺寸链 计算方法》，作为分析计算尺寸链的参考准则。

9.2　尺寸链的解算

尺寸链的解算主要包括公称尺寸的计算、公差的计算，以及合理确定各环的偏差。尺寸链的计算方法可分为极值法和概率法两种。按计算尺寸链的目的要求和解算顺序不同，尺寸链的解算可分为正计算、反计算和中间计算三类问题。

（1）正计算（验算计算）：已知组成环的公称尺寸和极限偏差，求封闭环的公称尺寸和极限偏差。正计算常用来与技术要求比较，验算设计的正确性。

（2）反计算（设计计算）：已知封闭环的公称尺寸和极限偏差及各组成环的公称尺寸，求各组成环的公差和极限偏差。这类问题常常依据技术要求来确定各组成环的上、下极限偏差，也可理解为解决公差的分配问题。在设计尺寸和工序尺寸的计算中常常遇到反计算。

（3）中间计算：已知封闭环及某些组成环的公称尺寸和极限偏差，求某一组成环的公称尺寸和极限偏差。此类问题通常属于工艺方面的问题，如基准的换算、工序尺寸的确定。

在解尺寸链时可根据不同的产品设计要求、结构特征、精度等级、生产批量和互换性要求，分别采用极值法、概率法、分组互换法、修配法或调整法。

9.2.1　极值法解尺寸链

极值法又称完全互换法，指在全部产品中，装配时各组成环不需要挑选或改变其大小、位置，装入后即能达到封闭环的公差要求。极值法的出发点只考虑封闭环与组成环的极值关系，不考虑各环的实际尺寸的分布特性。

1. 基本关系式

1）公称尺寸

在图 9-8 中，封闭环是 A_0，增环为 A_1，减环为 A_2，于是有关系式：

$$A_0 = A_1 - A_2$$

式中：A_1 为增环，A_2 为减环。对于直线尺寸链，有如下关系式：

$$A_0 = \sum_{z=1}^{n} A_z - \sum_{j=n+1}^{m} A_j \tag{9-3}$$

其中：m 表示组成环数，n 表示增环环数；增环用 A_z 来表示，减环用 A_j 来表示；下标 0 表示封闭环，z 表示增环序号，j 表示减环序号。

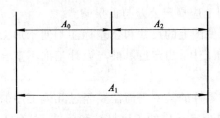

图 9-8　尺寸链

事实上，封闭环与组成环之间有函数关系，即封闭环的公称尺寸为各组成环公称尺寸的代数和：

$$A_0 = \sum_{i=1}^{m} \xi_i A_i \tag{9-4}$$

式中，ξ_i 为传递系数；A_i 为组成环的公称尺寸。对于直线尺寸链，增环 $\xi_z = 1$，减环 $\xi_j = -1$，同理可得出式(9-3)。

2）极限尺寸

极限尺寸的基本公式可由下列极限情况导出。

(1) 所有增环皆为最大极限尺寸，而所有减环皆为最小极限尺寸；

(2) 所有增环皆为最小极限尺寸，而所有减环皆为最大极限尺寸。

显然，在第一种情况下，将得到封闭环的最大极限尺寸，而在第二种情况下，将得到封闭环的最小极限尺寸，可表示为

$$\begin{cases} A_{0\max} = \sum_{z=1}^{n} A_{z\max} - \sum_{j=n+1}^{m} A_{j\min} \\ A_{0\min} = \sum_{z=1}^{n} A_{z\min} - \sum_{j=n+1}^{m} A_{j\max} \end{cases} \tag{9-5}$$

3）极限偏差

将极限尺寸公式(9-5)减去公称尺寸公式(9-3)得：

$$\begin{cases} ES_0 = \sum_{z=1}^{n} ES_z - \sum_{j=n+1}^{m} EI_j \\ EI_0 = \sum_{z=1}^{n} EI_z - \sum_{j=n+1}^{m} ES_j \end{cases} \tag{9-6}$$

4）公差

将极限偏差公式(9-6)中 ES_0 和 EI_0 相减得：

对于直线尺寸链，

$$T_0 = \sum_{i=1}^{m} T_i \tag{9-7}$$

对于平面尺寸链，

$$T_0 = \sum_{i=1}^{m} | \xi_i | T_i \qquad (9-8)$$

5）结论

（1）封闭环的公差比任何一个组成环的公差都大；

（2）为了减小封闭环的公差，应使组成环的数目尽可能地减小，这叫做最短尺寸链原则。这一原则在设计时应该遵守。尺寸链应该以"短"为好。

例如，最短尺寸链原则用于齿轮轴 X 方向的尺寸标注如图9-9所示。

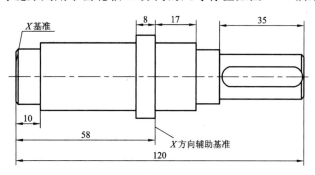

图9-9 齿轮轴 X 方向的尺寸标注

图9-9中，齿轮轴的左端面为 X 方向的尺寸基准（设计基准），标注这个方向的尺寸时，可以从基准出发，依次标注尺寸。显然，按此法标注时，组成环有六个之多，不符合最短尺寸链原则。按图9-9所示标注时，分为两个尺寸链：第一个尺寸链有两个组成环和一个封闭环，共三环；而第二个尺寸链有三个组成环和一个封闭环，共四环。这样标注就有了 X 方向的辅助基准，即从该基准出发标注其他尺寸。这个辅助基准恰好就是安装齿轮的定位面，第二个尺寸链实际上就是安装齿轮在 X 方向的局部装配尺寸链，不但满足基准重合的原则，而且满足最短尺寸链原则。显然，这个辅助基准较为合理。

2. 极值法解正计算问题

解正计算问题就是已知组成环的公称尺寸和极限偏差，求封闭环的公称尺寸和极限偏差。

【例9-2】 加工一圆套，已知工序是先车外圆 $A_1 = \phi 70_{-0.08}^{-0.04}$，然后镗内孔 $A_2 = \phi 60_0^{+0.06}$，同时保证内、外圆同轴度公差 $A_3 = \phi 0.02$，求壁厚，如图9-10(a)所示。

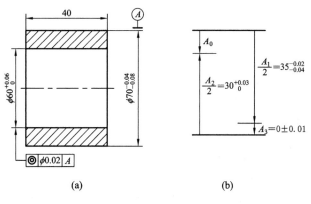

(a)   (b)

图9-10 加工圆套

339

解： 按加工顺序，车外圆，镗内孔，最后自然形成壁厚，所以取壁厚为封闭环。依题意，要求封闭环的公称尺寸和偏差，属于正计算问题，可用极值法解，步骤如下：

(1) 画尺寸链图。由于此例 A_1、A_2 尺寸相对于加工基准具有对称性，因此应取半值画尺寸链图，同轴度 A_3 在此例中可作一个线性尺寸来处理，根据同轴度公差带对实际被测要素的限定情况，可定 A_3 为 0 ± 0.01。以外圆圆心为基准，按加工顺序分别画出 $A_1/2$、A_3、$A_2/2$，并用 A_0 把它们连接成封闭回路。

(2) 确定封闭环。因壁厚 A_0 为最后自然形成的尺寸，故为封闭环。

(3) 确定增、减环。先画出封闭环的箭头，然后以相反的方向依次画出各组成环的箭头，根据箭头的方向（同向为增环，反向为减环）可以判断，$A_1/2$、A_3 为增环，$A_2/2$ 为减环。因为 $A_1=\phi70^{-0.04}_{-0.08}$，$A_2=\phi60^{+0.06}_{0}$，所以 $A_1/2=35^{-0.02}_{-0.04}$，$A_2/2=30^{+0.03}_{0}$，如图 $9-10$(b) 所示。

(4) 计算壁厚的公称尺寸和极限偏差。

由式(9-3)得：

$$A_0 = \left(\frac{A_1}{2}+A_3\right) - \frac{A_2}{2} = 35 - 30 = 5$$

由式(9-6)得：

$$\mathrm{ES}_0 = [(-0.02)+(+0.01)] - 0 = -0.01$$
$$\mathrm{EI}_0 = [(-0.04)+(-0.01)] - (+0.03) = -0.08$$

则有 $5^{-0.01}_{-0.08}$。

(5) 验算。因 $T_0 = \mathrm{ES}_0 - \mathrm{EI}_0 = (-0.01) - (-0.08) = 0.07$，由公式 $T_0 = \sum\limits_{i=1}^{m} T_i$ 得 $T_0 = [(-0.02)-(-0.04)] + [(+0.03)-0] + 0.02 = 0.07$，校核结果说明计算无误，所以壁厚为 $A_0 = 5^{-0.01}_{-0.08}$。

需指出的是，同轴度 A_3 如放在另外一边作为减环处理，结果仍然不变。

3. 极值法解中间计算问题

中间计算属于正计算中的一种特殊情况，用来确定尺寸链中某一组成环的尺寸及极限偏差。

【例 9-3】 在上例中，仍有相同的加工顺序，为了保证加工后壁厚为 $5^{-0.01}_{-0.08}$，问所镗内孔尺寸 A_2 为多少？

解： 已知封闭环 A_0 及组成环 $A_1/2$、A_3，求另一个未知的组成环 A_2，这属于中间计算问题。

(1) 画尺寸链图。与上题相同。

(2) 确定封闭环。与上题相同。

(3) 确定增、减环：显然，$A_1/2$、A_3 为增环；$A_2/2$ 为减环。

(4) 计算公称尺寸和极限偏差：

$$A_0 = \left(\frac{A_1}{2}+A_3\right) - \frac{A_2}{2}$$

$$\frac{A_2}{2} = \left(\frac{A_1}{2}+A_3\right) - A_0 = (35+0) - 5 = 30$$

$$\mathrm{ES}_0 = (\mathrm{ES}_{A_1/2} + \mathrm{ES}_{A_3}) - \mathrm{EI}_{A_2/2}$$
$$\mathrm{EI}_{A_2/2} = (\mathrm{ES}_{A_1/2} + \mathrm{ES}_{A_3}) - \mathrm{ES}_0 = [(-0.02) + (+0.01)] - (-0.01) = 0$$
$$\mathrm{EI}_0 = (\mathrm{EI}_{A_1/2} + \mathrm{EI}_{A_3}) - \mathrm{ES}_{A_2/2}$$
$$\mathrm{ES}_{A_2/2} = (\mathrm{EI}_{A_1/2} + \mathrm{EI}_{A_3}) - \mathrm{EI}_0 = [(-0.04) + (-0.01)] - (-0.08) = +0.03$$

所以 $A_2/2 = 30^{+0.03}_{0}$，$A_2 = 60^{+0.06}_{0}$。

（5）验算：

$$T_0 = \mathrm{ES}_0 - \mathrm{EI}_0 = (-0.01) - (-0.08) = 0.07$$

由公式 $T_0 = \sum\limits_{i=1}^{m} T_i$ 得：

$$T_0 = [(-0.02) - (-0.04)] - [(+0.03) - 0] + 0.02 = 0.07$$

【例 9-4】 在轴上铣一键槽。加工顺序为：车外圆 $A_1 = \phi 70.5^{0}_{-0.1}$，铣键槽深 A_2，磨外圆 $A_3 = \phi 70^{0}_{-0.06}$，要求磨完外圆后，保证键槽深 $A_0 = 62^{0}_{-0.3}$，求铣键槽深 A_2，如图 9-11 所示。

解：（1）画尺寸链图。选外圆圆心为基准，按加工顺序依次画出 $A_1/2$、A_2、$A_3/2$，并用 A_0 把它们连接成封闭回路，如图 9-11 所示。

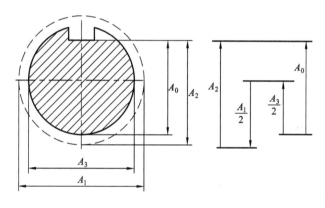

图 9-11 键槽工艺尺寸链

（2）确定封闭环。由于磨完外圆后形成的键槽深 A_0 为最后自然形成的尺寸，因此可确定 A_0 为封闭环。已知封闭环 A_0 及组成环 $A_1/2$、$A_3/2$，求另一个未知的组成环 A_2，这属于中间计算问题。

（3）确定增、减环。按箭头方向给各环标上箭头，可以得知：增环是 $A_3/2$、A_2；减环是 $A_1/2$。

（4）计算铣键槽的深度 A_2 的公称尺寸和上、下极限偏差。

尺寸换算：$A_1/2 = 35.25^{0}_{-0.05}$，$A_3/2 = 35^{0}_{-0.03}$。

由式（9-3）得：

$$A_0 = \left(\frac{A_3}{2} + A_2\right) - \frac{A_1}{2}$$

则可得 A_2 的公称尺寸：

$$A_2 = A_0 - \frac{A_3}{2} + \frac{A_1}{2} = 62 - 35 + 35.25 = 62.25 \text{ mm}$$

由式(9-6)得：

$$ES_0 = (ES_{A_2} + ES_{A_3/2}) - EI_{A_1/2}$$

则 A_2 的上极限偏差：

$$ES_{A_2} = ES_0 - ES_{A_3/2} + EI_{A_1/2} = 0 - 0 + (-0.05) = -0.05 \text{ mm}$$

由式(9-6)得：

$$EI_0 = (EI_{A_2} + EI_{A_3/2}) - ES_{A_1/2}$$

则 A_2 的下极限偏差：

$$EI_{A_2} = EI_0 - EI_{A_3/2} + ES_{A_1/2} = (-0.3) - (-0.03) = -0.27 \text{ mm}$$

（5）验算。

由已知条件得：

$$T_0 = ES_0 - EI_0 = 0 - (-0.3) = 0.3 \text{ mm}$$

由计算结果得：

$$T_0 = T_{A_2} + T_{A_3/2} + T_{A_1/2} = (ES_{A_2} - EI_{A_2}) + (ES_{A_3/2} - EI_{A_3/2}) + (ES_{A_1} - EI_{A_1})$$
$$= [(-0.05) - (-0.27)] + [0 - (-0.03)] + [0 - (-0.05)] = 0.3 \text{ mm}$$

校核结果无误，所以铣键槽的深度为

$$A_2 = 62.25_{-0.27}^{-0.05} = 62.2_{-0.22}^{0}$$

4. 极值法解反计算问题（设计计算问题）

解反计算问题就是已知封闭环的公称尺寸和上、下极限偏差，要求确定各组成环的公差和上、下极限偏差。由于组成环较多，用前面的公式难以全部求解，因此必须应用其他方法或原则确定其余组成环的公差和上、下极限偏差。反计算主要包括两项内容：确定各组成环的公差和合理分配各组成环的偏差。

1）组成环公差的确定

（1）平均公差法亦称等公差法，即各组成环公差近似相等的方法。当零件的公称尺寸大小和制造的难易程度相近，对装配精度的影响程度综合起来考虑，平均分配公差值比较经济、合理时，可采用平均公差法。

首先，按平均分配法分配各组成环的公差 T：

$$T = \frac{T_0}{m} \tag{9-9}$$

式中：T_0 为封闭环的公差；m 为组成环的数目。

然后，根据各组成环的尺寸大小、加工难易程度和相应的要求作适当调整，最后取一补偿环，计算该环的上、下极限偏差，使整个尺寸链符合尺寸链的工作原理。

（2）平均公差等级法亦称等精度法，即各组成环精度近似相等的方法。在尺寸小于等于 500 mm 的情况下，当确认全部组成环采取同一公差等级，各环公差值的大小只取决于其公称尺寸，而这样计算又比较经济、合理或更切合生产实际时，可采用平均公差等级法。

因各组成环精度相等，故第 i 环的组成环的公差为

$$T_i = a i_i$$

式中：第 i 环的标准公差因子为 $i_i = 0.45 \sqrt[3]{A_i} + 0.001 A_i$。

依据式(9-7)，有：

$$T_0 = \sum_{i=1}^{m} ai_i = a\sum_{i=1}^{m} i_i$$

则平均公差等级系数为

$$a = \frac{T_0}{\sum\limits_{i=1}^{m} i_i} \tag{9-10}$$

此外，还可按不同的公称尺寸查表 9-1 取得 i_i，然后依据 $a = \dfrac{T_0}{\sum\limits_{i=1}^{m} i_i}$，在标准公差表中

取一个相近的公差等级，从而取得公差值。

表 9-1　尺寸小于等于 $500\ \text{mm}$ 的公差因子值　　　μm

尺寸分段/mm	公差因子	尺寸分段/mm	公差因子
≤3	0.54	>80~120	2.17
>3~6	0.73	>120~180	2.52
>6~10	0.90	>180~250	2.90
>10~18	1.08	>250~315	3.23
>18~30	1.31	>315~400	3.54
>30~50	1.56	>400~500	3.89
>50~80	1.86		

2）组成环偏差的确定

确定各组成环的偏差有两种方法：一是按"偏差向体内原则"，也称为"入体法则"，二是采用对称分布的方法。

（1）按"入体法则"确定组成环上、下极限偏差。当组成环为包容面时，即相当于孔，其下极限偏差为零；当组成环为被包容面时，相当于轴，其上极限偏差为零。

（2）当组成环的尺寸为调整尺寸时，如对刀、划线等，采用对称分布。例如，在镗床、数控机床、自动机床上加工时采用对称分布。

一般来说，采用对称分布较为合理。不但在封闭环上可以获得较小的公差（从统计观点来看），而且也符合当今机械加工普遍采用数控机床的潮流。采用"入体法则"是相对于所采用的加工方法（例如"靠火花法"或"试切法"）而言的。这几种方法相比，显然，"入体法则"较为合理。但实际上，对熟练工人或数控机床机床来说，其加工的零件尺寸是按正态分布的。从这个观点来看，对称分布最为合理。从尺寸链的原理来看，由于尺寸的离散程度较小，采用对称分布，可用概率法计算封闭环，因而在封闭环上可以获得较小的公差。

【例 9-5】　有一对开齿轮箱，如图 9-12 所示，根据使用要求，间隙 $A_0 = 1\sim$ $1.75\ \text{mm}$，已知 $A_1 = 101\ \text{mm}$，$A_2 = 50\ \text{mm}$，$A_3 = A_5 = 5\ \text{mm}$，$A_4 = 140\ \text{mm}$，求各尺寸的极限偏差和公差。

解：依题意可知，这是一装配尺寸链，A_0 为装配后的技术要求，题目要求为根据这个技术要求求各零件的合理的公差和极限偏差。

（1）画尺寸链图，确定封闭环，增、减环。A_0 为间隙，是技术要求，所以 A_0 为封闭环。

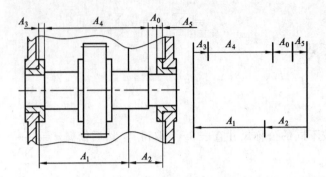

图 9-12　齿轮箱的装配尺寸链

如图 9-12 中尺寸链所示，抽象出尺寸链后，画上箭头，可以得出：增环是 A_1、A_2；减环是 A_3、A_4、A_5。

（2）封闭环的公称尺寸、极限偏差和公差。

由式（9-3）得：

$$A_0 = (A_1 + A_2) - (A_3 + A_4 + A_5) = (101 + 50) - (5 + 140 + 5) = 1$$

由式（9-6）得：

$$ES_0 = A_{max} - A_0 = 1.75 - 1 = +0.75$$

$$EI_0 = A_{min} - A_0 = 1 - 1 = 0$$

$$T_0 = A_{max} - A_{min} = 1.75 - 1 = 0.75$$

（3）确定各组成环的上、下极限偏差。按等公差法，由式（9-9）可得：

$$T = \frac{T_0}{m} = \frac{0.75}{5} = 0.15$$

如果完全分配，那么显然不合理。考虑 A_1、A_2 为箱体尺寸，按一般箱体公差等级，取 IT12，再依据标准公差表取公差：$T_1 = 0.35$，$T_2 = 0.25$。A_3、A_5 为小尺寸，按非配合件公差处理，取 IT10，则 $T_3 = T_5 = 0.048$，由于封闭环是固定的，因此确定一组成环为协调环，以保证分配公差后，仍然符合前面所确定的极值法公式。现取 A_4 为协调环，则有：

$$T_4 = T_0 - T_1 - T_2 - T_3 - T_5 = 0.75 - 0.35 - 0.25 - 0.048 - 0.048 = 0.054 \text{ mm}$$

按"入体法则"标注各项偏差，有：

$$A_1 = 101^{+0.35}_{0}$$

$$A_2 = 50^{+0.25}_{0}$$

$$A_3 = A_5 = 5^{0}_{-0.048}$$

按公式计算协调环 A_4 的上、下极限偏差，由式（9-6）可得：

$$ES_0 = (ES_1 + ES_2) - (EI_3 + EI_4 + EI_5)$$

则

$$EI_4 = ES_1 + ES_2 - EI_3 - EI_5 - ES_0$$

$$= (+0.35) + (+0.25) - (-0.048) - (-0.048) - (+0.75) = -0.054 \text{ mm}$$

$$EI_0 = (EI_1 + EI_2) - (ES_3 + ES_4 + ES_5)$$

$$ES_4 = EI_1 + EI_2 - ES_3 - ES_5 - EI_0 = 0 + 0 - 0 - 0 - 0 = 0$$

$$A_4 = 140^{0}_{-0.054}$$

校验计算结果：

$$T_0 = T_1 + T_2 + T_3 + T_4 + T_5$$
$$= 0.35 + 0.25 + 0.048 + 0.054 + 0.048 = 0.75 \text{ mm}$$

按标准公差圆整，将 T_4 取为 0.040，这里仍取原结果。

则最后结果为 $A_1 = 101_0^{+0.35}$，$A_2 = 50_0^{+0.25}$，$A_3 = A_5 = 5_{-0.048}^0$，$A_4 = 140_{-0.054}^0$。

需指出的是，其他组成环之一也可以选做协调环。

用平均公差法较为简单，但要求有熟练的经验，否则主观随意性太大。此法多用于环数不多的情况。

用平均公差等级法解尺寸链的步骤与平均公差法完全相同。这里只介绍用相同等级法计算组成环公差，再确定上、下极限偏差的方法。

由式(9-10)可得：

$$a = \frac{T_0}{\sum_{i=1}^m i_i} = \frac{750}{2.17 + 1.56 + 0.73 + 2.52 + 0.73} \approx 97$$

由公差等级系数 a 查标准公差计算公式表知公差为 11 级，再查标准公差表得：$T_1 = 220 \ \mu\text{m}$，$T_2 = 160 \ \mu\text{m}$，$T_3 = T_5 = 75 \ \mu\text{m}$。

协调环的公差为

$$T_4 = T_0 - (T_1 + T_2 + T_3 + T_5) = 750 - (220 + 160 + 75 + 75) = 220 \ \mu\text{m}$$

同样，按"入体法则"确定各组成环的极限偏差为

$$A_1 = 101_0^{+0.22}，A_2 = 50_0^{+0.16}，A_3 = A_5 = 5_{-0.075}^0，A_4 = 140_{-0.22}^0$$

除了个别组成环外，均为标准公差和极限偏差，方便合理。

极值法可以保证完全互换，而且计算简单。但当组成环较多时，用这种方法就不合适，因为这时各组成环公差很小，加工很不经济。对精度要求较高且环数较多的尺寸链，应采用概率法。

9.2.2 概率法解尺寸链

当组成环环数较多时，不宜采用极值法。极值法一般应用于 3～4 环的尺寸链，或环数虽多，但精度不高的场合。对精度要求较高且环数较多的尺寸链，采用概率法求解比较合理。

概率法解尺寸链的基本出发点是以保证大数互换为目的，根据各组成环的实际尺寸在其公差带内的分布情况，按某一置信概率求得封闭环的尺寸实际分布范围，由此决定封闭环公差。显然，概率法较为符合生产实际，在机械制造中经常采用。事实上，概率法更为合理、科学。

表 9-2 所示为极值法和概率法的比较。

表 9-2 极值法和概率法的比较

项目	极值法	概率法
出发点	各值有同处于极值的可能	各值为独立的随机变量，按一定的规律分布
优点	保险可靠	宽裕
缺点	要求苛刻	不合格率≠0，要求系统较为稳定
适用场合	环数少(≤4)，或环数虽多，但精度低。在设计中常用此法，以保证机构正常	环数较多，精度较高。常用于生产加工中

1. 基本关系式

概率法基于以下假设：

(1) 各组成环为一系列独立的随机变量；

(2) 各组成环的尺寸都按正态分布，则封闭环亦按正态分布；

(3) 各组成环分布中心与公差带中心重合。

由于系统误差按代数和法合成，而随机误差按方和根法合成，因此封闭环公差与组成环公差的关系为（置信概率为 99.73%）

$$T_0 = \sqrt{\sum_{i=1}^m \xi_i^2 T_i^2} \qquad (9-11)$$

图 9-13 所示为尺寸分布情况。在图 9-13 中，令上极限偏差与下极限偏差的平均值为中间偏差，用 Δ 来表示，即：

$$\Delta = \frac{\text{ES} + \text{EI}}{2} \qquad (9-12)$$

当各组成环对称分布时，封闭环中间偏差 Δ_0 为各组成环中间偏差的代数和，即：

$$\Delta_0 = \sum_{i=1}^m \xi_i \Delta_i$$

当各组成环为直线尺寸链时，

$$\Delta_0 = \sum_{z=1}^n \Delta_z - \sum_{j=n+1}^m \Delta_j \qquad (9-13)$$

同时原有的各组成环的公称尺寸和极限偏差需改写成：

$$A_i + \Delta_i \pm \frac{T_i}{2} \qquad (9-14)$$

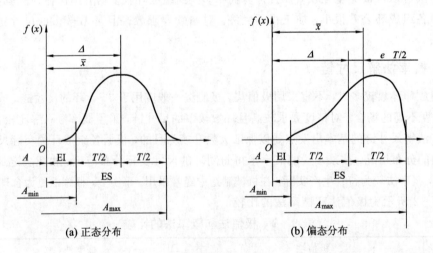

图 9-13 尺寸分布

但是在生产实践中，各组成环往往呈偏态分布，或呈瑞利分布、三角分布、均匀分布，此时封闭环仍然是正态分布。例如，大批量生产时，为正态分布；按试切法加工时，为偏态分布。当各组成环为不同于正态分布的其他分布时，需引入一个说明分布特性的相对分布系数 K 和一个相对不对称系数 e，如表 9-3 所示。

表 9-3 典型分布系数 K 与 e 值

分布特征	正态分布	三角分布	均匀分布
分布曲线	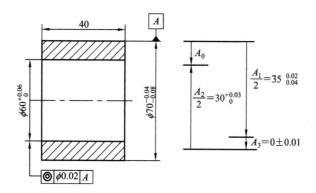		
K	1	1.22	1.73
e	0	0	0

分布特征	瑞利分布	偏态分布	
		外尺寸	内尺寸
分布曲线			
K	1.14	1.17	1.17
e	-0.28	0.26	-0.26

这时中间偏差应改写为

$$\Delta_0 = \sum_{i=1}^{m} \xi_i \left(\Delta_i + e_i \frac{T_i}{2} \right) \tag{9-15}$$

封闭环公差应为

$$T_0 = \sqrt{\sum_{i=1}^{m} \xi_i^2 K_i^2 T_i^2} \tag{9-16}$$

2. 概率法解正计算问题

【例 9-6】 仍然用圆套的例子,如图 9-14 所示。

图 9-14 圆套

解:(1)画尺寸链图。增环是 $A_1/2$,A_3;减环是 $A_2/2$。

(2)计算壁厚的公称尺寸和上、下极限偏差。

① 求增减环的中间偏差和公差:

$$\frac{A_1}{2} = 35_{-0.04}^{-0.02}$$

$$\Delta_1 = \frac{(-0.02)+(-0.04)}{2} = -0.03$$

$$T_1 = 0.02$$

故
$$\frac{A_1}{2} = 35 + (-0.03) \pm \frac{0.02}{2}$$

同理，
$$A_3 = 0 \pm 0.01$$
$$\Delta_3 = 0$$
$$T_3 = 0.02$$

故
$$A_3 = 0 \pm \frac{0.02}{2}$$

同理，
$$A_2/2 = 30^{+0.03}_{0}$$
$$\Delta_2 = \frac{+0.03}{2} = +0.015$$
$$T_2 = 0.03$$

故
$$\frac{A_2}{2} = 30 + (+0.015) \pm \frac{0.03}{2}$$

② 求封闭环的公称尺寸。按极值法由式(9-3)得：
$$A_0 = \left(\frac{A_1}{2} + A_3\right) - \frac{A_2}{2} = (35 + 0) - 30 = 5$$

③ 求封闭环的偏差量。由式(9-13)得：
$$\Delta_0 = (\Delta_1 + \Delta_3) - \Delta_2 = [(-0.03) + 0] - (+0.015) = -0.045$$

④ 求封闭环公差，各组成环为正态分布。由式(9-11)得：
$$T_0 = \sqrt{\sum_{i=1}^{m} \xi_i^2 T_i^2} = \sqrt{T_1^2 + T_3^2 + T_2^2} = \sqrt{0.02^2 + 0.02^2 + 0.03^2} = 0.04$$

则有 $A_0 = 5 + (-0.045) \pm 0.04/2$，圆整后即重新换回原来的极值法形式 $A_0 = 5^{-0.025}_{-0.065}$。

（3）验算：
$$T_0 = \text{ES}_0 - \text{EI}_0 = (-0.025) - (-0.065) = 0.04$$

所以壁厚为 $A_0 = 5^{-0.025}_{-0.065}$。

显然，此公差与极值法求得的公差 0.07 相比要小得多，即壁厚的精度提高了。

3. 概率法解反计算问题

概率法的最基本公式是 $T_0 = \sqrt{\sum\limits_{i=1}^{m} \xi_i^2 T_i^2}$，当已知封闭环公差 T_0，欲求各组成环的公差及偏差时，与极值法一样，可用等公差法或等精度法。偏差分配时，仍然遵守入体法则或对称分布。用概率法进行反计算在机械制造工艺中应用较为广泛。

（1）平均公差法亦称等公差法，即各组成环公差近似相等的方法。

由式(9-16) $T_0 = \sqrt{\sum\limits_{i=1}^{m} \xi_i^2 K_i^2 T_i^2}$，得：

$$T_i = \frac{T_0}{K\sqrt{\sum\limits_{i=1}^{m} \xi_i^2}} （各环具有相同的相对分布系数） \tag{9-17}$$

若所有的组成环都为正态分布，则：

$$T_i = \frac{T_0}{\sqrt{\sum\limits_{i=1}^{m} \xi_i^2}}$$ (9-18)

由式(9-17)和式(9-18)可求得各组成环的平均公差。

根据公称尺寸的大小和加工的难易等因素，可将各组成环的公差适当调整，但应满足式(9-19)：

$$K\sqrt{\sum\limits_{i=1}^{m}(\xi_i T_i)^2} \leqslant T_0$$ (9-19)

(2) 平均公差等级法亦称等精度法，即各组成环精度近似相等的方法。

由 $T_i = a i_i$ 和式(9-16)得：$T_0 = K\sqrt{\sum\limits_{i=1}^{m}(\xi_i a i_i)^2}$，因此有：

$$a = \frac{T_0}{K\sqrt{\sum\limits_{i=1}^{m}(\xi_i i_i)^2}}$$

若各组成环为正态分布，则

$$a = \frac{T_0}{\sqrt{\sum\limits_{i=1}^{m}(\xi_i i_i)^2}}$$ (9-20)

i_i 和 a 的意义与极值法相同，求出 a 后，再查标准公差表得到各组成环的公差，各组成环的公差也应满足式(9-19)。

各组成环的极限偏差仍按"入体法则"或对称分布原则确定，还应留一组成环核定其极限偏差。

【例9-7】 沿用例9-5。有一对开齿轮箱，如图9-15，根据使用要求，间隙 $A_0 = 1 \sim 1.75$ mm。已知 $A_1 = 101$ mm，$A_2 = 50$ mm，$A_3 = A_5 = 5$ mm，$A_4 = 140$ mm，求各尺寸的极限偏差和公差。

解： 画尺寸链图，确定封闭环，增环，减环，同例9-5。现用概率法计算各组成环的上、下偏差，选定 A_4 为协调环。

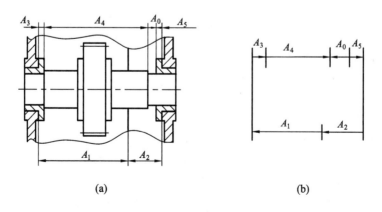

(a)   (b)

图9-15　齿轮箱装配尺寸链

(1) 计算封闭环的公称尺寸、公差和极限偏差，同例 9-5。

由式(9-3)得：

$$A_0 = (A_1 + A_2) - (A_3 + A_4 + A_5) = (101 + 50) - (5 + 140 + 5) = 1$$

由式(9-6)得：

$$ES_0 = A_{max} - A_0 = 1.75 - 1 = +0.75$$
$$EI_0 = A_{min} - A_0 = 1 - 1 = 0$$
$$T_0 = A_{max} - A_{min} = 1.75 - 1 = 0.75$$

(2) 用平均公差法确定各组成环公差。

设各组成环为正态分布，因式(9-18)中，ξ_i 为 +1 和 -1，$T_i = \dfrac{T_0}{\sqrt{m}}$，故有：

$$T_i = \frac{T_0}{\sqrt{m}} = \frac{0.75}{\sqrt{5}} \approx 0.34$$

以 $T_i = 0.34$ 为参考，按各组成环的难易程度调整各环的公差，并尽量考虑选用标准公差，按 IT13 选用箱体尺寸公差，按 IT10 选用轴套台阶公差：$T_1 = 0.54$，$T_2 = 0.39$，$T_3 = T_5 = 0.048$。

由式(9-11)得：

$$T_4 = \sqrt{T_0^2 - (T_1^2 + T_2^2 + T_3^2 + T_5^2)}$$
$$= \sqrt{0.75^2 - (0.54^2 + 0.39^2 + 0.048^2 + 0.048^2)} \approx 0.34$$

(3) 确定除协调环以外所有组成环的极限偏差。

根据"入体法则"确定各组成环的极限偏差：

$$A_1 = 101_0^{+0.54}$$
$$A_2 = 50_0^{+0.39}$$
$$A_3 = A_5 = 5_{-0.048}^0$$

(4) 将已确定的环写成对称偏差的形式，求中间偏差。

由式(9-12)得：

$$A_0 = 1_0^{+0.75} = 1 + (+0.375) \pm 0.75/2，\Delta_0 = +0.375$$
$$A_1 = 101_0^{+0.54} = 101 + (+0.27) \pm 0.54/2，\Delta_1 = +0.27$$
$$A_2 = 50_0^{+0.39} = 50 + (+0.195) \pm 0.39/2，\Delta_2 = +0.195$$
$$A_3 = A_5 = 5_{-0.048}^0 = 5 + (-0.024) \pm 0.048/2，\Delta_3 = \Delta_5 = -0.024$$

(5) 确定协调环的中间偏差和极限偏差。

由式(9-13)得：

$$\Delta_0 = (\Delta_1 + \Delta_2) - (\Delta_3 + \Delta_4 + \Delta_5)$$
$$\Delta_4 = \Delta_1 + \Delta_2 - \Delta_3 - \Delta_5 - \Delta_0$$
$$= (+0.27) + (+0.195) - (-0.024) - (-0.024) - (+0.375) = +0.138$$
$$A_4 = 140 + (+0.138) \pm 0.34/2 = 140.138 \pm 0.17 = 140_{-0.032}^{+0.308}$$

(6) 校验计算结果。已知 $T_0 = 0.75$，而

$$T_0 = \sqrt{T_1^2 + T_2^2 + T_3^2 + T_4^2 + T_5^2} = 0.75 \text{ mm}$$

校验无误，结果为 $A_1 = 101_0^{+0.54}$，$A_2 = 50_0^{+0.39}$，$A_3 = A_5 = 5_{-0.048}^0$，$A_4 = 140_{-0.032}^{+0.308}$。

【例 9 - 8】 用平均公差等级法(等精度法)求上例各组成环的公差和极限偏差。

解： 由式(9 - 20)得：

$$a = \frac{T_0}{\sqrt{\sum_{i=1}^{m}(\xi_i i_i)^2}} = \frac{750}{\sqrt{2.17^2 + 1.56^2 + 0.73^2 + 2.52^2 + 0.73^2}} = 196.56$$

式中，i_i 和 a 的意义与极值法相同。

查标准公式计算公式表，$a = 196.56$ 相当于 IT12～IT13，T_1、T_2 按 IT13 查表，T_3、T_5 按 IT12 查表得：$T_1 = 0.54$，$T_2 = 0.39$，$T_3 = T_5 = 0.12$，则：

$$T_4 = \sqrt{0.75^2 - 0.54^2 - 0.39^2 - 0.12^2 - 0.12^2} = 0.3$$

可查标准公差表，按 IT12 取 $T_4 = 0.25$。

根据"入体法则"，各组成环的极限偏差：

$$A_1 = 101_0^{+0.54}, A_2 = 50_0^{+0.39}, A_3 = A_5 = 5_{-0.12}^{0}$$

由式(9 - 13)得：

$$\Delta_0 = (\Delta_1 + \Delta_2) - (\Delta_3 + \Delta_4 + \Delta_5)$$

$$\Delta_4 = \Delta_1 + \Delta_2 - \Delta_3 - \Delta_5 - \Delta_0$$

$$= (+0.27) + (+0.195) - (-0.06) - (-0.06) - (+0.375) = +0.21$$

$$A_4 = 140 + (+0.21) \pm 0.25/2 = 140.21 \pm 0.125 = 140_{+0.085}^{+0.335}$$

由上例可以看出，使用等公差法相对容易一些。

用概率法求解任意方向的公差更为方便，下面再举两例。

【例 9 - 9】 图 9 - 16 所示为机床主轴的装配简图。设普通机床径向跳动的容许偏差为 0.01，$L_1 = 500$，$L_2 = 100$，后轴承内径为 80，前轴承内径为 100。试确定轴承的公差等级。

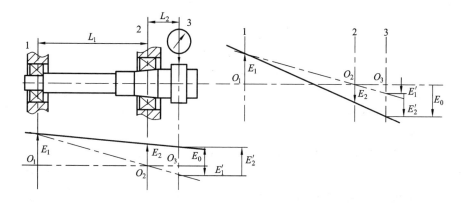

图 9 - 16 机床主轴的装配简图

解： 应分析前、后轴承的径向跳动对主轴径向跳动的影响。再根据技术要求，求出前、后轴承的内圈跳动公差，进而选取前、后轴承。

首先画尺寸链图。因径向跳动是在任意方向上的，为计算方便，故考虑 E_1 和 E_2 之间的投影夹角分别为 0 和 π 时的尺寸链图，如图 9 - 16 所示，则

$$E_1' = \frac{100}{500} E_1$$

故
$$\xi_1 = \frac{100}{500} = 0.2$$

由相似三角形计算得：
$$E_0 = \frac{500+100}{500}E_2 - E_1'$$

由尺寸链得：
$$E_2' = E_0 + E_1'$$
$$E_2' = E_0 + E_1' = \frac{500+100}{500}E_2 - E_1' + E_1' = \frac{500+100}{500}E_2$$

故
$$\xi_2 = \frac{500+100}{500} = 1.2$$

由跳动反映的偏心遵循瑞利分布，$K_1 = K_2 = 1.14$。若用等公差法确定两轴承跳动公差 T_1 与 T_2，即令：
$$\xi_1 K_1 T_1 = \xi_2 K_2 T_2$$

由式(9-16)得：
$$T_0 = \sqrt{2}\xi_i K_i T_i$$
$$T_i = \frac{T_0}{\sqrt{2}\xi_i K_i}$$

所以
$$T_1 = \frac{0.01}{\sqrt{2} \times 0.2 \times 1.14} = 0.031$$
$$T_2 = \frac{0.01}{\sqrt{2} \times 1.2 \times 1.14} = 0.005$$

按内圈跳动公差为 0.025，后轴承取 0 级精度，而前轴承按内圈跳动公差为 0.005 取 4 级精度。此题也可用矢量尺寸链来求解。概率法计算尺寸链公差的优点是比较符合实际，能使组成环获得较为经济合理的公差；缺点是只能保证大数互换，有极少数产品不合格。

【例 9 - 10】 有一连杆如图 9 - 17 所示，要求加工完后，两轴线的平行度小于 0.05/100，试求精加工中车端面和镗孔工序中应保证的位置精度。

解：两轴线的平行度小于 0.05/100 是技术要求，这是设计尺寸链要求的。但是，在此设计尺寸链中，该技术要求是互为基准的，即以大孔为基准要求平行度小于 0.05/100，或以小孔为基准要求平行度小于 0.05/100。另外，与前面的问题不同的是，该公差的方向应该是任意方向的，故不宜用极值法来求解，这里用概率法来求解。作为工艺人员，应仔细分析技术要求及其影响因素，建立合理的工艺尺寸链图，按工艺要求考虑下列直接影响设计尺寸链中的技术要求：

· 大头孔、轴线对大头端面的垂直度，令其公差为 T_1；

· 小头孔、轴线对小头端面的垂直度，令其公差为 T_2；

· 大、小头端面本身的平行度，令其公差为 T_3。

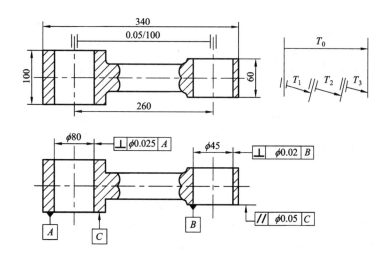

图 9-17 连杆

封闭环公差即为设计尺寸链中的技术要求，即

$$T_0 = \frac{0.05}{100}$$

(1) 画尺寸链图。按定义来判断增、减环，T_1、T_2、T_3 增加，封闭环增加，故 T_1、T_2、T_3 皆为增环，其公称尺寸为零。图 9-17 所示为尺寸链图。

(2) 确定各组成环公差。因公式 $T_0 = \sqrt{\sum_{i=1}^{m} \xi_i^2 T_i^2}$，$\xi_1$、$\xi_2$、$\xi_3$ 皆为 $+1$，故 $T_0 = \sqrt{T_1^2 + T_2^2 + T_3^2}$。按等公差法可确定：$T_0 = \sqrt{3}\,T_i$，$T_i = T_0/\sqrt{3} = (0.05/100)/\sqrt{3} = 0.029/100$，$T_1 = 0.029$(主参数为100)，$T_2 = 0.029 \times 60/100 = 0.017$(主参数为60)，$T_0 = 0.029 \times 340/100 = 0.017$(主参数为340)。也可按 0.029/100 查公差等级。现查得公差等级为 6 级，则有：$T_1 = 0.025$(公称尺寸为100)，$T_2 = 0.020$(公称尺寸为60)，$T_3 = 0.050$(公称尺寸为340)。

按换算过的各位置精度标注图 9-17 所示的零件图。这就是工装夹具和调刀时应该保证的各位置精度。夹具设计和安装只能占相应项公差的 1/2 或 1/3。

9.2.3 尺寸链的其他解法

若用极值法和概率法求解的封闭环不能满足使用要求，或者加工较困难，而又不允许减少组成环公差时，则可以使用下列方法之一求解尺寸链。

1. 分组互换法

当配合精度要求较高时，直接用极值法和概率法计算的公差较大，从工艺条件来考虑，按其实际尺寸分组进行装配，每组零件都符合精度要求，但扩大单个零件的公差，同样可以保证配合性质。分组法只能在同组内互换，组间不能互换。

【例 9-11】 如图 9-18 所示的活塞部件，活塞销与连杆的装配间隙在 0～0.006 之间，试用分组互换法确定配合件的尺寸公差和极限偏差。

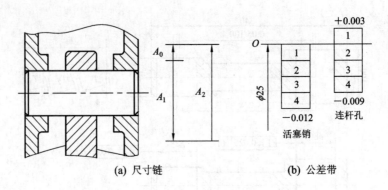

(a) 尺寸链　　　　　　**(b) 公差带**

图 9-18　活塞连杆

解：（1）抽象出尺寸链，如图 9-18(a)所示。A_0 是间隙，为封闭环；A_1 是活塞销直径，为减环；A_2 是连杆孔，为增环。

（2）求组成环公差和极限偏差。封闭环公称尺寸 $A_0 = 0$，公差 $T_0 = 0.006$。

下面用极值法解。

等公差法：
$$T_1 = T_2 = \frac{T_0}{m} = \frac{T_0}{2} = 0.003$$

采用基轴制，按"入体法则"确定极限偏差：
$$A_1 = \phi 25^{0}_{-0.003}, \quad A_2 = \phi 25^{+0.003}_{0}$$

（3）确定制造公差和分组数。T_1、T_2 相当于 IT2，难于制造。试将该项公差放大 4 倍，即 0.012，相当于 IT6，则较为合理。所以分组数取为 4，制造公差即为 0.012。

（4）计算分组尺寸，如表 9-4 所列。将 A_1、A_2 分别作为销、孔的第一组尺寸，各自不间断地往下延伸三组，分别作为第二、三、四组尺寸。分组尺寸列于表 9-4 中，分组公差带图如图 9-18(b)所示，销和孔的制造要求分别为 $\phi 25^{0}_{-0.012}$ 和 $\phi 25^{+0.003}_{-0.009}$。

表 9-4　活塞销和连杆孔的分组尺寸

组别	1	2	3	4
活塞销尺寸	$\phi 25^{0}_{-0.003}$	$\phi 25^{-0.003}_{-0.006}$	$\phi 25^{-0.006}_{-0.009}$	$\phi 25^{-0.009}_{-0.012}$
连杆孔尺寸	$\phi 25^{+0.003}_{0}$	$\phi 25^{0}_{-0.003}$	$\phi 25^{-0.003}_{-0.006}$	$\phi 25^{-0.006}_{-0.009}$
极限间隙	$X_{min} = 0$　　$X_{max} = 0.006$			

分组法只能在同组内互换，组间不能互换。显然，此法适用于精度要求高、批量大和环数少的场合。

2. 修配法

当尺寸链中环数较多而封闭环精度要求很高时，采用极值法和概率法均不恰当，分组法也不适宜，可采用修配法。

所谓修配法，是指考虑到零件加工工艺的可能性，有意将公差加大到易于制造，在装配时可通过修配来改变尺寸链中某一预先规定的组成环的尺寸，使之满足封闭环的要求。此预先被规定修配的组成环叫做补偿环，常用修刮、研磨等加工方法修配。该法一般适用于高精度小批量生产。

3. 调整法

调整法的特点、计算方法及适用场合与修配法类似。区别在于：调整时不是切去多余金属，而是用改变补偿件位置或更换补偿件的方法来改变补偿环尺寸，以保证封闭环的精度要求。

调整法适用于多环高精度部件，其缺点是有时要增加零件的数量，会使结构变得复杂。

习　题　9

9-1　某套筒零件的尺寸标注如图 9-19 所示，试计算其壁厚尺寸。已知加工顺序为：先车外圆至 $\phi 30^{0}_{-0.04}$，其次钻内孔至 $\phi 20^{+0.06}_{0}$，内孔对外圆的同轴度公差为 $\phi 0.02$。

9-2　某厂加工一批曲轴、连杆及轴承衬套等零件。经调试运转，发现某些曲轴肩与轴承衬套端面有划伤现象。按设计要求 $A_0 = 0.1 \sim 0.2$，$A_1 = 150^{+0.018}_{0}$，$A_2 = A_3 = 75^{-0.02}_{-0.08}$，如图 9-20 所示。试验算图样给定零件尺寸的极限偏差是否合理。

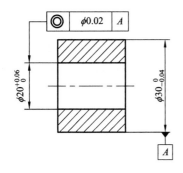

图 9-19　套筒

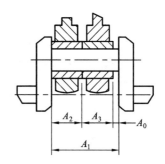

图 9-20　曲轴连杆

9-3　图 9-21 所示为链轮部件及其支架，要求装配后轴向间隙 $A_0 = 0.2 \sim 0.5$，试按极值法和概率法决定各零件有关尺寸的公差与极限偏差。

9-4　如图 9-22 所示，加工一轴套，其加工顺序为：① 镗孔至 $A_1 = \phi 40^{+0.1}_{0}$；② 插键槽 A_2；③ 精镗孔 $A_3 = \phi 40.6^{+0.06}_{0}$；④ 要求达到 $A_4 = 44^{+0.3}_{0}$。求插键槽尺寸 A_2 的大小。

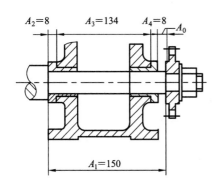

图 9-21　链轮部件

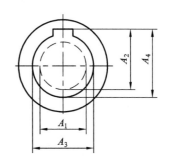

图 9-22　轴套

9-5 如图 9-23 所示，已知 $A_1 = 150$，$A_2 = A_4 = 35$，$A_3 = 80$，按照设计要求 $A_0 = +0.2 \sim +0.3$，试设计图样中给定零件尺寸的制造公差和极限偏差。

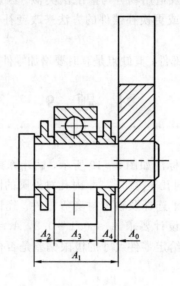

图 9-23 摆臂

9-6 有一套筒件，轴向设计尺寸已在图 9-24 中注出，其加工顺序是：① 车两端面，保证尺寸 L_1；② 镗孔 $\phi 30H8$，保证尺寸 L_2；③ 磨左端面，直接保证尺寸 $50_{-0.2}^{0}$，间接保证尺寸 $36_{0}^{+0.5}$，磨削余量为 $0.25 \sim 0.6$。求工序尺寸 L_1 和 L_2。（提示：尺寸 $36_{0}^{+0.5}$ 和磨削余量分别为两尺寸链的封闭环。）

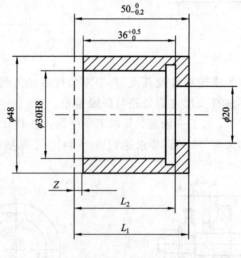

图 9-24 套筒件

参考文献

[1] GB/T 3935.1—1996 标准化和有关领域的通用术语 第1部分:基本术语. 北京:中国标准出版社,1996

[2] GB 321—80 优先数和优先数系. 北京:中国标准出版社,1981

[3] GB/T 1800.1—2009 产品的几何技术规范(GPS)极限与配合 第1部分:公差、偏差和配合的基础. 北京:中国标准出版社,2009

[4] GB/T 1800.2—2009 产品的几何技术规范(GPS)极限与配合 第2部分:标准公差等级和孔、轴极限偏差表. 北京:中国标准出版社,2009

[5] GB/T 1800.3—1998 极限与配合 基础 第3部分:标准公差和基本偏差数值表. 北京:中国标准出版社,1999

[6] GB/T 18780.1—2002 产品的几何技术规范(GPS)几何要素 第一部分:基本术语和定义 极限与配合 标准公差等级和孔、轴的极限偏差表. 北京:中国标准出版社,2000

[7] GB/T 1801—2009 产品的几何技术规范(GPS)极限与配合 公差带和配合的选择. 北京:中国标准出版社,2009

[8] GB/T 1804—2000 一般公差 未注公差的线性和角度尺寸的公差. 北京:中国标准出版社,2000

[9] GB/T 1182—2018 产品的几何技术规范(GPS)几何公差 形状、方向、位置和跳动公差标注. 北京:中国标准出版社,2018

[10] GB/T 1184—2018 产品的几何技术规范(GPS)几何公差 未注公差值. 北京:中国标准出版社,2018

[11] GB/T 4249—2018 产品的几何技术规范(GPS)基础概念 原则与规则. 北京:中国标准出版社,2018

[12] GB/T 16671—2018 产品的几何技术规范(GPS)几何公差 最大实体要求、最小实体要求和可逆要求. 北京:中国标准出版社,2018

[13] GB 1958—2017 产品的几何技术规范(GPS)几何公差 检测与验证. 北京:中国标准出版社,2017

[14] GB/T17852—2018 产品的几何技术规范(GPS)几何公差轮廓度公差标注. 北京:中国标准出版社,2018

[15] GB/T 3505—2009 产品几何技术规范(GPS) 表面结构 轮廓法 术语、定义及表面结构的参数. 北京:中国标准出版社,2009

[16] GB/T 131—2006 产品几何技术规范(GPS)技术产品文件中表面结构的表示方法. 北京:中国标准出版社,2007

[17] GB/T 3177—1997 光滑工件尺寸的检验. 北京:中国标准出版社,1997

[18] GB 1957—81 光滑极限量规. 北京:中国标准出版社,1981

[19] GB 6093—85 量块. 北京:中国标准出版社,1985

[20] JJG 146—94 量块检定规程. 北京:中国标准出版社,1995

[21] GB/T 275—93 滚动轴承与轴和外壳孔的配合. 北京:中国标准出版社,1993

[22] GB/T 307.1—2017 滚动轴承 向心轴承 产品几何技术规范(GPS)和公差值. 北京:中国标准出版社,2017

[23]　GB/T 307. 4—2017　滚动轴承　推力轴承产品几何技术规范(GPS)和公差值. 北京：中国标准出版社，2017

[24]　GB 4199—2003　滚动轴承　公差　定义. 北京：中国标准出版社，2004

[25]　GB/T 14791—93　螺纹术语. 北京：中国标准出版社，1994

[26]　GB/T 192—2003　普通螺纹　基本牙型. 北京：中国标准出版社，2003

[27]　GB/T 193—2003　普通螺纹　直径与螺距系列. 北京：中国标准出版社，2004

[28]　GB/T 196—2003　普通螺纹　基本尺寸. 北京：中国标准出版社，2004

[29]　GB/T 197—2003　普通螺纹　公差. 北京：中国标准出版社，2004

[30]　GB/T 10095. 1—2001　渐开线圆柱齿轮　精度　第1部分：轮齿同侧齿面偏差的定义和允许值. 北京：中国标准出版社，2002

[31]　GB/T 10095. 2—2001　渐开线圆柱齿轮　精度　第2部分：径向综合偏差与径向跳动的定义和允许值. 北京：中国标准出版社，2002

[32]　GB/T 10095. 1—2008　圆柱齿轮 精度　第1部分：轮齿同侧齿面偏差的定义和允许值. 北京：中国标准出版社，2008

[33]　GB/T 10095. 2—2008　圆柱齿轮　精度　第2部分：径向综合偏差与径向跳动的定义和允许值. 北京：中国标准出版社，2008

[34]　GB/Z 18620. 1—2002　圆柱齿轮　检验实施规范　第1部分：轮齿同侧齿面的检验. 北京：中国标准出版社，2002

[35]　GB/Z 18620. 2—2002　圆柱齿轮　检验实施规范　第2部分：径向综合偏差、径向跳动、齿厚和侧隙的检验. 北京：中国标准出版社，2002

[36]　GB/Z 18620. 3—2002　圆柱齿轮　检验实施规范　第3部分：齿轮坯、轴中心距和轴线平行度. 北京：中国标准出版社，2002

[37]　GB/Z 18620. 4—2002　圆柱齿轮　检验实施规范　第4部分：表面结构和轮齿接触斑点的检验. 北京：中国标准出版社，2002

[38]　DIN 3961—8. 1978　圆柱齿轮轮齿公差基本原理

[39]　GB 5847—86　尺寸链　计算方法. 北京：中国标准出版社，1986

[40]　刘品，李哲. 机械精度设计与检测基础. 哈尔滨：哈尔滨工业大学出版社，2005

[41]　甘永立. 几何量公差与检测. 上海：上海科学技术出版社，2001

[42]　王伯平. 互换性与测量技术基础. 北京：机械工业出版社，2005

[43]　孙玉芹，孟兆新. 机械精度设计基础. 北京：科学出版社，2003

[44]　孔庆华，刘传绍. 极限配合与测量技术基础. 上海：同济大学出版社，2002

[45]　魏东波. 互换性和测量技术基础. 北京：北京航空航天大学出版社，1996

[46]　谢铁邦，李柱，席宏卓. 互换性与测量技术基础. 武汉：华中科技大学出版社，2003

[47]　蒋庄德. 机械精度设计. 西安：西安交通大学出版社，2000

[48]　桂定一，陈育荣，罗宁. 机器精度分析与设计. 北京：机械工业出版社，2004

[49]　蒋寿伟，吕林森，邢国斌，等. 新编形状和位置公差标注读解. 北京：中国标准出版社，1999

[50]　中国机械工程学会机械工程基础与通用标准实用丛书编委会. 形状和位置公差. 北京：中国计划出版社，2004

[51]　王越，刘加伶，李梁. 大型数据库技术及应用. 重庆：重庆大学出版社，2001

[52]　廖念钊，等. 互换性与技术测量. 北京：中国计量出版社，2005